MODELAGEM
DE
SISTEMAS AMBIENTAIS

A presente edição foi subsidiada com recursos
do Ministério de Ciências e Tecnologia,
CNPq – PADCT–II, Subprograma de Geociências
e Tecnologia Mineral.

Blucher

ANTONIO CHRISTOFOLETTI
IGCE — UNESP

MODELAGEM
DE
SISTEMAS AMBIENTAIS

Modelagem de sistemas ambientais
© 1999 Antonio Christofoletti
Editora Edgard Blücher Ltda.

10ª reimpressão – 2020

Blucher

Rua Pedroso Alvarenga, 1245, 4º andar
04531-934 – São Paulo – SP – Brasil
Tel.: 55 11 3078-5366
contato@blucher.com.br
www.blucher.com.br

É proibida a reprodução total ou parcial por
quaisquer meios sem autorização escrita da editora.

Todos os direitos reservados pela Editora Edgard Blücher Ltda.

FICHA CATALOGRÁFICA

Christofoletti, Antonio
Modelagem de sistemas ambientais / Antonio
Christofoletti – São Paulo: Blucher, 1999.

Bibliografia.
ISBN 978-85-212-0177-9 (impresso)
ISBN 978-85-212-1669-8 (ebook)

1. Ciências ambientais 2. Ecologia humana
3. Holismo 4. Impacto ambiental – Avaliação I. Título

04.5955   CDD-304.2

Índice para catálogo sistemático:

1. Sistemas ambientais: Ecologia   304.2

CONTEÚDO

Introdução. III
Relação dos quadros e tabelas. X
Relação das figuras. XI

Capítulo 1 - Sistemas e modelos

I- As abordagens holísticas e reducionistas 1
    A- As concepções de mundo 1
    B- As noções de unidade, totalidade e complexidade 2
    C- Holismo e reducionismo 3
II- Definição e tipologia de sistemas 4
III- Definição e tipos de modelos 8
    A- Tipologia dos modelos em Geomorfologia . 8
    B- Tipologia proposta por Haines-Young e Petch 11
    C- Tipologia dos modelos em Hidrologia 12
    D- Classificação dos modelos de simulação em Hidrologia 14
    E- Tipologia dos modelos em climatologia ... 15
    F- Tipologia dos modelos no campo dos sistemas de informação geográfica 18
IV- Consideração final 18

Capítulo 2 - Características e potencial da modelagem

I- A modelagem como procedimento na metodologia científica 19
II- As características e funções dos modelos 21
    A- As características dos modelos 21
    B- As funções dos modelos 22
III- Instrumentos básicos para a construção de modelos 24
IV- Procedimento guia para a construção de modelos...... 25
V- Considerações sobre modelos quantitativos . 27
VI- O uso dos sistemas de informação geográfica na modelagem ambiental 28
VII- Limitações e potencialidades da modelagem 32

Capítulo 3 - Caracterização do sistema ambiental

I- Ecologia e ecossistemas 35
II- Os conceitos de ambiente e de paisagens 36
    A- O conceito de ambiente 36
    B- Roteiro pelas proposições sobre paisagens 38

III- Geografia e geossistemas 40
IV- A aplicação de abordagens holísticas, a temática dos impactos nas características ambientais e o problema do escalante espacial 45
    A- O desenvolvimento das abordagens holísticas 45
    B- A questão ambiental e o estudo dos impactos 47
    C- Escalantes espaciais 48
V- A complexidade do sistema e o domínio das disciplinas ambientais 49

Capítulo 4 - Modelos para a análise morfológica de sistemas

I- Identificação do sistema 51
    A- A delimitação do sistema 51
    B- Definição e caracterização dos elementos do sistema 52
    C- Caracterização morfológica do sistema 53
II- Procedimentos de análise dos dados 55
III- Exemplos de modelos para a análise morfológica 57
    A- Exemplos de modelos em Geomorfologia 57
    B- Exemplos de modelos em Climatologia e Hidrologia 63
    C- Exemplos de modelos em Ecologia 66
IV- As abordagens fractal e multifractal 67
    A- Fundamentos conceituais 67
    B- Modelos fractais 71

Capítulo 5 - Modelos para a análise de processos nos sistemas

I- As linguagens representativas nos fluxos de .... matéria e energia 78
II- Categorização dos fenômenos no escalante ..... têmporo-espacial 86
III- Modelos descrevendo processos .... morfoestruturais 90
IV- Modelos descrevendo processos em bacias ...... hidrográficas 92
V- Modelos descrevendo processos climáticos .. 95
VI- Modelos descrevendo fluxos hídricos 100
VII- Modelos descrevendo processos erosivos ... 103
VIII- Modelos sobre fluxos de sedimentos 105

vi Conteúdo

IX- Topmodel **106**
X- Modelos sobre fluxos de energia e matéria em ecossistemas **107**

Capítulo 6 - *Modelos sobre mudanças e dinâmica evolutiva dos sistemas*

I- Noções básicas **113**

A- As noções de estabilidade e resiliência ... **113**

B- A noção de sensibilidade **114**

C- A teoria das catástrofes **115**

D- O conceito de criticalidadauto-organizada **118**

II- Mudanças ocasionadas pelos fatores físicos controlantes **121**

A- Mudanças em sistemas geomorfológicos e hidrológicos **122**

B- Mudanças em ecossistemas **129**

III- Mudanças ocasionadas pelos impactos antropogênicos **131**

A- Mudanças nas variáveis climáticas **131**

B- Mudanças nos sistemas hidrológicos **132**

C- Mudanças em sistemas geomorfológicos **133**

D- Mudanças em ecossistemas **134**

IV- Mudanças paleoclimáticas na escala do Quaternário e na dos tempos históricos **135**

V- Mudanças climáticas globais e suas implicações **137**

Capítulo 7 - *Abordagens na avaliação das potencialidades ambientais*

I- Os estudos de impactos ambientais (EIA) . **141**

II- Modelagem aplicada na avaliação de riscos e azares naturais **146**

III- O uso da modelagem nos procedimentos para . designar valores aos componentes ambientais **150**

IV- A procura da integração na modelagem econômico ambiental **152**

Capítulo 8 - *O uso de modelos no planejamento ambiental e tomadas de decisão*

I- A abordagem integradora entre sistemas ambientais e sistemas econômicos **155**

A- A relevância dos recursos naturais **155**

B-As características do desenvolvimento sustentável **156**

C- Modelagem econômico regional **158**

II- Planejamento ambiental **160**

III- Os modelos de suporte às decisões **164**

A- O desenvolvimento de sistemas de informações como instrumento às tomadas de decisão **166**

B- Características dos modelos de suporte às decisões **166**

IV- Indicadores da sustentabilidade ambiental e variáveis socio e econômicas **168**

V- Elaboração de cenários alternativos **172**

Capítulo 9 - *Panorama sobre a produção bibliográfica*

I - As contribuições iniciais **176**

II - Modelagem em sistemas ambientais **177**

III - Modelagem em Geomorfologia **186**

IV - Modelagem em Climatologia..................... **189**

V - Modelagem em Hidrologia **195**

VI - Sistemas dinâmicos e abordagem fractal em Geociências e Geografia **200**

VII -Os setores dos Sistemas de Informação Geográfica e da Geoestatística **205**

VIII -Os sistemas especialistas,redes neuraise inteligência artificial em Geociências, Geografia e estudos ambientais **214**

BIBLIOGRÁFIA **217**

ÍNDICE. **233**

INTRODUÇÃO

O envolvimento inicial em concatenar e sistematizar as diretrizes dominantes sobre a modelagem de sistemas ambientais liga-se com a iniciativa, pioneira em 1992, de oferecer essa disciplina no Programa de Pós Graduação em Geografia e na Pós Graduação em Geociências e Meio Ambiente, no Instituto de Geociências e Ciências Exatas, da UNESP, Câmpus de Rio Claro. Representava prolongamento aplicativo para temática mais específica dos conhecimentos adquiridos ao longo da disciplina sobre *Análise de sistemas em Geografia,* introduzida em 1977 no Curso de Pós Graduação em Geografia. Na organização das atividades didáticas da nova disciplina observava-se que a literatura era ampla, mas bastante dispersa, inexistindo livro didático que orientasse o ensino e a pesquisa considerando mormente a focalização dos fenômenos e componentes ligados com as Geociências. A iniciativa mostrou-se oportuna, pois o desenvolvimento e a difusão dos conceitos, técnicas e aplicabilidade da modelagem foram extraordinários nos últimos anos. O próprio campo específico da modelagem ambiental foi enriquecido com diversas obras.

Embora o uso de modelos seja tradicional no campo das Geociências, a tomada-de-consciência mais explicita com essa temática surgiu na década se 60 quando W. C. KRUMBEIN e F. A. GRAYBILL lançaram a obra *An Introduction to Statistical Models in Geology,* em 1965. Outro marco significativo foi a coletânea de ensaios organizada por R. J. CHORLEY e P. HAGGETT sobre *Models in Geography,* publicada em 1967. A partir de então surgiram constantemente contribuições trabalhando com o uso de modelos conceituais para a análise morfológica e da dinâmica dos sistemas, com o desenvolvimento de modelos estocásticos dedutivos e indutivos, com a aplicação de modelos determinísticos e com a modelagem simulatória a respeito de se conhecer a evolução dos sistemas e planejar o gerenciamento das organizações espaciais e uso dos recursos naturais ao nível local, regional e nacional. As análises sobre as mudanças climáticas globais e suas repercussões no cenário ambiental mostraram como a modelagem também se aplica à escala mundial do geossistema Terra.

Dois fatos recentes devem ser mencionados. O desenvolvimento da modelagem acabou repercutindo na União Geográfica Internacional que, no Congresso realizado em Haia, em agosto de 1996, criou a *Comissão sobre Modelagem de Sistemas Geográficos.* Trinta anos após a publicação da obra de CHORLEY e HAGETT (1967) registra-se o lançamento da primeira revista internacional dedicada à modelagem geográfica, a intitulada *Geographical and Environmental Modelling.* Embora auspiciosos, esses fatos consubstanciam a defasagem da comunidade de geógrafos no reconhecimento institucional da temática em relação com o campo da Ecologia, pois desde 1975 a International Society for Ecological Modelling vem publicando a revista *Ecological Modelling.*

A modelagem de sistemas ambientais inerentemente se enquadra como procedimento teorético no uso da abordagem holística, envolvendo arsenal de técnicas qualitativas e quantificativas, expressando bases de operacionalização da análise sistêmica. Como referencial disciplinar básico, considera-se como ponto de partida o contexto do objeto relacionado com a Geografia Física, que trata da estrutura, funcionamento e dinâmica da organização espacial dos sistemas ambientais físicos ou geossistemas. De maneira complementar, há a inserção relacionada com a modelagem de ecossistemas.

Em sua abordagem há necessidade de se compreender a complexidade desses sistemas, assim como as categorias de seus componentes. Torna-se óbvio, portanto, que tais sistemas possuem uma configuração expressa na superfície terrestre e que as características dos elementos apresentam espacialidade e variabilidade espacial. Por outro lado há que compreender os fluxos de matéria e energia, cujos inputs apresentam variabilidade temporal e diferenciação espacial. A coleta dos dados necessários compõe as séries temporais e as espaciais, o que obrigatoriamente envolve o uso do conjunto das técnicas de análise espacial e das aplicadas no estudo das séries temporais. Por essa razão compreende-se o recente desenvolvimento da interação entre a modelagem e o uso dos sistemas de informação geográfica.

Trata-se de livro didático direcionado para a população estudantil universitária (graduandos e pós graduandos) e profissionais interessados no conhecimento dos sistemas ambientais, em sua complexidade, e no tratamento relacionado com os componentes representados pelo embasamento geológico, relevo, solos, clima, águas, vegetação e ocupação humana. O leque abre-se mais para os cursos de Geologia, Geografia, Ecologia, Economia e Engenharia Ambiental. Chamando atenção para os procedimentos da modelagem aplicada na análise dos sistemas ambientais, com implicações diretas para a avaliação e gerenciamento desses sistemas, o nosso desejo é estimular o desenvolvimento dessa temática no cenário brasileiro de ensino, pesquisa e aplicabilidade, servindo como fator multiplicativo. Nessa árdua tarefa procurou-se estar sintonizado com o estado atual do conhecimento, absorvendo inclusive noções dos sistemas dinâmicos, da auto-organização e da geometria dos fractais no contexto analítico das Geociências.

O objetivo não foi o de compor obra original, na categoria de ensaio a fim de promover um salto no desenvolvimento do assunto. As metas são muito mais modestas, procurando juntar a riqueza informacional existente em uma rede coerente para compor exposição estruturada. A organização dos capítulos procura reunir noções conceituais e a apresentação de exemplos de modelos. Encontra-se direcionada para salientar o uso de modelos e não se refere às técnicas e aos procedimentos para a construção de modelos. Também não possui a pretensão de ser retrato do estado atual da arte, conceitual ou técnico, no tocante aos inúmeros itens focalizados. Sob a perspectiva de cada especialidade em particular, o leitor poderá alinhavar mais modelos ausentes do que a quantidade e as categorias dos inseridos.

Todavia, ao desenvolver este projeto sentimo-nos assoberbados perante essa tarefa que se tornou assustadora em face do volume crescente da literatura bibliográfica. Praticamente toda semana surgem artigos em periódicos científicos ou em coletâneas, relevantes à temática, e não há possibilidade física de lê-los todos e absorver os conhecimentos divulgados. Por maior que fosse o esforço dispensado, muitas lacunas poderão ocorrer. Que os leitores, com sua paciência e colaboração, perdoem as falhas e sanem as deficiências.

ESTRUTURA GERAL DO VOLUME

A estruturação da obra e a sua utilização vinculam-se dominantemente com as diversas disciplinas que focalizam fenômenos tradicionalmente relacionados com as Geociências (Geografia Física, Geologia, Geomorfologia, Hidrologia, Climatologia, Pedologia, etc) e com a Ecologia. Para sua coerência expositiva, optou-se por uma organização em três partes.

A primeira parte apresenta os conceitos básicos sobre os sistemas, modelagem e sistemas ambientais. Inicia por caracterizar os sistemas e modelos, tratando das abordagens holísticas e reducionistas, definição e tipologia dos sistemas, definição e tipologia dos modelos. Em face da proliferação de adjetivos aplicados aos modelos, procura-se sistematizar os enunciados a fim de se compreender a riqueza inerente ao uso da modelagem. O segundo capítulo versa sobre as características e potencialidades da modelagem, salientando a características e funções, os procedimentos para sua construção, as características dos modelos quantitativos e as potencialidades e limitações da modelagem. Um item importante versa sobre a interação no uso dos sistemas de informação geográfica nos estudos ambientais. O terceiro capítulo envolve-se com a caracterização dos sistemas ambientais, procurando apresentar a perspectiva de sua organização, como entidade complexa, e as de seus componentes. Procura salientar os aspectos da abordagem ecológica e da abordagem geográfica no estudo dos sistemas ambientais, considerando também as noções de ambiente e de paisagem. De modo simples expõe as bases para a

inserção do uso de modelos para as abordagens morfológica, funcional e dinâmica dos sistemas.

A segunda parte focaliza os modelos apresentados para a análise das características dos sistemas. O quarto capítulo trata dos modelos utilizados para a análise morfológica dos sistemas, descrevendo os modelos sobre a forma e geometria e a respeito da constituição e correlação das variáveis. Um item introduz o uso da geometria dos fractais. As características dos modelos para a análise dos processos nos sistemas compõem o tema do quinto capítulo, cujos itens estudam as linguagens representativas nos fluxos de matéria e energia, a categorização dos fenômenos no escalante têmporo-espacial e apresentam a descrição de modelos utilizados no estudo de processos morfoestruturais, bacias hidrográficas, processos climáticos, fluxos hídricos, processos erosivos, fluxos de sedimentos e fluxos de matéria em ecossistemas. Um item encontra-se relacionado com os modelos topográficos (TOPMODEL). O capítulo seguinte focaliza os modelos sobre as mudanças e dinâmica evolutiva dos sistemas, salientando um conjunto de noções básicas, as mudanças ocasionadas pelos fatores físicos controlantes e as implicações relacionadas com os impactos antropogênicos. Em sua estruturação focaliza também questões relacionadas com as mudanças paleoclimáticas no Quaternário e mudanças climáticas globais.

A terceira parte trata da modelagem aplicada na avaliação das potencialidades ambientais e no planejamento ambiental e tomadas de decisão. No sétimo capítulo encontram-se considerações tratando dos estudos relacionados com os impactos ambientais e antropogênicos, dos procedimentos para avaliar e designar valores aos componentes ambientais e sobre a modelagem integrada do sistema econômico-ambiental. No âmbito do oitavo capítulo o texto considera inicialmente a relevância dos recursos naturais e apresenta aspectos do desenvolvimento sustentável e análise sobre as estratégias de planejamento ambiental. Em prosseguimento trata dos modelos de suporte às decisões e esquematiza as sugestões sobre os indicadores da sustentabilidade ambiental e variáveis sociais e econômicas. Por último, faz ligeira menção sobre a temática ligada com a modelagem de cenários alternativos.

O nono capítulo apresenta panorama sobre a produção bibliográfica. Em face da riqueza bibliográfica existente, procura descrever as peculiaridades das obras publicadas a fim de orientar os interessados nas suas pesquisas e, também, servir como subsídio ao desenvolvimento histórico da modelagem. Os itens iniciais englobam contribuições ligadas com a modelagem de sistemas ambientais e em diversas disciplinas (Geomorfologia, Climatologia e Hidrologia). Em outros três itens estão registradas contribuições relacionadas com os sistemas dinâmicos, abordagem fractal, setores dos sistemas de informação geográfica, Geoestatística, sistemas especialistas, redes neurais, inteligência artificial e lógica nebulosa no campo das Geociências, Geografia e estudos ambientais.

AGRADECIMENTOS

Em primeiro lugar cumpre registrar agradecimentos ao Programa de Apoio ao Desenvolvimento Científico e Tecnológico (PADCT), no âmbito do Subprograma de Geociências e Tecnologia Mineral, que aprovou o projeto no transcurso do Edital GTM/02, chamada 03, lançado em 1994, criando condições e recursos materiais para o desenvolvimento e impressão da presente obra.

Para a exemplificação de muitos conceitos e dos modelos ocorreu a utilização de figuras e ilustrações contidas em muitas obras e periódicos. Embora sempre se encontre mencionada a fonte de origem, torna-se oportuno consignar agradecimentos a todos os autores cujos trabalhos foram utilizados, porque colaboraram com a nossa compreensão do assunto e com a execução do projeto. Também se torna lícito consignar agradecimentos às Editoras responsáveis pelas publicações das obras e periódicos, de cuja literatura foram utilizadas as ilustrações originais a fim de ajustá-las à expressão da língua portuguesa. Que as editoras A. A. Balkema, Addison Wesley Longman, Armand Colin, Arnold, Blackwell, Cambridge University Press, Catena Verlag, Chapman & Hall, Earthscan, Elsevier, Edgard Blucher, GIS World, Instituto de Geografia da USP, Hucitec, International Association of Hydrological Sci-ences, John Wiley & Sons, Kluwer Academic Publishers, Masson Editeur, Oxford University Press, Prentice Hall, Routledge, Springer Verlag e Taylor & Francis sejam receptivas aos nossos agradecimentos.

Em terceiro lugar agradecer as sugestões e os estímulos apresentados pelos pós-graduandos do Curso de Pós Graduação em Geociências (Área de Concentração em Geociências e Meio Ambiente) e do Curso de Pós Graduação em Geografia (Áreas de Concentração em Organização do Espaço e Análise da Informação Espacial), mormente às turmas de 1995 a 1997, que receberam material preliminar servindo de teste à estruturação, compreensão e nível de tratamento para diversos capítulos.

Não se pode deixar de consignar agradecimentos às pessoas que colaboraram na organização da presente obra, exercendo as funções de secretária, digitadora, desenhista, copy-desk e diagramadora, cujo trabalhos árduos e profícuos repercutiram na qualidade representativa do volume. Dentre eles, menção especial deve ser dirigida ao Prof. Dr. Amandio Luís Almeida Teixeira, pelo carinho dedicado na feitura das ilustrações e pelas sugestões visando a melhoria da obra. Aos meus familiares, pela compreensão em aceitar as minhas longas horas dedicadas á leitura e à redação. E ao Conselho Nacional de Desenvolvimento Científico e Tecnológico (CNPq) por apoiar a continuidade das nossas atividades de pesquisa.

Rio Claro, maio 1998

RELAÇÃO DE QUADROS E TABELAS

Quadro 1.1 - Guia classificatório dos modelos em sistemas de informação geográfica.

Quadro 3.1 - Os tipos de dados necessários para predizer os processos ecossistêmicos ocorrentes.

Quadro 3.2 - Abordagens taxo-corológicas sobre as categorias de complexos geográficos naturais.

Quadro 4.1 - Características da forma e dos processos geomórficos dominantes nas unidades do modelo sobre vertentes.

Quadro 6.1 - Características dos sete tipos básicos de catástrofes.

Quadro 6.2 - O status das variáveis de uma bacia de drenagem durante períodos de tempo de duração decrescente.

Tabela 4.1 - Mensuração da carga dos sedimentos em suspensão e débitos fluviais e seus respectivos logaritmos.

Tabela 5.1 - Valores estimativos da quantidade de água nos principais armazenadores e dos processos de fluxos anuais.

RELAÇÃO DAS FIGURAS

Figura 1.1 - Maneiras de se analisar os sistemas em seqüência, através das caixas preta, cinza e branca.

Figura 1.2 - Classificação dos modelos, conforme Haines-Young e Petch.

Figura 1.3 - Componentes do modelo hidrológico para as bacias de drenagem.

Figura 1.4 - Classificação de modelos considerando a descrição dos processos.

Figura 1.5 - Classificação das bacias de drenagem considerando as escalas espacial e temporal.

Figura 1.6 - Classificação de modelos considerando as técnicas de resolução.

Figura 1.7 - Categorias de modelos climáticos.

Figura 1.8 - As pirâmides da modelagem climática.

Figura 2.1 - Etapas do procedimento indutivo e do procedimento hipotético dedutivo na metodologia científica.

Figura 2.2 - Esquema da abordagem clássica para o processo de modelagem.

Figura 2.3 - Os dois principais campos de pesquisa na análise espacial.

Figura 2.4 - Esquema simplificado das funções básicas do SIG.

Figura 2.5 - Esquema do paradigma da análise espacial exploratória.

Figura 3.1 - Modelo de paisagem no contexto ecológico.

Figura 3.2 - Estrutura conceitual da organização espacial e envolvimento com disciplinas subsidiárias.

Figura 3.3 - Estruturação do geossistema e sistema sócio-econômico.

Figura 3.4 - Esquemas estruturais de geossistema e ecossistema.

Figura 3.5 - Relações entre os sistemas climático, biogeoquímico e social e a ação das forças externas.

Figura 4.1 - Morfometria do canal de escoamento.

Figura 4.2 - Representação gráfica relacionando a carga de sedimentos em suspensão e o débito fluvial.

Figura 4.3 - Esquema evolutivo para a formação de vales anticlinais no relevo jurassiano.

Figura 4.4 - Modelo de vertente assinalando as nove unidades hipotéticas.

Figura 4.5 - Relações entre parâmetros relativos às características das marés e correntes, material da praia e geometria do litoral.

Figura 4.6 - Relações entre as variáveis da geometria hidráulica.

Figura 4.7 - Correlação entre a produção de sedimentos e diferentes parâmetros ambientais para as principais bacias fluviais do mundo.

Figura 4.8 - Relações observadas no contexto dos canais e das bacias fluviais.

Figura 4.9 - Estrutura dos fatores afetando a morfologia do canal fluvial.

Figura 4.10 - Modelo digital do terreno.

Figura 4.11 - Distribuição global da precipitação média anual.

Figura 4.12 - Modelo representativo do padrão espacial das células de circulação geral da atmosfera e distribuição das áreas de pressão.

Figura 4.13 - Modelo representativo da estruturação e interação do sistema clima urbano.

Relação das figuras

Figura 4.14 - Representação estereográfica dos hidrógrafos de cheias ocorridas na bacia do rio Reno.

Figura 4.15 - Conceitualização regional integrada, sob a perspectiva ecológica.

Figura 4.16 - Modelo conceitual indicando os tipos de fenômenos que constituem o modelo de ecossistema humano.

Figura 4.17 - Modelo de estruturação de ecossistema terrestre, considerando os elementos componentes da biomassa e as suas relações no ciclo do carbono.

Figura 4.18 - Topografias auto-similares geradas por modelagem.

Figura 4.19 - Modelo representativo da noção de hierarquia, tendo como expressividade a arborescência fractal e o encaixe de uma caixa chinesa.

Figura 4.20 - Representações esquemáticas de um campo multifractal.

Figura 4.21 - Delineamento da costa meridional da Noruega.

Figura 4.22 - Relação entre perímetros e áreas de ocorrências chuvosas.

Figura 4.23 - Relação entre áreas de bacias de drenagem e comprimento do rio principal para os rios da bacia de Shenandoah e para exemplos de bacias localizadas em diversos continentes.

Figura 4.24 - Valores da dimensão fractal considerando a relação R/S para diversas categorias de fenômenos.

Figura 4.25 - Processo de fragmentação em cascata, na escala bidimensional.

Figura 4.26 - Modelo idealizado para o processo de fragmentação, na escala tridimensional.

Figura 4.27 - Perfil transversal do modelo "ninho-de-pombo".

Figura 4.28 - Aplicação geológica do modelo "ninho-de-pombo", em espaço dos poros de arenito.

Figura 4.29 - Aplicação ecológica do modelo "ninho-de-pombo", considerando o exemplo das copas de árvores.

Figura 5.1 - Componentes representativos da linguagem gráfica descritiva de Forrester.

Figura 5.2 - Diagrama de modelo sobre agroecossistema hipotético, utilizando da linguagem gráfica de Forrester.

Figura 5.3 - Simbologia usada para construir diagramas de modelos conceituais indicando as conexões permissíveis.

Figura 5.4 - Diagrama de modelo conceitual representando o fluxo de energia em ecossistema.

Figura 5.5 - Simbologia descritiva dos componentes das estruturas canônicas.

Figura 5.6 - Fluxo cascadeante da energia solar, representado em estrutura canônica.

Figura 5.7 - Modelo de representação do ciclo hidrológico na linguagem da estrutura canônica.

Figura 5.8 - Simbologia para a estruturação de fluxos em ecossistemas.

Figura 5.9 - Modelo do fluxo de energia na atividade pastoril em área de savana, mostrando a participação dos animais no fluxo do sistema.

Figura 5.10 - Representação do modelo SSARR-St, utilizando a linguagem orientada a objetos.

Figura 5.11 - Domínios escalares têmporo-espaciais dos processos atmosféricos e dos processos biosféricos.

Figura 5.12 - Diagramas das grandezas das entidades para as tomadas-de-decisão e delineamento de diagrama mostrando fluxos de energia.

Figura 5.13 - Modelo de organização dos processos biosfera-atmosfera, distinguindo três conjuntos separados por escalas temporais e processos de mudança.

Figura 5.14 - As características nas escalas espacial e temporal dos processos hidrológicos.

Figura 5.15 - Ilustração da cascata escalante sob a configuração de giroscópios.

Figura 5.16 - Diagrama bidimensional do processo em cascata multiplicativa, em diferentes níveis de sua construção para escalas menores.

Figura 5.17 - Modelo de falhamentos extensionais em diversos patamares.

Figura 5.18 - Bloco diagrama da bacia do Alto Paraná caracterizando o processo de circundesnudação pós-cretácea.

Figura 5.19 - Modelo do sistema fluvial ideal mostrando o procedimento de ordenação de Strahler, a distinção entre as três zonas e a cascata hidrológica que influencia as características da quantidade e a qualidade do escoamento.

Figura 5.20 - Modelo caracterizando o ciclo hidrológico em bacias hidrográficas, assinalando os fluxos e armazenagens e identificando influências artificiais.

Figura 5.21 - Modelo caracterizando o sistema hidroquímico, mostrando os fluxos hidrológico e de produtos químicos.

Figura 5.22 - Componentes conceituais de um modelo para bacias hidrográficas e o mapeamento das informações e dados através dos componentes.

Figura 5.23 - Modelo climático de circulação global, assinalando a distribuição espacial da pressão no mês de julho, deduzido para cerca de 18:000 anos BP e para as condições da superfície atual.

Figura 5.24 - O ciclo de aumento na grandeza espacial e da diminuição na escala dos processos climáticos e hidrológicos, desde o modelo de circulação global até a escala dos processos pontuais.

Figura 5.25 - Modelo da circulação das células de Walker durante as fases alta e baixa da Oscilação Meridional.

Figura 5.26 - Modelo de circulação das massas de ar na América do Sul, no mês de janeiro.

Figura 5.27 - Modelo de circulação das massas de ar na América do Sul, no mês de julho.

Figura 5.28 - Domínios naturais da América do Sul há 13.000 - 18.000 anos.

Figura 5.29 - Modelos esquemáticos dos mecanismos climáticos e das diferenças paleoclimáticas entre a situação interglacial atual e a possível situação glacial do último período seco pleistocênico.

Figura 5.30 - Modelo da circulação meridional anômala na África do Sul, durante condições dominantemente úmidas e secas.

Figura 5.31 - Mecanismos de retroalimentação em respostas a eventos de precipitação de magnitude excepcional.

Figura 5.32 - Modelo do conceito de ciclo hidrológico proposto por Leonardo da Vinci.

Figura 5.33 - Modelo assinalando as principais transferências de água entre os maiores armazenadores hidrológicos na escala global.

Figura 5.34 - Modelo representando os valores das transferências entre os três maiores armazenadores na escala global, considerando a evaporação anual, a precipitação e o escoamento.

Figura 5.35 - O modelo inicial de fluxo superficial proposto por Horton e o arranque das gramíneas em ocorrências de chuvas intensas. O bloco diagrama salienta os fluxos no perfil do solo, na zona de percolação e no setor da água subterrânea.

Figura 5.36 - Representação esquemática do modelo ACRU.

Figura 5.37 - Representação esquemática dos vários elementos hidrológicos utilizados no modelo KINEROS e algumas das interconexões que podem ser usadas no delineamento de bacias de drenagem urbanas ou rurais.

Figura 5.38 - Fluxograma do modelo LISEM.

Figura 5.39 - Modelos sobre os processos de transporte de sedimentos, envolvendo a curva de Hjulstrom, os circuitos de retroalimentação entre fluxo, transporte do material do leito e forma do canal e principais processos no transporte de sedimentos.

Figura 5.40 - Representação esquemática dos elementos de armazenagem, com aumento discreto de $\ln(\alpha/\tan\beta)$ em uma bacia de drenagem.

Figura 5.41 - Modelo conceitual sobre o fluxo de carbono.

Figura 5.42 - Modelo conceitual sobre o fluxo do nitrogênio.

xiv

Figura 5.43 - Modelo conceitual sobre o ciclo de nutrientes e fluxos de energia em ecossistemas.

Figura 5.44 - Modelo sobre o fluxo de energia em floresta decídua da Inglaterra.

Figura 6.1 - Superfície representando exemplo de catástrofe.

Figura 6.2 - Esquema das funções potenciais ou de energia. O estado mais provável para cada situação é onde o valor da derivativa ou declividade da linha representando a função é igual a zero.

Figura 6.3 - Representação diagramática das mudanças suaves e abruptas, comportamento divergente, histerese e comportamento bimodal.

Figura 6.4 - A pilha de areia, figuração simbólica da teoria da criticalidade auto-organizada.

Figura 6.5 - Mudanças episódicas em sistemas fluviais. Os episódios relacionados com a alta produção de sedimentos podem estar ligados (a) com mudanças no regime da precipitação; (b) com a retração dos glaciares e (c) com o rebaixamento do nível de base.

Figura 6.6 - Comparação esquemática do uso das noções de equilíbrio dinâmico e invariância alométrica no comportamento do canal fluvial.

Figura 6.7 - As mudanças na altitude do leito fluvial ao longo do tempo, causadas por agradação e entalhamento, são utilizadas como referências para salientar aspectos do tempo de resposta, que é a somatória do tempo de reação (Ra) e tempo de relaxamento (Rx). P_s é o tempo de persistência das novas condições de equilíbrio, enquanto T e E são, respectivamente, os limiares e as condições de equilíbrio.

Figura 6.8 - Esquemas das respostas dos canais fluviais aos distúrbios. Em (a) a variável em quase equilíbrio modifica-se durante o tempo de relaxamento; em (b) um setor do canal pode incluir, em qualquer momento do tempo, um conjunto de formas diferencialmente ajustadas refletindo diferentes sensibilidades aos processos de mudanças; em (c) uma série de distúrbios é considerada como tendo efeitos diferentes sobre os canais, dependendo da efetividade do processo de recuperação.

Figura 6.9 - Impactos potenciais das mudanças climáticas sobre os hidrossistemas fluviais.

Figura 6.10 - Relações entre mudanças climáticas e processos litorâneos.

Figura 6.11 - Classificação evolutiva dos ambientes litorâneos. O eixo longitudinal do prisma representa o tempo com referência aos movimentos eustáticos e cargas de sedimentos, enquanto os três vértices do prisma correspondem aos ambientes dominados pelos rios, ondas e marés.

Figura 6.12 - Mudanças expressivas do nível marinho para os últimos 6.000 anos.

Figura 6.13 - Distribuição espacial das zonas de mudanças no nível marinho. O diagrama superior pressupõe que a desintegração das geleiras do hemisfério foi completada há 5.000 anos, e posteriormente elevado de 0,7 m por causa do derretimento da Antártica. O diagrama inferior pressupõe que a desintegração das geleiras de ambos os hemisférios foi completada há 5.000 anos.

Figura 6.14 - Impactos das mudanças climáticas no sistema hidrológico.

Figura 6.15 - Modelo evolutivo dos vales fluviais considerando a sucessão de fases de climas úmidos e secos ao longo do Quaternário.

Figura 6.16 - Dimensões hidrológicas no contexto dos corredores fluviais, considerando o conceito de continuum fluvial.

Figura 6.17 - Características do modelo LINKAGES.

Figura 6.18 - Estrutura geral do modelo LANDIS, saCurrlientando os componentes dos códigos imperativo e orientado a objetos.

Figura 6.19 - Modelo representativo dos impactos causados pelo crescimento demográfico sobre a emissão dos gases estufa, em relação com as atividades agrícolas e desmatamentos.

Figura 6.20 - Esquemas representativos das variações observadas sobre os indicadores das temperaturas e dos hidrológicos, nos continentes e nos oceanos.

Figura 6.21 - Conseqüências ocasionadas pelo aumento de bióxido de carbono na atmosfera.

Figura 6.22 - Modelo composto assinalando os efeitos da urbanização nos fenômenos ecológicos. As setas indicam relações causais e retroalimentações entre os componentes das áreas urbanas e fenômenos ecológicos.

Figura 6.23 - Modelo representativo das oscilações climáticas globais no Quaternário e na escala geológica, desde há 800 milhões de anos.

Figura 6.24 - Registro global das temperaturas na superfície continental no período de 1856 a 1995, considerando as anomalias em relação com a média para o período de 1961 a 1990.

Figura 6.25 - Registro das temperaturas na superfície dos oceanos, no período de 1856 a 1995, considerando as anomalias em relação com a média para o período de 1961 a 1990.

Figura 6.26 - Principais mudanças paleoecológicas e paleohidrológicas na África Equatorial úmida durante os últimos 20.000 anos.

Figura 6.27 - Principais mudanças paleoecológicas e paleohidrológicas na América do Sul equatorial úmida durante os últimos 20.000 anos.

Figura 7.1 - Relações entre estudos de impactos ambientais, avaliação tecnológica e avaliação dos possíveis impactos sociais.

Figura 7.2 - Modelo descritivo das etapas no desenvolvimento dos estudos de impactos ambientais.

Figura 7.3 - Modelo descritivo das fases no processo dos estudos de impactos ambientais.

Figura 7.4 - Parcela da matriz para análise de impactos ambientais, na qual são quantificados os prováveis efeitos das atividades humanas sobre os vários aspectos do ambiente.

Figura 7.5 - Exemplo do modelo da rede de Sorensen, aplicada na avaliação de impactos ambientais ocasionados pelo uso residencial.

Figura 7.6- Representação dos principais prejuízos ocasionados pelas catástrofes naturais, em anos recentes, considerando os valores segurados e os sem seguros.

Figura 7.7 - Modelo representativo da sensibilidade aos azares naturais como função da variabilidade dos processos físicos e tolerância sócio-econômica. As faixas B, C e D mostram as mudanças na sensibilidade ao longo do tempo devido às variações nos eventos naturais e na tolerância sócio-econômica.

Figura 7.8 - Modelo representativo das interações relacionadas com a freqüência e magnitude, intervalo de recorrência e dispêndio de energia para determinar o limiar do desastre natural.

Figura 7.9 - Esquema representativo dos quatro fatores básicos para avaliar os riscos em função dos azares naturais.

Figura 7.10 - Diagrama esquemático mostrando a integração dos sistemas de informação geográfica com o modelo de inundação pelas enchentes.

Figura 7.11 - Diagrama esquemático representando o modelo de inundação pelas cheias.

Figura 7.12 - Exemplo de modelo para considerar os efeitos físicos e os valores dos benefícios em função das práticas de manejo em bacia de drenagem, quando comparadas com as condições mantidas sem o uso das práticas de manejo.

Figura 7.13 - Modelo representativo do sistema econômico ambiental, em função da biodiversidade.

Figura 7.14 - Representação das categorias de modelos em função da perspectiva monodisciplinar e do aumento analítico da complexidade.

Figura 7.15 - Modelo esquemático da hierarquia global de energia e do balanço anual da emergia, na escala da geobiosfera.

Figura 7.16 - Modelo representando o processo de avaliação dos fluxos de emergia da escala da geobiosfera para a escala local. No exemplo, o fluxo maior encontra-se relacionado com as chuvas.

Figura 8.1 - Estrutura do modelo EMIL.

Figura 8.2 - Estrutura do modelo REGION.

Figura 8.3 - Categorias de influências das informações disciplinares para as atividades de gestão ambiental.

Figura 8.4 - Representação das questões ligadas com a política ecológica, política econômica e integração econômico ecológica.

xvi

Figura 8.5 - Interações entre os módulos do modelo ambiental integrado.

Figura 8.6 - Estrutura do modelo para a análise de agrossistemas.

Figura 8.7 - Configuração básica do modelo para sistemas de suporte às decisões.

Figura 8.8 - Componentes gerais de sistemas de suporte às decisões.

Figura 8.9 - Arquitetura de sistema de informação para suporte às decisões no tocante à proteção ambiental.

Figura 8.10 - Modelo de sistema de suporte às decisões para o planejamento no uso de recursos hídricos.

Figura 8.11 - Modelo de suporte às decisões no planejamento de uso dos recursos hídricos no contexto de bacias hidrográficas.

Figura 8.12 - Delineamento geral de sistemas de suporte às decisões em recursos hídricos.

Figura 8.13 - Fluxograma do modelo de suporte às decisões aplicado a bacias hidrográficas do Estado de São Paulo.

Figura 8.14 - Modelo da metodologia para o desenvolvimento integrado de recursos hídricos.

Figura 8.15 - Estrutura conceitual do modelo de pressão, estado e resposta para o delineamento de indicadores ambientais.

CAPÍTULO 1

SISTEMAS E MODELOS

Os conceitos relacionados com os sistemas e modelos encontram-se subjacentes em todos os procedimentos da modelagem de sistemas ambientais, e expressam perspectivas ligadas com as maneiras de se conceber a estruturação e funcionamento dos fenômenos da natureza, tendo como base as visões-de-mundo. Para se compreender o contexto inerente aos procedimentos da modelagem aplicada aos sistemas ambientais, três aspectos iniciais devem ser abordados.

O primeiro refere-se às abordagens holísticas, envolvendo as visões-de-mundo e aspectos da complexidade. Dentre as abordagens holísticas há opção pela sintonia com a teoria e sistemas, o que implica no estudo da definição e tipologia dos sistemas.

Em função dessa abordagem, decorre o envolvimento para se definir as características dos sistemas ambientais (tema do terceiro capítulo) e para o uso de modelos, considerando a definição e sua tipologia.

I — AS ABORDAGENS HOLÍSTICAS E REDUCIONISTAS

Os procedimentos metodológicos utilizados na análise dos fenômenos estão relacionados com a natureza do objeto de estudo e com a visão-de-mundo adotada pelo cientista. Ao lado da estrutura conceitual há necessidade de que haja disponibilidade da instrumentação tecnológica para a coleta de informações e efetiva ação analítica. O desenvolvimento tecnológico possibilita a produção de novos equipamentos mais capazes e adequados às pesquisas científicas, favorecendo ampliar a obtenção de dados, a compreensão, o diagnóstico e o manejo dos sistemas de organização complexa. No setor da Geografia, por exemplo, atualmente há maior embasamento tecnológico disponível para o estudo das organizações espaciais, permitindo pesquisas mais acuradas a respeito da estrutura, dinâmica e evolução dos sistemas inclusos no campo de ação dessa disciplina. De modo semelhante, não há como omitir, por exemplo, o desenvolvimento nos campos específicos da Meteorologia, Climatologia, Hidrologia e Geomorfologia.

As perspectivas envolvendo a análise ecológica, a geográfica e a ambiental englobam estudos considerando a complexidade do sistema e o estudo das suas partes componentes. A abordagem holística sistêmica é necessária para compreender como as entidades ambientais físicas, por exemplo, expressando-se em organizações espaciais, se estruturam e funcionam como diferentes unidades complexas em si mesmas e na hierarquia de aninhamento. Simultânea e interativamente há necessidade de focalizar os subconjuntos e partes componentes em cada uma delas, a fim de melhor conhecer seus aspectos e as relações entre eles.

A abordagem reducionista também se enquadra como básica na pesquisa dos sistemas ambientais, sem contraposição com a holística.

A exposição encontra-se direcionada para focalizar as concepções de mundo, as noções de unidade, totalidade e complexidade e os aspectos das abordagens holística e reducionista.

A — AS CONCEPÇÕES DE MUNDO

A significância e a valorização a respeito do meio ambiente estão relacionados com a visão de mundo imperante em cada civilização, apresentando inclusive nuanças em seus segmentos sócio-econômicos. Por essa razão, o relacionamento entre o homem e o meio ambiente possui variações de região para região e ao longo da história. A formação dessa estrutura conceitual realiza-se de modo difuso ou sistematizado, envolvendo os conhecimentos do senso comum, o religioso, o filosófico e o científico. No contexto da civilização ocidental há várias concepções sobre natureza e se torna oportuno compreendê-las. Isto porque a visão-de-mundo prevalecente sobre a natureza comanda as explicações sobre as características, funcionamento, utilização e percepção dos riscos provenientes dos eventos ambientais. Comanda as escalas de valorização, as decisões e as atitudes das pessoas e grupos sociais. Essas concepções não são excludentes no tempo e no espaço, mesclando-se comumente no seio da sociedade e, por vezes até, na vida do próprio indivíduo.

Uma visão-de-mundo encontra-se relacionada com o *conhecimento religioso*, assinalando que a natureza foi criada pelos desígnios de Deus, sendo obra pura e perfeita. Baseando-se na seqüência do ato da criação descrita em Gênesis, pondera-se que o homem constitui o elo final e que a natureza toda encontra-se à sua disponibilidade, bastando simplesmente utilizá-la e usufruir os benefícios. Os acidentes ambientais e as catástrofes provocadas pelos fenômenos climáticos, por exemplo, seriam castigos enviados pelo Ser divino para punir as ações humanas. Essas explicações são inerentes à perspectiva teológica.

Embora desde o Século das Luzes já ocorresse proposições relacionadas com perspectivas racionalistas, a concepção teológica só começou a ser abalada seriamente no transcurso do século XIX. O naturalista Alexandre von Humboldt, em decorrência das suas viagens de estudo, argumentou longamente para mostrar que a distribuição dos seres vivos na superfície terrestre era explicada pela ação climática e não como sendo obra da vontade divina. Essa proposta de substituição causativa criou ambiente predisponível na mentalidade então reinante para aceitação das teses evolucionistas desenvolvidas por Charles Darwin. Esses dois acontecimentos intelectuais contribuíram para que a ação divina fosse descartada nos enunciados de explicação.

A visão *mecanicista* do mundo considera que a organização é composta por peças elementares e separadas, mas que se integram em funcionamento similar ao das máquinas, como se fosse um relógio. O traço fundamental dessa orientação é o estabelecimento de uma noção de natureza composta por fenômenos imbricados em uma cadeia de ligações necessárias. A energia solar fornecida à Terra detona o mecanismo das peças componentes da natureza. Os seres vivos são também verdadeiras máquinas. No caso do ser humano, duas peças são básicas: o corpo e o espírito. Os alimentos promovem o funcionamento e as atividades do corpo humano; os estímulos intelectuais promovem o funcionamento da máquina do pensamento. Aos grupos humanos cabe a tarefa de compreender cada vez melhor o funcionamento dessas máquinas naturais a fim de não emperrá-las nem destruí-las, e contribuir para que a natureza possa ser melhor dominada e estimulada em seus mecanismos. A maneira de compreender o mundo deve se processar distinguindo peça por peça, analisando parte por parte, e reconstruindo então as relações entre essas partes. Essa concepção tem suas origens explícitas no pensamento de René Descartes.

Uma terceira proposição interpretativa considera o mundo como sendo formado por sistemas que funcionam de modo similar aos organismos. A imagem da natureza e da sociedade como sendo máquinas, que dominou a partir do século XVIII, foi substituída pela imagem de um sistema orgânico onde a analogia fundamental era fornecida pela dinâmica biológica. Cada sistema orgânico possui diversos elementos componentes, com suas características e funções. Todavia, o conjunto não é apenas o resultado da somatória dessas partes, mas surge como sendo algo individualizado e distinto, com propriedades e características que só o *todo* possui. A

visão organicista é a proposição mais antiga formulada como alternativa para a mecanicista.

Aplicando a *concepção organicista* no âmbito da superfície terrestre, cada unidade regional chega a atingir um estado de equilíbrio conforme as condições reinantes e funciona de maneira integrada com as demais para compor a individualização e a funcionalidade geral no planeta Terra. Por exemplo, usa-se a explicação de que a economia dos países subdesenvolvidos baseia-se na exploração de recursos minerais e matérias-primas para abastecer os mercados dos países industrializados. A afirmativa de que "a Amazônia é o pulmão do mundo" baseia-se nessa concepção de visão-de-mundo. Afetado por determinados eventos de alta magnitude, que rompem o estado de equilíbrio predominante, o sistema regional ou local age de modo a absorver o impacto e reajustar seu estado de equilíbrio. Caso os eventos e impactos possam ser absorvidos, pois embora afetando os fluxos de energia e matéria não chegam a ultrapassar os limiares de resiliência, o sistema recompõe-se em sua estabilidade. Nessa perspectiva, os grupos humanos devem compreender as características e o funcionamento dos sistemas do meio ambiente e evitar introduzir ações que provoquem rupturas no equilíbrio, ocasionando os impactos ambientais que ultrapassem a estabilidade existente. Em exemplo simples, a linguagem comum absorve essa visão: se não utilizar adequadamente os solos pode-se provocar seu cansaço e diminuição na produtividade. Também é corriqueiro encontrar frases apelando para a qualidade de decisão e escolha, quando se afirma que "a natureza é sábia".

A inserção de novas perspectivas relacionadas com a abordagem em sistemas promoveu revitalização das concepções organicistas básicas, embora sob outros contextos conceituais e analíticos, repercutindo nas maneiras de focalizar as questões ambientais. Essas perspectivas sistêmicas surgiram considerando o desenvolvimento provindo da Biologia teorética, com as inovações introduzidas por Ludwig von Bertallanfy, e as concepções mais recentes ligadas com o desenvolvimento observado no campo da Química e Física, mormente no que se refere aos sistemas dinâmicos não-lineares, com comportamento caótico. Se a perspectiva sistêmica com fundamentação biológica é considerada como ligada à modernidade, as perspectivas sistêmicas ligadas à incerteza e ao comportamento caótico são consideradas como pertencentes à pós-modernidade (GARE, 1995).

B — AS NOÇÕES DE UNIDADE, TOTALIDADE E COMPLEXIDADE

Torna-se oportuno procurar compreender as nuanças dos significados a respeito dessas três noções.

A *unidade* representa a qualidade do que é um, único, só ou sem partes, sendo tudo o que pode ser considerado individualmente. A unidade constitui o componente indivíduo, mas não significa que seja simples. A harmonia de conjunto estabelece-se como norma de caracterização, podendo inclusive ser composto por agrupamento de seres individuais considerados pelas relações mútuas que existem entre si, por seus caracteres comuns, por sua mútua dependência. Nesse contexto, as unidades areais ou os lugares são entidades individualizadas, únicas, em sua ocorrência.

A *totalidade* aplica-se às entidades constituídas por um conjunto de partes, cuja interação resulta numa composição diferente e específica, independente da somatória dos elementos componentes. O todo assume uma estrutura e funcionalidade diferenciada dos seus subcomponentes. Em novo nível hierárquico, cada componente do todo possui características específicas, podendo ser considerado como unidade, sendo também analisada como uma totalidade. A noção sempre envolve o contexto do *todo*, em seu nível hierárquico e na categoria classificatória, constituindo-se em uma entidade unitária, individualizada.

Inerentemente à totalidade encontra-se a concepção e a análise da *complexidade*. Os sistemas complexos apresentam diversidade de elementos, encadeamentos, interações, fluxos e retroalimentação compondo uma entidade organizada. Nos últimos anos vem-se desenvolvendo pesquisas procurando estudar inúmeros problemas ligados aos sistemas complexos em Física e Biologia, que até então se constituíam em questões difíceis de analisar. A razão fundamental que possibilitou o desenvolvimento desses estudos foi a crescente habilidade da informática e dos programas computacionais, que aumentou a velocidade de processamento e a capacidade de manejar grandes quantidades de informação. Esse avanço possibilitou que se começasse a pensar que a complexidade, em si mesma, possui suas próprias leis, que podem ser simples e coerentes.

Um *sistema complexo* pode ser definido como sendo composto por grande quantidade de componentes interatuantes, capazes de intercambiar informações com seu entorno condicionante e capazes, também, de adaptar sua estrutura interna como sendo conseqüências ligadas a tais interações. O estudo da complexidade vem sendo considerado como uma importante revolução na ciência, reformulando e ultrapassando a concepção mecanicista e linear dos sistemas. As bases encontram-se na concepção de que a maior parte da natureza é não-linear, comportando-se como sistemas dinâmicos e caóticos. Na teoria dos sistemas dinâmicos, a complexidade significa não apenas a não-linearidade, mas também uma diversidade elevada de elementos com muitos graus de liberdade. A emergente ciência da complexidade tem a ver com a estrutura e a ordem, procurando as regras básicas e os princípios comuns que fundamentam todos os sistemas e não apenas os detalhes de uma determinada categoria (exemplo: organização social, ecossistemas, embriões, cérebro, geossistemas, etc).

Todos esses sistemas possuem diversas características comuns: são sistemas que apresentam diversos elementos constituintes, possúem uma desordem estrutural intrínseca, as características assincrônicas e aleatórias das interações resultam em comportamento caótico dos processos. Embora o padrão referencial possa ser o do ótimo global (estado de mínima energia), torna-se inútil esperar que os sistemas cheguem a atingi-lo. Ao nível macroscópico, os sistemas apresentam diversidade em suas formas e estabilidade: se por um lado pode se observar a presença de múltiplos estados fundamentais, isto é, muitos estados de equilíbrio, por outro lado a ordem macroscópica resulta ser robusta e estável frente às mudanças na ordem interna do sistema. A dinâmica encontra-se afetada pela estrutura interna, enquanto a adaptação e reação aos ótimos locais ou globais estão governadas por diversos condicionantes temporais. No caso de sistemas abertos, a dinâmica desenvolve-se em espectro de configurações possíveis, que não estão caracterizadas por escalas temporais e espaciais precisas. Esta propriedade é denominada de *criticalidade autoorganizada*, e a dinâmica dos sistemas que a desencadeia funciona nas fronteiras do caos.

Um exemplo institucional desse desenvolvimento científico a respeito da complexidade é representado pela criação do Santa Fé Institute, em 1987, reunindo físicos, biólogos, especialistas em computação e de diversas outras categorias de cientistas, formando um grupo interativo de pesquisadores. A temática de pesquisa encontra-se ligada com a ciência da complexidade, focalizando os sistemas complexos que produzem ordem.

Há reconhecimento consensual sobre a existência de sistemas complexos na evolução da matéria (sistemas físicos), na evolução dos seres vivos (sistemas biológicos), na evolução da sociedade (sistemas sociais) e na economia (sistemas econômicos), por exemplo. Ao lado dessas categoriais há que reconhecer a existência de sistemas complexos expressos pelas organizações espaciais (sistemas geográficos), nos quais a *espacialidade* na superfície terrestre torna-se característica inerente e fundamental. Em decorrência, os seus subconjuntos também são sistemas complexos, tais como os sistemas ambientais físicos (geossistemas), os sistemas sócio-econômicos, os ecossistemas, os sistemas urbanos, os sistemas hidrológicos, os sistemas geomorfológicos, etc.

C— HOLISMO E REDUCIONISMO

A compreensão dos fenômenos que percebemos tem sido organizada, desde o século XVII, no mundo ocidental, através de dois principais tipos de procedimentos, denominados de abordagem analítica e abordagem holística.

A *abordagem analítica* encontra-se mais desenvolvida nas atividades científicas, necessária à análise e interpretação. Essa redução encontra sua contrapartida na síntese e na generalização. A ciência tem por objetivo explicar, generalizar e determinar as causas, de modo que as hipóteses sejam formuladas e verificadas através de comparações e experimentos, e as teorias incluem enunciados expressando leis da natureza. Nessa abordagem, o procedimento metodológico desenvolve-se focalizando o problema em seu nível inferior na hierarquia da complexidade: as propriedades dos átomos são melhor explicados em termos de suas partículas fundamentais, a vida das células pelo estudo de suas características químicas, enquanto as plantas são melhor referenciadas pelas seus aspectos florísticos. Na Petrologia, as rochas são consideradas em torno dos seus minerais componentes. No conhecimento geográfico já se considerou como ideal catalogar separadamente todas as facetas do meio ambiente físico e de todos os fatos e distribuição das atividades humanas em determinado lugar. Nessa perspectiva, a Geografia encontra-se caracterizada pela desagregação em inúmeros elementos componentes. Essa abordagem geral é denominada de reducionismo, definida mais formalmente como conceitos ou enunciados redefinidos em termos que são mais elementares ou básicos.

A outra abordagem considera que a análise do fenômeno deve ser realizada em seu próprio nível hierárquico, e não em função do conhecimento adquirido nos componentes de nível inferior. Isso significa que ela procura compreender o conjunto mais do que suas partes e sugere que o todo é maior que a somatória das propriedades e relações de suas partes, pois há o surgimento de novas propriedades que não emergem do conhecimento das suas partes constituintes. Dessa maneira, leva a considerar as condições de emergência das novas qualidades, que geralmente devem estar relacionadas com o arranjo dos elementos, com a estrutura do sistema. Essa abordagem é denominada de *holística*, definida como a concepção de que o todo possui propriedades que não podem ser explicadas em termos de seus constituintes individuais.

O termo holismo foi utilizado por Jan Smuts, acadêmico sul-africano, em 1926, mas inicialmente foi sufocado por idéias envolvendo tanto o misticismo como o vitalismo, pois surgia como um conceito da metafísica. Posteriormente, o termo foi resgatado e atualmente vem sendo usado e aplicado em termos de componentes e relações internas de unidades inseridas em seus níveis hierárquicos. Considera que na natureza verifica-se a tendência para produzir "conjuntos" a partir de grupamento ordenado de estruturas unitárias. Essa tendência funcional de organização pode ser reconhecido em várias categorias de "conjuntos", levando à doutrina de que o funcionamento global (do todo) afeta as suas partes componentes, sendo contrária à análise isolada pois as partes não poderiam ser estudadas e compreendidas individualmente. Por exemplo, uma organização, instituição ou sociedade é exemplo de um todo. Em conseqüência, as ações individuais só podem ser plenamente compreendidas em relação ao contexto social do todo. O holismo também leva à formulação de que a Ciência se constitui em um sistema integrado, complexo, e não como coleção de disciplinas e setores disparatados.

A concepção de se utilizar unidades complexas, como um todo de natureza integrada representando entidades interativas de lugares e regiões não é nova em Geografia. GLACKEN (1967) descreveu como a antiga civilização grega elaborou vários conceitos para explicar a sua visão considerando as relações consistentes e explicativas entre clima e sociedade, ou entre solos e personalidades. A proposição conceitual sobre as regiões, desenvolvida entre os geógrafos franceses, exemplifica uma afinidade quase-orgânica das comunidades com o meio ambiente físico. A funcionalidade integrativa das regiões na face da Terra transparece explicitamente desde as obras de Carl Ritter. A concepção holística também constitui a base para a obra de Alexandre von Humboldt, sobre Cosmos. A noção de ecossistema, como sendo sistema interativo e dinâmico relacionando conjuntamente plantas, animais e materiais inorgânicos em determinada área, foi exposta com clareza por STODDART (1967). A noção de totalidade, em termos do materialismo histórico, também representa uma concepção holística. Mais recentemente, ganhou realce a proposição sobre GAIA, elaborada por James LOVELOCK (1984; 1988; 1991). A concepção de geossistema, de SOTCHAVA (1977) e a estruturação da Ecologia da Paisagem (NAVEH e LINDERMANN, 1984; 1993; LESER, 1991) enquadram-se no contexto das abordagens holísticas. Outra designação corresponde à Geoecologia (HUGGETT, 1995).

Torna-se inadequado entender que haja oposição entre as perspectivas reducionista e holística. Elas complementam-se e se tornam necessárias aos procedimentos de análise em todas as disciplinas científicas. O fundamental é sempre estar ciente da totalidade do sistema abrangente, da complexidade que o caracteriza e da sua estruturação hierárquica. A abordagem reducionista vai focalizando elementos componentes em cada nível hierárquico do sistema, mas em cada hierarquia também se pode individualizar as entidades e compreendê-las em sua totalidade. Sob uma concepção reformulada, substitui a antiga concepção de analisar parte por parte e, depois, realizar a síntese.

O desenvolvimento da aplicabilidade dos sistemas dinâmicos e comportamento caótico em Geociências é crescente na última década, interagindo com o uso da abordagem analítica fractal e multifractal para o estudo das estruturas e expressividade geométrica.

II — DEFINIÇÃO E TIPOLOGIA DE SISTEMAS

O vocábulo *sistema*, representando conjunto organizado de elementos e de interações entre os elementos, possui uso antigo e difuso no conhecimento científico (p. ex. sistema solar). Todavia, a preocupação em se realizar abordagem sistêmica conceitual e analítica rigorosa surgiu explicitamente na Biologia teórica, na década de 30. Em função de usar da analogia com os sistemas biológicos, a abordagem foi absorvida e adaptada em várias outras disciplinas. A partir da década de 80 a analogia referencial está relacionada com os sistemas dinâmicos, desenvolvidos na Física e Química.

O conceito de sistemas foi introduzido na Geomorfologia por CHORLEY, em 1962, e vários aspectos dessa abordagem foram considerados por CHRISTOFOLETTI (1979), STRAHLER (1980), HUGGETT (1985) e SCHEIDEGGER (1991).

CHORLEY e KENNEDY (1971) salientaram o aspecto conectivo do conjunto, formando uma unidade, escrevendo que "um sistema é um conjunto estruturado de objetos e/ou atributos. Esses objetos e atributos consistem de componentes ou variáveis (isto é, fenômenos que são passíveis de assumir magnitudes variáveis) que exibem relações discerníveis um com os outros e operam conjuntamente como um todo complexo, de acordo com determinado padrão". Mais recentemente, ao fazer breve revisão sobre a teoria de sistemas, HAIGH (1985) assinalou que "um sistema é uma totalidade que é criada pela integração de um conjunto estruturado de partes componentes, cujas interrelações estruturais e funcionais criam uma inteireza que não se encontra implicada por aquelas partes componentes quando desagregadas".

Quando se conceituam os fenômenos como sistemas, uma das principais atribuições e dificuldades está em identificar os elementos, seus atributos (variáveis) e suas relações, a fim de delinear com clareza a extensão abrangida pelo sistema em foco. Praticamente, os sistemas envolvidos na análise ambiental funcionam dentro de um ambiente, fazendo parte de um conjunto maior. Esse conjunto maior, no qual se encontra inserido o sistema particular que se está estudando, pode ser denominado de *universo*, o qual compreende o conjunto de todos os fenômenos e eventos que, através de suas mudanças e dinamismo, apresentam influências condicionadores no sistema focalizado, e também de todos os fenômenos e eventos que sofrem alterações e mudanças por causa do comportamento do referido sistema particular. No âmbito do universo, a fim de estabelecer uma ordem classificatória, pode-se considerar os primeiros como *sistemas antecedentes* ou *controlantes* e os segundos como *sistemas subseqüentes* ou *controlados*. Entretanto, não se deve pensar que exista apenas um encadeamento linear, seqüencial, entre os sistemas antecedentes, o sistema que está se estudando e os sistemas subseqüentes. Através do *mecanismo de retroalimentação* (*feedback*), os sistemas subseqüentes podem voltar a exercer influências sobre os antecedentes, numa perfeita interação entre todo o universo.

Para a análise e modelagem ambiental deve-se estar ciente de que distinguir um sistema na multiplicidade das características e fenômenos da superfície terrestre é ato mental, cuja ação procura abstrair o referido sistema da realidade envolvente. O procedimento de abstrair, procurando estabelecer os elementos componentes e as relações existentes, depende da formação intelectual e da percepção ambiental apresentada pelo pesquisador. A fim de diminuir a subjetividade envolvida na decisão, CAMPBELL (1958) propôs algumas normas para serem consideradas pelo observador: *a*) a proximidade espacial de suas unidades; *b*) a similaridade de suas unidades; *c*) o objetivo comum das unidades, e *d*) a padronagem distinta ou reconhecível de suas unidades. Individualmente, qualquer uma dessas regras pode ser desobedecida sem acarretar prejuízos para o discernimento do sistema. Por exemplo, nem sempre os elementos componentes de um sistema estão próximos, contíguos, uns dos outros. Nos sistemas ambientais físicos, a contiguidade é observada com maior freqüência, mas num sistema industrial os elementos (fontes de matérias-primas, fábricas e postos de vendas) não apresentam contiguidade espacial. Todavia, o entrosamento desses critérios permite estabelecer que a *organização* e a *funcionalidade* são as normas básicas para caracterizá-lo. As relações interligando as várias unidades, tendo em vista a transformação do *input* recebido, representam o elo de significância do sistema.

Os sistemas podem ser classificados conforme critérios variados. Para a análise ambiental, o critério funcional e o da composição integrativa são os mais importantes.

Levando em consideração o critério funcional, Forster, Rapoport e Trucco distinguem os seguintes tipos de sistemas:

a) *sistemas isolados* são aqueles que, dadas as condições iniciais, não sofrem mais nenhuma perda nem recebem energia ou matéria do ambiente que os circundam. Dessa maneira, conhecendo-se a quantidade inicial de energia livre e as características da matéria, pode-se calcular exatamente o evoluir do sistema e qual o tempo que decorrerá até o seu final. Richard J. CHORLEY (1962) já assinalou que a concepção davisiana do ciclo de erosão ilustra perfeitamente essa perspectiva, pois se inicia com soerguimento brusco antes que os processos tenham tempo de modificar a paisagem. O ciclo começa com o máximo de energia livre devido ao soerguimento e, com o decorrer do tempo, os processos vão atuando e rebaixando o conjunto até que alcance o estágio final, quando a energia livre é diminuta; isso devido à quase uniformidade da área que foi aplainada em função do nível de base, constituindo a denominada peneplanície. A perspectiva em sistemas isolados favorece a abordagem dos fenômenos através do tratamento evolutivo e histórico, pois pode-se predizer o começo e a sucessão das etapas até o seu final.

b) *os sistemas não-isolados* mantêm relações com os demais sistemas do universo no qual funcionam, podendo ser subdivididos em

- *fechados*, quando há permuta de energia (recebimento e perda), mas não de matéria. O planeta Terra pode ser considerado como sistema não isolado fechado, pois recebe energia solar e também a perde por meio da radiação para as camadas extra-atmosféricas, mas não recebe nem perde matéria de outros planetas ou astros, a não ser em proporção insignificante, quase nula. O ciclo hidrológico representa outro exemplo. Os processos relacionados com as passagens para os estados sólidos, líquido e gasoso, além de representar troca de energia, representa uma transferência muito grande dessa energia entre as regiões da superfície terrestre, como das regiões quentes para as temperadas. Entretanto, o volume de água existente no globo permanece constante;

- *abertos* são aqueles nos quais ocorrem constantes trocas de energia e matéria, tanto recebendo como perdendo. Os sistemas abertos são os mais comuns, podendo ser exemplificados por uma bacia hidrográfica, vertente, homem, cidade, indústria, animal e muitos outros.

Levando em consideração critérios para a complexidade da composição integrativa, CHORLEY e KENNEDY (1971) propõem uma classificação estrutural e distinguem onze tipos de sistemas. Entre eles, todavia, consideram que os mais relevantes para o campo de ação da Geografia Física e análise ambiental são os quatro primeiros. As definições e as características são as seguintes:

a) *sistemas morfológicos* — são compostos somente pela associação das propriedades físicas dos sistemas e de seus elementos componentes, ligados com os aspectos geométricos e de composição, constituindo os sistemas menos complexos das estruturas naturais. Correspondem às *formas*, sobre as quais se podem escolher diversas variáveis a serem medidas (comprimento, altura, largura, declividade, granulometria, densidade e outras). A coesão e a direção da conexidade entre tais variáveis são reveladas pela análise de correlação.

Funcionalmente, os sistemas morfológicos podem ser isolados, fechados ou abertos. Os que normalmente pertencem ao interesse do pesquisador ambiental são abertos ou fechados, e muitas de suas propriedades podem ser consideradas como *respostas ou ajustamentos* ao fluxo de energia ou matéria através do sistema em seqüência aos quais estão ligados. Por exemplo, a densidade de drenagem é uma *resposta* à hidrologia da área; a densidade de estradas é *resposta* à intensidade demográfica e econômica de uma área. No contexto da geomorfologia, as redes de drenagem, as vertentes, as praias, os canais fluviais, as dunas e as restingas são exemplos de sistemas morfológicos, nos quais se podem distinguir, medir é correlacionar as variáveis geométricas e as de composição.

b) *sistemas em seqüência ou encadeantes* — são compostos por cadeia de subsistemas, possuindo tanto grandeza como localização espacial, que são dinamicamente relacionados por uma cascata de matéria e energia. O posicionamento dos subsistemas é contíguo e nesta seqüência a saída (*output*) de matéria e energia de um subsistema torna-se a entrada (*input*) para o subsistema de localização adjacente. Nos sistemas em seqüência a relevância da análise incide na caracterização dos fluxos de matéria e energia e nas transformações ocorridas em cada subsistema.

Importante é lembrar que dentro de cada subsistema deve haver um *regulador* que trabalhe a fim de repartir o *input* recebido de matéria ou energia em dois caminhos: armazenando-o (ou depositando) ou fazendo-o atravessar o subsistema e tornando-o um *output* do referido subsistema. Por exemplo, no subsistema vertente, a água recebida pode ser armazenada nos poros das rochas ou ser transferida para os rios (escoamento superficial) ou para o lençol subterrâneo; no subsistema lençol subterrâneo, a água pode ser armazenada ou ser transferida para as plantas e rios; no subsistema vegetação, a água pode ser armazenada nas plantas ou ser transferida para a atmosfera, através da transpiração; no subsistema rio, a carga recebida de água e de detritos pode ser armazenada ou depositada no leito ou. nas planícies de inundação, ou ser transferida para os lagos e mares.

No estudo dos sistemas em seqüência, a focalização analítica principal está em verificar as relações entre a entrada e a saída. Conforme o grau de detalhamento que se deseje obter, três maneiras distintas podem ser aplicadas (CHORLEY e KENNEDY, 1971; figura 1.1)

- caixa branca — a tentativa é feita no sentido de identificar e analisar as estocagens, fluxos e outros processos, a fim de obter conhecimento detalhado e claro de como a organização interna do sistema funciona a fim de transformar um *input* em *output*;

- caixa cinza — envolve conhecimento parcial do funcionamento do sistema, quando o interesse se centraliza apenas em número limitado de subsistemas, não se considerando as suas operações internas;

- caixa preta — o sistema em seu todo é tratado como unidade, sem qualquer consideração a propósito de sua organização e funcionamento interno. A atenção dirige-se somente para o caráter do *output* resultante de *inputs* identificados.

c) *sistemas de processos-respostas* — são formados pela combinação de sistemas morfológicos e sistemas em seqüência. Os sistemas em seqüência indicam o *processo*, enquanto o morfológico representa a *forma*, a resposta a determinado funcionamento. Ao definir os sistemas de processos-respostas, a ênfase maior está focalizada para identificar as relações entre o

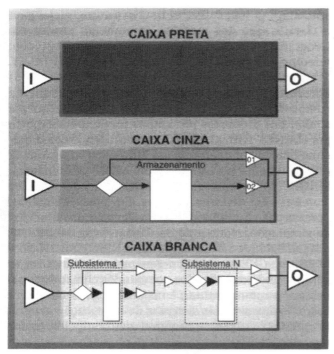

Figura 1.1 — As maneiras de se analisar os sistemas em seqüência, através das caixas preta, cinza e branca (conforme Chorley e Kennedy, 1971).

processo e as formas que dele resultam, caracterizando a globalização do sistema. Conseqüentemente, pode-se definir e estabelecer um equilíbrio entre o processo e a forma, de modo que qualquer alteração no sistema em seqüência será refletida por alteração na estrutura do sistema morfológico (isto é, na forma), através de reajustamento das variáveis, em vista a alcançar um novo equilíbrio, estabelecendo uma nova forma. Por outro lado, as alterações ocorridas nas formas podem alterar a maneira pela qual o processo se realiza, produzindo modificações na qualidade dos *inputs* fornecidos ao sistema morfológico. Por exemplo, aumentando a capacidade de infiltração de determinada área, haverá diminuição no escoamento superficial e na densidade da drenagem, o que reflete na diminuição da declividade das vertentes. Essa diminuição, por sua vez, facilita a capacidade de infiltração e diminui o escoamento superficial. Ao contrário, diminuindo a capacidade de infiltração de uma área, haverá aumento do escoamento superficial e da densidade da drenagem, o que reflete em maior declividade das vertentes. Este aumento, por sua vez, irá dificultar a capacidade de infiltração e aumentar o escoamento superficial.

d) *sistemas controlados* — são aqueles que apresentam a atuação do homem sobre os sistemas de processos-respostas. A complexidade é aumentada pela intervenção humana. Quando se examina a estrutura dos sistemas de processo-respostas, verifica-se que há certas variáveis chaves, ou *válvulas*, sobre as quais o homem pode intervir para produzir modificações na distribuição de matéria e energia dentro dos sistemas em seqüência e, conseqüentemente, influenciar nas formas que com ele estão relacionadas. Por exemplo, modificando a capacidade de infiltração de determinada área ou a movimentação de areias em determinada praia, o homem pode produzir, consciente ou inadvertidamente, modificações consideráveis na densidade de drenagem ou na geometria da praia. Conseqüências também podem ser atribuídas à intervenção humana, introduzindo novas espécies vegetais ou novas atividades de uso do solo na organização regional de determinadas áreas, causando os impactos antrópicos no sistema ambiental.

No desenvolvimento do presente trabalho utiliza-se de modo subjacente a caracterização funcional, mas estabelece-se uma alteração no tocante à proposta de CHORLEY e KENNEDY (1971). Em vez de usar as denominações da complexidade da composição estrutural como sendo categorias de sistemas, emprega-se a nomenclatura para distinguir categorias nos procedimentos analíticos sobre os sistemas, como já proposto em trabalhos anteriores (CHRISTO-FOLETTI, 1983; 1986-87; 1989; 1990). Dessa maneira, realiza-se a análise morfológica de sistemas, a análise dos processos em sistemas e a análise da interação formas e processos em sistemas. Em conseqüência, a quarta categoria encontra-se relacionada com a avaliação dos sistemas e atividades de planejamento, delineando os procedimentos de interferência.

Uma outra tipologia de sistemas, atribuída a WEAWER (1958), foi introduzida por WILSON (1981) nos estudos ambientais e por THORNES e FERGUSON (1981) na Geomorfologia, e adotada por HUGGETT (1985). Essa classificação distingue três tipos principais de sistemas: os simples, os complexos mas desorganizados e os complexos e organizados.

- *sistemas simples* : são os compostos por um conjunto de componentes conectados conjuntamente e agindo um sobre os outros conforme determinadas leis. Como exemplo, o sistema solar é composto pelo Sol e seus planetas. No âmbito geomorfológico, os matacões existentes em uma vertente podem ser considerados como formando um sistema simples. As condições requeridas para deslocar os matacões e prever sua trajetória, uma vez deslocados, podem ser previstas em função de leis mecânicas envolvendo as forças, resistências e equações de movimento. De modo semelhante, o movimento dos planetas em torno do Sol pode ser previsto em função das leis newtonianas.

- *sistemas complexos mas desorganizados* : são os formados por um conjunto de componentes, mas os objetos são considerados como interagindo de maneira fraca ou acidental. Um exemplo é descrito como o gás em um jarro. O sistema poderia consistir milhões de partículas, colidindo uma com as outras. De modo semelhante, as incontáveis partículas individuais de um regolito poderia ser considerado como sistema complexo, mas desorganizado. Em ambos, as interações entre as partículas são mais acidentais e muito numerosas para serem estudadas individualmente, de modo que medidas de agregação devem ser empregadas;

- *sistemas complexos e organizados*: essa concepção sobre sistemas é recente, e os seus componentes são vistos como interagindo fortemente uns com os outros para formar um sistema complexo e de natureza organizada. Muitos sistemas biológicos e ecossistemas são dessa categoria. Muitos sistemas na superfície terrestre apresentam alto grau de regularidade e conexões fortes, e podem ser pensados como sistemas altamente complexos e organizados. Um sistema de vertente, como sendo um sistema de processo — resposta, poderia ser colocado nessa categoria. Outros exemplos incluem solos, rios e praias.

III — DEFINIÇÃO E TIPOS DE MODELOS

A palavra modelo possui muitas nuanças em seu significado. De modo geral pode ser compreendido como sendo "qualquer representação simplificada da realidade" ou de um aspecto do mundo real que surja como de interesse ao pesquisador, que possibilite reconstruir a realidade, prever um comportamento, uma transformação ou uma evolução. A definição apresentada por HAGGETT e CHORLEY (1967; 1975) ainda permanece como sendo mais adequada, assinalando que "modelo é uma estruturação simplificada da realidade que supostamente apresenta, de forma generalizada, características ou relações importantes. Os modelos são aproximações altamente subjetivas, por não incluírem todas as observações ou medidas associadas, mas são valiosos por obscurecerem detalhes acidentais e por permitirem o aparecimento dos aspectos fundamentais da realidade". Nesse procedimento de transposição e elaboração de um esquema representativo, deve-se salientar que não é a realidade em si que se encontra representada, mas sim a nossa visão e a maneira de como percebemos e compreendemos essa realidade. Uma outra focalização definidora é representada pelo enunciado elaborado por BERRY (1995a), considerando que "um modelo é uma representação da realidade sob uma forma *material* (representação tangível) ou forma *simbólica* (representação abstrata)". Em seu trabalho exemplifica que a modelagem no campo dos sistemas de informação geográfica envolvem representação simbólica das propriedades *locacionais* (onde), assim como dos atributos *temáticos* (o que) e *temporais* (quando) descrevendo as características e condições do espaço e tempo.

A questão da tipologia dos modelos é assunto que surge amiúde, muitas vezes confundindo a temática do modelo com as características de sua organização.

CHORLEY (1964) forneceu uma estrutura inicial para a classificação dos modelos comumente usados em Geografia, cujo esquema foi ampliado e revisto com referência especial para a Geomorfologia (CHORLEY, 1967; 1975). Posteriormente, WOLDENBERG (1985) apresentou uma formulação revista do esquema composto por CHORLEY (1967; 1975). Um esquema similar aos propostos por ambos foi também exposto por HAINES-YOUNG e PETCH (1986). Tendo como fundamentação a modelagem em hidrologia, direcionada principalmente aos estudos sobre bacias de drenagem, SINGH (1995) apresentou classificação de modelos com base em diversos critérios. Em prosseguimento, apresenta-se também uma classificação dos modelos de simulação. No campo da Climatologia McGUFFIE e HENDERSON-SELLERS (1996) e HENDERSON-SELLERS e McGUFFIE (1997) organizaram sistematização para os modelos aplicados nos estudos climatológicos. De modo complementar, considerando a modelagem sob a perspectiva dos sistemas de informação geográfica, BERRY (1995a) apresentou quadro tipológico dos modelos em SIG.

No verbete inserido no dicionário do vocabulário utilizado em Geografia, BRUNET, FERRAS e THÉRY (1993) consideram que os geógrafos utilizam sobretudo as seguintes categorias de modelos, no tocante à linguagem utilizada: a) *modelos matemáticos*, que eventualmente são apresentados sob a forma de equações, com os da gravitação e da regressão; b) *modelos de sistemas*, denominados também como esquemas lógicos, que procuram representar a estrutura do sistema e identificar os elementos, fluxos e retroalimentações; c) *modelos preditivos* que, construídos como imagens de sistemas, como matrizes de relações entre os elementos de um sistema espacial, prevêem a sua evolução quando se modificam alguns parâmetros, isto é, certas condições de input e valores das variáveis de seus elementos e das relações; d) *modelos gráficos*, ou mais adequadamente coromáticos, que representam a estrutura de um espaço determinado, de um campo geográfico. A coremática está relacionada com a análise e interpretação das estruturas espaciais por meio do reconhecimento e composição dos coremas. BRUNET (1980) observa que o *corema* constitui a estrutura elementar do da unidade geográfica, correspondendo às leis da organização espacial. As malhas, redes, dissimetrias, gravitações frentes e afrontamentos, interfaces e sinápses são consideradas como fatores da origem dos coremas. Os coremas compõem-se em estruturas de estruturas, o que resulta na existências de tipos recorrentes (*corotipos*) e, localmente, de arranjos espaciais únicos.

A — A TIPOLOGIA DOS MODELOS EM GEOMORFOLOGIA CONFORME CHORLEY E WOLDENBERG

A configuração tipológica delineada por CHORLEY

(1967) e WOLDENBERG (1985) distingue as seguintes categorias:

1 — Modelos análogos naturais

Os modelos análogos naturais tem a finalidade de esclarecer determinada categoria de fenômenos ou sistemas, traduzindo seus aspectos supostamente importantes ou característicos por meio de uma representação analógica considerada mais simples, melhor conhecida ou sob um aspecto mais prontamente observável do que as ocorrências na natureza. Pode-se identificar duas classes de modelos análogos naturais, o histórico e o espacial.

1.1 — Os *análogos históricos* agrupam os fenômenos (geomorfológicos, por exemplo) em relação às suas posições imaginadas nas seqüências controladas pelo tempo, pressupondo que o acontecido antes acontecerá novamente, ou que o evento passado é importante para o que existe agóra. De modo semelhante, os acontecimentos antigos são interpretados em relação aos acontecimentos atuais, tomando como princípio que "o presente é a chave do passado". Assim, o fenômeno em estudo é considerado como parte de uma seqüência de eventos reais, individuais e inter-relacionados, com alto grau de similitude.

1.2 — Os *análogos espaciais* relacionam um conjunto de fenômenos a outros, pressupondo que as observações sobre uma paisagem ou sobre um processo em determinado lugar, talvez mais fáceis de fazer ou de caráter mais simples do que em outras áreas, auxiliará na compreensão das formas e dos processos em outros lugares. A comparação com outras áreas consideradas de alguma forma semelhante permitirá que se façam generalizações mais significativas e com maior confiança sobre uma determinada área em estudo.

2 — Análogos abstratos

Os modelos análogos abstratos fundamentam-se na perspectiva de que a pesquisa pode ser melhor realizada pela análise da estrutura do sistema envolvido na problemática focalizada pela pesquisa, discernindo as suas partes supostamente componentes, de modo que o funcionamento de cada parte e as interações entre elas possam ser examinadas convenientemente, levando a uma possível organização completa dos componentes num todo funcional. Os modelos análogos abstratos, também denominados como correspondentes aos sistemas físicos (CHORLEY, 1967), são trabalhados em função da atividade mental de abstração a respeito da ordem na natureza, procurando-se estabelecer uma similitude entre o modelo e a realidade. Essa categoria de modelos é a que mais adequadamente se enquadra nos procedimentos metodológicos convencionais, sendo os primeiros a serem aplicados nas análises quantitativas ligadas com as Geociências, nas décadas de 1930 e 1940. A abordagem de Robert E. HORTON (1932; 1945), sobre análise hidrológica em bacias hidrográficas, representa um exemplo.

Pode-se distinguir três categorias diferentes no conjunto dos modelos análogos abstratos, em face dos procedimentos de modelagem.

2.1 — *Modelos experimentais* ("Hardware models"):

Os modelos experimentais baseiam-se na construção de experimentos visando simular concretamente as características e a composição dos sistemas ambientais, a fim de exercer controle sobre as variáveis e compreender a dinâmica dos processos. Há que se registrar os critérios diferentes valorizados por CHORLEY (1967) e WOLDENBERG (1985).

CHORLEY (1967) distingue os modelos em escala e os modelos análogos. Os modelos em escala são rigorosamente imitativos de um segmento do mundo real, com o qual se parecem sob alguns aspectos bastante óbvios (isto é, sendo compostos em grande parte dos mesmos tipos de materiais). A semelhança pode algumas vezes ser tão grande que o modelo em escala torna-se mera porção adequadamente controlada do mundo real. As vantagens mais óbvias são o alto grau de controle que pode ser conseguido sobre as condições experimentais simplificadas e a maneira pela qual o tempo pode ser comprimido. Entre as dificuldades, dois problemas surgem como pertinentes: a) as mudanças de escala afetam as relações entre certas propriedades do modelo e do mundo real (p. ex., proporção das escalas) de diferentes maneiras, de forma que, por exemplo, as proporções cinemáticas das escalas (isto é, as que não implicam em velocidades e acelerações) se comportam diferentemente das suas proporções lineares (isto é, as que implicam em comprimentos e formas); b) dificuldades semelhantes ocorrem com as tentativas de produzir proporções significativas de escalas dinâmicas (isto é, as que implicam em forças de gravidade, tais como massa e inércia). Os modelos experimentais concretos para simular o desenvolvimento de meandros, o movimento das geleiras, a dinâmica litorânea e a construção de barragens são exemplos dessa categoria

Os modelos experimentais análogos envolvem mudanças radicais nos procedimentos imitativos das condições ambientais pelos quais o modelo é construído. Os objetivos são mais limitados do que os modelos experimentais em escala, porque se destinam a reproduzir apenas alguns aspectos da estrutura ou rede de relações, identificadas no modelo simplificado ou no sistema idealizado do segmento do mundo real. Essas transformações são obviamente bastante difíceis e grandes fontes potenciais de "ruídos" (isto é, confusão extrínseca), porque devem ser feitas presunções importantes, muitas vezes questionáveis, no tocante à adequação das mudanças sobre os meios envolvidos. Um exemplo desses modelos concretos análogos é fornecido por LEWIS e MILLER (1955), usando uma mistura de caulim para simular alguns aspectos da deformação e abertura de fendas num glaciar de vale. Mais recentemente, os modelos análogos tenderam a ser substituídos pelos procedimentos da informática, cujos programas funcionam considerando a combinação de dados sobre as variáveis colhidos em experimentos ou mensurados no mundo real e a modelagem matemática.

WOLDENBERG (1985), a propósito dos modelos experimentais ("hardware"), identifica três categorias:

- modelos geométrica e dinamicamente similares, usando materiais idênticos àqueles encontrados na natureza. Algumas vezes utiliza-se uma porção limitada do sistema natural. Por exemplo, SCHUMM (1956) ao estudar as badlands de Perth Amboy;

- modelos dinamicamente similares mas geometricamente dissimilares. Utiliza-se de relações adimensionais envolvendo os parâmetros dinâmicos, ou mesmo de materiais naturais, mas as relações geométricas escalares são alteradas. Por exemplo, ADAMS et al. (1985), considerando o transporte de sedimentos em relação ao desenvolvimento de delta fluvial, de BAND (1985), sobre a simulação do desenvolvimento de vertentes em relação à magnitude e freqüência da erosão dos fluxos de transbordamento em área abandonada de mineração de ouro, e de ROY (1985), nos modelos ótimos para os ângulos de ramificação fluvial;

- substituição de materiais análogos para simular forma e comportamento dinâmico. Exemplos de KOCHEL et al. (1985), para o desenvolvimento das redes de canais pelo sapeamento das águas subterrâneas em sedimentos finos, como análogos para alguns vales em Marte, e de GREELEY et al. (1985) para a abrasão eólica na Terra e em Marte.

2.2 — *Modelos matemáticos*: Os modelos matemáticos são abstrações no sentido de substituir objetos, forças, eventos, etc, por uma expressão que contém variáveis, parâmetros e constantes matemáticas (KRUMBEIN e GRAIBYLL, 1965), envolvendo a adoção de "um certo número de idealizações dos vários fenômenos estudados e a atribuição, às várias entidades envolvidas, de algumas propriedades estritamente definidas" (NEYMAN e SCOTT, 1957). As características essenciais dos fenômenos "são análogas às relações entre certos símbolos abstratos, que podemos registrar. Os fenômenos observados assemelham-se a algo extremamente simples, com muito poucos atributos. A semelhança é tão grande que as equações são um tipo de modelo funcional, pelo qual podemos prever características da coisa real que nunca observamos" (DANIEL, 1955). No caso da Geomorfologia, o tipo comum de modelo matemático diz respeito a afirmações simplificadas sobre certas características importantes do mundo real (em geral geométricas), que podem ser transformadas, segundo pressuposições relativas ao funcionamento básico do sistema (em geral relacionadas com as mudanças através do tempo), produzindo, pela verificação das previsões do modelo, em relação às situações apropriadas do mundo real, algumas informações sobre os mecanismos básicos envolvidos e a sucessão de mudanças geométricas às quais a superfície da Terra é submetida

através do tempo. As previsões dos modelos matemáticos podem ser verificadas em relação ao mundo real. Dessa maneira, a correspondência ou a divergência entre o mundo real e os efeitos previstos pelo modelo indicam o sucesso que se obtém na construção do modelo em relação ao sistema real.

Os modelos matemáticos podem ser comumente distinguidos em três classes: determinísticos, probabilísticos ou estocásticos, e de otimização.

2.2.1 — *Modelos determinísticos*: Os modelos matemáticos determinísticos são baseados nas noções matemáticas clássicas de relações exatamente previsíveis entre variáveis independentes e dependentes e consistem num conjunto de afirmações matemáticas especificadas (deduzidas da experiência ou da intuição), a partir das quais conseqüências únicas podem ser deduzidas pela argumentação matemática. Esses modelos geralmente encontram-se fundamentados no conhecimento, ou nas pressuposições, sobre as leis dos processos físicos e químicos. Um exemplo comum envolve a transformação dos perfis de vertentes (SCHEIDEGGER, 1961; 1991), considerando o formato inicial e as condições dos processos atuantes em sua evolução.

2.2.2 — *Modelos probabilísticos ou estocásticos*: Os modelos probabilísticos ou estocásticos são expressões que envolvem variáveis, parâmetros e constantes matemáticas, juntamente com um ou mais componentes aleatórios resultantes de flutuações imprevisíveis dos dados de observação ou da experimentação.

Os modelos probabilísticos são as bases para a simulação, podendo assumir três caminhamentos:

- simulação de Markov, que se baseia nos estados precedentes do sistema para simular os estados posteriores. Representa uma cadeia de acontecimentos sucessivos. MORISAWA (1985) utilizou desse processo para analisar as propriedades topológicas das redes de drenagem em áreas deltaicas. De modo geral foi bem aceito e aplicado pelos geomorfólogos, sendo aplicado para a análise do desenvolvimento das cavernas calcárias (CURL, 1959), para distinguir as variações aleatórias regionais e locais em perfis longitudinais dos rios do Arizona (MELTON, 1962), e para o desenvolvimento dos perfis longitudinais dos cursos d'água, pressupondo que a temperatura e a altura absoluta acima do nível de base possam ser intercambiadas, e que há continuidade na geração interna da entropia (taxa de aumento da entropia do sistema + taxa de vazão da entropia = taxa de geração interna da entropia), por LEOPOLD e LANGBEIN (1962).

  simulação Monte Carlo, na qual o evento simulado é independente dos estados prévios do sistema. Esse modelo ainda foi pouco utilizado em Geomorfologia, mas é amplamente utilizado em estudos hidrológicos e na análise do processo de difusão no setor da Geografia Humana;

- modelos de otimização, promovendo a maximização ou minimização de alguma força ou critério. Por exemplo, para simular o estado provável de entropia máxima, ou os estados de eficiência máxima ou de custos mínimos. O estudo de ROY (1985) para estabelecer os modelos de otimização dos ângulos de ramificação fluvial é um caso.

2.2.3 — *Modelos de desenho experimental*: A modelagem de sistemas ambientais envolve o reconhecimento de que, dentro de determinada amplitude dos dados de observação, existem certas partes componentes significativas dos sistemas que podem ser identificadas e analisadas pelo emprego de um desenho (projeto) experimental adequado. De modo geral, predominam os procedimentos e técnicas estatísticas em sua formulação. As generalizações estatísticas envolvem somente o uso de regressões simples, múltiplas ou tridimensionais.

O modelo de desenho (*design*) experimental é construído com referência a algum outro modelo conceitual sobre a natureza do problema, usando definições operacionais adequadas para as suas partes componentes. Para essa finalidade, coletam-se os dados considerados relevantes às suas características geométricas e dinâmicas, produzindo-se uma "matriz de dados" ou "estrutura organizada de dados". Essa matriz de dados é analisada por meio de técnicas de regressão, por exemplo, para produzir um sistema variável simples, no qual as correlações identificadas envolvem a direção e a intensidade da causalidade presumida. WOLDENBERG (1985) assinala três nuanças para esses modelos:

- as regressões entre as variáveis sugerem a intensidade das relações e direções da causalidade;
- as relações entre as variáveis permitem predições sobre as formas. Nesse caso, a causalidade não se encontra necessariamente implicada;
- as observações não-paramétricas, incluindo a presença ou ausência de dados, criam testes para as hipóteses múltiplas de trabalho (apresentadas em 1890 por Chamberlin). As observações eliminam determinadas hipóteses e criam novos quebra-cabeças ("*puzzles*") demandando novas hipóteses.

3 — Modelos que sintetizam sistemas

Os modelos procurando sintetizar os sistemas tem a finalidade de fornecer um quadro global da totalidade do sistema, estabelecendo o grau de conhecimento sobre as partes componentes, interações entre os elementos e funcionamento interativo entre os inputs e outputs do sistema. O objetivo é compreender o sistema como um todo em vez de se basear no estudo detalhado de elementos individuais do sistema ou numa determinada seqüência encadeante dos processos envolvidos em uma categoria de fluxo. Tais modelos permitem avaliações e referem-se, em sua complexidade organizacional, aos níveis denominados de "caixas branca, cinza e preta". As três nuanças tipológicas podem ser consideradas como

sendo:

- tentativas para especificação completa do sistema, considerando a sua estrutura e funcionamento, com base no esclarecimento dos inputs, outputs, retroalimentação e evolução. Geralmente encontram-se fundamentados nos trabalhos envolvendo os desenhos (projetos) experimentais;
- representação do conhecimento parcial sobre o sistema (abordagem em caixa cinza), focalizando os inputs, outputs e retroalimentação, mas sem examinar todos os mecanismos internos;
- abordagem em caixa preta. A representação não identifica os processos internos, que são pobremente conhecidos. A confiabilidade do modelo baseia-se nos volteios intuitivos. De modo geral, essa conexão entre o ponto de partida e o produto final pode ser exemplificada por dois casos:

a) os sistemas em equilíbrio são dependentes da retroalimentação negativa. Em conseqüência, a forma (resposta morfológica) atinge a geometria representativa do estado constante ("steady state"). MORISAWA (1985) aplica esse relacionamento para estabelecer as propriedades topológicas das redes de drenagem em áreas deltaicas;

b) os sistemas de conotação histórica são condicionados pelo tempo e envolvem retroalimentação positiva. Sob esse aspecto, as respostas podem ser reforçadas e crescentes em sua intensidade, gerando modificações que podem ser cíclicas nos estados seqüenciais do sistema. Há semelhança com os modelos naturais análogos, em que as paisagens antigas podem predizer a forma futura das paisagens atuais.

B — A TIPOLOGIA PROPOSTA POR HAINES-YOUNG E PETCH

HAINES-YOUNG e PETCH (1986) procuram salientar uma outra definição sobre modelos, considerando a funcionalidade para a atividade científica, mostrando que são mecanismos pelos quais as premissas são usadas para possibilitar conclusões. Em função dessa logicidade interna, mostram que "os modelos são instrumentos usados para elaborar predições". A tipologia proposta baseia-se nos critérios de como são construídos e utilizados no teste sobre hipóteses, considerando três aspectos:

- se o modelo é determinístico ou estocástico;
- se o modelo é parcial ou plenamente especificado; e
- se o modelo é "hardware" ou "software".

O primeiro aspecto representa a estrutura com que se organiza o modelo; o segundo refere-se ao conteúdo empírico, enquanto o terceiro se relaciona com as condições do procedimento usado na modelagem (figura 1.2).

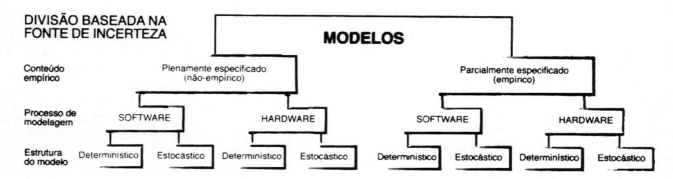

Figura 1.2 — Classificação dos modelos, conforme Haines-Young e Petch (1986)

C — A TIPOLOGIA DOS MODELOS EM HIDROLOGIA, CONFORME SINGH

Ao apresentar revisão introdutória a propósito da modelagem aplicada às bacias hidrográficas, SINGH (1995) sintetiza classificação de modelos utilizados em estudos hidrológicos, pois são de diferentes tipos e desenvolvidos para objetivos diferenciados. Todavia, os critérios de classificação são possíveis porque muitos modelos compartilham das mesmas similaridades estruturais e pressuposições. Em face dessa perspectiva, apresenta tipologia dos modelos conforme três critérios: descrição de processos, grandezas escalares e técnicas de resolução. Absorve-se tais esquemas classificatórios, pois constituem referenciais úteis a todos os setores envolvidos com a modelagem de sistemas ambientais.

1 — Classificação baseada em processos

SINGH (1995) salienta que, sob a perspectiva hidrológica sobre as bacias hidrográficas, um modelo deve abranger cinco componentes (figura 1.3): a geometria do sistema, envolvendo as características e os processos da bacia; os inputs; as leis governantes; as condições iniciais e limitantes, e o output. Dependendo do tipo de modelo e das suas finalidades, tais componentes podem ser combinados de maneiras diferenciadas. Dessa maneira, esta categoria de modelos compreende todos aqueles que focalizam os processos que contribuem para o output do sistema.

Os modelos sobre processos podem ser genéricos (*lumped*) ou distribuídos (figura 1.4). Os modelos genéricos analisam os processos ocorrentes na bacia em seu conjunto, sem se preocupar com as variações espaciais dos processos, inputs, condições limitantes e características (geométricas) da bacia. Representa simplificação, na qual a média da variável surge como válida para todo o sistema. Por exemplo, o valor médio da precipitação em uma bacia hidrográfica. A implicação é que, nas bacias de drenagem, os inputs e as respostas podem ser representadas matematicamente usando-se apenas uma dimensão espacial ou temporal. Dessa maneira, não se consideram as variações internas da precipitação, vegetação, solos, geologia ou topografia.

Os *modelos distribuídos* explicitamente levam em consideração a variabilidade espacial dos componentes e dos valores das variáveis no interior da bacia hidrográfica. Os modelos abordando os processos de precipitação e escoamento podem levar em conta essa variabilidade espacial. Todavia, a deficiência de dados de campo e experimentais, na prática, são obstáculos à formulação de modelos plenamente distribuídos, ocorrendo a apresentação de modelos que englobam características genéricas sobre componentes com informações sobre a variabilidade espacial de outros aspectos. Tais modelos podem ser considerados como *quase-distribuídos*, servindo de exemplos os modelos Sistema Hidrológico Europeu (SHE), o modelo matemático determinístico distribuído (IHM); modelo de manejo das águas de aguaceiros (*Storm Water Management Model*, SWMM) e o modelo do *National Weather Service River Forecast System* (NWSRFS).

Na descrição dos processos em ambas as categorias de modelos, a abordagem pode ser determinística, estocástica ou mista. Nos casos em que a descrição é feita por meio das leis de probabilidade para algumas partes do modelo e por meio de expressões determinísticas para outras, torna-se oportuno caracterizar os modelos como sendo *quase-determinísticos* ou *quase-estocásticos*.

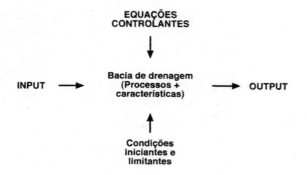

Figura 1.3 — Componentes do modelo hidrológico para as bacias de drenagem (conforme Singh, 1995)

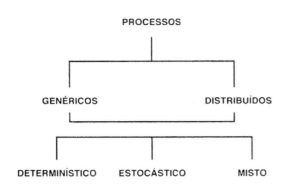

Figura 1.4 — Classificação de modelos considerando a descrição dos processos (conforme Singh,1995)

2 — Classificação baseada em escalas temporais

A grandeza da escala temporal pode ser utilizada como critério para distinguir tipologias de modelos em Hidrologia e Climatologia. A escala temporal pode ser definida como uma combinação de dois intervalos temporais (DISKIN e SIMON, 1979). Um desses intervalos é usado para os inputs e computações internas. O segundo corresponde ao intervalo temporal usado para o output e calibragem do modelo. Com base nessa descrição, SINGH (1995) observa que os modelos podem ser classificados como sendo: a) baseados em tempo-contínuo ou eventos; b) baseados em período diário; c) baseados em período mensal, e d) períodos anuais (figura 1.5). Essa classificação encontra-se fundamentada na categoria dos dados disponíveis para o manejo e computação. Se ocorrer disponibilidade de dados para intervalos menores, tais como em horas ou em minutos, o modelo poderá ser enquadrado nessas opções. A escolha do intervalo de tempo a ser empregado sempre está ligada ao objetivo que se pretende na modelagem.

3 — Classificação baseada na escala espacial

Levando em conta a grandeza espacial das bacias hidrográficas, os modelos hidrológicos podem ser classificados em categorias direcionadas para pequenas, médias e grandes bacias (figura 1.5). Os limites de grandeza para essas classes são arbitrários, estabelecidos em função das possibilidades de análise e disponibilidade de informação em vez do significado físico e dinâmico. Em geral, costuma-se considerar como pequenas bacias aquelas com área inferior a 100 km^2; como médias as situadas na grandeza entre 100 e 1.000 km^2 e como grandes as que possuem área maior que 1.000 km^2. Por exemplo, MOLDAN e CERNY (1994), para as pesquisas a respeito da biogeoquímica de pequenas bacias hidrográficas, consideram oportuno englobar as que possuem grandeza inferior a 5 km^2.

SINGH (1995) mostra que a questão relevante se relaciona com a homogeneidade e ponderação dos processos hidrológicos, sendo fundamentais distinguir duas fases para a geração do escoamento em bacias: a fase das vertentes e a fase dos canais. As grandes bacias possuem redes de canais bem desenvolvidos e a fase canal, como a estocagem nos canais, é processo dominante, e são menos sensíveis às precipitações de curta duração e alta intensidade. Nas pequenas bacias, por outro lado, a fase das vertentes e o escoamento superficial são os predominantes, possuindo rede de canais ainda não perfeitamente estabelecida e são mais sensíveis às precipitações de curta duração e alta intensidade.

Por outro lado, à medida que aumenta a grandeza espacial há a possibilidade de ocorrer variações nas características internas da bacia, devendo-se levar em consideração a distribuição espacial desses aspectos. Outro aspecto relevante encontra-se relacionado com as categorias de uso do solo, que são fatores influindo nas características hidrológicas. Conforme a predominância do uso do solo, SINGH (1992) classificou as bacias como sendo: a) agrícolas, b) urbanas, c) florestadas; d) desérticas; e) montanhosas; f) litorâneas; g) baixadas úmidas, e h) mistas.

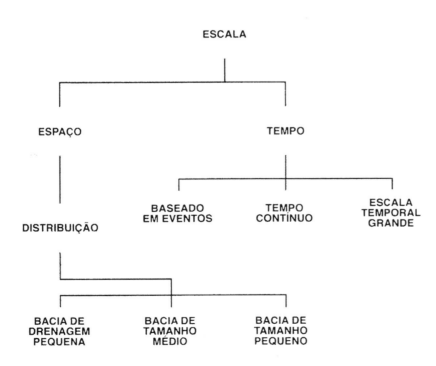

Figura 1.5 — Classificação das bacias de drenagem considerando as escalas espacial e temporal (conforme Singh, 1995)

4 — Classificação baseada nas técnicas de resolução

Conforme o critério dos procedimentos metodológicos de resolução, os modelos podem ser classificados em numéricos, análogos e analíticos (figura 1.6). Os modelos numéricos apresentam tipologia diferenciada, correspondendo aos modelos de diferença finita, elemento finito, elementos limitantes, coordenadas ajustadas aos limites e mistos.

D — CLASSIFICAÇÃO DOS MODELOS DE SIMULAÇÃO EM HIDROLOGIA

Em muitos projetos os pesquisadores, planejadores e engenheiros ambientais encontram dificuldades para o desenvolvimento das pesquisas, dos planejamentos e das tomadas-de-decisão técnicas em virtude da carência ou mesmo inexistência de registro de dados. Essa dificuldade torna-se comum na análise dos fenômenos climáticos e hidrológicos. Para superar tais questões, costuma-se utilizar dos modelos de *síntese* e de *simulação* como instrumentos para gerar seqüências artificiais de dados a fim de serem aplicadas na racionalização das análises em pesquisa e tomadas-de-decisão como, por exemplo, no controle das cheias, construção de barragens, sistemas de abastecimento de águas e recursos hídricos.

A *simulação* é definida como a descrição matemática da resposta de um sistema hidrológico de recursos hídricos a uma série de eventos durante um pre-determinado período de tempo. Em hidrologia, por exemplo, a simulação pode ser aplicada para calcular a média diária, mensal ou sazonal dos escoamento fluvial utilizando como base os dados da precipitação, ou computar a descarga hidrográfica resultante de um aguaceiro conhecido ou hipotetizado, ou simplesmente para preencher lacunas existentes nas séries de informações registradas em estações hidrológicas ou climáticas. Na perspectiva hidrológica, a simulação é utilizada geralmente para gerar hidrógrafos de escoamento a partir de dados da precipitação e da bacia de drenagem.

Os modelos de *síntese* possuem a potencialidade de ampliar os procedimentos de simulação, sendo utilizados na análise de séries temporais com a finalidade de gerar seqüências sintéticas de dados sobre precipitação ou escoamento fluvial (diárias, mensais, sazonais ou anuais), que podem ser empregados para preencher lacunas existentes em registros e para analisar a acuidade a longo-prazo da capacidade das microbacias e dos reservatórios na previsão de cheias ou quantificar o escoamento a partir de seqüências sintéticas da precipitação. Os procedimentos de análise sintética possibilitam ao pesquisador superar a inadequabilidade dos dados, particularmente nos casos em que os registros disponíveis são ainda de curta duração. Os registros de curta duração são ampliados para escalas temporais mais longas, preservando as características estatísticas das séries registradas ou mantendo ajustagem a uma distribuição de probabilidade predeterminada.

Em virtude da ampla difusão das técnicas computacionais na análise dos sistemas de recursos hídricos subterrâneos e superficiais, ocorreu o desenvolvimento de muitos procedimentos de simulação. Considerando a natureza diversificada dos modelos de simulação que foram desenvolvidos, também surgiram variadas tentativas de classificá-los, proliferando o uso de adjetivos e de critérios diferenciados. VIESSMAN Jr. e LEWIS (1996) estabelecem a seguinte classificação descritiva dos modelos de simulação, procurando situá-los em categorias para escolhas opcionais:

a) *modelos físicos vs. matemáticos:* Os modelos físicos incluem tecnologias análogas e princípios de simili-tude aplicados aos modelos em pequenas escalas. Por exemplo, o escoamento simulado em laboratório pode ser realizado como sendo redução escalar de 1:10 em relação ao da natureza. Por outro lado, os modelos matemáticos baseiam-se em enunciados matemáticos para representar o sistema. A teoria do hidrógrafo unitário é modelo matemático da resposta de uma bacia hidrográfica aos vários eventos chuvosos;

b) *modelos contínuos vs. discretos:* Os modelos contínuos estabelecem a modelagem contínua dos processos que ocorrem, tais como os modelos físicos, análogos e alguns modelos digitais. Todavia, em muitos modelos digitais de simulação há necessidade e vantagens em se fragmentar as informações espaciais e temporais em segmentos de determinada grandeza, qualificando então os modelos discretos;

c) *modelos dinâmicos vs. estáticos:* Os processos que envolvem mudanças ao longo do tempo e interações variando temporalmente podem ser simuladas por modelos dinâmicos. Ao contrário, os modelos estáticos procuram examinar os processos independentes do tempo;

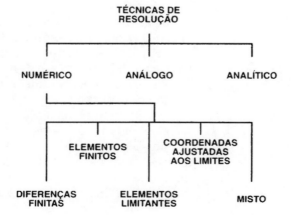

Figura 1.6 — Classificação de modelos considerando as técnicas de resolução (conforme Singh, 1995)

d) *modelos descritivos vs. conceituais:* Os modelos descritivos são estabelecidos para analisar os fenômenos observados por meio do empirismo e do uso de fundamentos básicos, tais como os pressupostos da continuidade ou conservação do momento. Os modelos conceituais baseiam-se nas concepções teóricas para caracterizar e interpretar os fenômenos, em vez de descrever a ocorrência empírica do processo físico. Os modelos elaborados sob as perspectivas de usar da inteligência artificial e sistemas especializados na modelagem de sistemas hídricos podem ser classificados como conceituais;

e) *modelos genéricos vs. distribuídos:* Os modelos que ignoram as variações espaciais dos parâmetros no interior do sistema são designados como de parâmetros genéricos. Um exemplo é o uso do hidrógrafo unitário para predizer a distribuição temporal do escoamento superficial para diferentes aguaceiros sobre áreas de drenagem homogêneas. Os modelos de parâmetros distribuídos levam em consideração as variações espaciais do comportamento do processo no interior do sistema. Muitos modelos de simulação de águas subterrâneas levam em conta as variações no armazenamento e transmissividade, com informações colhidas para cada unidade de uma rede de células superposta à área espacial do aqüífero;

f) *modelos em caixa preta vs. imitadores da estrutura*: As duas categorias baseiam-se no recebimento de inputs pelo sistema e no processo de sua transformação para output. No modelo de caixa preta, a transformação é assinalada como genérica apresentando pequena ou nenhuma base física dos processos. Nos modelos em caixa cinza e/ou branca, a descrição imitativa da estrutura dos processos encontra-se exposta de modo mais detalhado;

g) *modelos estocásticos vs. determinísticos:* Muitos processos estocásticos podem ser focalizados por abordagens determinísticas se excluir considerações dos parâmetros ou inputs aleatórios. Os modelos de simulação determinística descrevem o comportamento do ciclo hidrológico em termos de relações matemáticas delineando as interações das várias do ciclo. Freqüentemente, tais modelos são estruturados para simular um valor do escoamento, horário ou diário, a partir de determinadas quantidades da precipitação na área da bacia de drenagem. O modelo é *verificado* ou *calibrado* comparando-se os resultados da simulação com os registros existentes. Quando o modelo se encontra ajustado para encaixar o período de dados conhecidos, pode-se gerar a extensão adicional de períodos na série temporal;

h) *modelos baseados em eventos vs. contínuos:* Os sistemas hidrológicos podem ser investigados em maior detalhe quando se diminui o tamanho do período temporal. Muitos modelos hidrológicos sobre processos de curta duração podem ser considerados como simulação-de-eventos, em contraste com os modelos seqüenciais ou contínuos;

i) *modelos de balanço hídrico vs. preditivos*: Muitos modelos podem ser classificados conforme a sua finalidade. Uma distinção importante reside em verificar se o modelo se propõe a predizer as condições futuras usando informações sintéticas sobre as precipitações e condições da bacia de drenagem ou se propõe a verificar os eventos históricos. O *modelo de balanço hídrico* pode ser definido como um modelo ou conjunto de relações que confirmam o balanço histórico nos influxos, defluxos e mudanças no armazenamento para o sistema em estudo. Deve-se salientar que os modelos de simulação inicialmente começam pela estruturação dos modelos de balanço e então utilizam os parâmetros que confirmam o referido balanço em qualquer modelo de simulação para as condições futuras.

E — A TIPOLOGIA DOS MODELOS EM CLIMATOLOGIA

O objetivo da modelagem em Climatologia é simular os processos e predizer os efeitos resultantes nas mudanças e nas interações internas. Considerando as atividades ligadas à modelagem desenvolvidas pelos Grupos de Trabalho integrantes do Painel Intergovernamental sobre Mudanças Climáticas, HENDERSON-SELLERS e McGUFFIE (1997) consideram que os modelos climáticos podem ser classificados em três categorias: modelos climáticos globais, modelos de impactos climáticos e modelos integrados de avaliação. As duas últimas categorias dependem diretamente dos resultados obtidos nos modelos climáticos globais (figura 1.7). Estes autores também especificam que os modelos descrevem o sistema climático em função dos princípios físicos, químicos, biológicos e, talvez, também dos sociais. Por essa razão, o modelo climático pode ser considerado como compreendendo uma série de equações que expressam essas leis, devendo ser uma simplificação do mundo real. Quanto mais complexa for a representação, mais difícil se torna o uso do modelo, até mesmo em computadores muito velozes, e os resultados sempre são meras aproximações.

1 — Os modelos climáticos de circulação geral

Os *modelos climáticos globais* foram derivados dos modelos de previsão de tempo, e a modelagem incorpora muito da matemática e física da atmosfera e particularmente focaliza os processos dinâmicos e a radiação. Somente são designados pela sigla *GCM*. Entretanto essa sigla é passível de ser interpretada em dois aspectos. O primeiro termo é mais recente e refere-se como sendo o *modelo climático global* ("global climate model"); o segundo é mais antigo e refere-se como sendo o *modelo de circulação global ou geral* ("general or global circulation model". Como o último termo também se refere ao modelo de previsão do tempo, nos estudos climáticos a sigla GCM é compreendida como significando *modelo climático de circulação geral* ("general circulation climate model"). Tais modelos podem ser focalizados em termos de sua complexidade, considerando a acoplagem de elementos e suas relações, e em função de uma hierarquia.

Considerando as características da superfície terrestre, uma distinção pode ser atribuída, distin-guindo-se os modelos de circulação geral dos oceanos (OGCMs) e os modelos de circulação geral da atmosfera (AGCMs). Outra preocupação crescente na modelagem climática reside no desenvolvimento de modelos acoplados, incorporando os componentes e as relações entre atmosfera, oceanos e áreas glaciárias, visando inclusive a incorporação da biosfera e das atividades sócio-econômicas. Dessas atividades de pesquisas surgem os modelos acoplando as relações entre oceanos e atmosfera, designados como OGCMs e AGCMs. A complexidade aumenta quando se incorpora as relações com a biosfera, redundando nos modelos chamados AOBGCMs, ou quando se tenta incorporar as mudanças na atmosfera, oceanos e até na química dos solos

Os modelos climáticos globais de grande escala, desenvolvidos para simular o clima do planeta, realizam simplificações devido as interações que se realizam nas diferentes escalas espaciais e temporais (WASHINGTON E PARKINSON, 1986; TRENBERTH, 1992), o que resulta em nuanças e tipos diferenciados para essa categoria de modelos climáticos. HENDERSON-SELLERS e McGUFFIE (1997) especificam que os principais componentes que devem ser considerados na elaboração de um modelo do sistema climático são: a) radiação (input e absorção da radiação solar e a emissão da radiação infravermelha); b) dinâmica (movimento em torno do globo pelos ventos e correntes

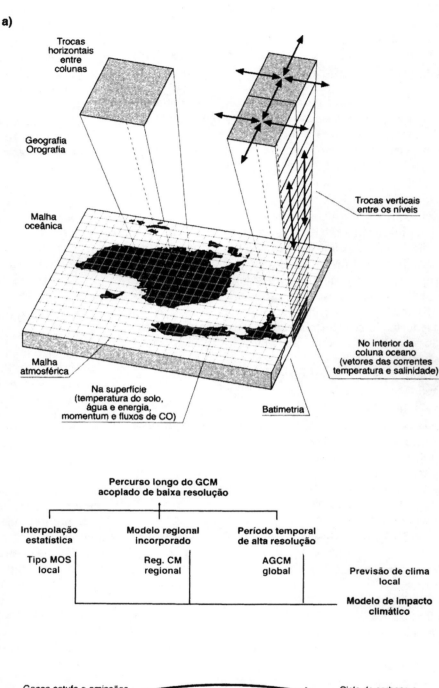

Figura1.7 — *Categorias de modelos climáticos: a) esquema de modelo climático global (GCM); b) passagem escalonada de um GCM para um modelo de impacto climático; c) modelo integrado de avaliação incluindo, como componente, o GCM ou alguns de seus resultados (adaptado de Henderson-Sellers e McGuffie, 1997)*

oceânicas, assim como os movimentos verticais como a convecção e formação das águas profundas); c) processos superficiais (mares e geleiras continentais, neve, vegetação); d) química (isto é, mudanças da quantidade de carbono entre oceanos, continentes e atmosfera), e e) resolução tanto na escala temporal quanto na espacial (resoluções específicas no modelo para o período de tempo e para as escalas vertical e horizontal). A importância relativa desses processos também pode ser avaliada sob o critério de hierarquia, no contexto de uma pirâmide de modelagem climática (figura 1.8).

As arestas da parte inferior da pirâmide representam os elementos básicos dos GCMs, e a complexidade vai aumentando à medida que se caminha para o topo. Dessa maneira, também expressa a hierarquização dos modelos climáticos de circulação geral (HENDERSON-SELLERS e McGUFFIE, 1997). Nas proximidades da base da pirâmide situam-se os modelos climáticos mais simples, que incorporam apenas um processo primário. Por exemplo, os modelos de balanço energético são modelos unidimensionais predizendo a variação da temperatura da superfície de acordo com a latitude (SELLERS, 1969).

Os modelos climáticos unidimensionais sobre a radiação e convecção calculam o perfil da temperatura vertical pela modelagem dos processos radiativos e pelo ajustagem convectiva, que estabelece uma pre-determinada taxa de mudança. Os modelos estatísticos bidimensionais sobre a dinâmica calculam os processos superficiais e a dinâmica em uma estrutura zonal média, com uma atmosfera apresentando características verticais especificadas. Outros modelos bidimensionais também calculam as reações químicas e uma atmosfera zonal média. Nesse contexto, os GCMs apreendem a natureza tridimensional da atmosfera e oceanos e procuram representar todos os processos climáticos julgados como relevantes. HENDERSON-SELLERS e McGUFFIE (1997) também mostram que hierarquização similar pode ser aplicada aos modelos climáticos ligados com os oceanos.

2 — Os modelos sobre impactos climáticos

A modelagem de impactos climáticos é abrangente e complexa, incorporando os resultados da modelagem climática geral e conhecimentos relacionados com a ecologia, condições sociais e econômicas (figura 1.7 (b); parte superior da figura 1.8). Os modelos de impactos climáticos são mais simples em sua formulação matemática e surgem como sendo de base empírica, dependendo das informações contidas nas séries temporais. Em conseqüência, a aplicabilidade é mais direcionada para as escalas local e regional (HENDERSON-SELLERS, 1997). A modelagem procura analisar as conseqüências das mudanças climáticas sobre o nível dos mares, condições ambientais, regimes hidrológicos, cobertura florestal, agricultura, atividades sociais, vida urbana e condições de saúde, por exemplo.

3 — Modelos integrados de avaliação

Os modelos integrados de avaliação desenvolveram-se em função da necessidade de se manter a coerência avaliativa das mudanças climáticas nas relações entre os aspectos sociais, políticos e econômicos, e entre os aspectos físicos e biológicos (ROTMANS et al., 1994)). Duas características distinguem esta categoria dos demais tipos de modelos: oferecem valor maior do que as abordagens unidisciplinares e propiciam informações relevantes aos responsáveis pelas tomadas-de-decisão.

A construção dos modelos integrados de avaliação escalonam-se desde o uso de poucas equações, representando respostas simples, até os conjuntos muito complexos de equações procurando captar todos os processos (humanos e físicos) envolvidos nas mudanças climáticas. No primeiro caso, o input do modelo climático é simplesmente uma mudança na temperatura média global acompanhando uma ação especificada, mas no segundo caso um modelo de circulação geral pode se tornar um componente do modelo integrado de avaliação (HENDERSON-SELLERS e McGUFFIE, 1997; figura 1. 7 c).

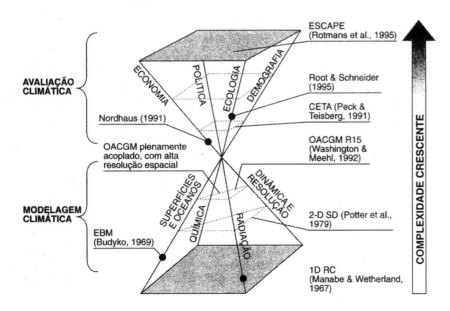

Figura 1.8 — As pirâmides da modelagem climática: a pirâmide inferior representa os componentes do modelo de clima global, enquanto a pirâmide superior representa aspectos do modelo de impacto climático e do modelo integrado de avaliação (adaptado de Henderson-Sellers e McGuffie, 1997)

F — A TIPOLOGIA DOS MODELOS NO CAMPO DOS SISTEMAS DE INFORMAÇÃO GEOGRÁFICA

Considerando que o modelo é uma representação da realidade, sob forma material ou simbólica, BERRY (1995a) distingue duas categorias gerais de modelos: a estrutural e a relacional. A categoria estrutural focaliza a composição e construção de componentes, tais como objetos e ações. Os *objetos* são entidades sob a forma estática, formando uma representação visual de um elemento (p. ex., a planta da arquitetura de um edifício), e suas características incluem a escala, bi ou tridimensional, e representação simbólica. As *ações* são a dinâmica sob a forma de movimentos, focalizando as relações espaço-temporais dos elementos (p. ex., o modelo de um trem correndo ao longo dos trilhos), e suas características envolvem períodos temporais, detecção de mudanças, estatística das transições e animação.

A categoria relacional focaliza a interdependência e as relações entre os fatores e processos, sob as perspectivas funcional e conceitual. A relação funcional trata das relações entre as variáveis de *inputs e outputs* (p. ex., a previsão do escoamento em função de uma precipitação), e suas características incluem relações de causa-efeito, ciências físicas e análise da sensibilidade. A relação conceitual encontra suas bases na percepção, incorporando tanto a interpretação como os valores atribuídos aos fatos (p.e., a adequabilidade para a recreação ao ar livre), e suas características incluem a heurística (regras específicas), ciências humanas e cenários.

Sob essa categorização genérica, os modelos no campo dos sistemas de informação geográfica são de dois tipos básicos: cartográficos e espaciais. Os modelos *cartográficos* resultam da automação de técnicas manuais que tradicionalmente usam instrumentos de desenho e sobreposição de transparências (p. ex., um mapa identificando localização de solos produtivos e vertentes suaves, usando de lógica binária expressa como *geo-query* (linguagem geográfica)). Os modelos *espaciais* são expressões das relações matemáticas entre variáveis mapeadas (p. ex., o mapa de aquecimento da superfície em função da temperatura ambiente e da irradiação solar, usando lógica multivariada expressa como variáveis, parâmetros e relações).

BERRY (1995a) relacionou as características dos modelos envolvidos nos sistemas de informação geográfica, e para cada uma assinalou os aspectos para escolha entre dois setores terminais do espectro, numa lógica binária, mas sem esquecer a gama variante da lógica difusa entre os termos extremos (quadro 1.1). As características básicas são: escala, extensão, objetivo, abordagem, técnica, associação, agregação e temporalidade.

IV — CONSIDERAÇÃO FINAL

A abordagem sistêmica torna-se fundamental para orientar os procedimentos da modelagem sobre sistemas ambientais. Por outro lado, a questão relacionada com a tipologia de modelos possui significância genérica para conhecer as proposições realizadas e analogias, assim como referências para novas iniciativas. As classificações delineadas oferecem esquemas abrangentes considerando as atividades desenvolvidas em vários setores, como na Geomorfologia, Hidrologia e Climatologia. As nuanças tipológicas dos modelos e de suas características também se revelam no campo dos sistemas de informação geográfica. Há riqueza de proposições no tocante aos modelos, mas ainda não há uma tentativa específica que se direcione para estabelecer a tipologia do amplo leque de modelos trabalhados na modelagem de sistemas ambientais. Em virtude do espectro fenomenológico envolvido nos sistemas ambientais, as proposições, de modo prático, orientam-se para objetivos específicos, temáticos ou de uso de técnicas, e empregam critérios satisfatórios à solução do problema enfrentado. Por essa razão, surgem constantemente novos adjetivos especificando categorias de modelos, cuja proliferação não causa estranheza nem ocasiona dificuldades conceituais e de aplicabilidade.

QUADRO 1.1 — Guia classificatório dos modelos em Sistemas de Informação Geográfica (conforme BERRY, 1995a).

MODELO
(representação)

MATERIAL	SIMBÓLICA
(tangível)	(abstrata)

CATEGORIA GERAL DOS MODELOS:

ESTRUTURAL		RELACIONAL	
Objeto	*Ação*	*Funcional*	*Conceitual*

TIPOLOGIA DOS MODELOS EM SIGs:

Cartográfico	*Espacial*

CARACTERÍSTICAS DOS MODELOS EM SIGs:

ESCALA	*Micro*	*Macro*
EXTENSÃO	*Completo*	*Parcial*
OBJETIVO	*Descritivo*	*Prescritivo*
ABORDAGEM	*Empírico*	*Teorético*
TÉCNICA	*Determinístico*	*Estocástico*
ASSOCIAÇÃO	*Genérico*	*Interligado*
AGREGAÇÃO	*Agrupado*	*Desagregado*
TEMPORALIDADE	*Estático*	*Dinâmico*

CAPÍTULO 2
CARACTERÍSTICAS E POTENCIAL DA MODELAGEM

A modelagem constitui procedimento teorético envolvendo um conjunto de técnicas com a finalidade de compor um quadro simplificado e inteligível do mundo, como atividade de reação do homem perante a complexidade aparente do mundo que o envolve. É procedimento teorético pois consiste em compor uma abstração da realidade, em função das concepções de mundo, trabalhando no campo da abordagem teórica e ajustando-se e/ou orientando as experiências empíricas.

A componente técnica reveste-se da formalização perante os objetivos especificados, conforme as regras aplicadas em sua estruturação e absorvendo as categorias de informações disponíveis.

Nessa abrangência, a modelagem ambiental possui a função de representar os fenômenos da natureza e a de estabelecer delineamentos para a elaboração de novas hipóteses no contexto das teorias ou leis físicas, favorecendo com que os enunciados sejam formulados de modo adequado para testes visando a ratificação ou refutação. Sob esse aspecto, os modelos surgem como sendo configuração de hipóteses e enunciados, como procedimento que se integra na metodologia científica fornecendo roupagem para as explicações preliminares ou ratificadas. Os modelos podem assumir a formulação qualitativa ou quantitativa, expressa em termos lógicos ou matemáticos, e referem-se aos objetivos descritivos ou declarativos. A significância envolve-se também para com o diagnóstico e com a previsão, sendo básica aos procedimentos de simulação.

Seis temas são focalizados no presente capítulo. Inicialmente mostra-se a inserção da modelagem no contexto dos procedimentos da metodologia científica. Posteriormente são descritas as características e funções dos modelos, os procedimentos para sua construção e os aspectos a respeito dos modelos quantitativos. Um aspecto fundamental no desenvolvimento recente da modelagem encontra-se vinculado ao uso dos sistemas de informação geográfica. Por último, expõe-se avaliação genérica sobre as limitações e potencialidades da modelagem.

I — A MODELAGEM COMO PROCEDIMENTO NA METODOLOGIA CIENTÍFICA

A modelagem pode ser considerada como instrumento entre os procedimentos metodológicos da pesquisa científica. A justificativa reside no fato de que a construção de modelos a respeito dos sistemas ambientais representa a expressão de uma hipótese científica, que necessita ser avaliada como sendo enunciado teórico sobre o sistema ambiental focalizado. Essa avaliação configura-se como teste de hipóteses. Sob essa perspectiva, a construção de modelos pode ser considerada como sendo procedimento inerente à pesquisa científica e a sua elaboração deve ser realizada acompanhando os critérios e normas da metodologia científica.

A questão problemática consiste em considerar o significado do que seja a metodologia científica. As proposições oferecidas pelos filósofos da ciência são diversas, geralmente salientando os procedimentos da racionalidade, que surgiu com o *Século das Luzes* e representou o desenvolvimento da modernidade. Contrapondo-se à racionalidade como base da metodologia científica, por vezes considerados como movimentos de contracorrentes, surgiram alternativas vinculadas predominantemente à fenomenologia, humanística, hermenêutica e ao materialismo dialético. No contexto da modelagem de sistemas ambientais, todavia, não há significativos debates controversos. A linhagem predominante nos procedimentos analíticos encontra-se relacionada com a metodologia científica inserida no âmbito do positivismo lógico ou neopositivismo. E nesse conjunto destaca-se a proposição elaborada por Karl POPPER (1975a; 1975b; 1980), cujas obras básicas começaram a ser publicadas na década de 30.

Dois procedimentos gerais são adequados à investigação na pesquisa científica: o indutivo e hipotético-dedutivo.

a) a *concepção indutiva* da investigação científica foi considerada por muito tempo como o procedimento metodológico geral e clássico das ciências físicas e naturais, e as suas proposições iniciais remontam a Francis Bacon. As etapas estabelecidas nesse

procedimento são as seguintes:
- observações e coleta de todos os fatos e informações;
- definição, análise e classificação dos fatos e informações;
- derivação indutiva e generalização a partir dos fatos e informações;
- verificação adicional das generalizações, por meio de novas observações e coleta de dados;
- construção de leis e teorias.

As observações e a coleta de informações são necessárias à compreensão científica e realizadas por meio de diversas técnicas. Através dos processos de definição, mensuração e classificação os fatos e as informações são organizadas e ordenadas em grupos e categorias, recebendo um determinado grau de organização. Na concepção indutiva admite-se expressamente que nessas duas etapas iniciais não se faça uso de qualquer estimativa ou hipótese, pressupondo que as idéias pré-concebidas prejudicariam a isenção necessária à objetividade científica da investigação.

Com base no estudo das interações entre classes e grupos de fenômenos, pode-se derivar indutivamente várias generalizações. Uma associação regular entre duas classes de eventos pode sugerir uma lei empírica. O conjunto global de leis empíricas então estabelecidas leva à constituição de um corpo de conhecimento que pode ser usado como explicação. Para verificar se a generalização proposta, mostrando a associação entre duas classes de fenômenos, é válida ou não deve-se coletar novas informações e observações a fim de verificar se a regularidade pode ser comprovada ou refutada. Caso seja ratificada ela assume a categoria de lei. Nesse contexto, a indução consiste em raciocinar partindo-se do particular para o geral, sendo esquema de raciocínio que possibilita passar de afirmações que exprimem *fatos particulares* para afirmações gerais que os abrangem como *grupo* ou *categoria*.

b) o procedimento *hipotético-dedutivo* surge como algo mais complexo, pois considera o conhecimento científico como sendo espécie de especulação controlada (HARVEY, 1969). As etapas são interconectadas e reflexivas e não há nenhuma razão essencial para se começar pela primeira. O pesquisador não precisa, necessariamente, iniciar seu trabalho por uma hipótese e observação dos fatos, mas pode começar por uma teoria ou modelo. Em geral, a teoria precede a formulação de hipóteses e de leis, mas estas logicamente encontram-se conectadas e suportando a teoria. De modo geral, as etapas estabelecidas são as seguintes (figura 2.1):
- concepção teórica de como a realidade encontra-se estruturada, podendo-se então construir modelos *a priori*. A teoria, em sua estruturação lógica, fornece consistência e um conjunto de enunciados, assegurando conexão entre as noções abstratas

Figura 2.1 — Etapas do procedimento indutivo e do procedimento hipotético dedutivo na metodologia científica (adptado de Harvey, 1969)

contidas na teoria e na formulação sobre os fatos;
- enunciado de hipóteses, que fornece uma

interpretação empírica a ser verificada com as observações e coleta de dados. As hipóteses são deduzidas do corpo teórico;

- em função da hipótese, especificar as variáveis relevantes, coletar os dados pertinentes, analisá-los e interpretá-los;
- se a hipótese for validada, passa à categoria de leis, que se integra na teoria. Se for refutada, ela pode promover reformulação da teoria ou proposição de nova teoria. Há retroalimentação contínua entre teorias, hipóteses e leis;
- desde que a significância de uma relação possa ser estabelecida, ela pode ser testada com dados de qualquer outra área ou sistema. Por meio desses testes as hipóteses ganham maior validade de reaplicação, sendo aceita como generalização teórica. Não se restringindo a uma ocorrência particular, a um exemplo único, o enunciado possui aplicação geral para a categoria de fenômenos e pode ser referencial para a predição.

As etapas do procedimento hipotético-dedutivo expressam o esquema genericamente aceito. Esse procedimento foi enriquecido com as críticas de Karl Popper, salientando que "o método da ciência é o método de conjeturas ousadas e de tentativas engenhosas e severas para refutá-las" (POPPER, 1975). Considerando que as observações sempre são interpretadas à luz de teorias, pois elas se *fazem* de modo seletivo, observa que na pesquisa "não partimos de observações, mas sempre de problemas ou de questões práticas de uma teoria que caiu em dificuldades. Uma vez que defrontamos um problema, podemos começar a trabalhar nele" (POPPER, 1975). O ponto inicial, portanto, é a presença de um problema ou dificuldade.

Karl Popper considera que o procedimento metodológico da pesquisa não é o dos fatos às teorias, mas sim o inverso: das teorias ou hipóteses aos fatos capazes de verificá-las ou desmenti-las. Em esquema geral, o procedimento corresponderia a

$$P1 \rightarrow TT \rightarrow EE \rightarrow P2$$

- partindo-se de um problema P1,
- passa-se a uma teoria experimental ou a uma solução experimental TT, que pode ser errônea (parcial ou totalmente) que, em qualquer caso,
- será submetida à eliminação de erros EE, que pode consistir de discussão crítica ou de testes experimentais;
- de qualquer forma, novos problemas P2 surgirão em decorrência de novas atividades criadoras.

Na concepção de Karl Popper, o fundamental no conhecimento científico não consiste em realizar pesquisas e experimentos para ratificar os enunciados ou hipóteses, mas sim em criar condições passíveis de refutá-las. A quantidade de exemplos repetitivos não

aumenta a validade e conteúdo dos enunciados, que somente ganham consistência quando submetidos e ratificados em inúmeras condições diferentes. Um exemplo simples pode ser representado pela ebulição da água. Costuma-se considerar que a água ferve a 100^0 C. A feitura de experimentos repetitivos nas mesmas condições iniciais não aumentará o conhecimento. Mudando-se as condições ambientais dos experimentos, há possibilidade de explicitação e aumento do conhecimento. Em decorrência, pode-se considerar que "a água ferve a 100^0 C *ao nível do mar*. Em outras condições ambientais, como nas montanhas, modifica-se o valor da temperatura necessária para provocar a ebulição da água. O enunciado ganha em precisão, conteúdo e refutabilidade. Na perspectiva de Popper, os enunciados que não são passíveis de refutação devem ser considerados como não científicos e dogmáticos.

Nesse contexto, a modelagem de sistemas ambientais insere-se como procedimento metodológico hipotético-dedutivo, pois expressa configurações elaboradas em decorrência de hipóteses ou de explicações. Os modelos são direcionados mais para a *categoria*, e a inserção de valores específicos sobre as variáveis dos elementos e suas relações descrevem as características e comportamento de um caso particular e sua ajustagem na classe referenciada pelo modelo. O processo da modelagem é constituído por um conjunto de regras semi-formais que guiam o interessado visando a solução de um problema: a construção do modelo. Tais regras não são mecânicas nem instruções computacionais, cujo encaminhamento passo-a-passo venha a ser garantia de se chegar ao resultado final e representar êxito e sucesso do modelo.

II — AS CARACTERÍSTICAS E FUNÇÕES DOS MODELOS

Na construção de modelos deve-se considerar aspectos envolvidos com as características e funções, que por vezes se entremeiam. São aspectos que possibilitam identificar e avaliar a qualidade dos modelos oferecidos, criando exigências mais específicas para com o cuidado a ser aplicado na modelagem.

Considerando como referência a contribuição elaborada por HAGGETT e CHORLEY (1975), pode-se listar as seguintes características e funções.

A — AS CARACTERÍSTICAS DOS MODELOS

As principais características são as seguintes:

l. *Seletividade* — A característica fundamental dos modelos é que sua construção implica numa atitude altamente seletiva quanto às informações, na qual os ruídos e os sinais menos importantes são eliminados para permitir que se veja algo do âmago das coisas. Para essa seletividade, a fim de eliminar os detalhes acidentais, surge como fundamental o contexto da relevância

22 Características e potencial da modelagem

significativa das variáveis discernidas e a ordenação da prioridade em função dos valores concebidos para integrá-las.

2. *Estruturação* — A estruturação salienta que os aspectos selecionados da realidade são explorados em termos de suas conexões. Há um padrão integrativo entre componentes diferenciados, considerando as suas características morfológicas e funcionais. Nesse sentido, o modelo procura representar as relações propiciadas na dinâmica dos processos, ou na correlação das variáveis.

3. *Enunciativo* — O delineamento da estrutura mostra a existência de determinado padrão, na qual os fenômenos são considerados em termos de relação sistêmica. Esse quadro reveste-se do significado enunciativo (ou potencial de sugestões), pois os modelos bem sucedidos contêm sugestões para sua ampliação e generalização. Dois aspectos são inerentes: a) a estruturação integrativa do modelo pode enunciar (ou sugerir) que as implicações do conjunto são maiores do que as possivelmente supostas pelas suas partes individuais; b) há o potencial enunciativo para previsões sobre aspectos no mundo real, ganhando desse modo o caráter especulativo. BLACK (1962) descreveu o modelo promissor como sendo "aquele que oferece implicações suficientemente ricas para sugerir novas hipóteses e especulações no campo principal da investigação".

4. *Simplicidade* — A estruturação do modelo baseada na seletividade das variáveis indica que são diferentes da realidade, uma expressão aproximada dessa realidade. Em sua apresentação, o modelo deve ser suficientemente simples de manipular e de se compreender pelos seus usuários, mas sem detrimento de ser representativo do espectro total das implicações que possa ter e da complexidade necessária para representar com precisão o sistema em estudo.

5. *Analógicos* — Os modelos são analogias, porque são diferentes do mundo real e mostrando uma maneira aproximada de se compreendê-lo.

6. *Reaplicabilidade* — A reaplicabilidade é pré-requisito dos modelos nas ciências empíricas. Isso significa que o modelo não se apresenta apenas como descritivo de um caso, mas possibilita que seja usado para outros casos da mesma categoria. A estruturação e formulação do modelo é para o nível da categoria do sistema. Obviamente, em função das mensurações especificadas, cada exemplo oferece valores diferenciados para as variáveis mensuradas.

B — AS FUNÇÕES DOS MODELOS

A modelagem, como procedimento técnico da abordagem teórica visa atender requisitos envolvidos nas diretrizes metodológicas da pesquisa científica. Os modelos são necessários por constituírem pontes entre os níveis da observação e as proposições teóricas. Devem ser construídos com objetivos claros, delineando justamente o que poderiam prever. Semelhantemente aos estudos de campo, que explicitamente surgem como procedimentos de teste para modelos ou hipóteses específicas, os modelos deveriam ser definidos como instrumentos de previsão para sítios particulares, e/ou processos particulares em tempos e escalas espaciais devidamente especificados. Os modelos que não tem a possibilidade de serem testados são tão inaceitáveis como as coleções de dados desestruturados. Os objetivos mais comuns da modelagem são a comunicação de conceitos e a previsão a curto prazo, permitindo responder e prever ou comparar previsões de alternativas como sendo um instrumento de planejamento. Em virtude dessas finalidades, pode-se estabelecer que as suas principais funções são as seguintes (HAGGETT e CHORLEY, 1975; KIRKBY, 1987):

1. *psicológica* — possibilita que determinada categoria de fenômenos seja visualizada e compreendida, pois de outra forma não se poderia salientar a sua complexidade e magnitude;

2. *comunicativa* — no sentido de que o modelo proporciona arcabouço dentro do qual as informações podem ser definidas, ordenadas e relacionadas. Dessa maneira, constituem estruturas utilizadas para que os cientistas possam comunicar suas idéias e concepções. O exemplo mais citado corresponde ao modelo do ciclo geográfico, ou ciclo de erosão, proposto por William Morris Davis. O esquema explicativo para o ensino alcançou grande sucesso devido a simplicidade relativa e a flexibilidade. A aceitação foi generalizada e muitas pesquisas utilizaram do modelo do ciclo geográfico para compreender e explicar as paisagens. O potencial aplicativo e as pesquisas desenvolvidos contribuíram para que aumentasse o valor do modelo e ampliasse sua durabilidade. O seu potencial como meio de comunicação em Geomorfologia foi imenso.

Em virtude da similaridade, os modelos elaborados para analisar fenômenos em uma determinada disciplina podem ser transpostos e ajustados para serem aplicados em análises de outras disciplinas, favorecendo a comunicação e a difusão das idéias científicas.

3. *promissora* — os modelos não são apenas estruturas organizadas, com respeito aos elementos e dados, mas possuem um sentido gerador e fértil para novos enunciados e percepção de relações, tornando-se instrumentos promissores para se extrair dos dados o máximo de informações.

4. *logicidade* — os modelos possuem a função lógica, ajudando a explicar como acontece e se encadeia determinado fenômeno.

5. *normativa* — possibilitando formular uma representação que permite a comparação de uma categoria de fenômenos com outras.

6. *adequação* — como a construção de modelos insere-se no contexto dos procedimentos metodológicos, possibilitando o enunciado e a verificação de hipóteses e levando à validação e refutação de leis e teorias, eles

devem apresentar adequabilidade à análise pretendida. Assim, os modelos não podem ser avaliados como sendo verdadeiros ou falsos, mas como sendo apropriados, corretos, ajustados, etc.

7. *Previsibilidade* — em muitos casos, os modelos são construídos para fornecer previsões específicas como base para tomadas-de-decisão imediatas. Por exemplo, os modelos são usados para prever fluxos fluviais em respostas às precipitações, como sendo uma base para o manejo da água a ser liberada nos reservatórios e propiciar sinais de advertência sobre as cheias. De modo semelhante, os modelos propiciam obter e divulgar alertas para as possíveis ressacas e ondas excepcionais, marés elevadas, deslizamentos e necessidades de irrigação. No setor das pesquisas, os modelos são sempre usados para propiciar uma previsão, a qual então será comparada com a realização do fenômeno em outro local ou em outra época. Esse procedimento permite a checagem independente do modelo, antes que o mesmo venha a ser adotado.

Os modelos para previsão geralmente são construídos com base nas análises de regressão, mas também podem ser derivados de modelos mais abrangentes. Normalmente contêm detalhes localmente relevantes, essenciais ao seu uso particular, mas que limitam sua transferibilidade para outros locais e seu uso para a comunicação de conceitos.

8. *Simulação de cenários possíveis em função de mudanças ambientais* — Uma função dos modelos é servir como instrumentos para o planejamento. O planejamento envolve-se em realizar previsões, considerando as implicações de planos alternativos sem os custos de esperar ou colocá-los em prática. A simulação pode ser feita desde uma simples projeção ou tendência para sistemas complexos em sua distribuição espacial. Se as previsões forem corretas, pode-se tomar decisões e fazer escolhas entre os cenários simulados pela modelagem. No contexto de "o que será - se", um modelo adequado não necessita fornecer apenas informações detalhadas mas também deve ser apto para compatibilizar gama flexível de opções possíveis.

As mudanças climáticas representam tema envolvendo pesquisadores em quase todo o mundo. A modelagem é utilizada para se prever as mudanças que ocorrerão nas variáveis e nas condições climáticas em diversas regiões. Tais informações podem servir como guias para se hipotetizar e construir modelos simulando as conseqüências na oscilação do nível marinho, na ocupação das regiões litorâneas, nas atividades agrícolas, nos deslocamentos populacionais, nas redes de transporte, nas áreas de lazer, etc. De modo semelhante, a simulação de cenários é instrumento fundamental nos estudos sobre impactos ambientais, a fim de avaliar as repercussões em face das possíveis alternativas na implantação dos projetos.

9. *Relacionar as mensurações dos processos a curto prazo*

com a evolução das formas a longo prazo — A Geomorfologia e a Pedologia propiciam evidências sobre as taxas de processos que podem ser mensurados durante poucos anos e as formas resultantes (formas de relevo e perfis de solos) que levam milhares de anos para se desenvolverem. Não há maneira de medir diretamente tais mudanças a longo prazo, de modo que os modelos se tornam necessários para extrapolar as informações a curto prazo para outras escalas temporais. Não se torna apropriado simplesmente multiplicar as taxas de curto prazo pelas dimensões temporais mais longas. A eficácia encontra-se condicionada pela freqüência e magnitude dos eventos e pelas modificações nos controles ambientais, assim como pela ação antrópica, de modo que os processos possuem respostas diferenciadas em suas intensidades. Por outro lado, há um condicionamento retroalimentativo entre processos e formas, como no caso das vertentes. Por exemplo, o transporte de sedimentos nas vertentes é muito dependente da declividade e do comprimento da vertente. À medida que ocorre a erosão, as taxas de transporte de sedimentos modificam-se em resposta à topografia que se altera, de modo que as taxas da erosão média a longo prazo são geralmente diferentes daquelas medidas a curto prazo. A modelagem evolutiva das vertentes deve considerar tanto as mudanças climáticas como as topográficas, assim como as modificações nos controles ambientais (vegetação, solos, escoamento das águas, etc).

10. *Condensação temporo-espacial* — A necessidade de relacionar mensurações a curto prazo com a evolução das formas a longo prazo é justamente um exemplo mostrando que os modelos têm a função de condensar ou comprimir as escalas temporais e espaciais. Essa questão é um problema comum nos modelos concretos, onde os custos operacionais e a grandeza dos laboratórios geralmente demandam operacionalização em modelos em escalas reduzidas. Também se torna desejável aumentar a velocidade dos processos a fim de se obter resultados em tempo razoável. De modo semelhante, nos modelos computacionais as dimensões espaciais são geralmente compostas por uma grade de pontos nos quais as propriedades encontram-se definidas, tais como altitude, declividade, temperaturas, precipitações, etc. A área máxima que pode ser modelizada é igual ao número de pontos da grade multiplicada pela área unitária que cada ponto representa. A dimensão espacial representada por um modelo computacional encontra-se relacionada com a disponibilidade do computador rodar os programas, inserindo e absorvendo as modificações que vão ocorrendo ao longo da seqüência. A grandeza representada pelos pontos liga-se com a escala espacial do fenômeno a ser modelizado. Ao analisar toda a superfície terrestre os modelos climáticos da Circulação Atmosférica Geral, usados para simular e prever as condições de tempo em escala mundial, possuem referenciais de células quadradas de 100 x 100 km.

11. *Desenvolver "explicações" aplicáveis a todas as escalas*

— Uma função inerente consiste em propiciar melhoria na compreensão do sistema que o modelo tenta descrever. Essa função repercute tanto na fundamentação teórica como no direcionamento aplicativo, ganhando realce, por exemplo, na avaliação e manejo ambiental. Para essa finalidade, os modelos necessitam estar fundamentados da melhor maneira possível em princípios considerados como estabelecidos. Como o modelo atua como sendo um experimento mental, encadeando-se ao longo de um conjunto de pressuposições, os seus resultados podem ser comparados com a experiência.

A modelagem favorece identificar as lacunas e precisar as incógnitas relações. Procurando esclarecê-las, por meio de tentativas diversas, a modelagem pode levar ao conhecimento mais adequado das referidas relações e auxiliar para o delineamento de pesquisas futuras de campo em torno de temáticas potencialmente frutuosas. Essa função potencial dos modelos constitui um rumo significativo para o desenvolvimento de enunciados e de teorias a respeito dos sistemas ambientais, nas mais diversas escalas de ocorrência. Para essa finalidade, o modelo assume uma especificação aespacial e, ao ganhar aplicabilidade para ser utilizado em sistemas aninhados nas mais diversas escalas de grandeza espacial, pode ser adjetivado como de invariância escalar.

III — INSTRUMENTOS BÁSICOS PARA A CONSTRUÇÃO DE MODELOS

Os instrumentos básicos para a construção de modelos estão relacionados com o discernimento do sistema a ser representado, com a linguagem a ser empregada e com a composição de sua estrutura.

O requisito mínimo para qualquer modelo explicita que deva ser construído com base na logicidade do raciocínio. Os modelos tradicionais, como o de William Morris Davis na geomorfologia, encontram-se expressos em linguagem verbalizada (em palavras e representadas em blocos diagramas), mas possuem todo o contexto de um raciocínio lógico. Muitos outros modelos empregados sobre as formas de relevo não procuram substituir essa base lógica, mas simplesmente fortalecê-la, utilizando por vezes a lógica formal da matemática ou da análise de sistemas para avaliar sua consistência, ou com base no comportamento mecânico físico ou matemático dos experimentos de laboratórios. Em decorrência dos avanços na área computacional, chega-se à representação visual dos modelos topográficos a à realidade virtual. Nenhuma abordagem garante um modelo fiel, mas cada uma contribui para maior consistência do que aquela que poderia ser esperada em um modelo enunciado apenas em linguagem verbal (em palavras).

Os principais instrumentos para a construção de modelos podem ser descritos como sendo os seguintes:

1 - Raciocínio lógico

A consistência lógica é o único requisito necessário para qualquer tipo de modelo, mas também devem conter pressupostos, deduções e conclusões. As pressuposições podem ser derivadas de observações qualitativas ou quantitativas, ou de uma fundamentação teórica. As teorias ou observações podem ser incorretas ou só parcialmente corretas, e nesses casos o modelo construído a partir delas, embora internamente lógico, não pode atingir conclusões válidas embora corretas em seu desenvolvimento lógico. Também é muito fácil alimentar dados em um modelo estatístico e utilizar a consistência lógica da estatística para mascarar a falibilidade dos dados inseridos, mas a regra de "lixo inserido, lixo produzido" aplica-se a todos os modelos. Semelhantemente, bons dados ou pressuposições podem ser úteis para inferir conclusões falsas, caso o modelo não seja logicamente consistente. Para as várias categorias de modelos, deve-se lembrar que se torna mais fácil detectar raciocínio falso dentro de estruturas formais, como a matemática, do que quando expressas em palavras.

2 - Modelos escalares e análogos outros

Quando o modelo consiste em ser uma redução escalar de uma seção do mundo real, a consistência lógica é propiciada pela ação dos mesmos processos físicos ou químicos no modelo e protótipo. Essa confiança na similaridade deve ser sempre olhada muito cuidadosamente. Todos os aspectos encontram-se corretamente transpostos na escala ? Como deveriam mudar as escalas temporais à medida que se mudam as escalas lineares ? Como distorcemos ou ignoramos a transformação escalar para alguns processos que são negligenciáveis em seus impactos ? Essas questões requerem um conhecimento detalhado dos processos físicos e/ou químicos.

Os modelos análogos podem operar em níveis diferentes das condições físicas restritas. Uma transposição são os modelos que se baseiam na confiabilidade das leis físicas com uma expressão matemática comum entre ambos. Por exemplo, a lei de Darcy para o fluxo saturado de águas subterrâneas e a lei de Ohm para a condução elétrica podem ser expressas sob a forma:

$$\text{fluxo} = \text{condutividade} \times \text{gradiente da pressão}$$

Um modelo análogo para o fluxo em um aqüífero pode ser construído a partir de folhas de material condutor do mesmo formato que o aqüífero. Os fluxos podem ser previstos pela mensuração das correntes elétricas quando são aplicadas as voltagens apropriadas (análogas às pressões das cabeceiras).

Um grau maior de abstração é representado pelos análogos que se casam com o protótipo somente na forma de equações. À medida que aumenta o grau de abstração, os perigos de analogia incorreta com os pressupostos ou processos são mais evidentes do que nos modelos escalares, embora não necessariamente maior. Ao mesmo tempo, o modelador encontra-se cada vez mais livre das restrições físicas dos materiais utilizados para representar as propriedades físicas adequadamente escalares, ou da presença de laboratórios grandes o suficiente para alojar os experimentos.

3 - Formulações matemáticas

As equações matemáticas representando os processos físicos ou químicos constituem a forma mais abstrata de um análogo. Elas propiciam acessar às técnicas que auxiliam minimizar, embora não eliminar, os riscos da inconsistência lógica em um modelo. Assim como em muitos outros estágios no processo de abstração, elas encorajam a simplificação. Dessa maneira, as pressuposições devem ser checadas para avaliar se os processos incluídos são adequadamente descritos e se foram incluídos todos os processos essenciais.

4 - Análise de sistemas

A análise de sistema constitui um procedimento para se examinar a inteireza do modelo, focalizando atenção sobre a presença ou ausência de relações entre as partes do mundo real ou dos sistemas estruturados no modelo. A literatura geográfica e ambiental encontra-se cheia de diagramas com caixas-e-setas, os quais representam um ponto de partida para a análise de sistemas. Constituem uma etapa útil na construção de um modelo efetivo para aumentar a compreensão e para propiciar previsões; isto é, um modelo com bases mais físicas do que puramente estatísticas. Os diagramas de caixas-e-setas geralmente representam o primeiro estágio na seqüência da elaboração de modelos, e por esse motivo possuem utilidade limitada a si mesmos. O uso pleno da análise de sistemas é, todavia, instrumento poderoso e amplamente aplicável ao desenvolvimento de modelos de todos os tipos.

5 - Simulação por computador

O acelerado desenvolvimento tecnológico da informática está propiciando recursos técnicos cada vez mais potentes, permitindo que programas específicos possam ser cada vez mais utilizados para se fazer previsões, usando-se a análise de dados por meio de modelos estatísticos padrões e pela construção de modelos de simulação, com base maior ou menor nas informações sobre os processos físicos. Os computadores e os programas oferecem vantagens para a elaboração em qualquer modelo que foi abstraído ao nível das equações matemáticas ou lógica formal, embora não possam facilmente manusear modelos verbalizados. As vantagens dos cálculos rápidos e confiáveis não podem ser superestimadas, mas a relação custo-benefício na construção de modelos direcionou-se fundamentalmente dos modelos concretos em laboratórios para os modelos em computador, começando mais intensamente a ser implementados durante a década de setenta. Os modelos por computador propiciam um espectro muito mais amplo das condições a serem simuladas do que as permitidas nos experimentos de laboratório, e os modelos podem ser rodados e repetidos com crescente facilidade, mas tais vantagens não devem levar à irrelevância nem

à substituição das bases lógicas do modelo. A importância de pressupostos apropriados e da estrutura lógica permanece tão relevante como em todos os outros procedimentos.

IV — PROCEDIMENTO GUIA PARA A CONSTRUÇÃO DE MODELOS

O procedimento guia para a construção de modelos consiste numa seqüência de normas, de passos para a caminhada, levando à produção de um modelo, à implementação em algum tipo de linguagem formal, ao estabelecimento de inferências prevendo as conseqüências do modelo e à avaliação dessas inferências em face da adequabilidade e uso para o qual o modelo foi construído. Subjacentemente, o procedimento encaminha para a obtenção de respostas às quatro indagações científicas básicas delineadas por POLYA (1973) para a solução de problemas matemáticos: a) *compreender o problema* (i.e., Qual é a questão ?); b) *estabelecer um plano* para a solução do problema (i.e, Como se pode resolvê-lo ?); c) *executar o plano* (i.e., Qual é uma resposta ?), e d) *checar a adequação da resposta* (i.e., A resposta está correta ?).

As etapas do procedimento guia encontram-se representadas na figura 2.2, encontradiça em obras didáticas (SHANNON, 1975; SPRIET & VANSTEENKISTE, 1982; GRANT, 1986; HAEFNER, 1996). Sua caracterização essencial é que os modelos podem ser construídos passo-a-passo, e a qualidade de cada etapa surge avaliada seqüencialmente pelos caminhos da retroalimentação. O mesmo procedimento pode ser aplicado para analisar e avaliar os modelos existentes e na sua reaplicação. Um outro modelo só será construído caso o modelo existente se mostrar inadequado.

As etapas relacionadas com o procedimento guia são as seguintes:

A) *Objetivos*: O iniciar do procedimento é representado pelo enunciado dos objetivos ou propósitos do modelo a ser construído. É a fase que demonstra o conhecimento do problema. Se os enunciados para a construção do modelo não forem expressos com clareza há demonstração de que ainda não se possui compreensão adequada do problema e tornar-se-á difícil encontrar as soluções. Os enunciados sobre os objetivos devem constituir respostas às seguintes indagações:

- Qual é o sistema a ser modelizado ?

- Quais são as principais questões a serem focalizadas pelo modelo? (Como o modelo poderá ser aplicado ?);

- Qual é a regra para finalizar a atividade da modelagem ? (Quão bom o modelo deve ser ? Aos quais outros modelos ele deverá ser comparado ?);

- Como os produtos (outputs) do modelo serão analisados, sumariados e usados ?

B) *Hipóteses*: A segunda etapa consiste em transladar os

objetivos e o conhecimento disponível do sistema em enunciados de hipóteses. Geralmente, tais enunciados são verbais, mas também podem expressar relações quantitativas. Exemplos : sob condições climáticas constantes, o aumento da área da bacia hidrográfica implicará em aumento proporcional da vazão média anual.

C) *Formulação matemática*: As hipóteses qualitativas podem ser convertidas em relações mais específicas, matematizadas. Corresponde ao segundo estágio da proposta de POLYA (1973), que representa a etapa de estabelecer um plano para solucionar o problema. Para as hipóteses formuladas (verbalizadas ou matematizadas), nessa etapa deve-se usar das informações disponíveis para a construção do modelo e avaliar a correção dos enunciados e das equações que descrevem o comportamento dinâmico dos elementos e processos do sistema. Sob a perspectiva da matematização, ela requer que as formulações e os conceitos vagos sejam definidos sob o critério da precisão e do rigor matemáticos.

D) *Verificação*: A quarta etapa corresponde ao conjunto de atividades necessárias para *verificar* a precisão dos enunciados e das equações propostas. Um procedimento comum é o uso de técnicas numéricas, o que, na atualidade, significa resolver as questões pelo uso de procedimentos computadorizados. A verificação corresponde ao processo de verificar se os algoritmos e os códigos computacionais estão corretos para as definidas relações matemáticas. Os projetos de modelagem que não necessitam de soluções numéricas das equações ou dos enunciados devem ser verificados

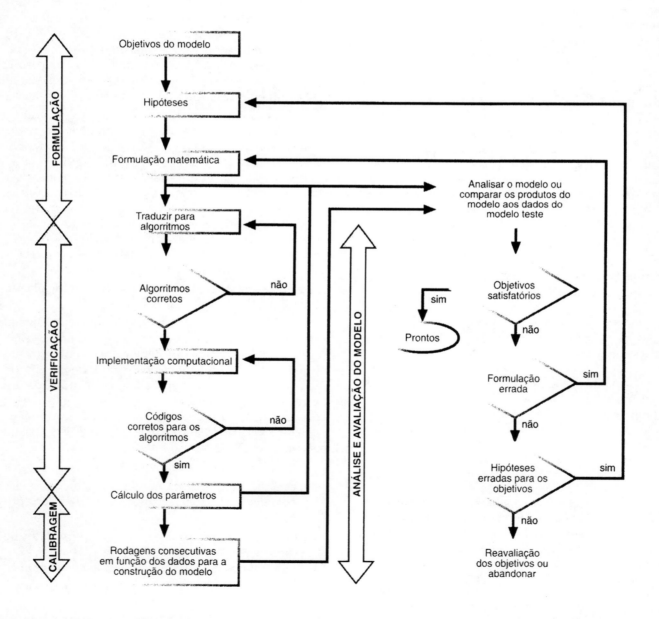

Figura 2.2 — *Esquema da abordagem clássica para o processo de modelagem, assinalando as quatro etapas básicas*

pela revisão das atividades realizadas durante o estágio da formulação.

E) *Calibragem*: Após a implementação do modelo, pode-se estabelecer a fase da produção de resultados. A calibragem do modelo consiste em estabelecer parâmetros para as entradas e condições internas do sistema, a fim de se verificar a adequação das respostas. Por exemplo, estabelecendo-se um determinado valor da precipitação em determinada bacia hidrográfica e estabelecendo as condições básicas da topografia, vegetação e solos, pode-se calcular a vazão e a produção de sedimentos. Implementando variações nos valores da precipitação, dever-se-á produzir valores diferenciados para a vazão e produção de sedimentos. Tais variabilidades estão compatíveis com a estruturação do modelo? Os resultados fornecidos pelo modelo são adequados a esse estágio, como instrumento de elaboração de produtos ? Com o uso de computadores podem se estabelecer variados valores iniciais e realizar procedimentos de simulação. O objetivo da calibragem é definir a escolha mais adequada dos parâmetros ajustados aos modelos, estabelecendo limiares que representam a sua potencialidade de uso.

F) *Análise e avaliação do modelo*: Depois que o modelo foi calibrado, pode-se utilizá-lo para produzir as respostas almejadas nos objetivos que foram especificados. Essa fase corresponde à execução do projeto. Para os modelos numéricos, corresponde ao uso dos programas de computação e registrar os resultados produzidos. Para os modelos qualitativos, a análise deve ser feita em relação aos pressupostos teóricos e ao conhecimento disponíveis sobre a estrutura e processos do sistema. Para os modelos numéricos e qualitativos, as respostas devem ser avaliadas em sua qualidade de acordo com os objetivos especificados. É a fase da checagem.

Um desafio importante consiste em se lembrar que há a similitude entre o procedimento hipotético-dedutivo e a construção de modelos. Por essa razão, pode-se usar da modelagem para o processo de *refutação ou falsibilidade*, nas perspectivas de Karl Popper. Em vez de simplesmente estabelecer a reaplicação do modelo para sua confirmação, pode-se estabelecer condições limiares a fim de verificar quais são os parâmetros em que a adequação do modelo deixa de ser aceita, e sob quais condições as hipóteses propostas não podem ser aplicadas.

V — CONSIDERAÇÕES SOBRE MODELOS QUANTITATIVOS

Considerando que as técnicas quantitativas e os procedimentos computacionais tornaram-se facilmente acessíveis, não se torna mais produtivo expressar os modelos apenas por meio de palavras. Até os modelos mais qualitativos podem ser frutuosamente explorados pelo uso de funções quantitativas em vez de enunciados gerais. Torna-se oportuno, portanto, chamar atenção

maior para essa ampla categoria de modelos.

Os modelos quantitativos podem ser considerados sob três nuanças, que não são mutuamente exclusivas: os de caixa preta, os baseados nos balanços de massa e de energia e os de direcionamento estocástico ou determinístico.

1 - Modelos em caixa preta ou de input/output

Os modelos em caixa preta relacionam previsões sobre os outputs com base nos dados dos inputs, mas sem explicitamente enunciar quais são as relações existentes. Nenhum sistema do mundo real é totalmente conhecido, de modo que sempre haverá algum elemento em "caixa preta" a seu respeito, embora em muitos modelos essa caixa é matizada de 'cinza" porque o modelo fisicamente representa pelo menos alguns dos processos internos atuantes.

As regressões múltiplas são as técnicas mais comumente empregadas para gerar modelos em caixa preta ou de inputs/outputs. Embora as pressuposições de cada modelo estatístico necessitam ser explicitadas, o procedimento é poderoso e rapidamente aplicável, usualmente através dos inúmeros programas computacionais disponíveis. A principal desvantagem do modelo de regressão múltipla é que pouco acrescenta à nossa compreensão de como o sistema funciona, porque seus parâmetros não possuem interpretação física direta. Os valores das regressões são indicadores das tendências do comportamento das variáveis, mas sob forma de salientar sua estruturação. Como um resultado, os modelos de regressão não podem ser facilmente aplicados às condições outras e diferentes da gama de seus dados originais, ou para outras áreas, a não ser como referenciais analógicos. Todavia, o nível de compreensão pode ser melhorado de algum modo pelo uso de outros procedimentos da estatística multivariada, tais como a análise dos componentes principais e análise fatorial. Estas análises geram novas variáveis compostas que são mutuamente independentes, de modo que cada uma pode ser interpretada como sendo influência causal distinta. Embora nunca possam independentemente gerar um modelo causal ou teoria, constituem guia valioso para a combinação e consideração das variáveis envolvidas.

Desde que qualquer modelo tenha sido construído, ele pode ser usado como sendo um modelo em "caixa preta" sem uma compreensão das funções internas estruturadas ou do mundo real que representa. Isso é particularmente evidente nos modelos computacionais, mas é igualmente óbvio, embora nem sempre tão evidente, nos princípios de todos os modelos. Até um modelo concreto pode funcionar sem uma compreensão de suas atividades internas. Em muitas aplicações previsivas, os usuários terminam desejando tratar os modelos como caixas pretas, mesmo que sejam baseados em análise detalhada dos processos físicos ou em uma regressão simples.

2 - Modelos condicionados por balanços de massa e energia

Os sistemas ambientais funcionam como sistemas abertos, recebendo, transformando e transferindo inputs de matéria e energia. Na maior parte dos sistemas a consideração sobre o balanço de massa e energia não se torna relevante. Todavia, surgem categorias conde a conservação de massa ou da energia são significativas para o sistema.

O balanço energético constitui o âmago de muitos modelos micrometeorológicos para prever o aquecimento da baixa atmosfera ou evapotranspiração, como no caso do modelo de Penman-Monteith. Nesses modelos a partição da energia solar incidente entre reflexão, radiação emitente de ondas longas, aquecimento do solo/ar e evapotranspiração encontra-se como fundamento do modelo, de modo que se deve considerar o balanço energético. Em outros contextos, por exemplo, crescimento das plantas ou transporte de sedimentos, a energia também precisa ser conservada, pois apenas pequenas proporções da energia total disponível são utilizadas no interior do sistema do modelo, enquanto a maior parte é efetivamente "perdida" porque encontra-se utilizada de outras maneiras, que não são incluídas no modelo. Dessa maneira, torna-se útil monitorar a substância trabalhando que compõe a "corrente" do modelo. No caso do modelo de crescimento de plantas, é essencialmente a biomassa que pode ser monitorada via o balanço de carbono. No caso do modelo de transporte de sedimentos, a corrente é o fluxo total de materiais terrestres, de modo que novamente se torna crucial um balanço de massa. Em geral, todavia, torna-se sensível usar uma "corrente" para armazenagens e fluxos em um modelo, que pode ser balanceado tendo em vista os princípios da conservação de massa e energia mais relevantes aos propósitos do modelo.

Os balanços de massa e energia costumeiramente podem ser expressos na forma de uma equação de armazenamento, e talvez a mais familiar seja a proposta para o contexto hidrológico:

$$Input - Output = aumento\ na\ armazenagem$$

Essa relação pode ser aplicada para o sistema como um todo ou para muitos de seus componentes individuais. Por exemplo, em um modelo de bacia hidrográfica as equações de armazenamento podem ser escritas para sucessivas camadas do perfil do solo, ou para áreas unitárias diversas componentes da bacia. A inclusão de balanços de massa ou energia faz com que esses modelos se tornem mais robustos em previsões para além do contexto de seus dados originais ou área geográfica, melhor do que, por exemplo, os modelos de regressão.

3 - Modelos estocásticos versus determinísticos

Para muitos projetos de engenharia, necessita-se prever não um evento particular, como uma cheia, mas a distribuição das cheias ou a magnitudes das cheias que excederão as médias com intervalo de recorrência de 50 anos (por exemplo). Um modelo pode calcular essa distribuição para uma bacia de drenagem diretamente a partir de suas propriedades físicas. Alternativamente, um modelo determinístico pode predizer o escoamento de um curso d'água com base nas seqüências da precipitação. Um submodelo estocástico pode ser necessário para estabelecer precipitações aleatórias a partir de suas distribuições (que geralmente são melhor conhecidas do que as correspondentes distribuições de cheias). Outros elementos estocásticos também podem ser introduzidos nos modelos de precipitação-escoamento para analisar diferenças prováveis, por exemplo, na vazão da bacia e na umidade dos solos no início de cada aguaceiro.

Os modelos estocásticos também são úteis onde os solos ou outras propriedades variam ao longo de uma bacia hidrográfica, mas não são práticos para medir os valores em cada ponto. Se se efetuar mensurações suficientes para estabelecer a forma das distribuições, pode ser adequado usar um valor estimado aleatoriamente a partir dessa distribuição para cada ponto computacionado em vez de uma medida. O modelo pode, então, considerar o efeito da distribuição dos valores sem explicitamente usar todos os valores individuais. O propósito do elemento estocástico é possibilitar análises sobre as variações nos fatores que não podem praticamente serem medido detalhadamente, mas onde se julga que o uso de um valor médio poderia levar a previsões inadequadas. Quando os modelos visam mudanças ao longo do tempo, também pode ser necessário usar valores estocásticos para definir os estados iniciais que não podem ser conhecidos, sob qualquer tipo de detalhe, depois do evento.

Os exemplos mencionados mostram que os elementos estocásticos em um modelo podem estar associados com os seus inputs, com os seus parâmetros ou distribuições espaciais ou com os processos que estão sendo modelados. Em nenhum desses casos há, em princípio, uma indeterminação. Um número crescente de modelos contém alguns elementos estocástico em virtude do aumento na complexidade dos modelos. As principais vantagens baseiam-se na habilidade para prever uma distribuição de resultados, aos quais podem ser atribuídos limites de confiança para avaliar suas similaridades ao mundo real que pretendem modelar.

VI — O USO DOS SISTEMAS DE INFORMAÇÃO GEOGRÁFICA NA MODELAGEM AMBIENTAL

O uso do termo *sistemas de informação geográfica* (SIGs) remonta à metade da década de 60, cujas origens encontram-se vinculadas a duas preocupações diferentes. No Canadá foi proposto para referir-se ao uso de computador principal e equipamentos periféricos (principalmente o scanner) para o manejo das informações mapeadas que estavam sendo coletadas para o Levantamento do Uso da Terra, e para processá-los a fim de avaliar as áreas disponíveis para determinados tipos de uso. Praticamente na mesma época, pesquisadores dos Estados Unidos estavam-se defrontando com os problemas de acessar os diferentes tipos de dados necessários para os modelos de transporte em grande escala, e conceberam o SIG como sendo um sistema capaz de extrair os dados adequados a partir de bancos de dados, tornando-os possíveis de serem analisados e apresentar os resultados sob a forma de mapas. Tais modelos combinaram a informação sobre a distribuição das populações com outras informações distribuídas espacialmente no tocante aos lugares de emprego e rotas de transporte, possibilitando o acesso aos dados sob diversas maneiras.

Entre as inúmeras definições apresentadas, a proposta por CALKINS e TOMLINSON (1977) se destaca expressando que "um sistema de informação geográfica é um conjunto integrado de programas (*software*) especificamente elaborados para serem utilizados com dados geográficos, executando espectro abrangente de tarefas no manuseio dos dados. Essas tarefas incluem a entrada, o armazenamento, a recuperação e os produtos resultantes do manejo dos dados, em adição à ampla variedade processos descritivos e analíticos". Em obra recente, BURROUGH e McDONNELL (1998) definem os SIGs como "um poderoso conjunto de instrumentos para coletar, armazenar e recuperar informações, transformando e organizando os dados do mundo real para um conjunto particular de objetivos".

As três palavras chaves devem ser devidamente ponderadas. Desde as suas origens o significado do termo *geográfica* refere-se à qualidade de que as informações encontram-se *espacialmente distribuídas*, e não às características da análise geográfica. Em conseqüência, como os dados e informações referem-se a uma determinada unidade espacial de mensuração (ponto, área ou volume) que deve ser localizada, assumem a característica de serem *georreferenciados*. Por essa razão, compreende-se que os sistemas são de informações a respeito de dados em unidades espacialmente distribuídas, focalizando os fenômenos ocorrentes na superfície terrestre e os seus atributos. A potencialidade dos SIGs aplica-se nos procedimentos de análise espacial, mas observa-se recentemente todo um conjunto de esforços visando a elaboração de programas que possibilitem, também, a análise dos dados de séries temporais.

O uso do termo *sistema* significa a existência de um conjunto de elementos interatuantes formando uma unidade complexa. De modo geral, o conjunto dos programas é considerado como designando apenas os códigos computacionais. Todavia, isoladamente não possuem expressividade, pois para o seu funcionamento há a necessidade dos equipamentos, das informações (banco de dados) e a presença dos usuários, que formam a base conceitual dos elementos componentes do sistema de informação geográfica.

Como a espacialidade é característica inerente aos sistemas ambientais, obviamente ressalta a significância dos sistemas de informação geográfica para os procedimentos da modelagem. Os programas de SIGs são constantemente utilizados para o processamento de dados, elaboração de mapas relacionados com os inputs dos dados ou resultados de modelos e na própria elaboração de modelos. As aplicações são óbvias nos campos das Geociências e da Geografia. Em face da diversidade das categorias de informações, surgem proposições para a elaboração de SIGs direcionados para o tratamento de dados específicos, tendo como exemplos os denominados sistemas de informação do uso da terra (LIS), sistemas de informação climática (SIC) e sistemas de informação para o manejo de recursos (SIMR).

Na atualidade, os SIGs incorporam muito princípios relacionados com o manejo de banco de dados relacionais, algoritmos gráficos poderosos, interpolação, zoneamento e análise de redes simplificadas. Entretanto, FISCHER, SCHOLTEN e UNWIN (1996) assinalam que as denominadas análise e modelagem espacial geralmente não ultrapassam os limites da manipulação de dados em mapas, tais como a sobreposição de polígonos e o armazenamento temporário da informação. Esses pesquisadores salientam que a ausência de funções analíticas e de modelagem é reconhecida como uma das principais deficiências dos SIGs atuais e que o sucesso futuro desses sistemas dependerá, em grande parte, da incorporação de capacidades mais poderosas para a análise espacial e modelagem. Também chamam atenção para a distinção entre análise de dados espaciais e análise espacial.

As perspectivas da análise espacial são importantes para as aplicações nos estudos ambientais e sócio-econômicos porque as distâncias entre os locais e os eventos sempre é fator relevante para determinar as interações entre eles, de maneira que as ocorrências distribuídas espacialmente não são independentes. Todavia, em geral, as análises estatísticas dos dados espaciais pressupõem uma independência entre eles. Dois aspectos especiais dos dados espaciais, relacionados com a dependência espacial e heterogeneidade espacial, podem ocasionar complicações na análise. A *dependência espacial* refere-se à relação entre dados georreferenciados devido à natureza da variável estudada, sendo condicionada pelo tamanho, formato e configuração das unidades espaciais utilizadas na estrutura do georreferenciamento. Quanto menor o tamanho das unidades espaciais, maior se torna a probabilidade de que as unidades espaciais mais próximas sejam espacialmente dependentes. A *heterogeneidade espacial* surge quando estão ausentes os efeitos da dependência espacial e/ou das relações entre as variáveis estudadas, propiciando a ultrapassagem da uniformidade espacial e estabelecendo a ocorrência da variação espacial (FISCHER, SCHOLTEN e UNWIN, 1996).

As origens da análise espacial remontam ao desenvolvimento da quantificação em Geografia e da ciência regional, no início da década de 60, quando os estudos procuraram focalizar as características dos padrões espaciais. Posteriormente, as pesquisas desenvolveram-se trabalhando com a análise dos processos e relações espaciais e chegando à interação entre as formas e processos nos sistemas de organização espacial (CHRISTOFOLETTI, 1982b; 1983). Em sua exposição FISCHER, SCHOLTEN e UNWIN (1996) descrevem o contexto da análise espacial, composta por dois principais tipos de abordagens (figura 2.3):

- análise estatística dos dados espaciais, que propicia estrutura e metodologia mais adequada e especializada para o tratamento de ampla gama de ocorrências e modelos sobre os padrões e processos espaciais;
- modelagem espacial, direcionada para a estruturação, funcionamento e dinâmica dos sistemas, incluindo espectro abrangente de modelos, referenciados como modelos sobre processos determinísticos e estocásticos e modelos de planejamento, nas disciplinas ambientais, e de modelos de localização-alocação, modelos de interação espacial, modelos de escolha espacial e de economia regional, nas ciências sociais.

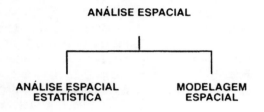

Figura 2.3 — Os dois principais campos de pesquisa na análise espacial

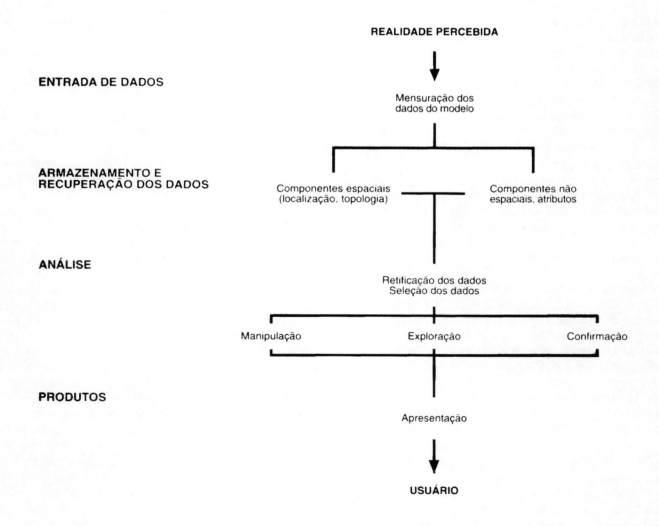

Figura 2.4 — Esquema simplificado das funções básicas do SIG (adaptado de Anselin e Getis, 1992)

A modelagem de sistemas ambientais enquadra-se no contexto abrangente da análise espacial. Na obtenção e análise dos dados georreferenciados absorve as técnicas geoestatísticas, interligando-se com o uso e interpretação da documentação relacionada com o sensoriamento remoto e com os sistemas de informação geográfica, considerando e ajustando-se às suas quatro funções básicas (ANSELIN e GETIS, 1993; figura 2.4): a) entrada dos dados; b) armazenagem, recuperação e manejo dos bancos de dados; c) análise dos dados, e d) apresentação de resultados. Por outro lado, absorve também a interconexão complementar dos SIGs e da modelagem espacial que, conforme FISCHER e NIJKAMP, 1993), focalizam:

a) os estudos dos padrões e fluxos espaciais, nos quais as diferenças espaciais em diversas dimensões podem ser mostradas por representações estatísticas ou por resultados gerados pelos SIGs. A escolha no uso da técnica estatística ou no uso do SIG dependerá da complexidade do padrão a ser representado;

b) nas análises explicativas e preditivas, os modelos espaciais geralmente são mais poderosos do que os SIGs no desenvolver experimentos numéricos precisos, mas os seus resultados podem ser retomados pelos SIGs como entrada visando apresentação computacional mais adequada.

As características dos dados e a visualização dos produtos relacionados com a modelagem ambiental são dois outros aspectos relevantes. Os dados envolvidos na análise dos sistemas ambientais apresentam as características consignadas aos dados espaciais na era dos sistemas de informação geográfica, que são as seguintes:

- inúmeros casos/objetos/pontos;
- inúmeras variáveis;
- quantidade volumosa de dados;
- valores autocorrelacionados espacialmente;
- vários tipos de erros nos dados espaciais;
- não há conformidade com as distribuições estatísticas padrões;
- a precisão dos dados pode ser estruturada espacialmente;
- os erros não necessitam ser aleatórios;
- as amostragens não são feitas conforme as regras usuais;
- há abundância de variáveis substitutivas;
- a não-linearidade constitui a norma;
- existência de alto grau de complexidade;
- há modificações nas unidades areais, escalas e nos efeitos de agregação;
- há entremeamento de escalas e resolução dos dados;
- há entremeamento nos procedimentos de mensuração;
- os problemas de pequenos números podem ser importantes.

Os produtos das análises devem ser mapeáveis, pois os sistemas de informação geográfica são tecnologias altamente visuais e orientadas para a graficacia. Como os resultados da análise espacial devem ser disponibilizados sob forma gráfica e mapeável, o produto não deve ser simplesmente um conjunto de valores estatísticos ou de parâmetros para um modelo. A característica da visualização é importante na análise espacial, levando ao paradigma da análise espacial exploratória (BATTY, 1993). A figura 2.5 explicita as etapas e a interação existente entre os três componentes básicos da análise espacial exploratória: conhecimento e intuição humana, instrumentos de análise e sistemas de informação geográfica.

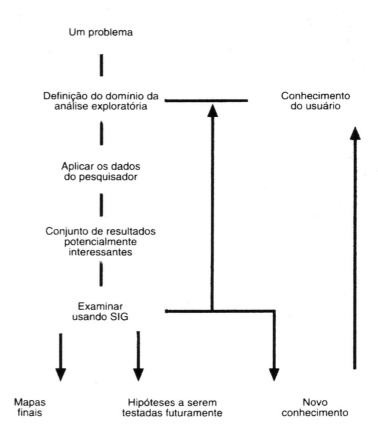

Figura 2.5 — Esquema do paradigma da análise espacial exploratória (adaptado de Batty, 1993)

VII — LIMITAÇÕES E POTENCIALIDADES DA MODELAGEM

A modelagem constitui-se em importante instrumento para analisar as características e investigar mudanças nos sistemas ambientais. Reconhecendo essa potencialidade, o Programa Internacional Geosfera-Biosfera, na publicação intitulada *Global Change: Reducing Uncertainties* (IGBP, 1992), assinala que "os modelos numéricos propiciam a melhor abordagem para analisar a complexa interação do sistema Terra, e para reduzir as incertezas na previsão".

Embora amplamente usados e mencionados, os modelos estão longe de se constituir em panacéia universal e devem ser usados considerando as suas limitações, procurando-se discernir as maneiras mais adequadas para superá-las. Talvez o maior problema com os modelos seja a avaliação da sua acuidade ou ajustagem das suas previsões. Um segundo problema está relacionado com o estabelecimento de valores aos parâmetros do modelo e identificá-los com os parâmetros fisicamente mensuráveis no mundo real. Esses problemas não se levantam para os modelos de regressão ou de análise estatística multivariada. A confiança de sua ajustagem é inerente à teoria desses modelos, e nenhuma tentativa é realizada para identificar parâmetros (i.e., coeficientes de regressão) com as propriedades físicas. Para muitos modelos sobre as características ambientais torna-se difícil medir a ajustagem, e a identificação física dos parâmetros é importante porque constitui a base para se transferir os modelos de sua área teste original para outras localidades.

A comparação com os procedimentos estatísticos oferece alguns critérios para testar a qualidade da ajustagem de um modelo particular a um resultado determinado. Pode-se estabelecer e derivar a "eficiência" para qualquer modelo, embora esse nem sempre seja o critério ideal. Por exemplo, em modelo de hidrógrafo, pequenos erros na mensuração temporal dos fluxos de picos têm influência desproporcional na eficiência, embora subjetivamente a qualidade de ajustagem seja boa. O critério dos mínimos quadrados para testar a acuidade de um modelo também utiliza de pesos maiores para diferenças grandes em uma ou outra direção, algumas vezes para observações que subjetivamente podem ser excluídas como sendo erradas.

As diferenças principais entre modelos de regressão e modelos com bases físicas residem na natureza do procedimento de ajustagem. Nos modelos de regressão, todos os coeficientes podem ser variabilizados para otimizar a eficiência (ou mesmo qualquer outro critério que seja adotado). Em modelos com bases físicas, todos os valores dos parâmetros são derivados das mensurações de campo, de modo que nenhum deles pode ser variabilizado para melhorar a eficiência. Muitos modelos situam-se entre esses dois extremos, com alguns parâmetros que foram mensurados e outros que não o

foram, e então podem ser variabilizados para otimizar a eficiência. Na prática, entretanto, os modelos podem ser geralmente otimizados em alguns parâmetros que representam os elementos da caixa preta do modelo. Para os parâmetros que foram mensurados, mas com alguns erros ou com variabilidade espacial, é possível correr um modelo várias vezes, usando valores de parâmetros retirados de uma distribuição estocástica adequada. Um distribuição ou "envelopes" de previsões podem ser geradas dessa maneira, e pode-se avaliar a probabilidade com que os resultados observados podem ser trabalhados com base nessa distribuição de previsões.

Os modelos, especialmente os modelos computacionais, tendem a proliferar parâmetros, muitos deles com pequena fundamentação física, até em modelos que se classificam como sendo em bases físicas. Essa tendência foi muito aparente nos modelos de previsão de cheias, onde muitos modelos utilizaram de trinta ou mais parâmetros independentes, representando processos de fluxos possivelmente significantes no contexto da bacia de drenagem. Entretanto, os formatos de hidrogramas são notavelmente conservativos e podem muito bem ser descritos por parâmetros para descrever a defasagem entre o pico das precipitações e os picos do escoamento, a taxa de recessão de um pico e a sua taxa de ascensão. Se um hidrograma possui mais do que três parâmetros que não são predeterminados fisicamente, a ajustagem obtida pela otimização provavelmente se torna ambígua. Em conseqüência não se pode especificar claramente, por exemplo, qual os processos de fluxo possivelmente dominantes. Um modelo bem adequado, portanto, deverá ter o mínimo possível de parâmetros indeterminados.

Os modelos nunca podem substituir as observações de campo e os experimentos de laboratórios, mas podem aumentar em muito a sua eficiência por meio de diversas maneiras. Qualquer programa de pesquisa começa com uma ou mais hipóteses para serem testadas ou comparadas uma com cada outra. Essas proposições necessariamente formam um modelo que a pesquisa está verificando. A fim de explicitar o modelo e formalizá-lo, há necessidade de previsões provisórias que usualmente auxiliam na programação do experimento.

A escolha de um modelo apropriado como sendo parte de um projeto de pesquisa deve sempre estar estreitamente engrenada com as necessidades da pesquisa planejada. Torna-se necessário escolher ou construir um modelo que se operacionalize em escalas temporais e espaciais adequadas, até mesmo se seja programado para ser compatível com modelos em outra escala. Similarmente, o modelo usado deve estar relacionado com as técnicas e variáveis que serão mensuradas, de modo que poderão intercambiar dados e previsões de maneira significativa.

À medida que a pesquisa se desenvolve, deverá sempre ocorrer um diálogo entre o experimento e o modelo: os dados experimentais sendo usados para melhorar ou substituir o modelo e o modelo propiciando novas previsões que são relevantes ao local da pesquisa e ao conjunto de dados, refinando o programa de coleta das informações experimentais. Como as vantagens de custo econômico e dispêndio de tempo têm a tendência de caminhar das pesquisas de campo para a modelagem, os experimentos necessitam ser programados cada vez mais cuidadosamente, com aumento crescente de testes preliminares através do uso de modelos e de análises dos dados em cada estágio da pesquisa.

Desde o segundo lustro da década de 80 várias novas proposições vem sendo apresentadas, com implicações relevantes para a conceituação e análise dos sistemas ambientais. Elas estão relacionadas com a análise fractal e multifractal, sistemas inteligentes, conjuntos nebulosos (*fuzzy sets*) e redes neurais, sendo absorvidas nos procedimentos de modelagem.

O desenvolvimento analítico em Geociências, com base nos conceitos da geometria dos fractais e multifractais, apresenta ampliação rápida em vários setores, mormente nos campos da Geofísica (SCHERTZER e LOVEJOY, 1991), Geomorfologia (SNOW e MAYER, 1992) e Hidrologia (KUNDZEWICZ, 1995; FEDDES, 1995; BURLANDO, MENDUNI e ROSSO, 1996). As contribuições de TURCOTTE (1992; 1997), KORVIN (1992), KRUHL (1994) e de BARTON e LA POINTE (1995a; 1995b) são ricas em ensinamentos e exemplos sobre o uso dos fractais e multifractais nos campos das Geociências.

Os sistemas especialistas (*expert systems*) encontram-se baseados no uso das regras lógicas, de forma a simular a inteligência humana. Constituem programas computacionais que utilizam da heurística, mais do que algoritmos, para resolver problemas complexos em vários setores de aplicação. Essa estruturação faz com que os sistemas especialistas sejam diferentes dos programas convencionais, e as diferenças surgem principalmente devido a incorporação de conceitos e técnicas do amplo campo da inteligência artificial. O volume organizado por WRIGHT, WIGGINS, JAIN e KIM (1993) descreve o uso dos sistemas especialistas no planejamento ambiental no Reino Unido, e a obra elaborada por OPENSHAW e OPENSHAW (1997) representa a primeira contribuição sistematizada no campo da Geografia no tocante ao uso dos procedimentos ligados com a inteligência artificial.

Os conceitos relacionados com a teoria difusa (*fuzzy theory*) possuem potencialidades para auxiliar a análise e as tomadas-de-decisão no tocante aos sistemas complexos. Se a teoria dos conjuntos, desenvolvida por Cantor, foi direcionada para tratar de questões nas quais as variáveis são classificadas em grupos, a teoria dos conjuntos difusos foi desenvolvida para tratar de situações nas quais os componentes possuem uma condição confusa, indefinida. O uso aplicativo nos estudos sobre sistemas ambientais é crescente, servindo como exemplo o campo da Ecologia (BOSSERMAN, 1993).

As redes neurais artificiais (*artificial neural networks*, ANNs), mais simplesmente conhecidas como redes neurais, são modelos computacionais ou programas que têm sido aplicados com sucesso no manuseio e análise de problemas complexos em diferentes áreas do conhecimento científico e da engenharia, incluindo o campo das ciências ambientais. As redes neurais podem ser estruturadas de modo que sejam particularmente adequadas para a solução no processamento de problemas com padrões não-lineares, em que os dados são afetados por tipos de incerteza. Dessa maneira, as redes neurais são estruturas computacionais aptas para realizar diferentes tipos de processamento de padrões, inclusive o reconhecimento e a geração de padrões. Elas vem sendo utilizadas na análise e previsão em séries de dados temporais a respeito de fenômenos ambientais e no reconhecimento de padrões espectrais (RODRIGUES, 1993). HEWITSON e CRANE (1994) fornecem um quadro sobre as aplicações das redes neurais em Geografia.

No amplo cenário científico, os modelos podem ser considerados como possuindo grande potencial para as pesquisas e comunicações em Geociências, Geografia Física e na análise ambiental, tanto como instrumentos para se estabelecer previsões e aplicações como instrumentos para se desenvolver a compreensão e a teoria. A despeito das suas limitações, a aceitação e a aplicabilidade rapidamente se ampliam e dificuldades técnicas em sua implementação vão sendo paulatinamente superadas. Como balanço pode-se reconhecer que os modelos estão se tornando cada vez mais importantes como procedimentos técnicos nas análises das mais diversas disciplinas.

CAPÍTULO 3
CARACTERIZAÇÃO DO SISTEMA AMBIENTAL

Os sistemas ambientais representam entidades organizadas na superfície terrestre, de modo que a espacialidade se torna uma das suas características inerentes. A organização desses sistemas vincula-se com a estruturação e funcionamento de (e entre) seus elementos, assim como resulta da dinâmica evolutiva. Em virtude da variedade de elementos componentes e dos fluxos de interação, constituem exemplos de *sistemas complexos espaciais*.

Para que a modelagem possa ser implementada como instrumento de análise no estudo dos sistemas ambientais, no contexto das diversas escalas de grandeza espacial e temporal que podem ser focalizadas, torna-se necessário estabelecer as características desses sistemas,

discernindo os elementos componentes, definindo as variáveis relevantes e considerando os fluxos de matéria e energia nos ecossistemas e geossistemas. Os ecossistemas e os geossistemas são entidades representativas de sistemas ambientais. Os ecossistemas correspondem aos sistemas ambientais biológicos, isto é, constituídos em função dos seres vivos e sob a perspectiva ecológica, enquanto os geossistemas correspondem aos sistemas ambientais para as sociedades humanas, sendo constituídos mormente pelos elementos físicos e biológicos da natureza e analisados sob a perspectiva geográfica.

No campo conceitual e analítico para o estudo das características e complexidade dos sistemas ambientais duas perspectivas surgem como norteadoras: a ecológica e a geográfica. Partindo de referenciais distintos ambas focalizam categorias de fenômenos específicos, chamando atenção sobre aspectos estruturais, funcionais e dinâmicos para a compreensão dos ecossistemas e geossistemas. A primeira focaliza as características das comunidades biológicas e seu hábitat, enquanto a segunda refere-se à organização dos elementos físicos e biogeográficos no contexto espacial. Absorvendo os direcionamentos da abordagem sistêmica, as duas perspectivas produzem resultados que se combinam para a compreensão da complexidade dos sistemas, na análise das potencialidades dos recursos e na avaliação das transformações ocorridas na superfície terrestre, tendo como metas as práticas de manejo em face da sustentabilidade ambiental para a sociedade.

Na primeira etapa procura-se fazer a caracterização da Ecologia e dos ecossistemas. A segunda fase versa sobre o conceito de meio ambiente e expõe roteiro pelo emaranhado das proposições a respeito das paisagens. Posteriormente, em função da modelagem aplicada aos fenômenos inerentes às Geociências, precisar-se-á as características dos sistemas ambientais físicos (ou geossistemas). De modo complementar, focalizam-se a aplicação de abordagens holísticas e a temática dos impactos nas características ambientais.

I — ECOLOGIA E ECOSSISTEMAS

O termo *ecologia* foi criado em 1866, por Haeckel, procurando definir o estudo das relações entre os seres vivos e o seu meio. De maneira mais adequada, na atualidade a Ecologia corresponde ao "estudo das relações entre os organismos vivos e entre os organismos e seu meio ambiente, especialmente as comunidades de plantas e animais, seus fluxos de energia e suas interações com os arredores circunjacentes" (PORTEOUS, 1992). Todavia, só posteriormente foi estabelecido o termo para designar o objeto de estudo da Ecologia, tornando-se conhecida como a disciplina que estuda os ecossistemas.

O conceito de ecossistema foi proposto por TANSLEY (1935) e teve como objetivo principal definir a unidade básica resultante da interação entre todos os seres vivos que habitam uma determinada área ou região, com as condições físicas ou ambientais que as caracterizam. Nessa proposição estabelecia-se que "o conceito fundamental de um sistema natural completo inclui, não unicamente o complexo orgânico, mas também os fatores físicos que conformam o que denominamos o hábitat ou meio ambiente. Não se pode separar as comunidades vivas do seu meio ambiente especial em que habitam" (TANSLEY, 1935).

O *ecossistema* é definido como sendo área relativamente homogênea de organismos interagindo com seu ambiente. A comunidade dos seres vivos constitui o componente principal, que se interliga com os elementos abióticos do hábitat. Sem a presença dos seres vivos não há a existência de ecossistemas. A definição delineada por Howard ODUM (1971) é muito precisa, salientando que o ecossistema é constituído por "qualquer unidade que inclui a totalidade dos organismos em uma determinada área interagindo com o meio ambiente físico, de modo que um fluxo de energia promove a permuta de materiais entre os componentes vivos e abióticos". Nessa cadeia de interação com a relevância biológica, pode-se analisar o fluxo de energia, o fluxo de nutrientes, a produtividade, a dinâmica da população, a sucessão, a biodiversidade, a estabilidade e o grau de modificações. É o campo de ação da Ecologia, que pode ser trabalhada, por exemplo, como ecologia das plantas, ecologia dos animais e ecologia humana.

A abordagem ecossistêmica apresenta sintonização holística, pois salienta como relevância maior a interação entre os componentes em vez do tratamento direcionado para cada aspecto característico individualizado. Outra característica essencial corresponde ao fato de que são entidades que devem corresponder a unidades espaciais discerníveis na superfície terrestre, que devem ser identificadas e circunscritas pelas suas fronteiras. A definição de ROWE (1961) sobre ecossistemas explicita essa característica, considerando-os como "unidade topográfica, um volume de terra e ar mais o conteúdo orgânico estendido arealmente sobre uma parte particular da superfície terrestre durante um certo tempo".

Aparentemente o conceito pode ser aplicado a diversas escalas de grandeza espacial, desde que se mantenha a homogeneidade da comunidade biológica e realizando a análise dos fluxos em sua interação vertical. Entretanto, a aplicabilidade do termo refere-se principalmente aos sistemas ecológicos na escala local, referindo-se aos ecossistemas fluviais, lacustres, riparianos, corredores, manchas, etc. Os ecossistemas *fluviais* e os *lacustres* estão relacionados com os cursos d'água e lagos. Os *riparianos* são representados pelo ecossistema ao longo das margens dos rios, também chamados de matas ciliares ou matas galerias. Os *corredores* constituem faixas de determinada categoria ecológica, que diferem das áreas adjacentes em ambos os lados. As *manchas* são áreas esparsas, não-lineares, relativamente homogêneas e diferenciadas da circunvizinhança.

Um conjunto espacial padrão formado por ecossistemas (fluviais, lacustres, riparianos, etc), manchas e corredores representa o *mosaico*. No contexto ecológico, quando o mosaico ganha grandeza espacial maior, com agrupamento de ecossistemas locais repetidos de modo similar sobre áreas de grandeza quilométrica, há a composição da *paisagem*. As categorias de ecossistemas locais constituem os elementos da paisagem. Em escala de grandeza maior, a *região* seria uma área composta de paisagens com o mesmo macroclima e integrada conjuntamente pelas atividades humanas (FORMAN, 1995). Percebe-se que, no contexto ecológico, somente nessa grandeza de escala a entidade

absorve as implicações das atividades humanas, aumentando sua complexidade.

Nos ecossistemas, os fluxos dominantes são os da interação vertical, pois abrangem as cadeias alimentares pelas quais fluem a energia, conjuntamente com os ciclos biológicos necessários para a reciclagem dos nutrientes essenciais. Nessa abordagem, os ecossistemas caracterizam-se pela produção e fluxos de energia e matéria necessárias para que a vida se mantenha e prossiga, visando a manutenção e permanência dos seres vivos do referido sistema ecológico. Por essa razão, a análise da biodiversidade, da estrutura e fluxos, a avaliação dos recursos e da estabilidade e as propostas de manejo geralmente são referenciadas para a escala local.

Por outro lado, procura-se ampliar o uso do termo de ecossistema, visando aplicá-lo para designar conjuntos espaciais de elevada grandeza espacial, como no caso da floresta amazônica, pantanal mato-grossense, cerrados, mata atlântica. A justificativa faz-se em virtude da semelhança paisagística imperante nesses domínios biogeográficos. Todavia, são unidades de outro nível hierárquico, compostas pela conjugação de inúmeros ecossistemas locais.

Observa-se que a Ecologia é definida como o estudo das interações entre organismos e seus ambientes. Dessa maneira, corresponde ao estudo das estruturas e relações entre organismos vivos e entre os organismos e seus ambientes, especialmente comunidades de plantas e animais, seus fluxos de energia e suas interações com a circunvizinhança. A unidade representativa de análise corresponde ao ecossistema, expresso mais adequadamente na grandeza da escala local. Entretanto, considerando que as paisagens são descritas como mosaicos de ampla grandeza espacial, com recorrência dos ecossistemas locais, também surgiram propostas para sua ampliação aplicativa disciplinar, evidenciadas pelas designações de *Ecologia das paisagens* e de *Ecologia das regiões*, para a análise das unidades nessas grandezas escalares (FORMAN, 1995).

II — OS CONCEITOS DE AMBIENTE E DE PAISAGENS

Duas considerações devem ser focalizadas para a devida inserção dos sistemas ambientais na evolução do conhecimento, procurando esclarecer a adequação do conceito de meio ambiente e a abrangência das perspectivas conceituais envolvidas com o estudo das paisagens.

A — O CONCEITO DE AMBIENTE

O substantivo ambiente e o adjetivo ambiental vêm sendo empregados de forma generalizada e ampla, nas lides científicas e jornalísticas, expressando variedade de facetas em seus significados. Muitas vezes há incoerências e erros grosseiros em sua aplicação.

O termo *ambiente* possibilita ser aplicado a questões que oscilam desde a escala de grandeza mundial até a microescala pontual. Pode-se falar do ambiente terrestre, dos ambientes continentais, dos ambientes oceânicos, dos ambientes lacustres, dos ambientes das plantas, dos animais e dos homens, do ambiente de trabalho, do ambiente social, do cultural, etc. A palavra é a mesma, mas diferentes são os significados e a expressividade do fenômeno mencionado. Comumente também se fala do ambiente familiar e do ambiente de oportunidades.

Para o contexto da problemática ambiental há necessidade de utilizar conceitos definidos de modo mais preciso, com enunciados que permitam a operacionalização através do uso de procedimentos analíticos e critérios de avaliação. Para essa finalidade, duas perspectivas podem ser lembradas. A primeira tem significância biológica e social, focalizando o contexto e as circunstâncias que envolvem o ser vivo, sendo o ambiente definido como "as condições, circunstâncias e influências sob as quais existe uma organização ou um sistema. Pode ser afetado ou descrito pelos aspectos físicos, químicos e biológicos, tanto naturais como construídos pelo homem. O ambiente é comumente usado para referir-se às circunstâncias nas quais vive o homem" (BRACKLEY, 1988). Nessa perspectiva os seres vivos são os elementos essenciais, inseridos em ambiente que os circunda, representando as condições de vida, desenvolvimento e crescimento, incluindo os outros seres vivos, o clima, solos, águas, etc. Por essa razão, os ecossistemas são definidos como representando a comunidade de organismos interagindo com seu ambiente. Também reflete-se no ambiente de vivência na escala do ser humano.

A segunda perspectiva considera a funcionalidade interativa da geosfera-biosfera, focalizando a existência de unidades de organização englobando os elementos físicos (abióticos) e bióticos que compõem o meio ambiente no globo terrestre. São as unidades que compõem as diversas paisagens da superfície terrestre. Dessa maneira, o termo *meio ambiente* é usado como representando o conjunto dos componentes da geosfera-biosfera, condizente com o sistema ambiental físico. Nessa perspectiva também prevalece a relevância antropogenética, porque tais organizações espaciais constituem sempre o meio ambiente para a sobrevivência, desenvolvimento e crescimento das sociedades humanas. Não referem-se, portanto, à escala individual do ser humano.

Sob essa perspectiva analítica, as sociedades humanas e seus inerentes sistemas de atividades sociais e econômicas surgem como sendo o foco de relevância. No universo sistêmico, **o** *meio ambiente* é constituído pelos sistemas que interferem e condicionam as atividades sociais e econômicas, isto é, pelas organizações espaciais dos elementos físicos e biogeográficos (da natureza). Os sistemas ambientais são os responsáveis pelo fornecimento de materiais e energia aos sistemas sócio-econômicos e deles recebem os seus produtos (edificações, insumos, emissões, dejetos, etc).

Quando se deseja analisar os sistemas ambientais, avaliar as questões envolvidas na qualidade dos seus fluxos e componentes e as mudanças nas escalas espaciais do globo, regional e local, incluindo as dimensões da presença e atividades humanas, a segunda concepção surge como a mais adequada. Por exemplo, os temas e as propostas relacionadas com a Conferência Internacional sobre Desenvolvimento e Meio Ambiente, realizada no Rio de Janeiro, a ECO-92, enquadram-se nessa perspectiva.

O uso do adjetivo *ambiental* deve ser direcionado para categorizar os componentes e as características funcionais e dinâmicas dos sistemas que suportam a existência dos seres vivos. Para o contexto sócio-econômico das comunidades humanas, os componentes biogeográficos passam a integrar o sistema ambiental físico, refletindo a significância de ser elemento de condicionamento ambiental para as atividades das sociedades. A modelagem de sistemas ambientais e os geralmente denominados estudos de impactos ambientais envolvem-se com essa conotação conceitual. Em decorrência, as mudanças ambientais implicam em alterações nas características e na qualidade dos componentes do sistema ambiental biofísico, que tenham relevância e incidências para a vivência das comunidades humanas, tais como a poluição hídrica, poluição atmosférica, aquecimento global, perda da biodiversidade, etc.

Além dos ecossistemas, os *geossistemas* também representam entidades de organização do meio ambiente. Anteriormente já foi apresentada a noção de ecossistema. De modo preliminar pode-se mencionar que os geossistemas, também designados como sistemas ambientais físicos, representam a organização espacial resultante da interação dos elementos físicos e biológicos da natureza (clima, topografia, geologia, águas, vegetação, animais, solos). É o campo de ação da Geografia Física. Os sistemas ambientais físicos possuem uma expressão espacial na superfície terrestre, funcionando através da interação areal dos fluxos de matéria e energia entre os seus componentes. Assim, os ecossistemas locais são integrados nessa organização mais abrangente e de maior complexidade hierárquica.

Dessa maneira, a natureza organiza-se e alcança um equilíbrio ao nível dos ecossistemas e geossistemas, que se expressam na composição fisionômica da superfície terrestre. Por meio da ocupação e estabelecimento das suas atividades, os seres humanos vão usufruindo desse potencial e modificando os aspectos do meio ambiente, inserindo-se como agente que influencia nas características visuais e nos fluxos de matéria e energia, modificando o "equilíbrio natural" dos ecossistemas e geossistemas. Para avaliar a intensidade da ação humana na modificação do meio ambiente, ao longo dos séculos, penetra-se no estudo dos impactos antropogênicos, que

38 Caracterização do sistema ambiental

têm origem e são causados pelas atividades sócio-econômicas.

No verbete elaborado por Susan PARKER (1985) para *The Encyclopaedic Dictionary of Physical Geography*, o impacto ambiental é definido como sendo "mudança sensível, positiva ou negativa, nas condições de saúde e bem-estar das pessoas e na estabilidade do ecossistema do qual depende a sobrevivência humana. Essas mudanças podem resultar de ações acidentais ou planejadas, provocando alterações direta ou indiretamente". Dessa maneira, são considerados os efeitos e as transformações provocadas pelas ações humanas nos aspectos do meio ambiente físico e que se refletem, por interação, nas condições ambientais que envolvem a vida e as atividades humanas.

O uso de adjetivo explicita um atributo ou função de um elemento. No contexto dos estudos de impactos e na modelagem deve-se, para clareza, distinguir os impactos ou efeitos da ação humana nas condições do meio ambiente natural (ecossistemas e geossistemas) e os impactos ou efeitos provocados pelas mudanças do meio ambiente nas circunstâncias que envolvem a vida dos seres humanos. O uso do termo *impacto ambiental* deveria ser aplicado e utilizado, de modo mais adequado, para essa segunda categoria de ocorrências. A primeira refere-se aos *impactos antropogênicos* (CHRISTOFOLETTI, 1993a).

B — ROTEIRO PELAS PROPOSIÇÕES SOBRE PAISAGENS

O uso do termo *paisagem* está relacionado com a palavra italiana *paesaggio*, introduzida a propósito de pinturas elaboradas a partir da natureza, durante a Renascença, significando "o que se vê no espaço"; "aquilo que o olhar abrange ...em um único golpe de vista"; "o campo da visão". A paisagem é, portanto, uma aparência e uma representação; um arranjo de objetos visíveis pelo sujeito por meio de seus próprios filtros, humores e fins" (BRUNET, FERRAS e THÉRY, 1992). Entretanto, parece que o vocábulo germânico *Landschaft* seja o primeiro termo a surgir, existindo já na Idade Média, designando "uma região de dimensão média, o território onde se desenvolve a vida de pequenas comunidades humanas" (ROUGERIE e BEROUTCHACHVILI, 1991).

Em virtude da sua conotação estética, ocorreu desenvolvimento inicial relacionado com o paisagismo e com arte dos jardins. Em decorrência do significado que expressa as características panorâmicas de um lugar, somente no século XIX começou a ser considerada como objeto a ser estudado, encapsulada nos trabalhos de naturalistas e de geógrafos. A terminologia expande-se nos países europeus, mas nem sempre os termos utilizados podem ser considerados como perfeitamente sinônimos. ROUGERIE e BEROUTCHACHVILI (1991) salientam que a *paysage* francesa, em seu uso habitual, caracteriza-se mormente por um aspecto visual. Para melhor expressar essa característica, o vocabulário anglo-saxão prefere a palavra *scenary* em vez de *landscape*, e o holandês acrescenta-lhe um adjetivo *vsueel landschap*. O *Landschaft* germânico recobre tanto a noção de território, próximo dos termos *landscape* e *landschap*, como o aspecto visual. No tocante à terminologia soviética, cujos seus próprios termos *mesnost* e *ourotchitche* possuem um valor territorial, os geógrafos julgaram necessário acrescentar o termo *Landschaft*, absorvido da literatura germânica mas atribuindo-lhe uma conotação científica.

Sob a perspectiva científica dos naturalistas, a contribuição de Alexandre von Humboldt surge como pioneira e exemplar. Em sua obra *Viagem às regiões equinociais*, em vez das classificações taxonômicas então reinantes, prefere "ressaltar a fisionomia do *pays*, o aspecto da vegetação, ... e abranger tanto o clima e sua influência sobre os seres organizados, como o aspecto da paisagem, variada conforme a natureza do solo e de sua cobertura vegetal". Em sua obra, é sob a perspectiva do interesse a respeito da paisagem que Humboldt estuda a vegetação, que ele considera como o dado mais significativo para caracterizar um aspecto espacial. Mas não se trata de "uma descrição documentária sobre as paisagens: as diferenciações paisagísticas da vegetação devem permitir discernir as leis que regem a fisionomia do conjunto da Natureza, pela aplicação de um método por vezes explicativo e comparativo" (ROUGERIE e BEROUTCHACHVILI, 1991).

No final do século XIX praticamente encontram-se estabelecidas as bases da *Landschaftskunde*, da ciência da paisagem, considerada principalmente sob uma perspectiva territorial, como expressões espaciais das estruturas realizadas na natureza e pelo jogo de leis cientificamente analisáveis. No início do século XX, o trabalho de S. PASSARGE, intitulado *Fondements de la Landschaftskunde* e publicado em 1904, representa a etapa inicial. Nessa mesma época, na Rússia, em 1912 DOKOUTCHAEV expressou uma outra maneira de abordar os fatos ligados com a estrutura da natureza, definindo o *complexo natural territorial*. Na França. embora não se utilizando explicitamente do termo *paisagem*, as características expressivas dos *pays* e regiões, nos componentes da natureza e nos oriundos das atividades humanas, tornam-se elementos básicos na organização e desenvolvimento dos estudos geográficos, tendo como referencial a obra de LA BLACHE (1904) e as inúmeras análises regionais. Todavia, há tendência maior para as descrições a respeito dos aspectos dos elementos do quadro físico (destacando as formas topográficas) que sobre os aspectos das atividades sócio-econômicas (com destaque para as *paisagens* rurais).

Em decorrência das raízes naturalistas tornava-se compreensível a valorização maior para a focalizar as "paisagens" morfológicas e da cobertura vegetal, surgindo a adjetivação para estabelecer distinções entre as *paisagens naturais* e as *paisagens culturais*. A fim de evitar maiores rupturas e contrabalançar esse contexto, surgiram proposições para que a Geografia "considerasse e estudasse o fenômeno global da paisagem como um todo" (SCHMITHUSEN, 1942), e dentre elas destaca-se a elaborada por Carl SAUER (1925), no trabalho *The Morphology of Landscape*. Nessa contribuição, o termo *paisagem* é utilizado para estabelecer o conceito unitário da Geografia, porque a finalidade do trabalho era de encontrar para essa disciplina um lugar preciso no campo do conhecimento. SAUER (1925) define a *paisagem* como um organismo complexo, feito pela associação específica de formas e apreendida pela análise morfológica. O conteúdo da paisagem é constituído pela "combinação de elementos materiais e de recursos naturais, disponíveis em um lugar, com as obras humanas correspondendo ao uso que deles fizeram os grupos culturais que viveram nesse lugar". SAUER (1925) salienta que se trata de uma interdependência entre esses diversos constituintes, e não de uma simples adição, e que se torna conveniente considerar o papel do tempo, explicitando que "afirmamos ... que a área (da paisagem) tem uma forma, uma estrutura, um funcionamento e uma posição no sistema, e que ela está sujeita ao desenvolvimento, mudanças, aperfeiçoamento". Dessa maneira, SAUER (1925) considerava a Geografia como sendo uma "fenomenologia das paisagens".

Com o evoluir do conhecimento geográfico e ecológico e em face de perspectivas mais abrangentes sobre as características da natureza, inúmeras propostas foram sendo apresentadas para definir e delinear as unidades componentes da superfície terrestre.

Uma proposição inicial encontra-se relacionada com a Ecologia da Paisagem. A designação *Ecologia da Paisagem* foi introduzida pelo geógrafo alemão Carl Troll, em 1938, e que posteriormente também usou o termo *Geoecologia*. Troll considerava o nascimento da Ecologia da Paisagem como sendo o resultado do casamento entre a Geografia (paisagem) e a Biologia (ecologia). A perspectiva do geógrafo salientava que a preocupação não devia se restringir apenas às paisagens naturais, mas também focalizar as paisagens incluindo o homem. Essa perspectiva implicava que as paisagens culturais e os aspectos sócio-econômicos também deveriam ser considerados. Em conseqüência, TROLL (1938) visualizava a aplicação da Ecologia das paisagens aos propósitos humanos, tais como ao desenvolvimento das terras, planejamento regional e planejamento urbano. VINK (1983) considera a Ecologia da paisagem como sendo a disciplina "que tem a paisagem ou geosfera como o fundamento chave do meio ambiente para as comunidades de plantas, animais e homem". Dessa maneira, a paisagem, "incluindo todos os seus fenômenos e processos, pode também ser considerada como suportando ecossistemas". Em seus objetivos, a Ecologia da paisagem direciona-se para o estudo das "relações entre indivíduos ou grupos de organismos em uma determinada área da superfície da terra", investigando portanto as relações entre a biosfera e a antroposfera e as relação entre ambas com os componentes abióticos. Salienta-se a relevância bio-ecológica para com os seres vivos, pois os elementos abióticos surgem apenas como fatores condicionantes e não como passível de compor sistema individualizado. A figura 3.1 representa o modelo elaborado por ZONNEVELD (1972), indicando a posição da paisagem no contexto ecológico, enquanto o quadro 3.1 salienta os tipos de dados necessários para predizer

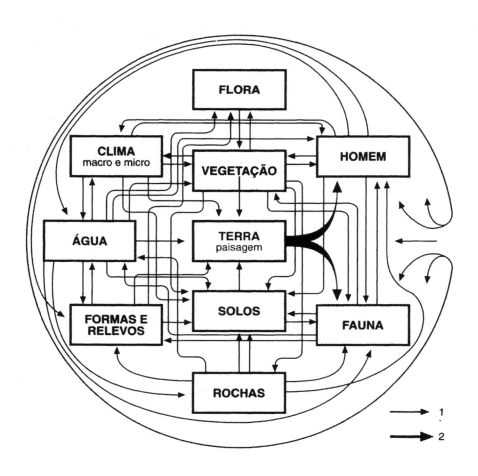

Figura 3.1 — Modelo de paisagem no contexto ecológico. As linhas assinaladas em 1 indicam relações de dependência em graus diversos, enquanto a linha em 2 indica as duas principais retroalimentações (adaptado de Zonneveld, 1979)

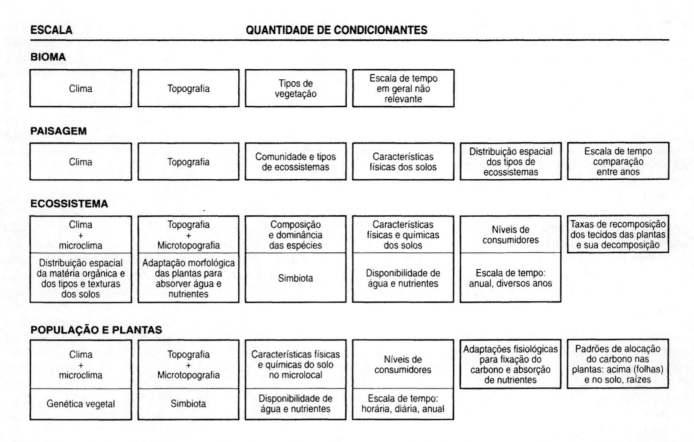

Quadro 3.1 — *Os tipos de dados necessários para predizer os processos ecossistêmicos ocorrentes em diferentes escalas de análise*

os processos ecossistêmicos ocorrentes em diferentes escalas de análise.

A perspectiva da análise integrada do sistema natural tornou-se lema marcante na obra de Jean Tricart, surgindo de modo explícito ao considerar a Terra como planeta vivo e a ordenação do meio natural (TRICART, 1972; 1973). Essa proposição torna-se mais sistematizada com o delineamento da *Ecodinâmica* (TRICART, 1976; 1977) e a focalização da análise sistêmica do meio natural (TRICART, 1979). Em seu desenvolvimento conceitual e analítico, propõe de maneira específica o campo da *Ecogeografia* e as suas aplicações para a ordenação do meio natural (TRICART e KILLIAN, 1979; TRICART e KIEWIETdeJONGE, 1992).

III — GEOGRAFIA E GEOSSISTEMAS

A complexidade do sistema ambiental físico, como entidade individualizada, torna-se compreensível quando focalizada sob a perspectiva da análise geográfica. A Geografia é a disciplina que estuda *as organizações espaciais*. Para delinear o contexto integrador dessa abordagem, deve-se inicialmente focalizar aspectos relacionados com o objeto e temática dessa disciplina.

Quando se procura definir a categoria de fenômenos que constitui o objeto de uma determinada disciplina, deve-se atentar para o fato de que essa categoria tem que expressar a linhagem que marca a sua continuidade e característica essencial, como disciplina individualizada, ao longo da evolução histórica, embora sempre incorporando as inovações e as novas abordagens científicas. Tais incorporações são realizadas pela e para a referida disciplina, a fim de esclarecer e precisar seus conceitos e ampliar seu arsenal técnico. Mas a sua problemática analítica quanto ao objeto permanece a mesma.

Ao focalizar a questão da definição e objeto da Geografia, em diversas oportunidades, CHRISTOFOLETTI (1983; 1986-1987; 1990b; 1993b) vem tecendo considerações salientando que a proposta trabalhada em torno do conceito de *organização espacial*, como sistema funcional e estruturado espacialmente, é potencialmente a mais adequada, incorporando o conteúdo inserido em todos os demais enunciados e a abordagem holística do cenário científico atual, para desenvolver a compreensão da categoria de fenômenos que a individualiza e a diferencia das demais disciplinas. Em 1983 a proposta já não era original nem nova. Fermentava quando BERRY (1964) assinalava que "o ponto de vista geográfico é espacial e que os conceitos e processos integrantes do geógrafo relacionam-se com as disposições e distribuições, com a integração espacial, com as interações e organizações espaciais e com os processos espaciais", e ganhava maior concatenação com as obras de ABLER, ADAMS e GOULD (1971) e de MORRILL (1974).

Figura 3.2 — Estrutura conceitual da organização espacial e envolvimento com disciplinas subsidiárias

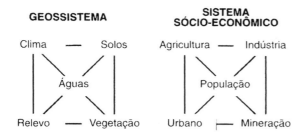

Figura 3.3 — Estruturação do geossistema e do sistema sócio-econômico

Deve-se inicialmente lembrar que o termo *organização* expressa a existência de ordem e entrosamento entre as partes ou elementos componentes de um conjunto. O funcionamento e a interação entre tais elementos são resultantes da ação dos processos, que mantêm a dinâmica e as relações entre eles. Essa integração resulta num sistema organizado, cujo arranjo e forma são expressos pela estrutura. Se há possibilidade para se distinguir diversos tipos de organização, as de interesse geográfico são as possuidoras da característica espacial.

Para a Geografia, a noção de espaço envolve a presença de extensão ou área, usualmente expressos em termos da superfície terrestre. A característica espacial, que se torna a mais relevante para a Geografia, indica que o objeto dessa disciplina deve ter expressão areal, territorial, materializar-se visualmente em panoramas paisagísticos perceptíveis na superfície terrestre. Constitui a sua fisionomia, a sua paisagem, a sua aparência. Todavia, deve-se evitar cometer enganos: a Geografia não é o estudo do espaço nem simplesmente dos lugares, mas sim da organização espacial. A dimensão espacial é atributo e qualitativo para caracterizar inicialmente o objeto de significância geográfica, mas não constitui o objeto da Geografia. Por outro lado, o lugar pode ser considerado como a menor entidade na qual se reúnem e se materializam aspectos dos elementos e das variáveis geográficas, compondo uma escala de grandeza da organização espacial. Neste sentido, representa a menor entidade espacial relevante à análise geográfica, mas não constitui a única categoria de grandeza espacial passível de representar o objeto da Geografia. Há necessidade de se compreender que as unidades funcionais dos lugares encontram-se em conexão funcional com outros lugares. A unidade estruturada e funcional entre os lugares forma a *região*, que constitui outra grandeza escalar de organização espacial. Em outras palavras, constitui a organização (espacial) regional. Esse aninhamento escalar possui várias outras grandezas, até atingir a grandeza do globo terrestre, correspondendo à organização espacial global.

Ao se estabelecer a organização espacial como objeto da Geografia, surge as bases para se compreender a sua unicidade e precisar o vocabulário das suas subdisciplinas. Todas as escalas de organizações espaciais são representativas do conjunto que compõe a categoria do objeto da Geografia. Cada organização espacial engloba em si mesma os componentes e as variáveis dos seus elementos. Entretanto, elas devem ser compreendidas adequadamente em seu aninhamento hierárquico na escala espacial. Na escala do globo terrestre, há apenas *uma* organização espacial. Em hierarquia menor, a grandeza da escala espacial diminui e distinguem-se *várias* unidades de organização espacial. À medida que se prossegue no escalonamento da grandeza espacial, até chegar ao nível do lugar, a quantidade de unidades existentes em cada nível hierárquico vai aumentando progressivamente.

A Geografia é a disciplina que estuda as *organizações espaciais*. Com base em seu objeto de análise, pode-se esquematizar as relações com os fenômenos analisados em diferentes disciplinas (figura 3.2). Englobando a estruturação, funcionamento e dinâmica dos elementos físicos, biogeográficos, sociais e econômicos constituem os sistemas espaciais da mais alta complexidade. Sob a perspectiva sistêmica, dois componentes básicos entram em sua estruturação e funcionamento, representados pelas características do sistema ambiental físico e pelas do sistema sócio-econômico. O primeiro constitui o campo de ação da Geografia Física enquanto o segundo corresponde ao da Geografia Humana. (Figura 3.3)

A Geografia Física, como subconjunto da disciplina Geografia, preocupa-se com o estudo da organização espacial dos *sistemas ambientais físicos*, também denominados de *geossistemas*. Como a expressão concreta na superfície terrestre constitui a relevância espacial para a análise geográfica, torna-se necessário que os componentes do geossistema surjam ocupando territórios, que sejam visualizados em documentos tais como fotos aéreas, imagens de radar e de satélites e outros documentos, sendo sensíveis à observação visual. Deve-se também distinguir as fontes fornecedoras de energia e matéria, responsáveis pela dinâmica do sistema, e as redes de circulação envolvidas nos processos de interação, servindo de canais aos fluxos.

No *geossistema*, a topografia, a vegetação, os solos e as águas preenchem tais requisitos, mas o clima não é componente materializável e visível na superfície terrestre, embora seja perceptível e contribua significantemente para se sentir e perceber as paisagens.

Todavia, o clima é fator fundamental para o geossistema pois constitui o fornecedor de energia, cuja incidência repercute na quantidade disponível de calor e água. O clima surge como o controlador dos processos e da dinâmica do geossistema, mas não como elemento intrínseco e integrante na visualização da organização espacial. Essa noção pode ser operacionalizada sob diversas grandezas na escala espacial.

De modo semelhante, o componente representado pela geodinâmica e estrutura geológica também surge como condicionante na organização do geossistema, em virtude de potencializar as características topográficas e dos solos. O componente geodinâmico atua pelas forças responsáveis pelo surgimento de aspectos e lineamentos na superfície, desde a grandeza das morfoestruturas continentais até a escala das fraturas e diáclases, assim como pela ocorrência de fenômenos sempre ativos, tais como abalos sísmicos e vulcanismo. Todavia, sob a perspectiva da análise geográfica, como se deve conhecer adequadamente a estrutura e os mecanismos da circulação atmosférica para se compreender as características climáticas, também se deve conhecer a estrutura a dinâmica da crosta terrestre para se compreender as características topográficas e a disponibilidade dos recursos minerais.

Os *sistemas ambientais físicos* representam a organização espacial resultante da interação dos elementos componentes físicos da natureza (clima, topografia, rochas, águas, vegetação, animais, solos) possuindo expressão espacial na superfície terrestre e representando uma organização (sistema) composta por elementos, funcionando através dos fluxos de energia e matéria, dominante numa interação areal. As combinações de massa e energia, no amplo controle energético ambiental, podem criar heterogeneidade interna no geossistema, expressando-se em mosaico paisagístico. Ao lado dos fluxos verticais de matéria e energia, em função dos diversos horizontes estruturais dos ecossistemas, há os fluxos na dimensão horizontal conectando as diversas combinações paisagísticas internas do geossistema.

A proposta ligada ao uso do termo geossistema possui uma história. SOTCHAVA (1962) introduziu o termo geossistema na literatura soviética com a preocupação de estabelecer uma tipologia aplicável aos fenômenos geográficos, enfocando aspectos integrados dos elementos naturais numa entidade espacial em substituição aos aspectos da dinâmica biológica dos ecossistemas (figura 3.4). Para Sotchava, a principal concepção do geossistema é a conexão da natureza com a sociedade, pois embora os geossistemas sejam fenômenos naturais, todos os fatores econômicos e sociais influenciando sua estrutura e particularidades especiais são levados em consideração durante sua análise (SOTCHAVA, 1977). Sotchava salienta que os geossistemas são sistemas dinâmicos, flexíveis, abertos e hierarquicamente organizados, com estágios de evolução temporal, numa mobilidade cada vez maior sob a influência do homem. O elemento básico para a classificação é o espaço e tudo o que nele está contido em integração funcional, e do ponto de vista geográfico em três escalas: topologia, regional e planetária. Em escala decrescente de categorias distingue geossistema, geócoros, geômeros e geótopos. Esta perspectiva conceitual engloba a abordagem tradicional inserida na literatura soviética, dedicada aos estudos dos complexos geográficos naturais, cuja abordagem taxo-corológicas sobre as categorias de complexo naturais encontra-se exemplificada no quadro 3.2.

BERTRAND (1972) define geossistema como "situado numa determinada porção do espaço, sendo o resultado da combinação dinâmica, portanto instável, de elementos físicos, biológicos e antrópicos, que fazem da paisagem um conjunto único e indissociável, em perpétua evolução". Partindo dessa conceituação, Bertrand propõe um sistema taxonômico de hierarquização da paisagem constituído por seis níveis têmporo-espaciais decrescentes. Nas chamadas unidades superiores encontramos a zona, o domínio e a região correspondentes às grandezas de I a IV de TRICART (1965), onde os elementos climáticos e estruturais são mais relevantes. As grandezas de V a VIII da classificação de Tricart correspondem às "unidades inferiores", onde estão o geossistema, o geofácies e o geótopo, caracterizados pelos elementos biogeográficos e antrópicos.

O geossistema resultaria da combinação de um potencial ecológico (geomorfologia, clima, hidrologia), uma exploração biológica (vegetação, solo, fauna) e uma ação antrópica, não apresentando, necessariamente, homogeneidade fisionômica, e sim um complexo essencialmente dinâmico. Essa unidade abrange escala de alguns quilômetros quadrados a centenas de km², podendo ser decomposta em unidades menores fisionomicamente homogêneas, representados pelos geofácies e geótopos. O geofácies, correspondendo a um setor fisionomicamente homogêneo que se sucede no

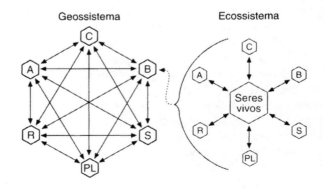

Figura 3.4 — Esquemas estruturais de geossistema e ecossistema, conforme S. Preobrajenski (adaptado de Haase, 1976) C = Clima; A = Água; R = Relevo; B = Biosfera; S = Sociedade; PL = Pedosfera e Litosfera

ORDENS DE DIMENSÃO

GEÔMEROS		EPIGEOSFERA		GEÓCOROS
Série de tipos de meios ambientes naturais (séries de paisagens)	**UNIDADES DITAS TAXONÔMICAS**	Planetária		Áreas físico-geográficas
				Grupos de regiões
Tipos de meios ambientes naturais (tipos de paisagens)				Divisões continentais
				Regiões físico-geográficas zonais ou altitudinais
Classes de geomas		Regional		Grupo de províncias ou zona natural
Subclasses de geomas				
Grupo de Geomas				Províncias ou subzona
Subgrupo de geomas			Cartografia 1/1.000.000	Províncias
Geomas (Landschaft) (ligados aos tipos de relevos)	**UNIDADES DITAS MORFOLÓGICAS**	Unidades inferiores paisagem ou topológicas	Escalas cartográficas 1/100.000	Mácrogeócoros (grupo de sítios, alguns Ha)
				Topogeócoros
Classes de fácies (mesnost) associação ligadas a um relevo			1/25.000	
Grupo de fácies (Ourotchitche) associação ligada a uma forma topográfica elementar				Mesogeócoros (grupo de sítios, alguns Ha)
Fácies (combinação tipológica primária)			1/10.000	Microgeócoros
Fácies elementar, fácies individual, homogêneo se for biogeocenose			1/1.000	Espaço elementar (heterogêneo se for cadeia de biogeocenoses)
TAXONOMIA				**CRONOLOGIA**

Quadro 3.2 — Abordagens taxo-corológicas sobre as categorias de complexos geográficos naturais (conforme Sotchava, 1963, e Isachenko, 1972)

tempo e no espaço no interior de um geossistema, possui também potencial ecológico, exploração biológica e ação antrópica, estando sujeito à biostasia e resistasia. Os geótopos correspondem ao último nível da escala têmporo-espacial de Bertrand, apresentando, geralmente, condições diferentes do geossistema e do geofácies em que se encontram. Constituem a menor unidade homogênea diretamente visualizada no terreno, representando o refúgio de biocenoses originais, por vezes relictuais ou endêmicas.

MONTEIRO (1978) considera que o geossistema constitui um "sistema singular, complexo, onde interagem os elementos humanos, físicos, químicos e biológicos, e onde os elementos sócio-econômicos não constituem um sistema antagônico e oponente, mas sim estão incluídos no funcionamento do sistema". Nesta proposta surge a possibilidade de se confundi-la com a abrangência da organização espacial. No geossistemas, os produtos do sistema sócio-econômico entram como inputs e interferem nos processos e fluxos de matéria e energia, repercutindo inclusive nas respostas da estruturação espacial geossistêmica.

Percebe-se, nessas proposições, que SOTCHAVA (1962; 1977) e BERTRAND (1972) procuram estabelecer uma determinada escala de grandeza específica para o geossistema, e propondo subdivisões baseadas nos aspectos biogeográfico das paisagens. A questão do aninhamento hierárquico espacial é crucial, pois há necessidade de se estabelecer a seqüência interativa desde a escala do *lugar* até a escala do globo terrestre, pois obviamente repercutem no discernimento dos *sistemas ambientais*.

Se levarmos em conta a grandeza da escala mundial, o planeta Terra pode ser visualizado como um geossistema. As características de cada elemento são peculiares e os fluxos de energia e matéria podem ser estabelecidos e mensurados. Há estruturação, funcionamento e organização, possibilitando que o sistema global alcance um estado de equilíbrio, cuja estabilidade apresenta determinada amplitude na sua resiliência. As mudanças ocorrentes no fornecimento e nos fluxos de energia e matéria podem ultrapassar o espectro da resiliência, desestabilizando o geossistema e promovendo readaptações para outro estado de equilíbrio. Toda a problemática das mudanças ambientais globais, como o do aquecimento da atmosfera, encaixa-se nesse contexto conceitual e analítico. O diagrama expresso pela figura 3.5, elaborado na perspectiva do Programa International da Biosfera-Geosfera, assinala as relações entre os sistemas climático, bioquímico e social e as ações das forças externas.

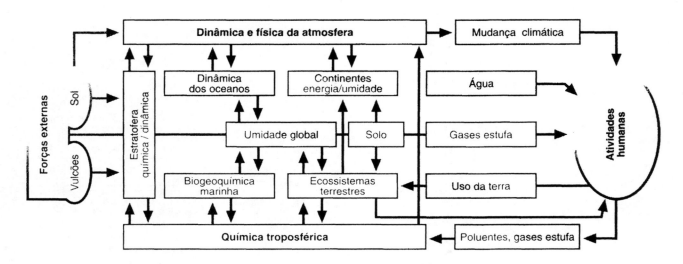

Figura 3.5 — Relações estruturais entre os sistemas climático, biogeoquímico e social e a ação das forças externas (diagrama de Bretherton, no contexto do Programa Internacional Biosfera — Geosfera)

As mudanças ambientais incluem ampla gama de transformações que ocorrem na superfície terrestre. Envolvem mudanças globais e setoriais nos elementos ar, água, terra e seres vivos, consubstanciadas nos estudos sobre as características quantitativas e qualitativas delineadas nas pesquisas em Climatologia, Hidrologia, Oceanografia, Geomorfologia, Pedologia, Geologia, Biologia e Ecologia, por exemplo, e na análise das suas implicações e mudanças nas organizações espaciais (Geografia). Obviamente, nos estudos das mudanças ambientais são essenciais os parâmetros espacial (envolvendo a expressividade areal do território e a variabilidade espacial dos fenômenos) e temporal (envolvendo a tendência, a variabilidade temporal e a noção dinâmica da evolução), assim como a análise do estado e do funcionamento do sistema no momento atual. Envolvem também os estudos focalizando os sistemas em sua complexidade, através de abordagens holísticas, considerando a estrutura, o funcionamento interativo e dinâmica evolutiva dos sistemas ambientais. A mesma preocupação pode ser reaplicada para as escalas subjacentes da hierarquização espacial dos geossistemas.

Independentemente da ação e presença humana, a natureza físico-biológica do sistema terrestre organiza-se ao nível dos ecossistemas e geossistemas. Todavia, essas abordagens passam a integrar e considerar as interferências das atividades humanas, que são fatores influindo nas características e nos fluxos de matéria e energia, modificando o equilíbrio "natural" dos ecossistemas e geossistemas. A intensidade da ação humana vai modificando a superfície terrestre, ao longo dos séculos, e a própria dimensão do Holoceno pode ser analisada como sendo uma "história ambiental", marcada pela modificação crescente na fisionomia da superfície terrestre (GOUDIE, 1986; ROBERTS, 1989; TURNER et al., 1990; SIMMONS, 1993; 1996). Ao lado dos eventos que ocorrem no comportamento dos elementos ambientais físicos (analiticamente focalizados pela Meteorologia, Climatologia, Hidrologia, Biogeografia, Geomorfologia, Tectônica, Geodinâmica, etc) enquadram-se também os efeitos ocasionados pelas atividades humanas (urbanização, industrialização, exploração mineral, usos agrícolas do solo, construção de vias de transporte, etc). Portanto, na perspectiva holística de análise dos sistemas ambientais físicos não se pode excluir o conhecimento provindo dos estudos sobre os sistemas sócio-econômicos, considerando os seus componentes e processos, sem omitir o estudo sobre o comportamento e a tomada-de-decisões políticas.

Como os geossistemas possuem grandeza territorial, a caracterização espacial torna-se aspecto inerente. Por essa razão, é preciso que se faça o estudo analítico da morfologia e do funcionamento dessas unidades. Por outro lado, como sistemas abertos, possuem relacionamentos com outros sistemas, sendo também necessário conhecer as relações internas entre os componentes e as interações entre sistemas diferenciados. Todavia, não se pode esquecer que o padrão espacial observável e os aspecto do sistema atual representam respostas a um continuum evolutivo, à seqüência de eventos que se sucedem ao longo do tempo. O estudo da dinâmica é essencialmente realizado em determinada grandeza da escala temporal, pois reflete as ajustagens internas à magnitude dos eventos, mantendo a sua integridade funcional ou se reajustando em busca de mudanças adaptativas às novas condições de fluxos. Nesse contexto, ganham importância os conceitos de estabilidade, funcionamento, resiliência e evolução. As fases das *análises morfológica, funcional e dinâmica* são inerentemente ligadas, mas podem ser processadas de modo independente e constituem globalmente a perspectiva relacionada com a compreensão dos sistemas ambientais físicos. Com base nessa compreensão da unidade complexa desenvolvem-se, em decorrência, os procedimentos avaliativos da potencialidade e das atividades de uso, o manejo e o planejamento. E também o uso de valores relacionados com a degradação, recuperação e sustentabilidade ambientais.

A Geografia Humana, como subconjunto da Geografia, analisa a organização espacial dos *sistemas sócio-econômicos*. Em sua composição encontram-se os elementos ligados com as cidades, uso do solo rural, indústrias e redes de circulação. Tais elementos tornam-se os componentes materializáveis e expressáveis nos panoramas paisagísticos da estruturação espacial. Nos sistemas sócio-econômicos, a função essencial de controladora dos processos e da dinâmica dos sistemas é exercida pelo grupo humano ou sociedade. As potencialidades do grupamento humano ou da sociedade condicionam os processos e a dinâmica atuantes nos elementos urbano, rural e industrial, sendo os agentes básicos para esse conjunto de processos responsáveis pela estrutura espacial do sistema. Por exemplo, nas cidades a concentração humana gera aumento de energia sócio-econômica para as atividades de produção e consumo. A potencialidade financeira do grupo humano gera capitais que estimulam e ativam processos de mecanização agrícola e de uso do solo e produtividade industrial. A capacitação educacional gera potencialidades para o desenvolvimento científico e tecnológico. O desenvolvimento da informática propicia o uso e o manejo da informação, com repercussões para as tomadas-de-decisão gerenciais e políticas. Obviamente, as conseqüências repercutem no fluxo de capitais, no comércio, no transporte e estrutura interna do sistema. Os aspectos e os processos dos sistemas sócio-econômicos são controlados pelos atributos culturais, sociais, econômicos e tecnológicos do grupamento humano, da sociedade em seu conjunto ou de suas classes sociais, pois não é apenas a quantidade ou a densidade de pessoas que se torna significativa, mas a qualidade potencial desses seres.

As conceitualizações para a análise e modelagem são similares em todas as escalas de grandeza e hierarquização dos sistemas ambientais físicos. De modo semelhante, essas perspectivas devem ser aplicadas no estudos sobre a reconstituição de organizações do passado e nos procedimentos simulatórios a respeito de cenários futuros. A expressividade das escalas espaciais resulta em inúmeras organizações individualizadas, ao longo da história ou na distribuição espacial na superfície terrestre. Por essa razão, não se deve estranhar categorizações e enunciados ligados com as estruturas e comportamentos caóticos, assinalando que "os sistemas geofísicos e os geográficos são caracterizados pela extrema variabilidade espacial e temporal, estruturas fractais abarcando amplo espectro de escalas e dinâmica não-linear" (LAVALLÉE et al, 1993).

IV — A APLICAÇÃO DE ABORDAGENS HOLÍSTICAS, A TEMÁTICA DOS IMPACTOS NAS CARACTERÍSTICAS AMBIENTAIS E O PROBLEMA DO ESCALANTE ESPACIAL

Três considerações tornam-se oportunas, como temáticas inerentes à modelagem. A primeira versa sobre o desenvolvimento no uso da aplicação de abordagens holísticas para a compreensão dos fenômenos inseridos no campo dos sistemas ambientais, enquanto a segunda refere-se à focalização dos estudos sobre os impactos antropogênicos nas características ambientais. A terceira encontra-se ligada com a questão do escalante espacial.

A — O DESENVOLVIMENTO DAS ABORDAGENS HOLÍSTICAS

As contribuições explicitando propostas de abordagens holísticas na análise de sistemas ambientais são numerosas. Constituem referencial básico a nortear a conceitualização, estruturação, análise e avaliação dos sistemas em função das atividades de ensino, de pesquisa e de aplicabilidade, não importando em qual escala de grandeza espacial se deseja focalizar. As proposições também não se restringem apenas ao estudo dos componentes do sistema ambiental, mas procuram também tratar das interações entre os sistemas ambientais e os sistemas sociais e econômicos, em busca da compreensão do sistema de organização espacial e bases para as propostas de planejamento e desenvolvimento sustentável.

Todavia, deve-se registrar que a concepção de se utilizar unidades espaciais complexas, como um todo de natureza integrada representando unidades interativas de lugares e regiões, não é nova no conhecimento geográfico. A antiga civilização grega já apresentava conceitos para explicar a sua visão de mundo considerando as relações consistentes e explicativas entre clima e sociedade, ou entre climas e comportamento humano. A palavra *clima* tem sua origem na raiz grega para *inclinação*. Como os gregos eram sensíveis aos efeitos da latitude sobre o clima, e considerando a inclinação aparente do sol, dividiram habitualmente o hemisfério em cinco *climas* de 18 graus de latitude cada

46 Caracterização do sistema ambiental

um; nessa divisão, o clima tornava-se sinônimo de zona. De modo semelhante encontram-se referenciados os tipos de humores distinguidos por Hipócrates, considerando a influência dos *climas*. A proposição conceitual sobre as regiões, desenvolvida entre os geógrafos franceses, exemplifica uma afinidade quase orgânica das comunidades com o meio ambiente físico. A funcionalidade integrativa das regiões na face da Terra transparece explicitamente desde as obras de Carl Ritter. A concepção holística também constitui a base para a obra de Alexandre von Humboldt. A noção de ecossistema, como sendo sistema interativo e dinâmico relacionando conjuntamente plantas, animais e materiais inorgânicos em determinada área, já se tornou de domínio comum. A noção de totalidade, em termos do materialismo histórico, também representa uma concepção holística. Mais recentemente ganhou destaque a proposição sobre *Gaia*, elaborada por James LOVELOCK, cuja apresentação encontra-se melhor delineada na obra *As eras de Gaia* (LOVELOCK, 1991).

A concepção de geossistema, advinda dos pesquisadores soviéticos (SOTCHAVA, 1976), introduzida na França por Georges Bertrand no final da década de sessenta (BERTRAND, 1968), e a estruturação da "Ecologia da Paisagem" (NAVEH e LIEBERMAN, 1984; 1994; LESER, 1991) enquadram-se no contexto das abordagens holísticas para o estudo dos sistemas ambientais. A perspectiva holística encontra-se explícita nas proposições relacionadas com a ecodinâmica e Eco-geografia TRICART (1976; 1977; 1979; TRICART e KILLIAN, 1979; TRICART e KIEWIETdeJONGE, 1992). Uma minuciosa revisão histórica elaborada por ROUGERIE e BEROUTCHVILI (1991) recompõe o envolvimento das conotações ligadas com o estudo das paisagem, considerando as perspectivas desenvolvidas na União Soviética, Alemanha, Polônia, França e outros países, cujas nuanças designativas são expressas pelos termos de Geografia das Paisagens, Ecologia das Paisagens, Ciência da Paisagem, Síntese das Paisagens, Geofísica das Paisagens, Geoquímica das Paisagens, Etologia das Paisagens, Geosinergética, Geoecologia, Geossistema, Ecogeografia, etc. Todavia, desde 1938 quando Carl Troll criou o termo de *Landschaftsokologie*, tanto na antiga Alemanha Oriental como em outros países o contexto inerente às diversas denominações engloba uma visão renovada e moderna da Geografia Física, no tocante ao estudo de objeto expressando unidade complexa e interativa. Em todas essas nuanças verifica-se a proposição de abordagem holística, tendo como subjacente os fundamentos ligados com a teoria dos sistemas.

ROUGERIE e BEROUTCHVILI (1991) evidenciam, também, mudança na posição de relevância entre os componentes do quadro físico, cuja valorização maior passou do elemento geomorfológico para o biogeográfico, na estruturação dos panoramas visuais da superfície terrestre. Por outro lado, o contexto analítico envolve-se

com a estruturação (padrão espacial), dinâmica do funcionamento (fluxos e interações) e evolução (transformação na escala temporal). Não só se enriquece com o diagnóstico e análise, mas ganha amplitude com a avaliação do estado (condições do funcionamento, em estabilidade ou não) e da sua potencialidade como recurso disponível para o estabelecimento das atividades humanas. Obviamente, as relações bidirecionais entre o sistema ambiental físico e o sistema sócio-econômico ganham relevância, redundando em escala hierárquica mais complexa representada pelas unidades de organização espacial.

Entretanto, a perspectiva holística mais desenvolvida e abrangente no cenário das atividades geográficas encontra-se relacionada com a análise de sistemas, oriundas das contribuições de BERTALLANFY (1933; 1950; 1951; 1973), com base na Biologia teorética, e de PRIGOGINE (1947; 1980; 1996) e de PRIGOGINE e STENGERS (1984a; 1984b; 1992), com base nos sistemas dinâmicos da Física e Química. CHORLEY e KENNEDY (1971) salientaram a o aspecto conectivo do conjunto, formando uma unidade, escrevendo que "um sistema é um conjunto estruturado de objetos e/ou atributos. Esses objetos e atributos consistem de componentes ou variáveis (isto é, fenômenos que são passíveis de assumir magnitudes variáveis) que exibem relações discerníveis um com os outros e operam conjuntamente como um todo complexo, de acordo com determinado padrão". Mais recentemente, ao fazer breve revisão sobre a teoria de sistemas, HAIGH (1985) assinalou que "um sistema é uma totalidade que é criada pela integração de um conjunto estruturado de partes componentes, cujas interrelações estruturais e funcionais criam uma inteireza que não se encontra implicada por aquelas partes componentes quando desagregadas". O conceito de "sistemas' foi introduzido na Geomorfologia por CHORLEY (1962), e vários aspectos dessa abordagem foram consideradas por CHRISTOFOLETTI (1979), STRAHLER (1980), HUGGETT (1985) e SCHEIDEGGER (1991).

Ao mostrar a aplicabilidade da abordagem dos sistemas dinâmicos nos estudos sobre os deslizamentos, HAIGH (1988) assinalou que, no tocante à entropia, um sistema pode existir em um dos três seguintes estados:

a) um sistema poderá criar entropia durante suas atividades, de modo que poderá passar por desarranjos conforme a segunda lei da termodinâmica. A primeira lei da termodinâmica é a da conservação da energia assinalando que a quantidade total do universo é constante. Isso significa que é impossível criar ou destruir energia, mas que ela é transformada de uma forma para outra. O enunciado da segunda lei da termodinâmica assinala que a entropia total está continuadamente aumentando. A entropia é a medida da quantidade de energia capaz de ser convertida em trabalho. Se a entropia aumenta, então há decréscimo na energia disponível para realizar trabalho;

b) o sistema poderá promover a criação da entropia extraindo energia de seu ambiente e utilizando-a para compensar o decaimento termodinâmico. Sob tais condições o sistema dissipa entropia aumentando o seu retorno para o ambiente e, dessa maneira, pode permanecer estável, sem mudança (citando PRIGOGINE e STENGERS, 1984b);

c) o sistema pode também absorver tão grande quantidade de energia de seu ambiente que se torna capaz de dissipar mais entropia do que é produzida por ele. A negentropia acumulada pode ser expressa como crescimento, reprodução ou evolução de novas estruturas internas (citando JANTSCH, 1980).

HAIGH (1987) lembra-nos que, eventualmente, o processo de perda ou acumulação de entropia pode fazer com que um sistema se torne instável com respeito aos atratores do sistema atual. O sistema atinge os limites da influência dos atratores e, eventualmente, move-se, ou é empurrado, para além desse limiar. De modo característico, tais eventos são desencadeados por flutuações súbitas no fluxo de energia. O sistema libertado rapidamente transforma-se até que atinja a zona de uma nova estabilidade, sob a influência de um novo atrator do sistema. Entretanto, algumas vezes, a trajetória da transição e até o alcançar da nova "estabilidade" pode envolver múltiplos atratores. Então, o comportamento do sistema pode se tornar muito complexo.

Em face desses propostas conceituais e analíticas sobre a estrutura, funcionamento e dinâmica dos geossistemas, ou dos seus subsistemas, que respostas explicativas podemos oferecer ? Simplesmente a de considerá-los como sendo caixas pretas. Há um desafio amplo para o conhecimento geográfico, cuja aplicabilidade é significativa para o cenário do território brasileiro. Como desafio complementar, a terceira proposta do estado do sistema no tocante à entropia não poderia ser desenvolvida pela Geografia Humana para a organização sócio-econômica ? Como podemos delinear sua aplicabilidade para o estudo das organizações espaciais?

Tais expectativas propiciam ampliar o conhecimento sobre os domínios morfoclimáticos brasileiros (AB'SABER, 1967; 1973; 1977) e explicitar as peculiaridades dos ecossistemas e geossistemas delineados no Estado de São Paulo (TROPPMAIR, 1983). E perceber que a proposta de LOVELOCK (1987) sobre a Geofisiologia, servindo como exemplo a Amazônia (DICKINSON, 1987), simplesmente enquadra-se no contexto de uma Geografia Física sistemicamente estruturada.

Todavia, surge ainda a questão relacionada com o conhecimento morfológico (estrutura) sobre a geometria e composição dos sistemas ambientais. Interconectada com as concepções dos sistemas dinâmicos e teoria do caos encontra-se a geometria dos fractais e multifractais.

B — A QUESTÃO AMBIENTAL E O ESTUDO DE IMPACTOS

A questão ambiental é temática que envolve a participação e desperta o interesse de grande variedade de disciplinas. Não há razão, no momento, para desenvolver mais longamente esse tema. Apenas para exemplificar chamamos atenção para o setor tradicionalmente chamado de estudos de impactos ambientais e registra-se um depoimento sobre os projetos de construção de barragens, na África.

Torna-se significativo salientar que os problemas ambientais, em função da expressividade espacial subjacente, tornam-se questões inerentes à análise geográfica. Além da fase diagnóstica e analítica, os estudos de impactos consistem no processo de predizer e avaliar os impactos de uma atividade humana sobre as condições do meio ambiente e delinear os procedimentos a serem utilizados preventivamente para mitigar ou evitar os efeitos julgados negativos. Na elaboração das vantagens e desvantagens relacionadas com o projeto em vista, tais estudos fornecem indicadores para as tomadas-de-decisão, pois têm o objetivo de prevenir a dilapidação ou eliminação das potencialidades do meio ambiente físico fornecendo informações adequadas sobre as possíveis conseqüências nefastas que poderão se desenvolver com a implementação das ações propostas.

THERIVEL e colaboradores (1992) assinalam que, de modo geral, os estudos de impacto compreendem as seguintes etapas: a) diagnóstico do estado atual do meio ambiente e das características das ações propostas, considerando inclusive possíveis ações alternativas; b) previsão sobre o estado futuro do meio ambiente, considerando o evoluir do sistema sem a implementação das atividades e o evoluir com a implementação das ações propostas. A diferença entre ambos os estados será a resultante do impacto; c) considerar os procedimentos para reduzir ou eliminar as possíveis conseqüências negativas do impacto antropogenético; d) elaborar um relatório que analise todos esses pontos, e e) proceder a monitoria dos acontecimentos, caso haja autorização para que o projeto seja implantado.

A realização dos estudos de análise ambiental considerando as transformações possíveis em função dos projetos de uso do solo, nas suas diversas categorias, é exigência que se encaixa como medida preliminar em face da política de desenvolvimento sustentável. Observe-se, todavia, as atividades solicitadas em cada etapa. Na fase do diagnóstico reúnem-se as informações pertinentes aos mais diversos componentes físicos, sociais e econômicos. Nessa fase analítica, costuma-se inclusive falar e utilizar de equipes multidisciplinares. Na segunda fase, a perspectiva é totalmente diferente e há necessidade de se adotar uma abordagem holística para se compreender a unidade do cenário, considerando a modelagem dos dois estados futuros explicitamente mencionados. Não se trata de considerar integradamente as características, os processos e as condições resultantes

48 Caracterização do sistema ambiental

envolvidas nos sistema ? Não se trata de fazer modelagem sobre o geossistema, sobre o sistema espacial sócio-econômico e, em decorrência, da própria organização espacial ? Não é essa a demanda da sociedade e o desafio a ser enfrentado pelos geógrafos, ecólogos, geocientistas e por todos aqueles que desejam se tornar analistas ambientais ? A demanda especificada na terceira etapa não representa apelo à aplicabilidade do conhecimento geográfico na modelagem do sistema ambiental ?

Mas a aplicabilidade não pode restringir-se apenas ao diagnóstico, análise e avaliação. Os estudos sobre avaliação de impactos necessitam ter uma finalidade, metas em função das quais se estruturam. Por essa razão, SMITH (1993) explicita que a avaliação de impactos constitui *"processo para o manejo de recursos e planejamento ambiental visando favorecer as metas da sustentabilidade"*. Sob essa expectativa, torna-se instrumento operacional inerente aos programas e políticas de desenvolvimento sustentável. Nessa mesma tendência encontram-se as coletâneas de ensaios elaboradas em função de cursos sobre Ciência e Engenharia Ambiental, promovido pelo European Centre for Pollution Research, publicadas sob a organização de NATH, HENS e DEVUYST (1993; 1996), focalizando a análise setorial, a abordagem ecossistêmica e os instrumentos visando a implementação do desenvolvimento sustentável.

Uma faceta temática nos é fornecida pela contribuição de ADAMS (1992) que, em virtude das suas experiências de assessoria em vários projetos sobre a construção de barragens, elaborou quadro avaliativo sobre as implicações dos projetos implantados no continente africano, geralmente organizados e desenvolvidos por especialistas europeus e representando uma forma de concepção externa sobre como intervir para modificar os ambientes e economias rurais africanas. A construção de barragens surge como proposta costumeira para se realizar o manejo dos recursos hídricos, delineando o controle das águas em benefício das populações e desenvolvimento regional. Cerca de 20% dos recursos hídricos fluviais da África encontram-se sob o controle de barragens. Todos os projetos implantados foram resultados de uma visão a respeito de uma África desenvolvida, com mudanças positivas decorrentes da tecnologia, de uma economia de mercado modernizada, de comunidades compostas tanto por pequenos como grandes fazendeiros-negociantes. Obviamente, as transformações ocasionadas pelas barragens são sensíveis na estrutura econômica e ambiental. Todavia, muitos fracassos ocorreram e os resultados observados são muito diferentes dos então previstos e planejados. ADAMS (1992) observa que apesar dos insucessos verificados nos resultados esperados quando dos planos para a construção de barragens e esquemas de irrigação, os projetos novos continuam caminhando e sendo construídos sem que ocorram reavaliações sobre as vantagens e desvantagens. Entre as causas do insucesso

podem-se incluir a deficiência de diagnóstico adequado sobre a organização espacial regional e a inadequada modelagem dos estados futuros, consentâneos com os condicionamentos ambientais regionais, na magnitude das mudanças visualizadas e resiliência do sistema sócio-econômico em face da pretensa organização almejada. Em suma, ausência de conhecimento geográfico adequado para o diagnóstico e para a modelagem visando as metas do desenvolvimento sustentável.

A modelagem de cenários sobre as organizações espaciais visando a análise dos impactos antropogênicos e ambientais e a avaliação dos resultados obtidos na construção das barragens em território brasileiro, numa perspectiva integradora, são desafios que instigam os pesquisadores. Os estudos de impactos ligados com a construção de barragens constitui apenas uma categoria de exemplos. Mas há outras categorias de projetos nas quais se tornam necessárias o uso adequado e a aplicabilidade do conhecimento geográfico, no amplo contexto da questão ambiental.

C — ESCALANTES ESPACIAIS

Uma das primeiras exigências conceituais consiste em se conhecer a complexidade das organizações espaciais ligadas com os sistemas ambientais. Os geógrafos sempre sublinharam o caráter complexo das paisagens, regiões e/ou organizações espaciais, mas não dispunham de arsenal conceitual e técnico para analisar essa complexidade.

Com a emergente ciência da complexidade, que vem se desenvolvendo a partir da segunda metade da década de 80, estão surgindo conceitos que merecem ser absorvidos e avaliados pelos pesquisadores e aplicados na análise dos sistemas ambientais. Como as organizações espaciais surgem como exemplos de sistemas dinâmicos não-lineares, torna-se oportuno considerar os conceitos de auto-organização, criticalidade auto-organizada, comportamento caótico, multifractalidade e outros. A noção abordada neste item refere-se ao escalante espacial.

A abordagem analítica da complexidade não deve ser restrita apenas para o nível da organização espacial. Obrigatoriamente deve ser aplicada para o nível dos geossistemas e dos sistemas sócio-econômicos, e subseqüentemente também para os níveis dos sistemas geomorfológicos, climáticos, hidrológicos, ecossistemas, etc. Todos eles, em seus respectivos degraus hierárquicos, são *sistemas espaciais* complexos. A viabilidade aplicativa nos vários degraus da hierarquia decorre justamente da complexidade e da unicidade da organização espacial. Uma síntese relacionada com a análise da complexidade e auto-organização em sistemas geomorfológicos foi elaborada por CHRISTOFOLETTI (1997a; 1998).

A análise da complexidade encontra-se direcionada para a hierarquia estrutural e funcional na composição interna da organização espacial, e obviamente do geossistema, em princípio independentemente da escala de grandeza. Todavia, outra exigência fundamental para a pesquisa consiste em se procurar estabelecer os modelos e as características padrões dos sistemas em sua inserção hierárquica, considerando as grandezas espaciais dos sistemas ambientais, desde o nível do lugar até a grandeza do globo terrestre. O que é um sistema ambiental local ? O que é um geossistema regional ? O que é um geossistema multiregional ? O que é um geossistema global ?

Em virtude desse escalonamento, surge a necessidade de se especificar quais são os componentes, os processos e funções e as variáveis relevantes em cada escala. Por outro lado, levando-se em conta a quantidade de unidades existentes em cada nível hierárquico e as mensurações sobre as variáveis morfológicas e dos processos, quais os indicadores da dimensão fractal ? Existe invariância escalar entre as grandezas dos geossistemas ? Ou, ao contrário, quais são as faixas de valores limiares que assinalam a passagem de uma *grandeza geográfica para outra*, isto é, passagem de geossistemas diferencialmente organizados como sistemas geográficos ?

Por outro lado, não se pode esquecer do *processo de cascata*, em que as potencialidades existentes vão se filtrando e permeando pelos escalões, fluindo diferentemente, promovendo com que haja diferenciação, multiregional, regional e especificações locais. O processo de cascata tem relevância fundamental, repercutindo na análise do fluxo e gerenciamento da alocação de recursos minerais, do calor e da umidade na face terrestre, assim como das decisões e potencialidades culturais e sócio-econômicas das sociedades.

Os geossistema e ecossistemas expressam-se na horizontalidade rugosa da superfície terrestre, assim como se insere na verticalização dos processos e dinâmicas das hierarquias espaciais. Sob a perspectiva da análise geográfica, o processo de globalização age sobre os sistemas ambientais de grandezas menores, repercutindo diferencialmente até na escala dos lugares. Há um escalante fractal nesse processo, que não visa a homogeneização dos lugares e regiões, mas acaba dinamizando e promovendo a evolução de todas as áreas. Todavia, as análises específicas e as exemplificações substantivas sobre a complexidade, não-linearidade e fractalidade dos sistemas ambientais ainda são emergentes e se constituem em desafios à pesquisa.

No setor dos processos hidrológicos, os fluxos ocorrem desde os fluxos não saturados na camada de solos até os da grandeza das bacias hidrográficas superiores ao milhão de quilômetros quadrados; dos escoamentos relâmpagos com alguns minutos de duração até o escoamento nos aqüíferos com duração superior a centena de anos. KLEMES (1983) assinala que os processos hidrológicos escalonam-se em oito ordens de grandeza nas magnitudes espacial e temporal. As características da heterogeneidade nas escalas espacial e temporal surgem analisadas por BLOSCHL e SIVAPALAN (1995), e BAND e MOORE (1995) e BEVEN (1995) exemplificam o uso dos sistemas de informação geográfica no escalante espacial, mostrando como os modelos de processos em pequena escala podem ser diretamente parametrizados e validados para os sistemas de grandezas espaciais maiores.

V — A COMPLEXIDADE DO SISTEMA E O DOMÍNIO DAS DISCIPLINAS AMBIENTAIS

Uma questão relevante encontra-se relacionada com a nomenclatura e domínio das disciplinas, assim como a adjetivação assinalando subdomínios. Em geral, a designação das disciplinas encontra-se estabelecida em termos propostos ao longo da história do conhecimento, e as proposições para se estabelecer setores componentes surgiram em decorrência de temáticas que, paulatinamente, vão se consolidando. A indagação costumeira consiste em perguntar: como se divide a Geografia ? Como se divide a Geologia ? Como se divide a Ecologia ? Quais as disciplinas que compõem as Geociências ? Quais são as disciplinas que compõem as ciências ambientais ? E as respostas, considerando a tradição e a diversidade das temáticas propostas, arrolam denominações variadas.

No contexto científico atual a problemática pode ser deslocada. Esse tipo de indagação não é mais relevante. Por exemplo, a Geografia, em si, é disciplina simples e não possui condições internas de expressividade para alicerçar subdivisões. Consideração semelhante pode ser feito para o caso da Biologia, Ecologia, Geologia, etc. O referencial pode ser deslocado da *denominação* para a contextura do *objeto de estudo* da disciplina. As denominações para o quadro da composição devem expressar vinculações relevantes para com os elementos, processos e dinâmica da categoria de fenômenos sob análise. Quanto mais complexo, mais rica se torna a tecedura integrada para os diferentes níveis hierárquicos. As disciplinas entrosam-se em sua funcionalidade expressando justamente a integração do *sistema* analisado. Em virtude da abordagem sobre a complexidade, torna-se necessário a formação do especialista para cada determinado nível de sistema complexo. Não se trata mais da simples horizontalidade integrativa das disciplinas, nas denominadas abordagens monodisciplinares, multidisciplinares, interdisciplinares e transdisciplinares. Trata-se de analisar a estrutura, o funcionamento e a dinâmica da entidade sistêmica, compreendida em seu posicionamento hierárquico integrativo nas entidades organizacionais sistêmicas mais abrangentes. Em decorrência, percebe-se claramente como essa perspectiva possui implicações nos critérios para a elaboração de currículos de graduação. No projeto de organização curricular de determinado curso devem ser levadas em consideração categorias diversas de disciplinas, denominadas de centrais ou nucleares, complementares, de formação metodológica, de formação técnica e subsidiárias (CHRISTOFOLETTI, 1997b).

50 Caracterização do sistema ambiental

Tais perspectivas e critérios podem ser aplicados para a avaliação das disciplinas componentes das *ciências ambientais*. Verifica-se o uso expansivo do adjetivo *ambiental*, qualificando por vezes o fornecimento de informações ou indicadores, mas não a caracterização de uma disciplina científica envolvida na análise das características e processos inerentes ao sistema ambiental.

O caso da Geografia pode servir de exemplo. A Geografia situa-se entre as disciplinas que têm raízes históricas antigas e sempre se preocupou com os estudos das características dos elementos físicos e atividades humanas, e dos contextos regionais, atualmente valorizadas e incluídas no bojo da "questão ambiental". O mesmo ocorre, mais recentemente, com o desenvolvimento da Ecologia. A conotação analítica para o estudo dos sistemas ambientais, para os ecossistemas e geossistemas, já se encontra recoberta por ambas as disciplinas. Elas incluem-se com amplos méritos entre as "ciências ambientais". Por essa razão, a contribuição das comunidades de geógrafos e ecólogos são essenciais para diagnosticar, analisar, avaliar e monitorar os problemas ambientais. Paradoxalmente, em contraste com outras disciplinas que passaram a empregar o adjetivo ambiental para consolidar um novo setor ou interesse para algo em torno da "análise ambiental" (Geologia ambiental, Geoquímica ambiental, Engenharia ambiental, Economia ecológica, Antropologia ecológica, etc), a Geografia em si ou nas disciplinas focalizando aspectos de seus subconjuntos e subunidades, e a Ecologia não podem dar-se a esse luxo, pois se torna pleonasmo. Não se pode falar de Geografia Física Ambiental ou de Ecologia Ambiental. Inadequado também se torna estabelecer uma temática em torno de "Geografia e Meio Ambiente".

Embora os ecossistemas e os geossistemas constituam o fulcro como *sistemas ambientais,* as suas facetas requerem inputs nuançados ligados com a interconexão disciplinar. A compreensão das questões ambientais exige um bom conhecimento de seus aspectos físicos, químicos e biológicos, tanto para as pequenas como para as grandes escalas de grandeza espacial. Para a solução de problemas ambientais, como o da poluição, há necessidade de se contar com a prática da engenharia. A modelagem ambiental simulatória requer bom conhecimento em matemática e técnicas numéricas e o conhecimento do estado-da-arte nas disponibilidades da computação. As conseqüências nefastas de acidentes ambientais provocam prejuízos à saúde humana, às condições ecológicas, aos animais e plantas e à estética paisagística, como ocorre na degradação no impacto visual e na deteorização dos trabalhos de arte. O planejamento ambiental requer cuidadosa análise dos custos e benefícios e avaliações econométricas. As questões ambientais geralmente requerem também um conhecimento da legislação vigente, pois as leis afetam o desenvolvimento industrial e urbano, influenciam os negócios ambientais e orientam para a solução das questões ambientais litigiosas. Como as questões ambientais implicam, por vezes, na mudança de atitudes comportamentais e na visão e escala de valores para com a *natureza*, também há implicações com a bioética e a filosofia.

Percebe-se que muitas disciplinas podem estar envolvidas com as questões ambientais. Ao lado da análise de ecossistemas e geossistemas, o elemento comum adicionado pelo termo *ambiental* para o conjunto das demais disciplinas é a relevância em inserir informações que possibilitem o conhecimento e a avaliação dos *impactos antropogênicos*. Por exemplo, a análise das correntes marinhas é tema específico da Oceanografia. Todavia, se acrescentar a nuança de como elas condicionam o movimento das manchas de petróleo despejadas pelos petroleiros na superfície marinha e suas conseqüências para com as condições ecológicas para a vida marinha, então o estudo se reveste de uma perspectiva *ambiental*. Em face dessas conotações, ZANNETTI (1994) define as *"ciências ambientais como sendo o conjunto das disciplinas que recobrem, como sendo seus temas principais, a poluição antropogênica: sua origem, seu transporte e destino nos diferentes meios ambientais (ar, água, solos, águas subterrâneas e biota) e seus efeitos adversos".*

Em face dessas considerações, percebe-se que não há sintonia para a criação de se distinguir um campo específico para o estabelecimento de uma *Ciência Ambiental*, como disciplina individualizada. Em vista da complexidade envolvida nos sistemas ambientais, muitos elementos componentes e processos ocorrem. As análises de cada elemento ou dos processos podem ser efetuadas por disciplinas específicas, tais como Geomorfologia, Climatologia, Geologia, Meteorologia, Física, Química, etc. Todas aquelas disciplinas que contribuem para o conhecimento analítico e avaliativo desses elementos e processos dos *sistemas ambientais* e das implicações para os seres vivos podem ser designadas como sendo disciplinas *ambientais*. Mas não se torna adequado estabelecer uma Ciência Ambiental.

CAPÍTULO 4
MODELOS PARA A ANÁLISE MORFOLÓGICA DE SISTEMAS

A análise morfológica constitui o conjunto de procedimentos para caracterizar os aspectos geométricos e de composição dos sistemas ambientais, procurando estabelecer indicadores relacionados com a forma, arranjo estrutural e composição integrativa entre os elementos. Embora possam ser estabelecidos valores para as variáveis descritivas dos elementos, há predominância no uso de modelos conceituais e numéricos. Tais modelos são geralmente expressos sob a forma de diagramas, elaborados como conjunto de caixas-e-setas, ou por expressões matemáticas.

A organização diagramática de caixas-e-setas recobre ampla diversidade de esquemas para expressar os sistemas. Os esquemas variam desde os diagramas simples consistindo de caixas com setas indicando relações até as criações sofisticadas nas quais se fazem tentativas para indicar a função presumida para as várias partes do sistema. As expressões numéricas procuram indicar o grau de relacionamento entre as variáveis descritivas.

Essas formulações consideram a montagem representativa dos modelos sobre a composição dos sistemas. A primeira questão refere-se à identificação do sistema, o estabelecimento de seus elementos e a escolha das variáveis relevantes. A segunda questão corresponde aos procedimentos para verificar o grau de relacionamento entre as variáveis, procurando compreender a organização estrutural do sistema. Estas duas questões compreendem os itens iniciais do capítulo, seguidos pela apresentação modelos focalizando a análise morfológica, expondo exemplos utilizados em várias disciplinas no contexto dos sistemas ambientais. Por último, expõe-se a fundamentação conceitual sobre aspectos das abordagens ligadas com os fractais e multifractais e exemplos de modelos fractais.

I — IDENTIFICAÇÃO DO SISTEMA

A questão fundamental consiste em se propor a definição do sistema. Deve-se estabelecer uma definição precisa, que permita sua operacionalidade a fim de se estabelecer critérios para se distinguir o que é e o que pertence ao sistema. Com base na definição surgem a possibilidade de sua estruturação conceitual e o procedimento para se distinguí-lo no contexto complexo da superfície terrestre, utilizando das fontes de documentação cartográficas, aerofotográficas e de sensoriamento remoto e dos trabalhos de campo.

A — A DELIMITAÇÃO DO SISTEMA

A delimitação do sistema constitui o seu fechamento, tornando-o uma unidade discreta. Torna-se necessário estabelecer os seus limites a fim de que se possa investigar a estrutura e o comportamento do sistema, propiciando a sua identificação. As fronteiras do sistema devem distinguir entre os seus elementos componentes e os elementos de outros sistemas, levando-se em conta as características morfológicas como o contexto do aninhamento hierárquico nas grandezas espaciais. Esta tarefa exige o uso de conceitos operacionais, e a seu

propósito podemos lembrar as observações de BEER (1959, citado em LANGTON, 1973): "a delimitação de qualquer sistema particular é arbitrário. ... O universo parece ser composto de conjuntos de sistemas, cada um sendo contido dentro de um outro maior, semelhante a um conjunto de blocos. Como sempre é possível expandir o sistema para um objetivo de perspectiva mais ampla, também é possível talhar o sistema para uma versão menor. ... O ponto a apreender é que se desejamos considerar as interações afetando uma simples entidade, então deveremos definir aquela entidade como parte de um sistema. O sistema escolhido para se definir é um sistema porque contém partes inter-relacionadas, e é, em algum sentido, um conjunto completo em si mesmo. Mas a entidade que estamos considerando certamente será uma unidade entre um número de tais sistemas, cada um dos quais é um subsistema de uma série de sistemas maiores".

O exemplo de bacias hidrográficas é ilustrativo. A bacia hidrográfica corresponde à área drenada por um rio ou conjunto de rios. Com essa definição e levando em conta a ordenação hierárquica, podemos distinguir as bacias de primeira ordem (com um rio somente), as de segunda ordem, as de terceira ordem, e assim sucessivamente.

Cada uma pode ser considerada como um sistema na sua grandeza de estruturação. Mas se tornam absorvidas quando a escolha incidir sobre uma ordem maior. Por exemplo, uma bacia hidrográfica de quarta ordem representa um sistema, mas em seu interior obviamente possui bacias de terceira, segunda e primeira ordem. E, por sua vez, são aninhadas quando o sistema é operacionalizado para as unidades de quinta ordem.

Quando os sistemas surgem como fisionomicamente discretos, em que seus elementos ocupam áreas facilmente discerníveis, a tarefa torna-se mais fácil. Inúmeros exemplos podem ser citados, como o canal fluvial, os lagos, as matas, e outros. Em muitos casos deve-se escolher e impor determinado limite, em função de critérios de julgamento, estabelecendo as fronteiras do sistema. Qual o critério a ser utilizado para demarcar a linha divisória de bacias hidrográficas ? Qual o critério para se estabelecer a delimitação da área urbanizada ? Quais os indicadores para se estabelecer as fronteiras de ecossistemas ? Como delimitar a espacialidade de um sistema climático ou hidrológico ? A preocupação consiste em estabelecer resposta à indagação geral : *onde* colocar os limites de cada sistema ?

Os objetivos visados pelo pesquisador são muito importantes e as suas decisões acarretam reflexos consideráveis sobre os resultados a serem obtidos (HARVEY, 1969). A identificação e a qualificação dos sistemas são etapas que precedem a quantificação. A mensuração só pode ser aplicada, com utilidade, depois que os elementos e as relações do sistema foram claramente definidas.

B — DEFINIÇÃO E CARACTERIZAÇÃO DOS ELEMENTOS DO SISTEMA

Com base na definição estabelecida, surgem duas outras indagações. Por exemplo, a bacia hidrográfica é um sistema ? Caso a resposta seja positiva, levanta-se a questão: se a bacia hidrográfica é um sistema, quais são os seus *elementos componentes* ?

Uma resposta plausível é a de que a bacia hidrográfica é composta por vertentes e rede de canais fluviais. Retoma-se, novamente, a questão da definição: o que é *vertente* ? o que é *canal fluvial* ? Com base nas definições, deve-se estabelecer as *delimitações* dos elementos, em sua distribuição espacial, no interior do sistema especificado.

Outra etapa qualitativa consiste em se estabelecer as variáveis relevantes a cada um dos elementos, a fim de que se possa realizar mensurações e obtenção de dados. Por exemplo, no caso do canal fluvial pode-se defini-lo como sendo o canal por onde se processa o escoamento das águas de um rio. Embora essa definição remeta-nos à definição de rio, ela promove a distinção entre o escoamento fluvial e o escoamento superficial concentrado nas vertentes, em sulcos e ravinas.

Em trechos nos quais o rio corre em sedimentos aluviais, que permite a ajustagem entre as variáveis, o fluxo e o material sedimentar são os dois componentes fundamentais na estruturação do canal fluvial. Cada um desses elementos pode ser caracterizado por diversas variáveis ou atributos, cujas mensurações são realizadas nas seções transversais (figura 4.1). A análise do canal fluvial faz-se em função de cortes transversais, que é diferenciada dos procedimentos de análise para a rede fluvial.

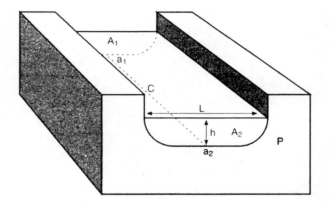

Figura 4.1 — Morfometria do canal de escoamento. A largura (L) e a profundidade (h) do canal referem-se às grandezas ocupadas pelas águas. O perímetro úmido (P) é a linha externa que assinala o contorno do nível da água e o leito. A seção transversal (A) é a área do perfil transversal de um rio. A declividade do canal é a diferença altimétrica entre dois pontos (a_1 e a_2) dividido pela distância horizontal entre eles. A velocidade é a descarga por unidade de área.

Para o canal fluvial as variáveis consideradas são as seguintes:

a) para o *elemento fluxo*:

- *largura do canal* — largura da superfície da camada de água recobrindo o canal;
- *profundidade* — espessura do fluxo medida entre a superfície do leito e a superfície da água;
- *velocidade do fluxo* — comprimento da coluna de água que passa, em determinado perfil, por unidade de tempo;
- *volume ou débito* — quantidade de água escoada, por unidade de tempo;
- *relação entre largura e profundidade* — resulta da divisão da largura pela profundidade;
- *área do fluxo* — área ocupada pelo fluxo no perfil transversal do canal, considerando a largura e a profundidade;
- *perímetro úmido* — linha que assinala a extensão da superfície limitante recoberta pelas águas;
- *raio hidráulico* — valor adimensional resultante da

relação entre a área de fluxo e o perímetro úmido (R = A/P). Para rios de largura muito grande, o raio hidráulico é aproximado ao valor da profundidade média;

- *concentração de sedimentos* — quantidade de material detrítico por unidade de volume, transportada pelo fluxo.

b) para o *material sedimentar*

- *granulometria* — as classes de diâmetro do material do leito e das margens notadamente os diâmetros D_{84}; D_{50} e D_{16}.
- *rugosidade do leito* — representa a variabilidade topográfica verificada na superfície do leito, pela disposição e ajustagem do material detrítico e pelas formas topográficas do leito.

Para a análise morfológica das vertentes as variáveis relevantes podem ser listadas como sendo :

- *altura* — diferença altimétrica entre a base e o topo da vertentes;
- *comprimento* — extensão linear entre o topo e a base da vertente, acompanhando o seu perfil;
- *ângulo da declividade* — declividade média considerando a altura e o comprimento da vertente;
- *largura* — distância entre as laterais que caracterizam a vertente;
- *área ocupada* — área ocupada pela vertente, correspondendo ao produto da largura e comprimento;
- *granulometria* — granulometria do material sedimentar superficial componente da vertente;
- *rugosidade da vertente* — rugosidade da topografia superficial da vertente;
- *espessura da vertente* — espessura da camada sedimentar (ou manto de decomposição), entre a superfície e o contato com a rocha sã subjacente
- *densidade de sulcos ou ravinamentos* — quantidade de sulcos ou ravinas por unidade de área da vertente;
- *área ocupada por matas (ou tipos de uso do solo)* — quantidade da área da vertente recoberta por matas (ou por outros tipos de uso do solo);
- *altura média da vegetação*;
- *proporcionalidade de recobrimento* — porcentagem da área recoberta por matas (ou por outros tipos de uso do solo) em relação à área da vertente;
- *conteúdo de umidade do solo ou do manto decomposto* — a umidade do solo é calculada como porcentagem em relação ao peso do material seco;
- *porosidade do solo ou manto decomposto* — relação dos poros vazios em relação ao volume do material;
- *conteúdo orgânico do solo* — calculado como o peso do material orgânico encontrado.

C — CARACTERIZAÇÃO MORFOLÓGICA DO SISTEMA

Os sistemas ambientais possuem uma estrutura e expressividade espacial na superfície terrestre. Considerando critérios em bases conceituais (definições) e de operacionalização (procedimentos técnicos) pode-se estabelecer suas fronteiras e delimitar a territorialidade ocupada pelo sistema, como unidade discreta. Sob a perspectiva ecossistêmica, a organização estrutural e o funcionamento dos processos operam na integração vertical do hábitat e dos organismos componentes da entidade. Sob a perspectiva geossistêmica, a organização estrutural e a relevância funcional dos processos realizam-se dominantemente na integração espacial entre os componentes do sistema. Obviamente, a focalização refere-se a estas categorias de sistemas complexos. Os exemplos referem-se inclusive às categorias das sub-entidades sistêmicas.

A análise morfológica não se refere apenas aos indicadores sobre os elementos componentes do sistema. Há um conjunto de indicadores utilizados para fornecer informações sobre o conjunto integrativo do sistema. No caso das bacias hidrográficas, embora a análise do canal fluvial seja significante em determinada escala de abordagem, para o contexto da bacia hidrográfica torna-se mais relevante analisar as características da rede de canais. Por outro lado, a análise da vertente também se transforma em relevância ao ser substituída pela análise topográfica da bacia. Por essa razão, como exemplo, pode-se considerar alguns dos indicadores utilizados para descrever a morfologia das bacias, a morfometria das redes fluviais e a topografia das bacias hidrográficas.

Para a caracterização morfológica da bacia os indicadores básicos encontram-se referenciados às seguintes variáveis:

1) *Área* (A) *e perímetro* (P) *da bacia* — é toda a área drenada pelo conjunto do sistema fluvial, projetada no plano horizontal. Determinado o perímetro da bacia, a área pode ser calculada com o auxílio do planímetro, de papel milimetrado, pela pesagem de papel uniforme devidamente recortado ou através de técnicas mais sofisticas, com o uso de computadores.

2) *Forma das bacias* — Obviamente, torna-se comum procurar expressar a forma assumida pelo sistema, geralmente tomando-se como referência uma figura geométrica (círculo, quadrado, retângulo, hexágono, etc). Exposição e levantamento mais detalhado sobre os diversos procedimentos podem ser encontrados nos trabalhos de CHRISTOFOLETTI e PEREZ FILHO (1975; 1976). Os procedimentos ora mencionados servem apenas como exemplos.

Para eliminar a subjetividade na caracterização da forma de bacias hidrográficas, MILLER (1953) propôs o *índice de circularidade*, que é a relação existente entre a área da bacia e a área do círculo de mesmo perímetro. Conforme o enunciado, a fórmula empregada é a

54 Modelos para a análise morfológica de sistemas

seguinte:

$$I_c = \frac{A}{A_c}$$

na qual Ic é o índice de circularidade; *A* é a área da bacia considerada e *Ac* é a área do círculo de perímetro igual ao da bacia considerada. O valor máximo a ser obtido é igual a 1,0, e quanto maior o valor, mais próxima da forma circular se encontra o formato da bacia de drenagem.

O *índice entre o comprimento e a área da bacia (ICo)* pode ser obtida dividindo-se o diâmetro da bacia pela raiz quadrada da área, conforme a seguinte fórmula

$$Ico = \frac{D_h}{A}$$

na qual *Ico* corresponde ao índice entre o comprimento e a área; D_h é o diâmetro da bacia e *A* é a área da referida bacia.

Este índice apresenta significância para descrever e interpretar tanto a forma como o processo de alargamento ou alongamento da bacia hidrográfica. A sua significação advém do fato de podermos utilizar figuras geométricas simples como modelos de referência. Quando o valor de ICo estiver próximo de 1,0, a bacia apresenta forma semelhante ao quadrado; quanto o valor for inferior ao da unidade, a bacia terá forma alargada, e quanto maior for o valor, acima da unidade, mais alongado será o formato da bacia.

3) *Amplitude altimétrica da bacia (H)* — diferença entre os valores altimétricos máximo e mínimo dentro da bacia, geralmente correspondendo à diferença entre a altitude da desembocadura e a altitude do ponto mais alto situado em qualquer lugar da divisória topográfica;

4) *Comprimento da bacia (Lb)* — distância em linha reta entre a foz o ponto mais distante situado no interflúvio;

5) *Comprimento total dos canais da bacia (Lt)* — somatória dos comprimentos de todos os rios contidos na rede hidrográfica;

6) *Quantidade de rios da bacia (Fb)* — a quantidade de rios corresponde ao número de nascentes ou de canais de primeira ordem, considerando a ordenação de STRAHLER (1952);

7) *Densidade de drenagem (Dd)* — corresponde ao comprimento de canais por unidade de área, considerando o comprimento total dos canais e a área da bacia;

8) *Densidade de rios (Dr)* — corresponde à quantidade de rios por unidade de área, considerando o número de rios e a área da bacia;

9) *Relação de bifurcação (Rb)* — corresponde ao valor ponderado da bifurcação da rede de drenagem, considerando as ordens e a quantidade de segmentos em cada ordem;

10) *Índice de dissecação (Id)* — o índice de dissecação é definido como o produto da amplitude topográfica (*H*) pela raiz quadrada da densidade de segmentos (F_s), considerando a ordenação de STRAHLER (1952, de modo que

$$Id = H\,(F_s)^{0,5}$$

11) *Índice de rugosidade (Ir)* — o índice de rugosidade combina as qualidades da declividade e comprimento das vertentes com a densidade de drenagem, expressando-se como valor que resulta do produto entre a amplitude altimétrica (*H*) e a densidade de drenagem (*Dd*), de modo que

$$Ir = H \cdot Dd$$

No contexto da Ecologia, as manchas constituem áreas circunscritas esparsas delimitando determinada categoria de ecossistemas. A disposição geral das manchas forma o mosaico. Entre ambas há diferenças na escala espacial e no nível de complexidade. Ha possibilidade de se distinguir os atributos espaciais das manchas (tamanho, forma e estrutura) e os atributos morfológicos espaciais das paisagens dos mosaicos.

As mensurações das características morfológicas das manchas envolvem variáveis tais como:

1) *tamanho da mancha (A)* — é a medida da área de cada mancha compondo um mosaico;

2) *perímetro da mancha (P)* — é a medida do comprimento da linha circundante delimitando a mancha;

3) *forma da mancha* — vários índices foram propostos para mensurar o formato das manchas. FARINA (1998) pressupõe o círculo como sendo uma forma regular da mancha, e quanto mais irregular a mancha envolverá maior número de segmentos laterais e menor área disponível em seu interior. Sob a perspectiva ecológica, uma mancha irregular provavelmente apresentará mais processos heterogêneos que uma mancha regular, e a adequabilidade do hábitat, o risco da predação e o *stress* microclimático serão algumas das conseqüências ligadas a essa irregularidade morfológica. FARINA (1998) descreve seis índices para mensurar a forma das manchas:

a) *relação entre o perímetro e a área (P/A)* — o perímetro de cada mancha é dividida pela grandeza de sua área;

b) *perímetro corrigido e área* — o índice é corrigido tomando como base o valor do índice 1,0, e varia entre 0,0 (considerado um círculo perfeito) e o infinito, supondo a existência de uma forma infinitamente longa e estreita;

c) *relação entre a área da mancha e a área do círculo circunscrevente* — este índice compara a grandeza da área da mancha com o tamanho de um círculo que pode circunscrever a referida mancha;

d) *S1* — o índice *S1* foi proposto por HULSHOFF (1995) e analisa a categoria de forma predominante no mosaico. O índice é calculado como sendo

$$S1 = 1/Ni * \sum(Pi/Ai)$$

onde *Ni* é o número de manchas da categoria *i* em um mapa, *Pi* é o perímetro e *Ai* é a área de cada mancha na categoria *i*. Um valor alto desse índice indica a presença de muitas manchas com interiores pequenos;

e) *S2* — o índice *S2* foi proposto por HULSHOFF (1995), sendo a medida dos atributos isodiamétricos das manchas, calculado como:

$$S2 = 1/Ni * \sum(Pi/4\sqrt{Ai}) \text{ (raiz quadrada de Ai)}$$

onde *Ni* é o número de manchas da categoria *i*, *Pi* é o perímetro e *Ai* é a área de cada mancha na categoria *i*. Quanto mais o valor de *S2* se distanciar do valor da unidade (1,0), mais as manchas se desviam de uma forma isodiamétrica;

f) *dimensão fractal* (*D*) — a complexidade da forma das manchas pode ser medida pela análise de regressão do logaritmo do perímetro (*P*) com o logaritmo da grandeza da área (*A*) das manchas. Dessa maneira,

$$D = 2s,$$

onde *s* é a inclinação da linha de regressão.

Quando se passa para a grandeza e complexidade dos mosaicos, surgem novos índices para a mensuração do arranjo espacial e do distanciamento das manchas. Uma sistematização oportuna desses indicadores foi elaborada por FARINA (1998).

Os indicadores relacionados com o arranjo espacial das manchas são os seguintes:

1) *riqueza* — é o número dos diferentes atributos das manchas que estão presentes na área focalizada pelo mosaico;

2) *número de manchas* — é a quantidade de manchas presentes em um mosaico. Este índice pode ser cumulativo para todo o mosaico ou para tipo de uso da terra ou de vegetação;

3) *abundância relativa* — é a medida da proporção de cada tipo de cobertura da terra ou de vegetação em relação ao conjunto do mosaico;

4) *diversidade de Shannon* (*H'*) — este índice combina riqueza e uniformidade. A variedade e a abundância relativa da cobertura de terras podem ser estimadas usando o índice de Shannon,

$$H' = -\sum Ci \cdot \ln Ci$$

onde *Ci* é a importância relativa da cobertura de terras do tipo *i*.

5) *índice de dominância* (*ID*) — o índice de dominância foi proposto por O'NEILL et al (1988). Encontra-se relacionado ao índice de Shannon e mede o valor da dominância de uma categoria de cobertura de terras sobre as outras, sendo calculado como sendo

$$ID = \ln n - H'$$

onde $H' = -\sum Ci \cdot \ln Ci$, na qual *Ci* é a proporção das células da rede estabelecida sobre a paisagem para o uso da terra selecionado *i*, e *n* é o número das categorias de uso das terras. O valor do *ID* encontra-se próximo de zero quando os tipos de cobertura das terras apresenta equiabundância e encontra-se próximo da unidade (1,0) quando a maioria da cobertura das terras pertencer a uma categoria;

6) *uniformidade* (*U*) — este índice reflete o número de categorias de manchas e sua proporção na paisagem, sendo calculado como:

$$U = -100 \ln(\sum Pi^2)/\ln(n)$$

onde *n* é o número total dos tipos de manchas e *Pi* é a probabilidade de que um pixel pertença ao tipo *i*.

7) *índice de proximidade* (*IP*) — o *IP* representa o grau de isolamento das manchas, sendo inicialmente proposto por GUSTAFSON & PARKER (1992) e calculado como:

$$IP = \sum(Sk/nk)$$

onde *Sk* é a área da mancha e *nk* é a distância do vizinho mais próximo à mancha *k*.

II — PROCEDIMENTOS DE ANÁLISE DOS DADOS

As mensurações efetuadas sobre as variáveis descritivas dos elementos fornecem imensidade de informações. Essas informações necessitam ser analisadas para se compreender as questões relacionadas com a correlação, comportamentos lineares, causalidade e dependência entre elas. O uso das técnicas estatísticas é tradicional.

CHORLEY e KENNEDY (1971) sistematizaram as noções de causalidade, correlação e sensibilidade para a análise morfológica de sistemas ambientais.

A base informativa para a análise da *causalidade* é constituída por observações parelhadas de duas variáveis dentro do sistema. Uma é considerada como sendo a *variável dependente* (Y), julgada como estando relacionada, de modo causal, à *variável independente* (X). Tais relações são geralmente visualizadas em ilustrações contidas em obras didáticas de estatística, assinalando dispersão de pontos representando valores parelhados entre duas variáveis X_i ; Y_i.

Designando *Y* como variável dependente e *X* como variável independente, há a implicação de que uma mudança em *X* sempre produzirá uma mudança em *Y*. Em termos de causa e efeito, as relações entre ambas as

56 Modelos para a análise morfológica de sistemas

variáveis podem ser interpretadas de várias maneiras:

a) a interpretação de que X é a causa de Y. Essa conclusão só pode ser bem definida quando se possui um conhecimento adequado sobre a natureza dos processos envolvidos;

b) a de que há uma autocorrelação. Isso significa que ambas as variáveis modificam-se de modo harmonioso, mas sem uma relação clara de causa e efeito entre elas;

c) a de que X é a causa de Y, mas de modo indireto, por meio da ação agenciada por uma ou outras variáveis intermediárias, que não aparecem na análise;

d) a de que a relação entre X e Y apareceu apenas por *chance*, como resultado de algum procedimento parcial na coleta dos dados. Sob essas condições, uma nova coleta mais abrangente de dados sobe as mesmas variáveis poderá fornecer resultados muito diferentes.

A fim de evitar julgamentos subjetivos, torna-se oportuno utilizar de medidas que estabeleçam a força de uma relação possível entre os dados parelhados coletados sobre duas variáveis ($X; Y$). O cálculo do *coeficiente de correlação* constitui um procedimento para mensurar a possível relação, e os seus valores oscilam ente $+1,0$ a $-1,0$. Os valores próximos a $+1,0$ ou a $-1,0$ indicam uma correlação muito alta e os valores próximos a zero indicam correlação baixa ou nula. Os valores positivos expressam correlações diretas, enquanto os negativos denotam correlações inversas.

A análise da correlação geralmente é empregada em conjunção com a técnica de *regressão*. Quando as observações feitas sobre duas variáveis são plotadas em um gráfico, se os seus pontos tendem a se estabelecer em uma linha reta pode-se dizer que há uma *regressão linear*. Se uma linha reta pode ser traçada para resumir a tendência entre elas, torna-se possível aventar duas nuanças sobre a associação entre as variáveis: a) a força da associação pode ser avaliada pelo julgamento de como os pontos estão próximos na linha. A correlação entre as variáveis é alta quando os pontos estão muito próximos da linha e baixa quando há uma dispersão muito grande, e a linha não representa nenhuma tendência; e b) a posição da linha indica-nos qual o tipo de relação existente entre as variáveis, isto é, como uma mudança em uma variável poderá ocasionar uma esperada mudança na outra. Dessa maneira, a *análise de regressão* é o procedimento para decidir exatamente qual é a linha melhor ajustada para expressar um conjunto particular de pontos.

Se o coeficiente de correlação fornece a medida de como a linha de regressão melhor se ajusta aos dados coletados, o coeficiente de regressão (b) é aquele que expressa a natureza e a sensibilidade da relação. À medida que o valor do coeficiente de regressão (b) se torna mais alto, maior é a mudança esperada em Y em função decorrente de uma mudança em X (CHORLEY e KENNEDY, 1971).

Nos estudos ambientais muitos fenômenos não seguem uma simples representação linear, e para que as análises de correlação e regressão possam ser aplicadas adequadamente há necessidade de se fazer uma transformação dos dados obtidos, a fim de que os pontos sejam melhor ajustados. Quando a tendência geral dos pontos em um gráfico não corresponder a uma linha reta, mas a uma curva, a relação entre ambas s variáveis é denominada de não-linear ou curvilínea.

No caso da carga em suspensão em um curso de água, por exemplo, verifica-se que a quantidade de sedimentos suspensos carregados depende do fluxo fluvial em determinado momento. Quando o rio encontra-se em fase de cheia, a carga em suspensão pode ser muitas vezes maior do que a simples proporcionalidade do aumento da carga detrítica em relação ao débito de vazante. WATTS e HALLIWELL (1996) fornecem um exemplo considerando a carga em suspensão e as medidas do débito fluvial em certo tempo, em determinada estação fluviométrica (tabela 4.1). Esses dados brutos encontram-se representados na figura 4.2.a. Neste gráfico observa-se que há muitos pontos localizados próximos do ponto de origem e relativamente muito poucas observações correspondentes aos valores levados, situadas no resto do gráfico. De modo geral, percebe-se que a tendência dos pontos pode ser expressa por uma curva. Uma estratégia analítica consiste em transformar os dados sobre a carga em suspensão e débitos fluviais em seus respectivos valores logarítmicos (tabela 4.1). E representar esses novos valores em gráfico bilogarítmico (figura 4.2.b). Quando os logaritmos de Y (carga em suspensão) são plotados contra os logarítmos de X (débito fluvial), o padrão dos pontos surge como sendo aproximadamente uma linha reta. E a análise e a interpretação são realizadas sob as tradicionais

Tabela 4.1 — Mensuração da carga dos sedimentos em suspensão e débitos fluviais e seus respectivos logarítmos (conforme WATTS e HALLIWELL, 1996)

Carga dos sedimentos em suspensão (*toneladas d⁻¹*)	Débito ($m^3\ s^{-1}$)	*log* Y	*log* X
y	X		
288	1,3	2,46	0,11
339	2,3	2,53	0,36
741	2,2	2,87	0,34
1.000	5,0	3,00	0,70
1.660	4,1	3,22	0,61
2.692	6,2	3,43	0,79
2.951	3,9	3,47	0,59
7.244	5,6	3,86	0,75
7.662	11,0	3,89	1,04
18.200	20,9	4,26	1,32
25.120	21,4	4,40	1,33
60.260	28,2	4,78	1,45
63.100	54,9	4,80	1,74
288.400	58,9	5,46	1,77
323.600	85,1	5,51	1,93

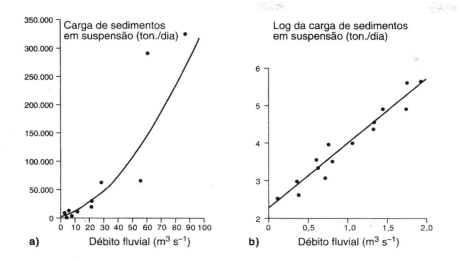

Figura 4.2 — Representação gráfica relacionando a carga de sedimentos em suspensão e o débito fluvial, considerando os dados brutos (a) e os valores em logaritmos (b). Os dados estão contidos na tabela 4.1.

configurações da análise de correlação e da análise de regressão.

Quando os valores da variável dependente correspondem ao valor da variável independente elevada a um determinada potência, surgem os casos *das relações de função potenciais*. Todas as funções potenciais podem ser investigadas usando as análises de correlação e de regressão utilizando os valores logarítmicos de ambas as variáveis. O valor da potência corresponde ao valor da inclinação da linha de regressão linear, direta ou inversa. Os exemplos desse comportamento em sistemas ambientais são representados pela declividade do perfil longitudinal em relação ao comprimento dos cursos de água; entre as relações da largura, profundidade e velocidade das águas com a vazão na geometria hidráulica dos canais fluviais; entre a cheia anual média e a densidade de drenagem; entre o comprimento do meandro e a área da bacia de drenagem; entre o número de espécies presentes em uma ilha e a diversidade do hábitat insular ou em relação com a área da ilha; o valor do expoente Hurst da análise da variabilidade dos débitos fluviais em relação com a escala temporal, etc. Os valores da regressão linear também são indicadores da dimensão fractal entre duas categorias de fenômenos.

III — EXEMPLOS DE MODELOS PARA A ANÁLISE MORFOLÓGICA

Os modelos elaborados para a análise morfológica de sistemas apresentam nuanças em sua configuração e diversidade em seus objetivos. A sintonia encontra-se vinculada aos objetivos estabelecidos na pesquisa. A apresentação de modelos pode ser exemplificada observando-se proposições realizadas nos estudos geomorfológicos, climáticos e hidrológicos e nos ecossistêmicos.

A — EXEMPLOS DE MODELOS EM GEOMORFOLOGIA

A construção de modelos acompanha o desenvolvimento geomorfológico desde os seus primórdios. Nada mais justo que salientar a importância assumida pelos blocos diagramas para caracterizar as imagens ilustrativas das etapas do ciclo de erosão davisiano, nos diferentes tipos de modelado. O conjunto de blocos diagramas elaborados por Emmanuel de MARTONNE (1951) para ilustrar a formação de vales anticlinais em relevo jurassiano constitui um exemplo desses tipos de modelos (figura 4.3). No primeiro estágio (bloco I) há a presença de vales conseqüentes sinclinais, formação de *ruz*, esboço inicial dos vales anticlinais (afluentes dos *ruz*) e da erosão do domo anticlinal (à direita do bloco), ajustagem dos vales dos vales longitudinais por uma vale transversal seguindo o abaixamento do eixo da dobra na direita. No segundo estágio (bloco II) há constituição da rede hidrográfica jurassiana, alargamento dos vales anticlinais bordejados por cristas, recortamento dos flancos anticlinais pelos *ruz* em facetas triangulares,

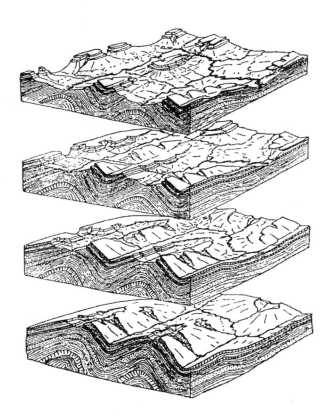

Figura 4.3 — Esquema evolutivo para a formação de vales anticlinais no relevo jurassiano, em função do entalhamento fluvial em complexo de camadas argilosas, areníticas e calcárias (conforme D. de Martonne, 1951).

Quadro 4.1 — Características da forma e dos processos geomórficos dominantes nas unidades do modelo sobre vertentes (conforme Dalrymple, Blong e Conacher, 1968).

Unidade da vertente	Processo geomórfico dominante
1. Interflúvio (0º–1º)	Processos pedogenéticos associados com movimento vertical da água superficial.
2. Declive com infiltração (2º–4º)	Eluviação mecânica e química pelo movimento lateral da água superficial.
3. Declive convexo com reptação	Reptação e formação de terracetes.
4. Escarpa (ângulo mínimo de 45º)	Desmoronamentos, deslizamentos, intemperismo químico e mecânico.
5. Declive intermediário de transporte	Transporte de material pelos movimentos coletivos do solo; formação de terracetes; ação da água superficial e subsuperficial.
6. Sopé coluvial (ângulos entre 26º e 35º)	Reposição de material pelos movimentos entre coletivos e escoamento superficial; formação de cones de dejeção; transporte de material; reptação; ação superficial da água.
7. Declive aluvial (0º–4º)	Deposição aluvial; processos oriundos do movimento subsuperficial da água.
8. Margem de curso de água	Corrosão; deslizamento; desmoronamento.
9. Leito do curso de água	Transporte de material para jusante pela ação do fluxo fluvial; gradação periódica.

acentuação da erosão do domo anticlinal. No terceiro estágio (bloco III) os vales anticlinais assumem definitivamente a posição acima dos vales sinclinais, e o seu entalhamento atingiu um nível mais baixo; o vale sinclinal da esquerda foi truncado por uma captura. No quarto estágio (bloco IV) a inversão do relevo é generalizada, com truncamento de todos os vales sinclinais e série de bacias sinclinais elevadas.

Baseando-se em seus estudos nas áreas temperadas úmidas, DALRYMPLE, BLONG e CONACHER (1968) propuseram modelo para o perfil de vertentes distinguindo nove unidades hipotéticas (figura 4.4). Tais autores consideram a vertente como sistema complexo tridimensional que se estende do interflúvio ao meio do leito fluvial e da superfície do solo ao limite superior da rocha não-intemperizada. A vertente é dividida em nove unidades, cada uma sendo definida em função da forma e dos processos morfogenéticos dominantes e normalmente atuantes sobre ela. Na realidade, é muito improvável encontrar as nove unidades ocorrendo em um único perfil de vertente e nem sequer elas devem se distribuir, necessariamente, na mesma ordem mostrada no modelo. O que se torna comum é verificar a existência de algumas unidades em cada vertente, e a mesma unidade pode ser recorrente ao longo do perfil. Portanto, o modelo apresentado representa padrão para ser aplicado na descrição e não tem nenhuma implicação para qual tipo de forma as vertentes podem se desenvolver. O modelo do perfil da vertente encontra-se representado na figura 4.4, enquanto as características de cada unidade estão sumariadas no quadro 4.1.

Na fase atual da modelagem, um nível de tratamento consiste em identificar qualitativamente as conexões e a intensidade dessas relações. Um exemplo encontra-se representado para análise de praias, considerando as variáveis do conjunto de energia (características das marés, das ondas e das correntes costeiras), da geometria da praia (declividade, forma do litoral e declividade entre as linhas de marés) e da granulometria da praia (estratificação, diâmetro dos grãos, conteúdo de umidade, classificação dos grãos e composição mineral). As linhas e setas mostram as relações, e as suas espessuras indicam a intensidade pressuposta da força que une as características das variáveis (figura 4.5).

Outra perspectiva consiste em estabelecer as relações entre as variáveis e também o direcionamento da relação, mostrando a presença de correlação direta ou inversa. Essa configuração possibilita o discernimento dos circuitos de retroalimentação. Um exemplo encontra-se representado na figura 4.6, considerando as relações gerais entre as variáveis envolvidas na geometria hidráulica dos canais fluviais, tratando do conjunto de variáveis ligadas à morfologia do canal e as do conjunto velocidade do fluxo.

Uma terceira perspectiva consiste em inserir os valores da correlação direta e inversa, enriquecendo o conteúdo informativo do modelo descritivo da estruturação entre as variáveis. LUDWIG e PROBST (1996) investigaram as relações empíricas entre a produção e descargas de sedimentos fluviais nos oceanos em função de vários

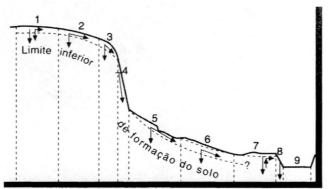

Figura 4.4 — Modelo de vertente assinalando as nove unidades hipotéticas (conforme Dalrymple, Blong e Conacher, 1968)

Exemplos de modelos para a análise morfológica 59

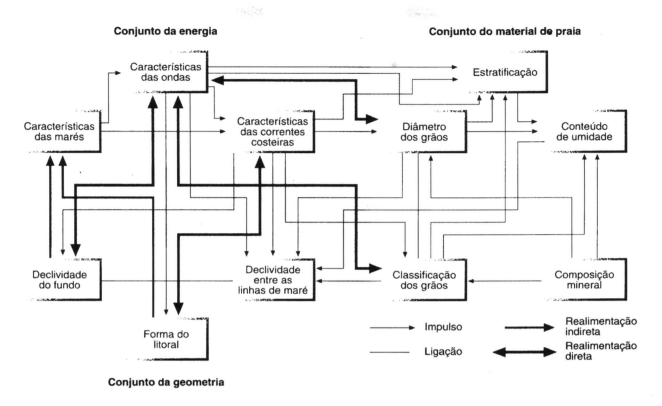

Figura 4.5 — Características das marés, das ondas e das correntes costeiras. As linhas e setas mostram as relações, espessuras e intensidade.

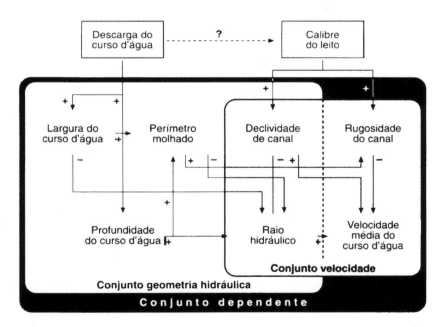

Figura 4.6 — Relações entre as variáveis da geometria hidráulica. As setas sugerem independência ou dependência; a ligação sem seta une a interação entre duas variáveis. Os sinais mostram se as variações são diretas (+) ou inversas (–) (conforme Chorley e Haggett, 1975)

parâmetros hidroclimáticos, biológicos e geomorfológicos na escala global, considerando o conjunto das 60 maiores bacias hidrográficas do mundo. Os resultados indicam que, entre todas as variáveis, o escoamento (Q) apresenta a mais forte correlação com a produção de sedimentos ($FTSS$) (figura 4.7). As correlações seguintes mais relevantes para com a produção de sedimentos são apresentadas pelo total da precipitação média anual ($APTT$), variabilidade da precipitação durante o ano ($Four$), densidade média da biomassa ($VegC$), erodibilidade mecânica da litologia dominante na bacia ($LithMi$) e declividade média da bacia ($Slope$). Os autores assinalam que as correlações entre determinadas variáveis com a produção de sedimentos não indicam necessariamente uma relação causal, porque há a existência de multicolinearidade entre os vários parâmetros. Por exemplo, há forte colinearidade entre as diferentes variáveis hidroclimáticas, assim como entre as variáveis hidroclimáticas e biológicas. A boa correlação observada entre o escoamento e a densidade média da biomassa talvez possa explicar porque ocorre uma correlação positiva entre a densidade média da biomassa ($VegC$) e a produção de sedimentos ($FTSS$), enquanto se deveria esperar uma relação inversa entre ambos os parâmetros, em função da proteção dos solos que a cobertura vegetal ocasiona frente aos processos da erosão mecânica. As demais variáveis inseridas na figura 4.7 são representadas pela temperatura média anual (AT),

60 Modelos para a análise morfológica de sistemas

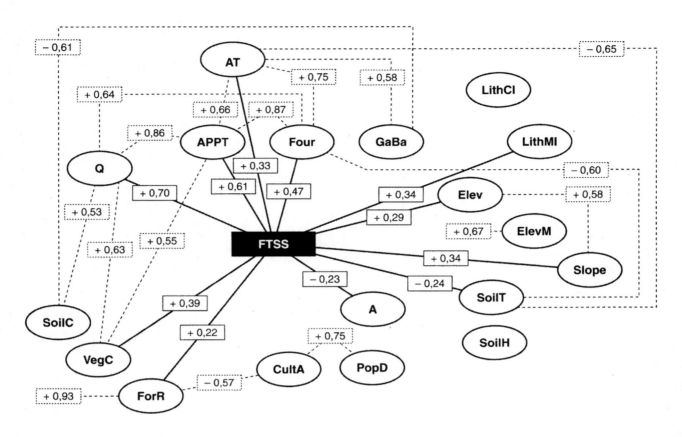

Figura 4.7 — *Correlação entre a produção de sedimentos e diferentes parâmetros ambientais para as principais bacias fluviais do mundo (conforme Ludwig e Prodbst, 1996)*

índice de aridez de Bagnouls e Gaussen, baseado no uso de dados mensais da precipitação e da temperatura (*GaBa*), erodibilidade da litologia dominante na bacia no tocante à erosão química (*LithCi*), elevação modal média da bacia (*Elev*), elevação máxima da bacia (*ElevM*), índice para a erodibilidade do tipo de solo dominante (baixa, média, alta), baseado na textura média do solo (*SoilT*), espessura média do solo (*SoilH*), área da bacia (*A*), conteúdo médio de carbono nos solos (*SoilC*), razão média das florestas na bacia, com valores de 0 a 1,0 (*ForR*), porcentagem da área cultivada na bacia (*CultA*) e estimativa da densidade média da população na bacia (*PopD*).

As características morfológicas de um sistema são respostas às atividades dos processos e à dinâmica do sistema maior no qual se encontra inserido. As relações entre a morfologia do canal fluvial e o sistema da bacia hidrográfica são ilustrativas. Um modelo simples do canal fluvial encontra-se representado na figura 4.8a, assinalando as retroalimentações positivas e negativas entre a declividade (*s*), o tamanho dos sedimentos do leito do canal (percentil de 50%) e a forma do canal transversal expressa como a relação entre a profundidade (*d*) e a largura (*w*). Esse modelo pode ser rapidamente transformado para representar um sistema de processos-respostas, configurando as relações entre os inputs e os outputs do débito fluvial (*Q*) e carga sedimentar (*Cs*)

(figura 4.8b). Em função de mudanças na precipitação efetiva ou no nível de base regional, há atividades nos processos de erosão, suprimento de sedimentos e deposição nos subsistemas das vertentes, do canal tributário e do canal principal, em rede de retroalimentações repercutindo na morfologia do canal fluvial. (figura 4.8c). As mudanças resultantes na morfologia do canal (*s*, D_{50} e *d/w*) podem ser interpretadas em função da representação na figura 4.8 a.

A morfologia e as características da geometria hidráulica dos canais fluviais estão interrelacionadas, mas também dependem de diversos fatores controlantes como clima, litologia, topografia, solos, uso da terra e vegetação. Um modelo esquematizando o conjunto desses fatores afetando a morfologia do canal e as interações encontra-se representado na figura 4.9.

A análise morfológica de meandros é expressiva ao assinalar as relações da estrutura das formas com a grandeza dos fluxos fluviais. Os modelos para descrever o comprimento de onda dos meandros constitui exemplo comum. DURY (1955) foi o primeiro a considerar o comprimento de onda dos meandros (λ expresso em metros) com o débito de margens plenas (Q_b expresso em m³.s⁻¹) em suas implicações para as interpretações paleohidrológicas. O modelo foi configurado como sendo:

$$\lambda = 54{,}3\, Q_b^{0,5}$$

Exemplos de modelos para a análise morfológica 61

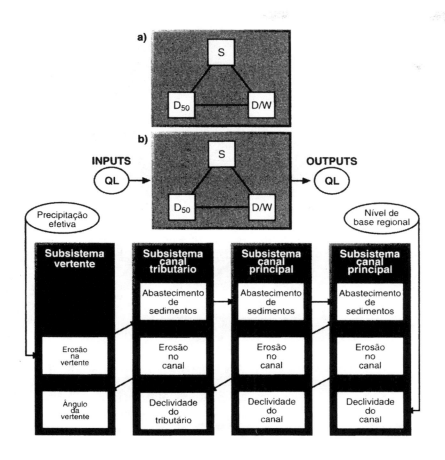

Figura 4.8 — Relações observadas no contexto dos canais e das bacias fluviais. A representação de sistema morfológico simples encontra-se em (a), mostrando relações positivas (+) e negativas (−) entre a declividade (s), tamanho dos sedimentos percentil 50 do leito do canal, (D_{50}) e forma do perfil transversal expressa como a relação entre a profundidade (d) e a largura (w). A representação intermediária (b) mostra o sistema como parte de um sistema de processo–resposta, no qual as variáveis morfológicas encontram-se ajustadas às mudanças verificadas no débito fluvial (Q) e carga dos sedimentos (L). Na representação (c) os circuitos de retroalimentação negativa interligam sistemas em cascata e sistemas morfológicos, exemplificando a seqüência complexa das interações entre os setores dos principais canais, tributários e vertentes, que resultam de uma mudança da precipitação ou do nível de base regional (conforme Petts e Amoros, 1996)

CARLSTON (1965) levou em consideração o débito médio anual (Q), estabelecendo o modelo do comprimento de onda do meandro como:

$$\lambda = 166\ Q^{0,46}$$

enquanto ACKERS e CHARLTON (1970) propuseram expressão levando em conta o débito dominante (Q_d), de modo que

$$\lambda = 62\ Q_d^{0,47}$$

DURY (1976) levando em consideração a cheia anual mais provável, com intervalo de recorrência de 1,58 anos ($Q_{1,58}$), apresentou modelo que corresponde a:

$$\lambda = 33\ Q_{1,58}^{0,5}$$

SCHUMM (1977) estabeleceu proposta mostrando que o comprimento de onda estava em relação com o débito de margens plenas (Q_b) e com o índice de silte e argila, avaliado como sendo o peso em porcentagem da relação silte/argila nos sedimentos das margens (M = S/A). Dessa maneira, o modelo descritivo passa a ser:

$$\lambda = 618\ Q_b^{0,43}\ M^{-0,7}$$

O valor negativo do expoente em M indica que o comprimento de onda tende a diminuir quando o material constituinte das margens é mais coesivo, apresentando valores elevados de M. Considerando débitos de mesma grandeza, os rios com fundos arenosos ou cascalhosos tendem a ter maior comprimento de onda do que os rios transportando material em suspensão (silte e argila). SCHUMM (1977) assinala que quando

• M < 5 (canais com carga de fundo dominante);

• 5 < M < 20 (canais com cargas mistas);

• M > 20 (rios com carga em suspensão dominante).

Essas características revelam a resistência das margens, que influenciam na largura dos canais. Há possibilidade de se estabelecer a relação entre a largura do canal (w) e a profundidade do canal (d) com o índice M, e SCHUMM (1977) assinala que

$$w/d = 255\ M^{-1,08}$$

De modo complementar, a amplitude do meandro (a) encontra-se relacionada com a largura do canal (w), de modo que

$$a = 2,7\ w^{1,1}$$

Os procedimentos para a elaboração dos modelos digitais do terreno (MDT) constituem categoria que rapidamente se difundiu no campo da modelagem. Representam as nuanças configurativas do modelado topográfico em perspectiva tridimensional, em função de um conjunto de coordenadas (x, y e z) de pontos distribuídos no terreno (figura 4.10). Quando a característica modelada por meio do MDT refere-se às nuanças da topografia, utilizando os valores altimétricos, costuma-se designá-los como modelo digital de elevação (MDE). Na literatura especializada também há o uso de outros termos, como o mesmo significado, como por exemplo modelos numéricos do terreno (MNT).

A origem dos modelos digitais de elevação encontra-se relacionada com os trabalhos desenvolvidos no Instituto de Tecnologia de Massachussets (MIT), por Charles L. Miller, entre os anos de 1955 e 1960. O objetivo

62 Modelos para a análise morfológica de sistemas

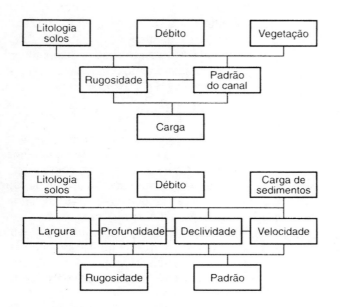

Figura 4.9 — Estrutura dos fatores afetando a morfologia do canal fluvial (conforme Morisawa e LaFlure, 1979)

desse trabalho era estabelecer o traçado de estradas empregando-se o computador, tendo como base dados do terreno obtidos por meio de fotografias aéreas. A técnica utilizada consistiu no estabelecimento de um sistema de coordenadas X e Y sobre um estereomodelo, sendo a direção da estrada alinhada com o eixo X. Ao longo do eixo Y estabeleceram-se perfis com espaçamento regular sobre os quais foram coletados os valores altimétricos (z). Uma série de programas foram suplementados para manipular os dados, criando possibilidades permitindo traçar o perfil ótimo da estrada conforme os condicionantes do relevo.

Considerando a estrutura matemática utilizada na construção de modelos digitais de elevação há o procedimento de utilizar equações matemáticas representando superfícies contínuas e o procedimento de utilizar redes de pontos, numa representação discreta. Os modelos que utilizam redes apresentam a superfície através de pontos espaçados regularmente ou não, sendo que as redes triangulares e as retangulares são as mais comumente utilizadas (figura 4.9). A construção de modelos digitais do terreno tornou-se instrumento de aplicação genérica, observando-se a existência de vários softwares para o seu processamento, geralmente inseridos no contexto dos sistemas de informação geográfica.

No tocante ao estudo da distribuição dos solos em conexão com a topografia, MILNE (1935b) apresentou o modelo solo-paisagem, dando origem ao conceito de *catena*, baseando-se no reconhecimento que existe uma concordância no padrão dos solos com as formas de relevo, à medida que se caminha do interflúvio para o fundo do vale em função das *toposseqüências*. Nesse modelo, um indicador está relacionado com o índice de composição topográfica (ICT), referenciado como sendo o índice de umidade em estado constante, que expressa quantificação da posição catenária da paisagem. O ICT

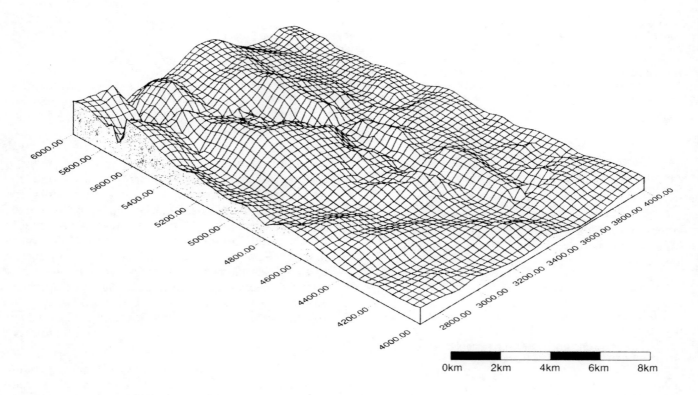

Figura 4.10 — Modelo digital do terreno mostrando a paisagem topográfica da bacia de Derwet, na Inglaterra (cortesia de Rod Pearson. in Wilby, 1997)

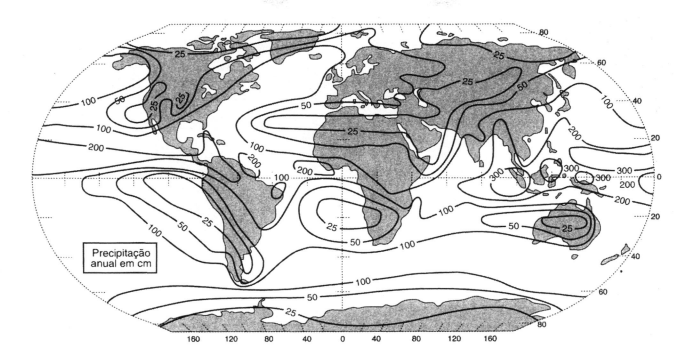

Figura 4.11 — Distribuição global da precipitação média anual (conforme Waylen, 1995)

é definido como

$$ICT = \ln(A_s/\tan\beta)$$

onde A_s é a área específica da drenagem (área por unidade da ortogonal largura à direção do fluxo) e β é o ângulo da declividade. MOORE et al. (1993) salientam que o ITC se encontra correlacionado com diversas propriedades do solo, tais como com a porcentagem de argila ($r = 0,61$), conteúdo de matéria orgânica ($r = 0,57$), fósforo ($r = 0,53$) e profundidade do horizonte A ($r = 0,55$).

O uso das diversas categorias de modelos para a análise das formas de relevo constitui procedimento comum, cujos casos mencionados são apenas exemplos da ampla riqueza existente.

B — EXEMPLOS DE MODELOS EM CLIMATOLOGIA E HIDROLOGIA

Há dificuldade para se analisar a morfologia estrutural dos sistemas climáticos, pois não apresentam uma expressividade espacial definida na superfície terrestre. As características sobre as variáveis climáticas, tais como sobre as temperaturas e precipitação, são analisadas principalmente como sendo fluxos de matéria e energia entre os componentes dos geossistemas. Entretanto, as análises sobre a configuração temporal da precipitação e das temperaturas, em cada localidade constituem exemplos de modelos de análise morfológica, pois configuram e retratam o comportamento das quantidades ocorrentes. A mesma perspectiva é aplicada para a representação dos fluxos hidrológicos em determinado posto fluviométrico.

Nas escalas global e regional há a elaboração de modelos assinalando o padrão espacial dos fenômenos climáticos, como são os exemplos relacionados com a distribuição da precipitação média anual (figura 4.11) e das temperaturas. Significado semelhante para a análise morfológica é constituído pelos modelos que descrevem o padrão espacial das células de circulação geral da atmosfera terrestre (figura 4.12), considerando disposição das células de circulação atmosférica e distribuição das áreas de pressão entre o Equador e os pólos.

Os gráficos representativos da distribuição da pluviosidade em localidades, nas diversas escalas de grandeza temporal (precipitações diárias, mensais ou anuais), são modelos morfológicos. A representação dos valores normais da precipitação (médias de períodos de 30 ou mais anos) surgem como exemplos tradicionais de modelos em Climatologia. A elaboração de gráficos não se constitui no único procedimento utilizado nos estudos climatológicos como sintomas de modelagem. De modo semelhante, as diversas classificações climáticas procuram estabelecer padrões para os tipos climáticos utilizando o emprego de sinais. Por exemplo, pode-se considerar que a tipologia climática estabelecida por Koeppen também representa contribuição à formulação de modelos, cujas estruturas do comportamento climático encontram-se sintetizadas no significado da simbologia adotada. Por exemplo,

- Af = climas quentes e úmidos, em que as médias mensais durante o ano todo ficam sempre acima

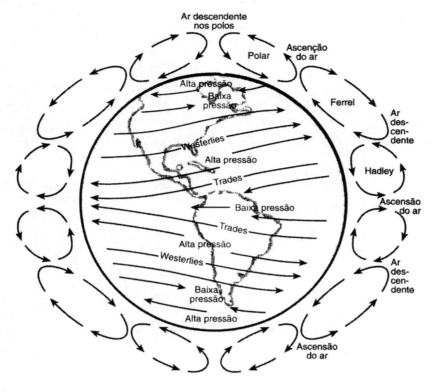

Figura 4.12 — Modelo representativo do padrão espacial das células de circulação geral da atmosfera e distribuição das áreas de pressão, assinalando o mecanismo de transferência de calor entre o Equador e os pólos (adaptado de Washington e Parkinson, 1996)

de 18°C e onde os meses recebem sempre mais de 60 mm de chuvas;

- Aw = climas quentes com estação seca de inverno, em que as médias mensais durante o ano todo ficam sempre acima de 18°C e possuindo estação chuvosa no verão (chuvas acima de 60 mm nesses meses) e onde os meses de inverno recebem menos de 60 mm de chuvas;
- Cfa = clima mesotérmico, em que o mês mais frio apresenta média mensal inferior a 18°C, mas superior a 3°C, com todos os meses úmidos e temperatura do mês mais quente superior a 22°C;
- Cwb = clima mesotérmico, com estação seca de inverno e temperatura do mês mais quente inferior a 22°C.

Tornam-se variados os modelos procurando expressar a configuração do sistema climático, de modo genérico, ou de suas escalas regionais. Um exemplo é constituído pela proposição de MONTEIRO (1976), representando modelo do sistema clima urbano (figura 4.13). Nesse modelo, procura-se distinguir os fatores de controle, o núcleo do sistema, os níveis de resolução, os efeitos paralelos e a ação planejada que, respectivamente, correspondem aos processos de insumo, transformação, produção, percepção e auto-regulação.

Os gráficos representando os fluxos hidrológicos diários ou mensais em determinados pontos dos cursos d'água, à semelhança dos gráficos climáticos, também constituem exemplos de modelos morfológicos. Os modelos gráficos mais comuns são os representativos dos fluxos mensais médios.

Outra configuração da modelagem consiste na representação dos fluxos diários, em cada localidade. Essa representação pode ser expressa isoladamente para cada localidade, ou ser justaposta assinalando uma seqüência de localidades ao longo do rio principal da bacia hidrográfica. Ao analisar dois eventos ligados às cheias ocorridas na bacia do rio Reno (com área total de 185.000 km^2), nos períodos de dezembro 1993 - janeiro 1994 e janeiro 1995, PORTMANN (1997) elaborou representação estereográfica considerando o os valores hidrológicos diários para várias localidades (figura 4.14). O modelo estereográfico assinala que a situação hidrológica foi similar, embora os hidrógrafos e períodos de retorno apresentem diferenças.

As proposições para se calcular as prováveis intensidades de eventos singulares, como a previsão de cheia máxima ou da precipitação máxima, utilizam como bases modelos que têm como fundamento as características estatísticas estruturais das populações de dados. São modelos que se baseiam nos aspectos da composição, sem levar em conta a seqüência dos fluxos.

As prováveis cheias máximas podem ser definidas como sendo a magnitude da precipitação sobre uma determinada bacia que produzirá o fluxo de cheia que virtualmente não tem o risco de ser ultrapassado. Conceitualmente, encontra-se condicionado pela estrutura do aguaceiro e condições antecedentes da bacia. BROWN (1996) observa que o cálculo envolve diversas fases:

- identificação da precipitação máxima registrada para uma outra bacia hidrográfica específica e que tenha área e aspectos comparáveis;
- transposição das informações para a bacia de drenagem focalizada;
- ajustagem para mais dos valores da precipitação transportados (maximização), considerando as bases das condições meteorológicas dominantes na área da bacia de drenagem.

Estatisticamente, a provável cheia máxima (PCM) pode ser calculada em relação a qualquer distribuição de fluxo, de modo que

$$PCM = Q + Ko$$

onde Q é o fluxo médio e o é o desvio padrão do fluxo (ou coeficiente de variação). K é multiplicador, cujo valor em várias áreas dos Estados Unidos é considerado como 15 (WARD, 1978). Procedimento semelhante pode ser

Exemplos de modelos para a análise morfológica   65

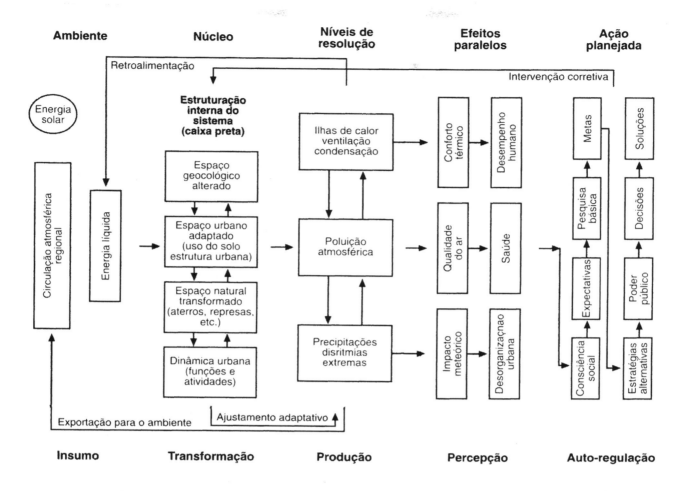

Figura 4.13 — Modelo representativo da estruturação e interação do sistema clima urbano (conforme Monteiro, 1976)

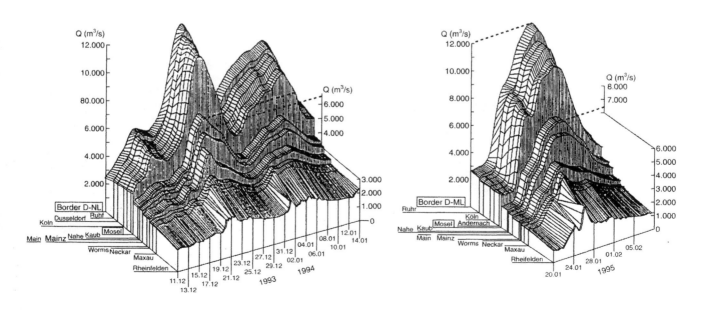

Figura 4,14 — Representação estereogreográfica dos hidrógrafos de cheias ocorridas em dezembro de 1993/janeiro de 1994 e em janeiro de 1995 na bacia do Rio Reno (conforme Portmann, 1997)

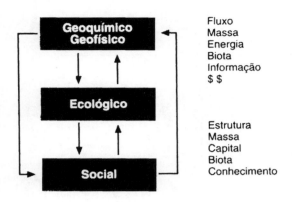

Figura 4.15 — Conceitualização regional integrada, sob a perpectiva ecológica, caracterizando as relações entre os componentes geoquímicos e geofísicos, ecológicos e sociais (conforme Blood, 1994)

aplicado no cálculo da provável precipitação máxima.

C — EXEMPLOS DE MODELOS EM ECOLOGIA

A caracterização de ecossistemas geralmente distingue o componente geofísico e geoquímico e o elemento biológico, considerando principalmente as comunidades das plantas e animais. Quando o objetivo é focalizar o ecossistema humano observa-se que há vários modelos conceituais procurando integrar os seres humanos na abordagem ecossistêmica. Uma proposição comum é distinguir genericamente o componente da sociedade humana e o ecossistema natural, e inserir relações recíprocas entre eles. Ao analisar a modelagem regional integrada, BLOOD (1994) assinala a necessidade de se desenvolver modelos disciplinares que possam ser interligados por meio de fluxos de mercadorias e produtos relevantes e importantes. Dessa maneira, exemplifica a conceitualização de modelo integrado, como função de uma disciplina Ecologia, caracterizando o fluxo e a estrutura entre os componentes geoquímicos e geofísicos, ecológicos e sociais (figura 4.15).

PICKETT et al. (1997) consideram que a conexão simples entre os sistemas ecológico e social não consegue apreender a riqueza das conexões mecânicas entre as comunidades humanas e os componentes naturais. Também salientam que essa categoria de modelos não consegue apreender as características híbridas de muitos ecossistemas nos quais atuam as comunidades humanas. Como alternativa propõem a estruturação descritiva do modelo do ecossistema humano, identificando vários componentes sociais e naturais, entre os quais podem existir conexões para os fluxos ecológicos, processos e estruturas (figura 4.16). O modelo estabelece a distinção entre o sistema dos recursos e o sistema social humano. No sistema social distingue as instituições sociais, os ciclos sociais e a ordem social. No sistema dos recursos há a distinção entre recursos do ecossistema, recursos culturais e recursos sócio-econômicos. PICKETT et al (1977) inserem conjuntos de variáveis para cada

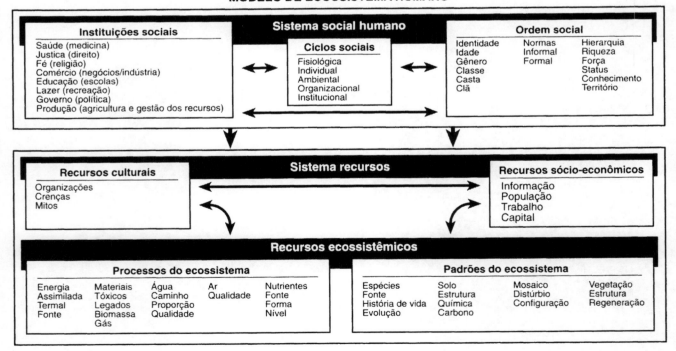

Figura 4.16 — Modelo conceitual indicando os tipos de fenômenos que constituem o modelo de ecossistema humano, e sugerindo as ligações gerais entre os componentes humanos e naturais. O sistema social humano e o sistema de recursos são os dois principais subsistemas (conforme Pickett e al., 1997)

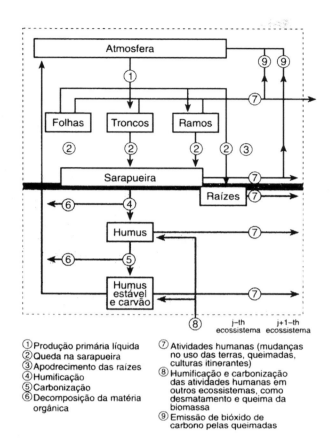

Figura 4.17 — Modelo de estruturação de ecossistema terrestre, considerando os elementos componentes da biomassa e as suas relações no cliclo do carbono (conforme Elzen, 1994)

componente, cuja relevância denota a aplicação da perspectiva bioecológica.

Sob a perspectiva da análise do ciclo do carbono, ELZEN (1994) considera que a biosfera terrestre se encontra categorizada em sete tipos de ecossistemas: florestas tropicais fechadas e abertas, florestas temperadas, terras agrícolas e de pastagens, áreas humanizadas e semi-desertos ou áreas de tundras. Cada um desses ecossistemas também encontra-se compartimentado em reservatórios de carbono, compostos pela biomassa (folhas, ramos, troncos, raízes, sarapueira e carvão vegetal), representando estágios no ciclo do carbono nos processos do ecossistema. O modelo para a estruturação de determinado nível de ecossistema terrestre incorporando os elementos componentes da biomassa, e as suas relações denunciam a existência de processos (figura 4.17).

IV — AS ABORDAGENS FRACTAL E MULTIFRACTAL

A abordagem fractal constitui campo recente de pesquisa, em ritmo acelerado de desenvolvimento, tanto na Matemática como em suas aplicações nas ciências naturais, sociais e tecnológicas. A significância reside em encontrar-se vinculada às novas teorias sobre a complexidade dos fenômenos da natureza e da sociedade, que analisam o comportamento caótico dos sistemas. PEITGEN, JURGENS & SAUPE (1992) assinalam que a teoria do caos e a geometria fractal tratam dessas questões, mostrando que "quando se examina o desenvolvimento de um processo ao longo de um período de tempo, fala-se em termos usados na teoria do caos; quando o interesse se encontra dirigido para as formas estruturais resultantes de um processo caótico, então se usa a terminologia da geometria fractal". Em certo sentido, a geometria fractal é principalmente uma nova "linguagem" usada para descrever, modelar e analisar as formas complexas encontradas na natureza.

O uso da abordagem fractal surge como conjunto de procedimentos para se estudar as características da espacialidade dos fenômenos, como técnica para se compreender a disposição e o arranjo de suas estruturas espaciais. A Geografia e as diversas disciplinas das Geociências enriqueceram-se com a absorção desses novos procedimentos analíticos. A mesma tendência vem sendo observada nas ciências biológicas. Em decorrência, as abordagens fractal e multifractal são de interesse para a análise morfológica de sistemas ambientais.[1]

A — FUNDAMENTOS CONCEITUAIS

Ao criar a geometria fractal, Benoît Mandelbrot (1982) estabelecia as bases para o estudo focalizando as formas fragmentadas, fraturadas, rugosas e irregulares. Tais categorias de formas são normalmente geradas por uma dinâmica caótica, de modo que a geometria fractal descreve os traços e as marcas deixadas pela passagem dessa atividade dinâmica.

A geometria dos fractais possibilita concepções mais amplas para se estudar a dimensionalidade de um objeto. A geometria dimensional clássica envolve as considerações a respeito das descrições uni (linhas), bi (áreas) e tridimensional (volumes) dos objetos. Todavia, considerar um barbante como unidimensional ou uma folha de papel como bidimensional é apenas questão de conveniência, e depende da perspectiva de quem utiliza o barbante ou a folha de papel. Dessa maneira, o matemático considera a folha de papel como estrutura extremamente fina de duas dimensões. O químico, por sua vez, ao usar a folha de papel como um filtro, necessita considerá-la como uma rede de fibras tridimensional. KAYE (1989) assinala que a definição da dimensionalidade de um objeto depende da operação realizada (mental ou fisicamente) com o objeto. A descrição dimensional em números inteiros dos objetos espaciais é questão de conveniência, não um atributo

---

[1] *Levantamentos bibliográficos considerando o uso da abordagem fractal em Geografia e em Geociências foram elaboradas por CHRISTO-FOLETTI & CHRISTOFOLETTI (1994; 1995). CHRISTOFOLETTI, A. L. H. (1997) elaborou sistematização dos conceitos sobre fractais e multifractais e delineou as técnicas de análise utilizadas nos estudos climatológicos. No capítulo sobre orientação bibliográfica encontram-se informações sobre as obras gerais a respeito dos fractais e a propósito das que direcionam a sua aplicabilidade nos setores das Geociências, Geografia e estudos ambientais.*

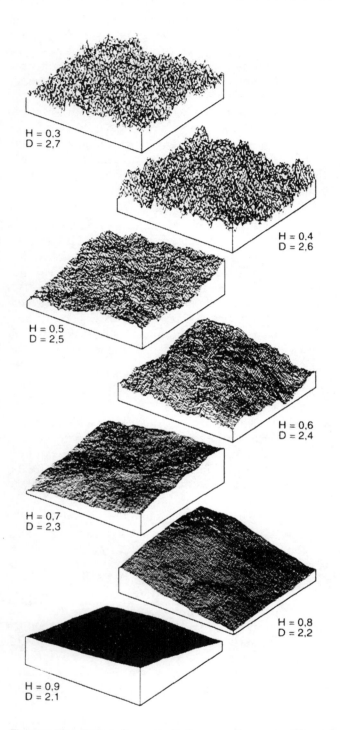

Figura 4.18 — Topografias auto-similares geradas por modelagem, considerando diferentes valores da dimensão fractal (D). O valor da co-dimensão é representado por H, que é a diferença entre a dimensão fractal do cubo (3,0) e a dimensão fractal da superfície gerada (conforme Goodchild, 1987)

fundamental do Universo. Em conseqüência, a dimensão fracionada de um objeto que descreve a sua rugosidade é uma ampliação útil de um conjunto de definições operacionais sobre a estrutura dimensional. Portanto, a dimensão fractal é uma descrição útil das estruturas espaciais.

No contexto do mundo euclidiano, a escala não é importante e a ampliação das esferas, triângulos, quadrados e linhas não produzem muitas informações novas sobre o objeto analisado. No mundo fractal há irregularidades e sinuosidades, algumas vezes detalhes infinitos, e ganha-se cada vez mais informações à medida que se aprofunda a análise em escalas ampliadas. No mundo euclidiano o observador move-se em saltos descontínuos da linha unidimensional para o quadrado bidimensional e para o cubo tridimensional. No mundo fractal as dimensões são entrelaçadas e os objetos não são bidimensionais nem tridimensionais, mas alguma coisa entre elas. Na realidade, a geometria fractal vem sendo conhecida como sendo uma *geometria entre dimensões* (BRIGGS, 1992). Independentemente das irregularidades ou fragmentação, um objeto fractal pode ter um valor entre um número infinito de possíveis dimensões fractais. Dessa maneira, os valores fractais oferecem imagens representativas que se enquadram e completam a dimensionalidade da representação clássica em números inteiros. De modo genérico, pode-se assinalar:

a) os valores fractais entre 0 e 0,99 correspondem às estruturas com base em pontos como, por exemplo, o fractal de uma série temporal de dados sobre a precipitação em determinado lugar;

b) os valores fractais entre 1,0 e 1,99 correspondem às estruturas espaciais de lineamentos, considerando por exemplo as tortuosidades e as sinuosidades das linhas costeiras, assim como os meandramentos dos cursos fluviais;

c) os valores fractais entre 2,0 e 2,99 correspondem às estruturas espaciais de representação bidimensional, como o mapeamento de fenômenos espacialmente distribuídos na superfície terrestre, mas incluindo informações de ordem volumétrica ou de intensidade. Aplicam-se para a análise do formato de bacias hidrográficas, para a modelagem digital do terreno, para delineamento areal de jazimentos e de unidades administrativas. Um exemplo é fornecido pela representação das variações na rugosidade topográfica (figura 4.18).

O escalante ("scaling"), a auto-similaridade e a complexidade são considerados como sendo os três atributos dos fractais. O *escalante fractal* significa que os fractais mostram detalhes similares em diversas escalas diferentes. Imagine, por exemplo, a casca rugosa de uma árvore sendo olhada através de sucessivas ampliações. Cada ampliação revela mais detalhes da rugosidade da casca. Entretanto, o escalante geralmente é acompanhado por outro padrão correspondente da dinâmica da natureza, que é *a auto-similaridade*. Este atributo significa que se ao olhar cada vez mais detalhadamente a imagem fractal verificar-se-á que as formas observadas em uma escala são similares às formas vistas em detalhe em uma outra escala. O terceiro atributo, a *complexidade*, encontra-se relacionado com a configuração interativa dos componentes, que se entrosa com a dinâmica caótica

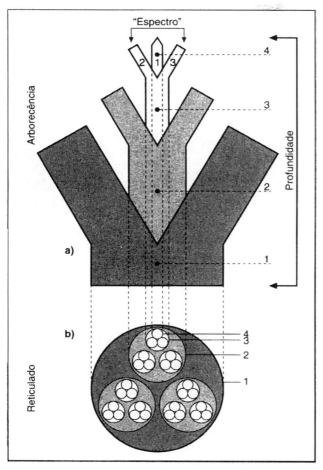

Figura 4.19 — Modelo representativo da noção de hierarquia, tendo como expressividade a arborecência fractal e o encaixe de um caixa chinesa (conforme Monteiro, 1976)

dos sistemas, assinalando a imprevisibilidade da forma específica a ser gerada.

Uma noção básica encontra-se representada pela repetividade do padrão geométrico nas diversas escalas de grandeza espacial. Embora as escalas de observação se alterem, pode-se verificar em cada uma a presença do elemento constituinte com o mesmo padrão geométrico. Essa repetividade expressa a auto-similaridade do fenômeno fractal. Devido a mudança na grandeza espacial de observação, a quantidade de ocorrências também se torna diferente em cada uma das escalas de observação (por exemplo, 1, 4, 16, 64, 256, etc). No estudo dessas seqüências de mudanças na quantidade de ocorrências, o escalante pode ser analisado em termos do tamanho e da quantidade de ocorrências entre os diversos níveis de observação. A proporcionalidade entre as mudanças com que as grandezas ou as quantidades dos elementos ocorrem entre as diferentes escalas é definida como sendo a *dimensão fractal*. Sob esta perspectiva, a *dimensão fractal* pode ser definida como o valor do expoente do escalante relacionando o número de ocorrências desses elementos com a categoria dos seus diversos tamanhos. A *auto-similaridade* é definida como sendo o valor pelo qual a relação entre o número de elementos constituintes em cada etapa e a grandeza de mensuração é realmente linear. De modo conseqüente, se existe uma linearidade entre os valores obtidos nas diversas escalas de mensuração (por exemplo, 1, 4, 16, 64, 256, etc) pode-se interpretar a existência da *invariância escalar*.

As escalas de mensuração encaixam-se com a noção de hierarquia. Uma representação gráfica da noção de hierarquia, cuja expressividade fractal é evidente, foi elaborada por MONTEIRO (1976) com base nas concepções de Arthur Koestler sobre holons (figura 4.19). A figura salienta a arborescência e o encaixe de uma caixa chinesa.

A dimensão fractal oferece os exemplos da invariância escalar, que são úteis para caracterizar os conjuntos fractais. Ela também é útil para elaborar modelos lineares sobre fenômenos (por exemplo, as chuvas) produzidos por processos aleatórios somativos, que envolvem apenas uma dimensão. Quando apenas se utiliza uma dimensão, o procedimento corresponde ao uso de *monofractais*. O modelo escalante simples sobre as chuvas, testado por LOVEJOY (1981) constitui um exemplo. Outro exemplo refere-se ao valor da dimensão fractal de 0,79 obtido por HUBERT & CARBONEL (1989) na análise das ocorrências chuvosas na África Ocidental. CHRISTOFOLETTI (1997), ao analisar a estrutura das estações chuvosas de 1982-83, 1983-84, 1984-85 e 1985-86, em doze localidades do Estado de São Paulo, obteve valores da dimensão fractal da precipitação média por quantidade de segmentos não-vazios oscilando de 0,96 a 0,77, mostrando que há variabilidade temporal entre os valores na mesma localidade e variabilidade espacial, considerando os valores das diversas localidades.

Entretanto, LOVEJOY & SCHERTZER (1993) chamam atenção para o fato de que os sistemas geofísicos não são conjuntos e que a dinâmica não é geometria. Os sistemas geofísicos geralmente são *campos* (que podem ser mensurados: campos de precipitação, de nuvens, de temperaturas, de topografias, etc) e a sua abordagem propicia o uso dos geradores multifractais. Nesses campos, as ocorrências dos fenômenos possuem diferentes níveis de intensidade e não se reduzem à descrição simples da dimensão fractal de mono-ocorrências. A distinção é que em um conjunto (mono-)fractal obtém-se um único valor para a dimensão. Nos campos multifractais pode-se definir uma série de conjuntos diferentes (por exemplo, usando valores de limiares), cada um dos quais terá seu próprio valor de dimensão (geralmente diferentes).

Nessa abordagem as ocorrências do fenômeno (abalos sísmicos, chuvas, débitos fluviais, jazidas auríferas, topografia, altura das sinusias, etc) devem ser analisadas em diferentes níveis de limiares. Para cada nível de limiar obtém-se uma dimensão fractal, mas o conjunto dos valores corresponde à análise *multifractal*. O conjunto todo das informações obtidas constitui o campo de análise, e os procedimentos de estudo sobre as

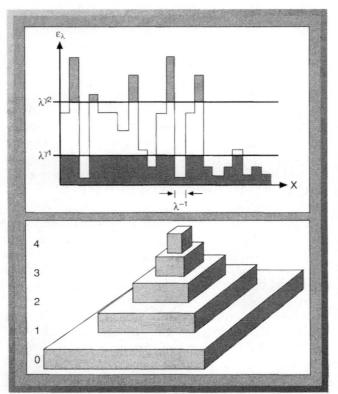

Figura 4.20 — Representações esquemáticas de um campo multifractal. Em (a) é analisado na escala da razão λ, com dois limiares ($\lambda^{\gamma 1}$ e $\lambda^{\gamma 2}$), correspondendo a duas ordens e singularidades: γ^2 e γ^1 (conforme Lovejoy e Schertzer, 1995). Em (b) como pirâmide em quatro níveis, em que cada etapa constitui uma agregação da inferior.

ocorrências situam-se nas variadas escalas internas do conjunto. Nessa abordagem, quando o limiar for baixo, há a presença de ocorrências em quase todas as escalas e o valor da dimensão fractal é alto. À medida que se eleva o limiar observa-se diminuição no valor da dimensão fractal (figura 4.20). A dimensão fractal do limiar λ^{g2} é inferior a do limiar λ^{g1}. Na figura 4.20b, à medida que se escalona de 0 a 4, os valores da dimensão fractal tornam-se menores. FEDER (1988) cita o exemplo das jazidas auríferas: em altas concentrações, o ouro é encontrado apenas em poucas localidades na superfície terrestre; em concentrações mais baixas, em muitos outros locais, e em concentrações muito pequenas em praticamente todo lugar. Em termos da dimensão fractal, o comportamento multifractal de um processo geralmente significa que a dimensão é função não-linear e decrescente em relação à intensidade do processo (SCHERTZER e LOVEJOY, 1987). Na análise da estrutura de estações chuvosas em localidades do Estado de São Paulo, CHRISTOFOLETTI (1997) utilizou dos limiares relativos a 0,1 mm, 5,1 mm, 10,1 mm, 20,1 mm e 40,1 mm.

Na transposição da noção geométrica de fractal para a sua aplicabilidade nos estudos sobre os fenômenos da natureza e da sociedade há uma adaptação conceitual. DE COLA e LAM (1993a) observam que "um fractal (usado como um nome) é um conjunto espacial que manifesta uma relação escalar regular entre o número de seus elementos constituintes e a sua classe de mensuração (tamanho, densidade, intensidade, etc.). Esta definição inclui fenômenos temporais ou dinâmicos, que podem ser espacialmente representados e, portanto, fractalmente mensurados". Também consideram que "fractal (usado como adjetivo) é a qualidade de manifestar essa regularidade escalar". Dessa maneira, a propriedade do escalante entre as categorias de grandezas se torna a característica inerente da fractalidade.

A contribuição básica e pioneira para a sistematização da abordagem fractal foi realizada por Benoit B. MANDELBROT. Em 1975 surgiu a obra *Les objets fractals: forme, hasard and dimension*, que em 1977 foi publicada em língua inglesa com o título *Fractals: Form, Chance and Dimensions*. Posteriormente, revendo e ampliando o contexto e as análises, elaborou de modo mais sistemático a obra *The Fractal Geometry of Nature*, publicada em 1982. Ao utilizar o termo *fractal*, MANDELBROT (1977) procurou enquadrar sob essa designação um conjunto amplo de objetos possuindo

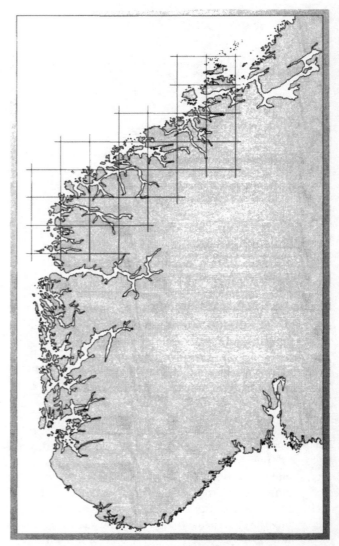

Figura 4.21 — Delineamento da costa meridional da Noruega, com base em atlas e digitalizado na base de 1800 × 1200 pixels. A rede quadriculada possui espaçamento de d ~ 50km (conforme Feder, 1988)

determinadas feições estruturais comuns, embora surgissem em contextos diversos, tais como na Astronomia, Geografia, Biologia, dinâmica dos fluídos, teoria da probabilidade, etc. Conforme MANDELBROT (1977; 1982), o termo "fractal" origina-se do adjetivo latino "fractus", possuindo a mesma raiz como os termos "fração" e "fragmento", e significando "irregular e fragmentado". Ao conceber e desenvolver uma nova geometria da natureza (fractais), MANDELBROT (1982) procurou demonstrar sua implementação em diversos campos analíticos, descrevendo vários padrões irregulares e fragmentados observados na natureza. Com o transcorrer dos anos foram surgindo contribuições específicas, visando fornecer ao leitor os fundamentos e orientação básica sobre essa temática e salientar sua aplicabilidade em diversas disciplinas científicas.

B — MODELOS FRACTAIS

A elaboração de modelos fractais para a análise da estrutura morfológica dos fenômenos de ocorrência espacial apresenta como pioneiros explícitos as proposições para se mensurar o comprimento de linhas litorâneas e o relacionamento entre a área e o perímetro das ocorrências chuvosas e nuvens.

O problema para se mensurar o comprimento de determinado litoral assinala relacionamento entre o comprimento total obtido e o número de mensurações realizadas em função do tamanho métrico básico utilizado como unidade. Ao se mensurar o comprimento do litoral utilizando determinada documentação cartográfica, se o espaçamento do compasso for de 10 cm (que representa um lado de figura geométrica) o comprimento do litoral será o valor da distância escalar padronizada para 10 cm multiplicada pelo número de passos dados pelo compasso. Caso se utilizar o espaçamento de 5 cm para o compasso, o número de passos não será necessariamente o dobro do valor obtido na mensuração precedente, mas poderá ser maior em virtude de se adequar melhor às curvaturas e sinuosidades do litoral. O mesmo aumento no valor do comprimento total será observado quando se utilizar aberturas de espaçamento correspondentes a 2,5 cm, 1,25 cm, e assim sucessivamente. O comprimento de uma praia não é mesmo para o homem caminhando ao longo de sua extensão e para o animal que precisa circular em torno das sinuosidades dos seixos e grãos de areia. No exemplo do litoral da Noruega, apresentado por FEDER (1988), o valor da dimensão fractal corresponde a 1,52 (figura 4.21). Todavia, esse procedimento possui raízes no procedimento utilizado por RICHARDSON (1961) para medir o comprimento das fronteiras entre países vizinhos (Portugal e Espanha; França e Alemanha, por exemplo) em artigo elaborado e enviado para ser publicado em 1939. O artigo foi rejeitado pelo periódico na ocasião e somente surgiu a lume em 1961.

Ao investigar as relações geométricas das áreas chuvosas e nuvens, com base em imagens de radar e de satélite, considerando seis ordens de grandezas escalares, desde 1 km^2 até 1.200.000 km^2, LOVEJOY (1982) observou que as áreas e os perímetros se ajustam na dimensão fractal $D = 1,35$ (figura 4.22). Essa abordagem também possui precedente na análise realizada por HACK (1957) sobre a relação entre o comprimento do rio principal e a área da bacia de drenagem, tanto para os rios do Vale do Shenandoah (Virgínia, EUA) como para exemplos de bacias localizadas em diversos continentes (figura 4.23). A relação entre o comprimento do rio principal (L) e a área da bacia de drenagem (A) foi descrita por HACK (1957) como sendo:

$$L = 1,4\, A^{0,6}$$

Em suas pesquisas, HURST (1950; 1951) considerou que os valores anuais de alguns fenômenos são distribuídos de maneira aproximadamente normal, se não se considerar a ordem seqüencial das ocorrências. Essas seqüências temporais podem ser exemplificadas pelos dados relacionados com eventos climáticos, hidrológicos e geofísicos. A principal característica dessas séries é a ocorrência de períodos em que os valores tendem a ser mais altos, seguidos por períodos em que os valores tendem a ser mais baixos. Obviamente, cada período pode conter internamente valores baixos ou altos,

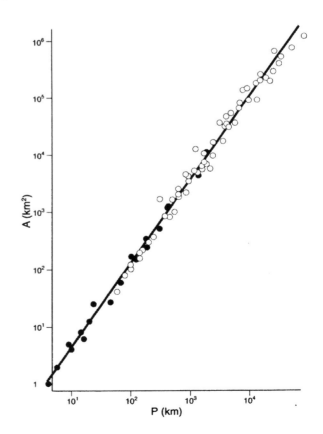

Figura 4.22 — Relação entre perímetros e áreas de ocorrências chuvosas (círculos brancos) e de nuvens (círculos escuros), utilizando imagens de radar para as chuvas e de satélites para as nuvens (conforme Lovejoy, 1992)

respectivamente. No tocante à precipitação por exemplo, poder-se-ia dizer que os períodos de anos chuvosos e de anos secos ocorrem sem seqüências alternadas, embora não se possa conhecer a regularidade precisa das ocorrências ou a duração desses períodos.

Uma descrição adequada do procedimento analítico designado como *rescaled range* encontra-se em CHRISTOFOLETTI (1997). Para analisar esses fenômenos HURST (1950; 1951) estruturou essa técnica, que na literatura vem sendo denominada como análise R/S. Em vez de utilizar os dados brutos da amplitude na série temporal, preferiu utilizar de razão adimensional relacionando a amplitude (R) com o desvio padrão (S). A análise R/S é definida para uma seqüência de n valores de uma variável (dados anuais, mensais ou diários). A primeira etapa consiste em se calcular a média dos valores para o período de n dados. Em cada momento, o dado absoluto é confrontado com o valor médio verificando-se as diferenças. Na seqüência temporal há entrada de uma quantidade de R(n), considerando-se as diferenças de cada momento para o período de n dados. A somatória acumulativa dessas diferenças é registrada (em gráfico), considerando-se a posição na seqüência, do ponto inicial até o dado n (final), cuja seqüência apresentará valores positivos e negativos. A amplitude da série R(n) é definida como sendo a distância entre os valores das diferenças máxima e mínima registradas nessa representação das somatórias. O valor R/S é obtido dividindo-se o valor da amplitude R(n) pelo valor do desvio padrão (S) calculado para a seqüência de n valores. Os valores de R/S, obtidos em registros de séries temporais, considerando diferentes tamanhos de períodos de tempo (n), são adequadamente descritos pelo seguinte modelo:

$$R/S = (n/2)^H$$

FEDER (1988) lembra que o expoente H foi utilizado por Mandelbrot para significar o expoente Hurst, substituindo a notação K utilizada anteriormente, e assinala que o valor de H é mais ou menos simetricamente distribuído em torno da média 0,73, com desvio padrão de 0,09. A figura 4.24 exemplifica a qualidade de ajuste ao modelo R/S, mostrando resultados

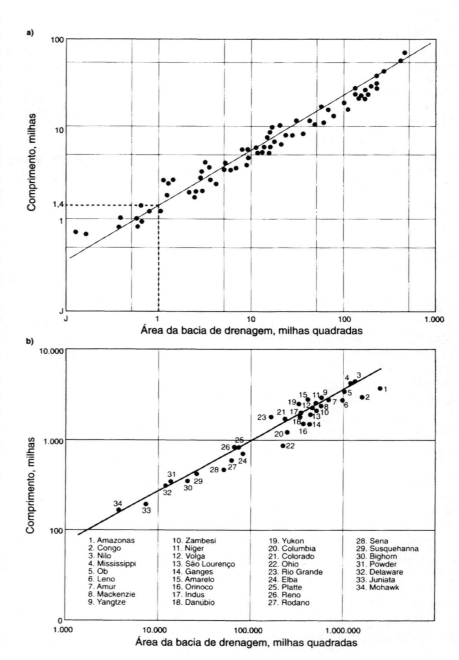

Figura 4.23 — *Relação entre áreas de bacias de drenagem e comprimento do rio principal para os rios da bacia de Shenandoah, na Virgínia (em A), e para exemplos de bacias localizadas em diversos continentes (em B) (conforme Hack, 1982)*

obtidos por HURST et al. (1965) em débitos fluviais ($H = 0,72$), precipitação ($H = 0,70$), anéis em troncos de árvores (dendros) ($H = 0,80$) e varvitos ($H = 0,76$). Na análise da estrutura da estação chuvosa em doze localidades do estado de São Paulo, CHRISTOFOLETTI (1997) encontrou valores de H oscilando de 0,56 a 0,77 para o período mais úmido de 1982-83, e de 0,51 a 0,79 para o período menos úmido de 1985-86.

A modelagem fractal sobre as fraturas salienta que pode ser observada um distribuição potencial na fragmentação dos materiais terrestres, como conseqüência da invariância escalar do mecanismo de

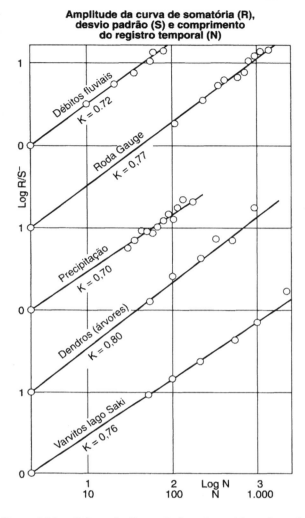

Figura 4.24 — *Valores da dimensão fractal considerando a relação R/S para diversas categorias de fenômenos (conforme Feder, Hurst et al., 1965)*

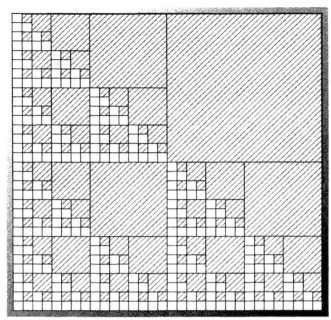

Figura 4.25 — *Processo de fragmentação em cascata, na escala bidimensional. Os quadrados hachurados estão ordenados de forma regular, por conveniência (conforme Matsushita, 1985)*

fragmentação, pois as zonas ou planos de fraqueza onde ocorrem as rupturas podem ser encontrados em todas as escalas (MATSUSHITA, 1985; TURCOTTE, 1986). A construção de modelo fractal para representar o processo de fragmentação, no espaço bidimensional, é semelhante ao procedimento utilizado para a construção do fractal tapete de Sierpinski, enquanto no espaço tridimensional assemelha-se ao procedimento usado no fractal esponja de Menger. No caso do espaço bidimensional utiliza-se de quadrado cujo lado é a unidade de comprimento (figura 4.25). Na primeira etapa divide-se o quadrado em quatro subquadrados iguais de tamanho 1/2, e aleatoriamente escolhe-se um deles para ser tracejado. Na segunda etapa tomam-se os três subquadrados remanescentes (não hachurados), divide-se cada um deles em subquadrados de tamanho 1/2 e escolhe-se aleatoriamente entre cada um dos subquadrados não hachurados aquele que deverá ser hachurado. Repetindo-se constantemente o procedimento, obtém-se conjuntos de números crescentes de quadrados hachurados de várias grandezas (KORVIN, 1992). Por motivo de simplicidade, a representação na figura 4.25 encontra-se organizada de maneira regular.

TURCOTTE (1989) considera que o modelo pode ser facilmente generalizado para a fragmentação de corpos sólidos, tomando como base elemento cúbico com lado de comprimento h. O fracionamento vai se processando continuamente, de modo que o comprimento de cada componente cúbico se torne igual a $h/2$, $h/4$, $h/8$, $h/16$, $h/32$ e assim sucessivamente. Em cada etapa escolhe-se aleatoriamente a unidade subcúbica para ser hachurada (figura 4.26).

Para caracterizar as superfícies fractais internas de rochas sedimentares e ígneas, KORVIN (1992) considera que o modelo do *ninho-de-pombo* ("pigeon-hole") proposto por PAPE e colaboradores (1981b; 1987) surge como mais poderoso modelo geométrico. A figura 4.27 mostra o modelo em corte transversal. A fim de reproduzir o valor da dimensão fractal $D = 2,36$ das paredes dos poros de rochas sedimentares, obtido experimentalmente, PAPE et al (1982) assumiram que o quociente de auto-similaridade é igual a 0,25 e que o número de novas formas côncavas semicirculares em torno do "ninho-de-pombo" da geração prévia é $N = 26,5$. A figura 4.28 exemplifica a aplicação do modelo considerando o espaço dos poros em arenito, enquanto a construção de copas arbóreas surge representada na figura 4.29. PAPE e colaboradores (1981a) derivaram uma relação alométrica a partir do modelo "ninho-de-pombo", mostrando que

$$S \alpha\ V^{2.36/3} = V^{0,79}$$

na qual S é a superfície e V o volume dos organismos animais.

O modelo fractal foi utilizado para mensurar a

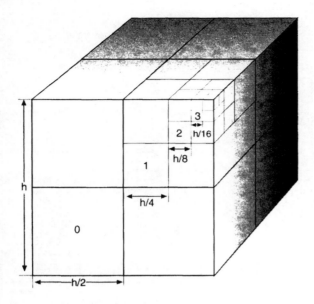

Figura 4.26 — Modelo idealizado para o processo de fragmentação, na escala tridimensional (conforme Turcotte, 1989)

estrutura de ramificação em plantas. Coletando 120 ramos de diferentes plantas, em pastagem situada na parte sudeste da Península Ibérica, considerando os graus alto, médio e baixo de pressão na atividade pastoril, ALADOS, ESCÓS e EMLEN (1994) efetuaram análises levando em conta a projeção das plantas em superfície plana. A dimensão fractal da arquitetura das plantas foi mensurado a partir de uma malha de tamanho A, englobando toda a planta. Essa figura inicial foi dividida em $(A/l)^2$ quadrados de tamanho l. Considere-se N(l)como sendo o número de quadrados de tamanho l necessário para cobrir o objeto. Dessa maneira,

$$N_{(l)} = b(1/\lambda)^D$$

onde D é a dimensão fractal da projeção planar da planta. Estabelecendo a regressão de $N(\lambda)$ contra o tamanho λ, após a transformação logarítmica, obtém-se a inclinação da regressão (D). Os valores obtidos para a dimensão fractal foram 1,57 (para as plantas sob baixa pressão pastoril), 1,63 (para as sob média) e 1,51 (para as sob alta pressão). Os autores também aplicaram a abordagem fractal para medir a relação entre o arranjo das folhas em função da ordem de ramificação dos galhos e a relação entre o diâmetro do galho e o comprimento do galho, salientando que ambas as relações seguem um padrão não-linear considerando a ordem de ramificação.

Na escala dos ecossistemas, a diversidade das espécies é geralmente considerada como sendo uma

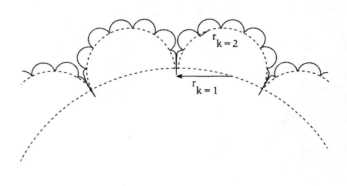

Figura 4.27 — Perfil transversal do modelo "ninho-de-pombo". Qualquer k-enésima ordem é decorada por n 0 26,5 novos hemisféricos "ninhos-de-pombo", onde $r_{k+1}/r_k = 0,25$. A dimensão fractal da superfície D = 2,36 (conforme Pape et al, 1987; Korvin, 1992)

distribuição de espécies, representada por curva retroacumulativa do *diagrama de freqüência por posição*. As espécies são posicionadas conforme ordem decrescente da freqüência na comunidade, e os postos das posições são plotados contra a freqüência das espécies na comunidade, sempre em escala log-log.

Entre os modelos de distribuição utilizados nos estudos ecológicos há destaque para o modelo de Zipf-Pareto, expresso como sendo:

$$Fr = Cte \cdot (r^+ \beta)^{-g}$$

FRONTIER (1994), ao analisar a diversidade das espécies como uma propriedade fractal da biomassa, propôs modificação do modelo de Pareto, acompanhando

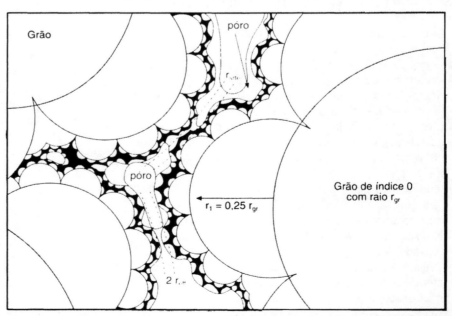

Figura 4.28 — Aplicação geológica do modelo "ninho-de-pombo", em espaço dos poros de arenito. R_{site} = raio do poro; r_{eff} é o raio hidráulico efetivo (conforme Pape et al, 1987; Korvin 1992)

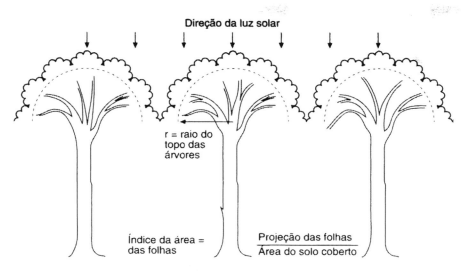

Figura 4.29 — Aplicação ecológica do modelo "ninho-de-pombo", considerando o exemplo das copas de árvores (conforme Pape et al, 1987; Korvin, 1992)

a demonstração de Mandelbrot de que $d = 1/\gamma$ é uma dimensão fractal ($d < 1$) e admitindo que, à medida que evolui a sucessão ecológica, quando aparecem mais e mais espécies raras e especializadas, e em cada fase K da sucessão mais espécies aparecem que são k vezes menos abundantes, em média, e que $K = k^d$. FRONTIER (1994), re-parametrizando a equação inicial ao considerar que $\gamma = 1/d$ e $\beta = 1/(K - 1)$, mostra que a equação de Pareto é exatamente reencontrada, tornando-se procedimento para se avaliar a dimensão fractal. Ao exemplificar a aplicação do modelo, com $\gamma = 2$ e $\beta = 3$, valores que são muitas vezes observados em comunidades maturas, a sucessão de espécies processa-se como se em cada estágio surgissem, em média 1,333 mais espécies, mas com abundância decrescente na proporção 1,778.

CAPÍTULO 5

MODELOS PARA A ANÁLISE DE PROCESSOS NOS SISTEMAS

Os modelos para a análise da funcionalidade dos sistemas procuram focalizar os fluxos de matéria e energia, as características dos processos atuantes e os mecanismos de retroalimentação, assim como a interação entre a morfologia e a dinâmica dos sistemas a fim de salientar o entrosamento entre formas — processos.

Os processos químicos e físicos responsáveis pela transformação dos materiais sob uma forma para outra são essenciais em todos os fenômenos ambientais, quer sejam bióticos ou abióticos. Quando os processos resultam na transformação de todos os materiais inicialmente presentes em algo totalmente diferente, pode-se dizer que se atingiu a *complexão*. Por exemplo, os processos de meteorização transformam as rochas básicas e as rochas graníticas e gnáissicas em tipos de solos, com a perda de todas as características do material subjacente.

Outra característica reside em considerar os sistemas ambientais como abertos, recebendo inputs de energia e matéria, transformando-os e produzindo produtos como outputs. A energia é a capacidade de realizar trabalho ou fornecer calor. Quando o trabalho é realizado ou o calor é fornecido, ocorre uma interação entre duas partes de um sistema ou entre um sistema e seus entornos. Nesse processos de *interação*, uma mudança observável em uma parte do sistema (ou do universo sistêmico) é correlacionada com uma mudança correspondente em outra. A interação do calor ocorre quando um objeto entre em contato com outro, que seja mais quente ou mais frio que ele próprio. Sob tais circunstâncias, o objeto frio é observado como se tornando mais quente, enquanto o objeto quente se torna mais frio. O trabalho designa toda interação entre dois corpos, ou entre um sistema e seu entorno sistêmico, mesmo que não haja transferência de matéria e calor. Um exemplo ocorre quando um sistema contrai ou se expande em função de uma força externa. Esse trabalho de pressão/volume é comum em muitos fenômenos ambientais.

Para o conjunto de processos ambientais torna-se importante levar em consideração as leis da termodinâmica, que representa o estudo da transformação da energia. As duas primeiras leis são relevantes, enunciando que: a) o conteúdo de energia do universo é constante; e b) a entropia (desordem) de um sistema isolado pode tanto permanecer constante como aumentar. Em face dessas leis, decorre que se a quantidade de energia total é constante, para os sistemas ambientais percebe-se que há transformação nas formas de energia na interação entre os elementos ou entre os sistemas. Por outro lado, se a entropia é mínima quando a energia para realizar trabalho ou interação de calor é máxima, a difusão e a distribuição de energia com o desenrolar do trabalho e troca de calor vai promovendo aumento da entropia e ordenação, até que haja a plena estabilidade com a energia nula nos sistemas isolados. Como os sistemas ambientais são abertos, continuamente estão recebendo novas cargas de energia, recuperando a capacidade de trabalho ou de troca de calor e a sua estabilidade mantém-se em estado constante, em face da variabilidade dos fluxos de energia e matéria.

Na modelagem de sistemas ambientais torna-se conveniente conhecer as linguagens propostas para designar os fluxos de matéria e energia nos sistemas e a categorização dos fenômenos no escalante têmporo-espacial. Em seguida, conhecer exemplos de modelos procurando descrever processos morfoestruturais, em bacias hidrográficas, processos climáticos, fluxos hídricos, processos erosivos, fluxos de sedimentos em bacias hidrográficas, as características do Topmodel e os ciclos e fluxos de energia e matéria em ecossistemas.

I — AS LINGUAGENS REPRESENTATIVAS NOS FLUXOS DE MATÉRIA E ENERGIA

A estruturação de modelos para analisar a seqüência dos fenômenos procura salientar os fluxos e as transformações de determinada entrada (água, sedimentos, calor, matéria prima, alimentos e outras) através de vários subsistemas, integrados e funcionando de modo contíguo.

Os procedimentos de representação em modelos sobre processos e fluxos, expressando a funcionalidade dos sistemas, são variados. Há predominância de modelos conceituais elaborados de forma pictórica, em diagramas planares diversos e mesmo em diagramas tridimensionais. Encontram-se exemplos amiúdes na literatura e vários serão descritos em itens posteriores. Todavia, procurando uma sistematização da simbologia descritiva três propostas devem ser registradas, elaboradas por FORRESTER (1961; 1968), CHORLEY e KENNEDY (1971) e por ODUM (1971; 1983; 1996). A quarta proposição vincula-se com a simulação orientada a objetos.

Os diagramas de FORRESTER (1961; 1968) foram propostos para descrever qualquer sistema dinâmico no qual uma quantidade mensurável flui entre os componentes do sistema. A concepção baseia-se no conceito de que os sistemas são conjuntos de elementos e de relações entre eles. Há dois tipos de elementos: os que se encontram no sistema, e devem ser modelados, e aqueles que estão fora do sistema e que não são modelados. As características dos elementos denunciam as variáveis de estado, representando as condições ou o estado do sistema. Essas variáveis são dinâmicas e se modificam ao longo do tempo. As variáveis dos elementos externos denunciam as características dos inputs para o sistema referenciado.

Os diagramas de Forrester são representações gráficas dos elementos, relações e variáveis, como sendo uma *linguagem gráfica* cujas frases podem ser conectadas conforme as normas prescritas. Esse vocabulário gráfico compreende os seguintes componentes representativos (figura 5.1):

Os *elementos* do sistema são descritos pelas variáveis estados do sistema (denominados de *níveis* por Forrester). São os componentes fundamentais do sistema, cujos valores ao longo do tempo desejamos predizer. As variáveis dos elementos são quantidades dinâmicas, representadas por figuras retangulares (5.1.a). O retângulo pode conter o nome designativo e a quantidade de unidades descritivas da variável mensurada. As descrições de modelos referenciados aos elementos referem-se aos níveis como *compartimentos, e* são designados como sendo *modelos de compartimento*.

Os *fluxos de materiais* são as manifestações das relações entre os elementos, que podem ser denominados de *relações de fluxos*. O fluxo é representado por uma seta (figura 5.1.b) e identifica a trajetória na qual flui a quantidade do fluxo analisado. Em muitos modelos, a taxa de fluxo é uma quantidade dinâmica influenciada pelos componentes do sistema, e a taxa é simbolizada por uma *válvula de controle* na relação de fluxo.

Os *fluxos de informação ou influências* correspondem à segunda manifestação das relações entre os elementos, que são os efeitos de como a quantidade de um elemento exerce sobre as taxas de entradas ou saídas de outro elemento. Esses fluxos são *relações de controle*. As variáveis de estado afetam as válvulas de controle do fluxo de material de outras variáveis e, numa retroalimentação, inclusive a si mesmas. Essas influências são representadas como *transferências de informação* (linhas tracejadas, figura 5.1.c).

As *fontes e escoadouros* são componentes externos ao sistema, mas que regulam os inputs para as variáveis do sistema ou os produtos das variáveis saindo do sistema. Eles são representados por nuvens (figura 5.1.d).

Os *parâmetros*, assinalando constantes nas equações, são representados nos diagramas por pequenos círculos cortados por linhas (figura 5.1.e). Invariavelmente são usados como a cauda de uma transferência de informação, pois os seus valores influenciam as taxas de fluxos e outras quantidades das equações dentro do modelo.

As *equações das taxas* descrevem os valores totais (ou absolutos) dos inputs para, ou dos outputs provindos de, uma variável de estado. Torna-se útil identificar e denominá-las explicitamente, modificando o símbolo da válvula de controle (figura 5.1.f). As equações geralmente descrevem as transferências de informação das variáveis de estado e parâmetros.

As *variáveis auxiliares* são variáveis computadas a partir de equações auxiliares, sendo representadas no diagrama por círculos (figura 5.1.g). As variáveis auxiliares podem ser função de outras variáveis, variáveis controlantes e parâmetros. Modificam-se também ao longo do tempo porque dependem das variáveis de estado e das controlantes que apresentam variabilidade e mudanças.

As *variáveis controlantes* são eventos dinâmicos que

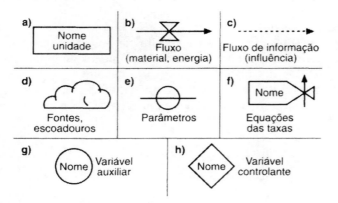

Figura 5.1 — Componentes representativos da linguagem gráfica descritiva de Forrester

se relacionam às variáveis que atuam como sendo funções de atuação, sendo representadas como trapézios (figura 5.1.h). As variáveis controlantes podem se constituir em inputs somente para outras variáveis controlantes. Geralmente elas não produzem inputs e o tempo é presumido como sendo um componente da variável (estação sazonal; valores da temperatura em diferentes dias, etc).

A exemplificação do diagrama de Forrester é mostrada na descrição do modelo de um agroecossistema hipotético mostrando diversas variáveis de estado em um sistema agrícola, onde estão inseridas a presença de regimes de fertilizantes, pestes e colheitas para aumentar a complexidade (figura 5.2). Nesse modelo, o objetivo geral é determinar os efeitos produzidos pelos esquemas de fertilizantes e aplicações de pesticidas sobre o lucro, considerando culturas de alfafa. As variáveis de estado são nutrientes, insetos, pestes, campo de alfafa e alfafa colhida. Todas as variáveis devem ter unidades comuns, de modo que se possa presumir, por exemplo, que o nitrogênio seja o nutriente condicionante a ser adicionado e que todas as variáveis serão quantificadas em unidades de N/hectare. Os esquemas de manejo, tais como a aplicação de pesticidas e fertilizantes, são representados como forças condicionantes, de modo semelhante à representação das forças naturais, tais como estação sazonal e temperaturas. A obtenção de lucro é o objetivo do agricultor. Como a dinâmica do modelo está prevista como sendo N/hectare e as unidades do lucro são em *reais*, há a necessidade de converter N/hectare em *reais*. Para esse procedimento utilizam-se variáveis auxiliares como custo dos fertilizantes (reais/hectare), tamanho da área cultivada (hectare), preço da alfafa (reais) e outras similares (HAEFNER, 1996).

A simbologia proposta por Forrester foi sendo ampliada e modificada para a elaboração de diagramas configurando modelos conceituais, por GRANT (1986) e pela HIGH PERFORMANCE SYSTEMS (1994). As modificações absorvem as proposições anteriores e distinguem sete categorias fundamentais de componentes para o sistema: variáveis de estado, variáveis controlantes, constantes, variáveis auxiliares, transferência de materiais, transferência de informações e fontes e escoadouros (figura 5.3). GRANT e al (1997) expõem as definições para esta simbologia, assinalando o seguinte:

• *variáveis de estado* — repre-sentam pontos de acumulação de material dentro do sistema. No caso de se analisar o fluxo de energia em ecossistema, a energia contida nas plantas, energia contida nos herbívoros e a energia contida nos carnívoros expressam três variáveis de estado no modelo (figura 5.4);

• *variáveis controlantes* — são as que afetam, mas não são afetadas pelos demais componentes do sistema. Por exemplo, representa a transfe-rência da umidade atmosférica para as plantas, como sendo a quantidade da precipitação. Mas a quantidade das chuvas não é afetada pelas plantas ou por outro elemento do sistema;

• *constantes* — constituem os valores numéricos descrevendo características de um sistema que não sofrem mudanças, ou que podem ser consideradas como imutáveis sob todas as condições simuladas pelo modelo;

• *variáveis auxiliares* — surgem como parte dos cálculos determinando uma taxa para a transferência de materiais ou o valor de outra variável, representando conceitos que se deseja explicitamente indicar no modelo. As variáveis auxiliares também podem representar um produto final do

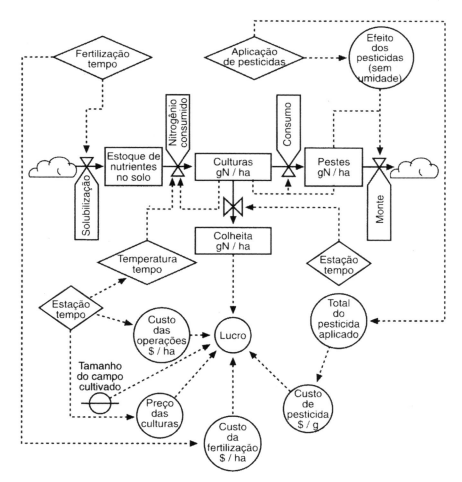

Figura 5.2 — Diagrama de modelo sobre agroecossistema hipotético, utilizando da linguagem gráfica de Forrester, mostrando múltiplas variáveis de estado de um sistema (conforme Haefner, 1996)

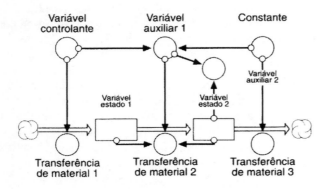

Figura 5.3 — Simbologia usada para construir diagramas de modelos conceituais indicando as conexões permissíveis (High Performance Systems, 1994; Grant, Pedersen e Marin, 1997)

cálculo que se julga relevante. Por exemplo, pode-se desejar representar a transferência de energia dos herbívoros para os carnívoros como sendo função tanto do número de herbívoros como do número de carnívoros. Nessa perspectiva, a razão de herbívoros para os carnívoros pode apresentar significado especial e o fato de que é etapa intermediária no cálculo para determinar a transferência de energia dos herbívoros para os carnívoros (figura 5.4);

- *transferência de material e de informações* — a transferência de material representa a transferência física ou material em um determinado período de tempo entre duas variáveis de estado, entre uma fonte e um variável de estado ou entre uma variável de estado e um escoadouro. O fluxo de energia (em kcal/semana) na cadeia alimentar no ecossistema, fluindo das plantas para os herbívoros e para os carnívoros é um exemplo (figura 5.4). Como um animal ganha peso (em gramas/dia), a biomassa é transferida de uma fonte alimentar para o animal e para um escoadouro. As transferências de informação representam o uso da informação sobre o estado do sistema para controlar as mudanças no estado do sistema. Para se calcular a taxa de transferência de energia da variável estado plantas para a variável estado herbívoros há necessidade de informação sobre a quantidade de kcal de herbívoros e quantidade de kcal das plantas no sistema;

- *fontes e escoadouros* — as fontes e os escoadouros representam os pontos iniciais e terminais do sistema, constituindo as transferências de material para o sistema e para fora do sistema.

Uma simbologia para a descrição cascadeante foi apresentada por CHORLEY e KENNEDY (1971), conceituada como estrutura canônica simples (figura 5.5). O seu uso posterior pode ser exemplificado pelos trabalhos de TERJUNG (1976) em Climatologia e de BENNETT e CHORLEY (1978) na análise dos sistemas ambientais. Os símbolos representam os fenômenos de entrada (input), saída (output), reguladores, armazenadores e a distinção de subsistemas. Nessa estruturação, a primeira tarefa consiste em distinguir os diversos *subsistemas* componentes da cadeia, através dos quais se processa o fluxo de matéria e energia. A segunda consiste em estabelecer os *reguladores*, que são instrumentos aos quais se atribuem funções decisórias. Recebendo o fluxo, o regulador funciona decidindo qual o rumo o ser seguido, tomando como base da decisão a existência de limiares. Em cada subsistema existe um ou mais reguladores; para definir a sua função estabelecem-se enunciados interrogativos. A terceira tarefa reside na colocação de *armazenadores,* cuja função é a de armazenar, por lapso de tempo variável, a quantidade de matéria ou de energia que ficou retida no subsistema. Após determinado tempo, a matéria (ou energia) retida flui do armazenador e se acrescenta ao produto de saída.

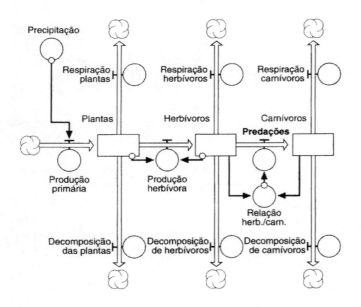

Figura 5.4 — Diagrama de modelo conceitual representando o fluxo de energia em ecossistema (conforme Grant, Pedersen e Marin, 1997)

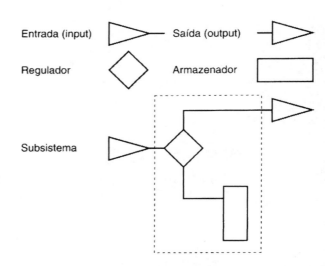

Figura 5.5 — Simbologia descritiva dos componentes das estruturas canônicas (conforme Chorley e Kennedy, 1971)

A quantidade de fluxos que podem ser discernidos na natureza, no contexto social e no econômico, é muito grande. Para exemplificar a estruturação de seqüências nos sistemas encontra-se descrito o fluxo de energia e pelo fluxo da água em bacias de drenagem. O fluxo de energia solar é o mais importante e fundamental de todos os sistemas em seqüência relacionados com a energia terrestre. A energia solar é medida em unidades *langley* (*ly*), onde um langley corresponde a um grama-caloria/cm^2, 1 kly = 1.000 langleys.

Ao analisar o balanço térmico global da superfície terrestre é conveniente distinguir a seqüência em ondas curtas e a da radiação em ondas longas. Colocado em forma simplificada, se o total da radiação predominantemente em ondas curtas (*Qs*), no topo da atmosfera, é de 263 kly/ano (100%), 63 kly (24%) são refletidos e disseminados de volta ao espaço pelas nuvens (*Nr*) e 15% pelas moléculas, poeiras e vapor d'água (*Ar*). A absorção feitas pelas nuvens (*Na*) e pelo ar (*Ar*) soma 7 kly/ano (3%), mas o seu aquecimento é feito por 38 kly/ano (14%) da radiação fornecida. Do total, 139 (53%) atingem a superfície terrestre de modo direto (*Q* = 81 kly/ano, ou seja 31%) e por radiação solar difusa (58 kly/ano, ou seja 22%). A terra reflete 16 kly/ano de volta ao espaço e absorve 124 kly/ano (47%), que é a quantidade disponível para ser processada em seus fenômenos. A refletividade média da superfície, o albedo, faz com que 11,5% da radiação solar atingindo a superfície terrestre seja refletida.

O balanço da radiação em ondas longas entre a superfície terrestre e a atmosfera é expresso como sendo

$$R = \dot{L}E + H + G$$

e a perda total de calor pela radiação superficial é $R + I$, onde *LE* é a transferência do calor latente pela evapotranspiração (59 kly/ano, 22%), *H* é a transferência do calor sensível conduzido da terra e convectido na atmosfera (13 kly/ano, 5%), *G* é a modificação no armazenamento do calor na superfície terrestre (solo), e *I* é a radiação em ondas longas da terra para a atmosfera.

A representação desse fluxo de energia está assinalada na figura 5.6, composto por dois subsistemas: o subsistema atmosfera e o da superfície terrestre (CHORLEY e KENNEDY, 1971). Em cada subsistema encontramos armazenadores, representados pelo calor absorvido pelas nuvens e componentes atmosféricos e pela energia

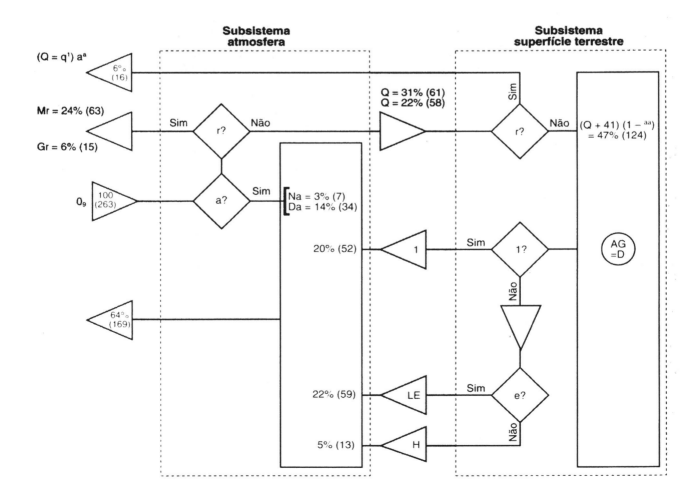

Figura 5.6 — *Fluxo cascadeante da energia solar, representado em estrutura canônica (conforme Chorley e Kennedy, 1971)*

absorvida na superfície terrestre. Cinco reguladores funcionam como decisórios, dirigindo o fluxo conforme as respostas dadas às seguintes indagações:

- r = a energia é refletida ou disseminada ?
- a = a energia é absorvida ?
- l_o = a radiação é feita em ondas longas ?
- e = a energia é transferida pela evapotranspiração ?

O ciclo hidrológico representa sistema em seqüência dos mais comumente citados. Podemos, numa opção, descrever o seu conjunto global e considerar os oceanos, a atmosfera e os continentes como os principais subsistemas. Ou, em opções alternativas, analisar e descrever setores mais limitados do grande ciclo, verificando o fluxo através de subsistemas mais detalhados. Nesta perspectiva, por exemplo, ao se escolher as unidades hidrológicas fundamentais no âmbito das bacias de drenagem, os principais subsistemas são: vegetação, superfície, solo, zona de aeração, zona de água subterrânea e canal fluvial. Em item posterior serão apresentados vários modelos sobre fluxos hídricos, mas no momento exemplifica-se o sistema em função da linguagem descritiva de CHORLEY e KENNEDY (1971), simbolizada na figura 5.7.

A entrada é representada pela precipitação (p), que pode cair diretamente sobre a superfície líquida dos canais e lagos ou sobre a superfície terrosa. A precipitação que se destina à superfície terrosa possui parcela que é interceptada pela vegetação e armazenada em sua superfície (I), enquanto o restante forma o escoamento pelos galhos e folhas (i). No subsistema superfície, o regulador mais importante é a *capacidade de infiltração* (F''), a taxa máxima pela qual a superfície pode absorver a água. A quantidade de água que ultrapassar a capacidade de infiltração ficará na superfície, sendo regida pelo regulador da retenção superficial (R''); se esta quantidade puder ser retida pelas irregularidades superficiais ela tornar-se-á parte do armazenamento superficial (R) ou, caso contrário, será escoada e dirigida para os canais a fim de ser incorporada ao fluxo fluvial. Determinada parcela do armazenamento superficial será evaporada (e_r) e juntar-se-á ao fluxo de retorno para a atmosfera, acrescentando ao volume fornecido pela evapotranspiração (e_i), evaporação da superfície das águas (e_c) e pela evaporação da água retirada do solo e do subsistema de aeração (e_m e e_i). A infiltração abaixo da superfície (f) é operada no subsistema solo pelo regulador da *capacidade de umidade de campo* (M''), que é a quantidade máxima de água de água que um determinado solo pode armazenar sem que ela se escoe por força da gravidade. A quantidade de f que não excede a M'' torna-se o armazenamento de umidade do solo (M) e o restante, o que exceder, flui através do solo tanto para baixo, como saída para o subsistema zona de aeração (s), como para jusante, como escoamento freático (m) para aumentar o escoamento fluvial. De modo similar, reguladores no subsistema zona de aeração dividem

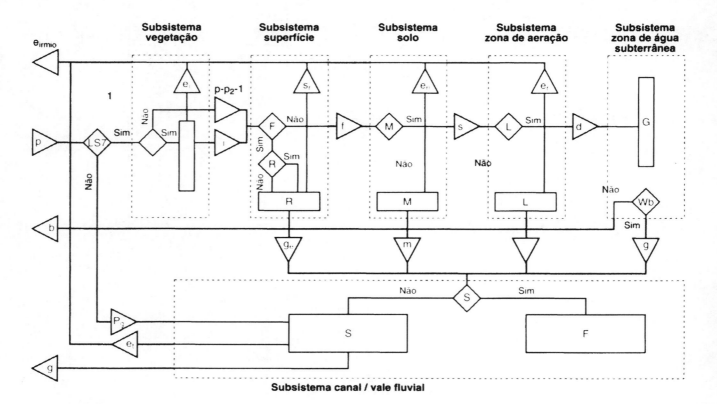

Figura 5.7 — Modelo de representação do ciclo hidrológico na linguagem da estrutura canônica (conforme Chorley e Kennedy, 1971)

o fluxo em armazenagem na zona de aeração (L), em fluxo interno dirigido para o canal fluvial (l) e em percolação profunda (d) para reabastecer a armazenagem da água subterrânea (G). A descarga lenta de G flui para os subsistemas canais superficiais/vales, como escoamento no interior da bacia, mas pequena parcela pode, em profundidade, fluir para bacias hidrográficas vizinhas (b). A quantidade que não excede a capacidade do canal (regulador S''), sendo menor que o débito de margens plenas (q_b), torna-se o armazenamento do canal (S) e flui para fora da bacia como débito fluvial (q). Em ocasiões raras, quando o débito ultrapassa as margens do canal, há transbordamento e surge o armazenamento nas planícies de inundação.

Verifica-se o encadeamento de entradas e saídas entre os vários subsistemas, e em todos eles observa-se a existência de armazenadores. As funções exercidas pelos reguladores são respostas às seguintes indagações:

LS = a precipitação cai sobre a presença de superfície terrosa ?

I'' = a precipitação é interceptada pela vegetação ?

F'' = a quantidade de água que atinge a superfície ultrapassa a capacidade de infiltração ?

R'' = a quantidade de água ultrapassa a capacidade de retenção da superfície ?

M'' = a quantidade de água excede a capacidade de umidade do solo ?

L'' = a quantidade de água excede o limite de armazenamento na zona de aeração ?

IB'' = o fluxo de água subterrânea processa-se no interior da bacia hidrográfica ?

S'' = a quantidade de água excede a capacidade do canal?

Outra simbologia foi apresentada por ODUM (1971; 1983; 1996), desenvolvida e aplicada principalmente na estruturação dos fluxos em ecossistemas. Os fundamentos dessa linguagem, denominada *energese*, são que certos módulos representam uma estrutura e funções particulares dentro de um sistema e as linhas representam as trajetórias e fluxos de energia. Os símbolos representativos expressam as seguintes funções (figura 5.8):

a) *circuitos de energia* — uma trajetória cujo fluxo é proporcional à quantidade no armazenador ou nas fontes a montante;

b) *fonte* — fonte exterior de energia liberando forças conforme um programa controlado do exterior; funções controlantes;

c) *reservatório* — um compartimento de armazenamento da energia dentro do sistema, armazenando uma quantidade como sendo o balanço de influxos e efluxos; uma variável de estado;

d) *perda de calor* — dispersão da energia potencial em calor que acompanha todo processos de transformação real e armazenagens; perda da energia potencial a partir do seu uso pelo sistema;

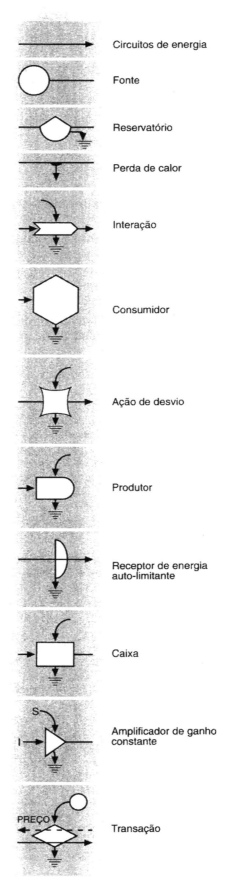

Figura 5.8 — Simbologia para a estruturação de fluxos em ecossistemas (conforme Odum, 1971; 1996)

e) *interação* — interseção interativa de duas trajetórias que se combinam para produzir um efluxo em proporção a uma função de ambas; ação de controle de um fluxo sobre outro; ação de fatores limitantes; portão de controle;

f) *consumidor* — unidade que transforma a qualidade da energia, armazena-a e alimenta-a retroativamente para melhorar o influxo;

g) *ação de desvio* — um símbolo que indica uma ou mais ações de mudança na direção do fluxo;

h) *produtor* — unidade que coleta e transforma energia de baixa qualidade sob interações de controle de fluxos de alta qualidade;

i) *receptor de energia auto-limitante* — unidade que possui uma saída auto-limitante quando as entradas recebidas são altas, porque há uma qualidade limitadora constante do material reagindo em uma trajetória circular no interior do sistema;

j) *caixa* — símbolo miscelânea para usar quando a unidade ou função deve ser rotulada;

l) *amplificador de ganho constante* — uma unidade que libera um saída em proporção à entrada *I*, mas é modificada por um fator constante tão duradouro como a fonte de energia *S* seja suficiente;

m) *transação* — unidade que indica uma venda de mercadorias ou serviços (linha sólida) em permuta ao pagamento em dinheiro (linha pontilhada). O preço é descrito como sendo uma fonte externa.

Uma estruturação representativa é constituída pelo exemplo do modelo sobre fluxo de energia na atividade pastoril em área de savana, mostrando a participação dos animais e alimentos no fluxo do sistema observado entre as atividades do grupo Karimojong, do norte da Uganda. (figura 5.9) Observa-se a presença de fontes (energia solar), armazenadores (plantas silvestres e cultivadas) e consumidores (diversas espécies de animais e a população humana) integrados pelos circuitos de energia e processos de interação.

A programação orientada a objetos constitui desenvolvimento recente, estruturado para tornar o código computacional mais fácil de se escrever,

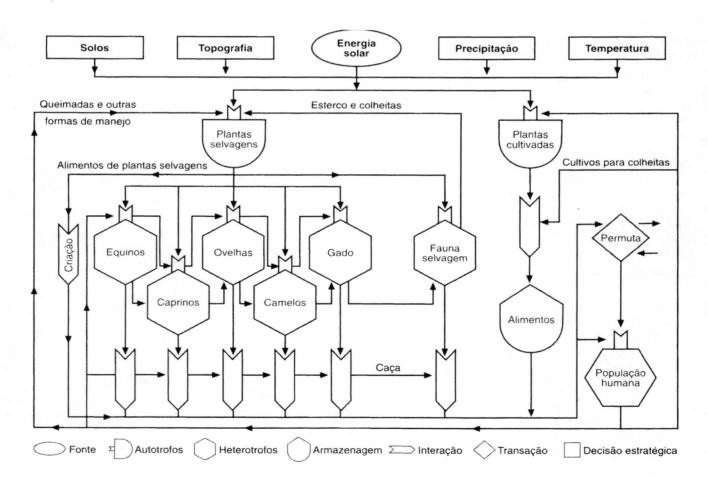

Figura 5.9 — Modelo do fluxo de energia na atividade pastoril em área de savana, mostrando a participação dos animais no fluxo do sistema. O fluxo de energia solar é do topo para a base e os circuitos de controle dos seres humanos ocorrem em sentido inverso, assinalados por linhas mais suaves (conforme Harris, 1979; Simmons, 1996)

compreender e manter (BAASE, 1988). Um objeto representa um bloco básico na programação orientada a objetos, geralmente contendo informações e técnicas de operação. No ambiente da programação gráfica, um objeto aparece na tela sob forma simbólica (ou como ícone), como sendo quadrado, triângulo ou outro tipo de figuração. Quando uma mensagem é enviada ou passada para o objeto, ele executa o seu método pré-definido de processamento. Os objetos podem ser grupados em classes definidas pelo usuário. Cada objeto dentro de uma determinada classe reage da mesma maneira às mensagens, enquanto objetos pertencentes a classes diferentes reagem de modo diverso. Novas classes podem ser criadas em procedimento hierárquico (subclasses), como desdobramentos de classes anteriormente definidas.

A modelagem de simulação orientada a objetos contém e utiliza os instrumentos proporcionados pela programação orientada a objetos, favorecendo a criação, compreensão e uso de modelos. Nesta categoria de modelagem, o modelo é criado colocando-se os objetos que representam os elementos importantes do sistema na tela do computador e realizando a conexão entre os objetos possibilitando que mensagens (e instruções de controle) possam circular entre os objetos. Um exemplo nesse campo é fornecido pelo trabalho de McKIM, CASSELL e LaPOTIN (1993) a propósito da modelagem de recursos hídricos. Utilizando da notação simbólica introduzida por FORRESTER (1961; 1968) e ampliada por RICHMOND et al (1987), realizaram a apresentação do modelo de síntese do escoamento e de regulagem de reservatórios (*Streamflow Synthesis and Reservoir Regulation Model — SSARR*) nessa tipologia da notação de objetos.

SSARR é modelo genérico para a bacia hidrográfica, realizando computação dos eventos da precipitação ou do derretimento das neves, ou de ambos. O modelo foi desenvolvido para simular os sistemas de bacias hidrográficas para o "planejamento, organização e operações nos trabalhos de controle das águas", com a finalidade de se alcançar "um equilíbrio entre a teoria hidrológica e as considerações práticas relacionadas com a operacionalidade diária" (CORPS OF ENGINEERS, 1972), sintetizando o escoamento do derretimento das neves e das chuvas, ou de suas combinações, relacionado com eventos climatológicos específicos no contexto de unidades hidrológicas presumidas como relativamente homogêneas.

Em sua aplicabilidade, o modelo SSARR foi inserido no ambiente de análise de objetos propiciado pelo software Stella, que constitui aplicação auto-regulada utilizada para a modelagem e simulação de objetos. O resultado foi a criação de novo modelo, o SSARR-St, padronizado conforme o trabalho de STOKELEY (1980) e baseado nas mesma concepção teórica que define as unidades hidrológicas usadas na versão original do SSARR. A organização esquemática do modelo SSARR-St, elaborada por McKIM, CASSELL e LaPOTIN (1993), encontra-se representada na figura 5.10, distinguindo dois

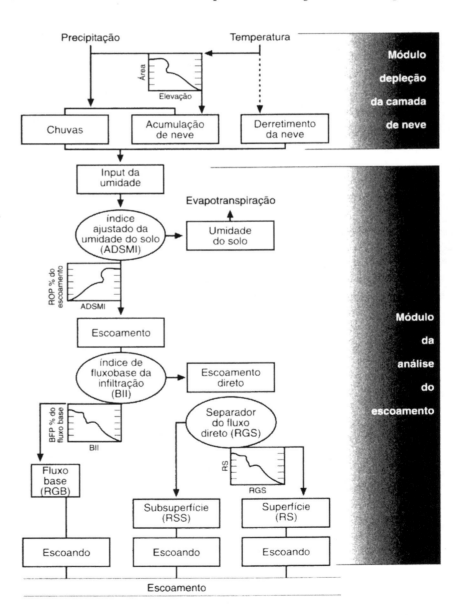

Figura 5.10 — Representação do modelo SSARR-St, utilizando a linguagem orientada a objetos (conforme McKim, Cassell e Lapotin, 1993)

módulos principais: o da depleção da cobertura de neves e o módulo da análise do escoamento.

O módulo da depleção da cobertura de neves separa os inputs da precipitação em chuva ou neve, acumula a neve quando necessário, e especifica se qualquer camada nevosa acumulada se derrete. A camada nevosa é presumida como sendo distribuída igualmente na bacia acima de determinada altitude inicialmente definida. Quando o valor da temperatura do ar é superior ao valor limiar base estipulado, a precipitação cai como chuva e ocorre derretimento efetivo das neves; quando a temperatura for inferior, a precipitação cai como neve e não há derretimento. O input para o módulo análise do escoamento é constituído pelo volume de água produzido no módulo depleção da cobertura de neves. O input pode ser direcionado para quatro tipos de fluxos: a) a água que entra como umidade do solo, armazenada para eventual consumo pela evapotranspiração; b) a água que se torna fluxo de base (água subterrânea profunda); c) a água que se torna fluxo rápido (fluxo sub-superficial raso); e d) a água que flui como escoamento superficial.

II — CATEGORIZAÇÃO DOS FENÔMENOS NO ESCALANTE TÊMPORO-ESPACIAL

A caracterização dos processos no escalante têmporo-espacial reflete a percepção que os cientistas possuem dos fenômenos estudados e a compreensão de aninhamento interativo entre as diversas categorias.

TRICART e CAILLEUX (1956), considerando os aspectos da morfoestrutura e morfodinâmica, apresentaram uma classificação taxonômica dos fatos geomorfológicos em função da escala têmporo-espacial distinguindo as seguintes ordens de grandeza:

Primeira grandeza — correspondem às unidades obtidas em subdividindo-se apenas uma vez a superfície da Terra. Nesse nível verifica-se o antagonismo entre as influências das forças internas, ligadas com a diferenciação da crosta terrestre, que levam às categorias dos continentes e oceanos, e as das forças astronômicas que repercutem na categoria das grandes zonas climáticas. São unidades da grandeza espacial de 10^7 km^2 e temporal da ordem de 10^9 anos;

Segunda grandeza — correspondem a uma subdivisão da categoria precedente, possuindo cerca de 1.000 km de extensão em seu longo eixo. Nas áreas continentais estabelecem-se a distinção entre plataformas e geossinclinais, e nas plataformas entre escudos, dorsais e bacias sedimentares. No caso das unidades climáticas, são representados pelos grandes tipos de clima. Elas correspondem à ordem de grandeza espacial do milhão de km^2 e da centena de milhões de anos na escala temporal;

Terceira grandeza — no processo de subdivisão chega-se às unidades com comprimento de eixo na escala da centena de km e na grandeza espacial da dezena de milhares de km^2, com entidades individualizadas no domínio estrutural. Os maciços antigos e as bacias sedimentares da Europa Herciniana possuem dimensões nessa escala: Maciço Central, Ardenas, Bacia de Paris, Bacia da Aquitânia, etc. No domínio climático correspondem às nuanças nos tipos de clima, mas sem grande importância para a dissecação. As unidades também apresentam evolução temporal na escala das dezenas de milhões de anos;

Quarta grandeza — correspondem às unidades dimensionais da dezena de km em seu eixo maior e à centena de km^2 de superfície, com escala temporal na ordem das dezenas de milhões de anos. No domínio morfoestrutural encontram-se exemplos em unidades de pequenos maciços antigos, fossas de afundamento, horsts e maciços em regiões dobradas (Vercors, Chartreuse, etc). Os climas regionais com influências geográficas, sobretudo nas regiões montanhosas, são exemplos no domínio climático;

Quinta grandeza — são unidades da ordem de alguns quilômetros de dimensão linear e grandeza espacial similar (10 km^2). As escarpas de falhas e as frentes de cuestas são bons exemplos. Estas unidades topográficas refletem os controles da litologia e da erosão diferencial, tais como cuestas, linhas de falha, combes, sinclinais, etc. Os climas locais, influenciadas pelo disposição do relevo, são exemplos desta categoria. A grandeza temporal é da ordem do milhão de anos;

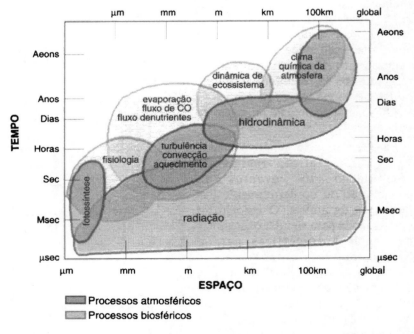

Figura 5.11 — Domínios escalares têmporo-espaciais dos processos atmosféricos e dos processos biosféricos (conforme Sellers, 1992)

Sexta grandeza — correspondem às unidades morfológicas com dimensões lineares de algumas dezenas de metros e superfícies de algumas centenas de metros quadrados. Por essa razão, também se pode designá-las como *formas hectométricas*. Nessa escala, o modelado é comandado essencialmente pelos processos e pelas condições diversas da litologia. As cornijas, nichos de nivação e vossorocas são bons exemplos. A grandeza climática é exemplificada pelos mesoclimas diretamente ligados à forma (nicho de nivação, por exemplo);

Sétima grandeza — são as formas que assumem a grandeza do centímetro, quando muito do metro, estando relacionadas com os processos. As formas de corrosão e as de desagregação granular encaixam nesta categoria. Bons exemplos são os microclimas diretamente ligados às formas por autocatálise (exemplo: lapiés);

Oitava grandeza — são as formas que se expressam na grandeza do milímetro ao mícron. Em geral, a observação deve ser feita com o uso de aparelhos pois escapa da capacidade de visão a olho nu. São as formas *microscópicas*.

A preocupação com as grandezas escalares têmporo-espaciais transparece nas análises de fenômenos físicos e biológicos. Considerando a massa das populações e a duração da meia-vida, VEIZER (1988) expressou classificação que se estende desde os movimentos brownianos das moléculas até a grandeza das galáxias, passando pelos seres vivos, atmosfera, oceanos, globo terrestre, planetas e estrelas. O dimensionamento têmporo-espacial dos fenômenos também apresenta nuances conforme as perspectivas dos pesquisadores. A figura 5.11 mostra os domínios nas escalas têmporo-espaciais focalizados sob as perspectiva dos meteorologistas e biólogos. SELLERS (1992) observou

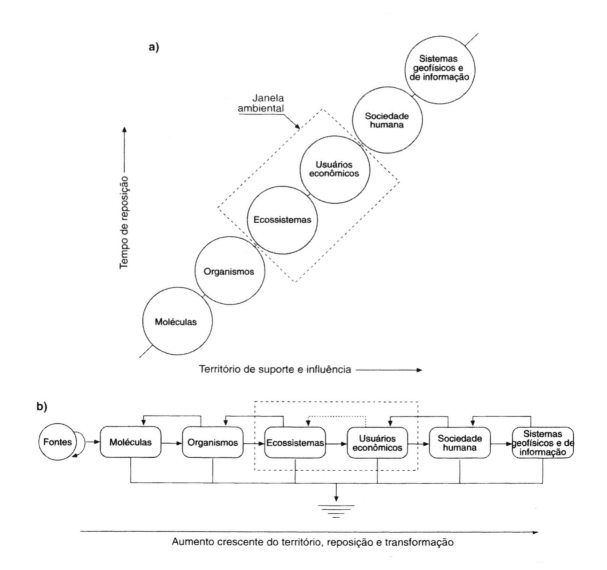

Figura 5.12
— Diagramas das grandezas das entidades para as tomadas-de-decisão (em a). No setor b há delineamento comparável em diagrama mostrando fluxos de energia. A linha tracejada, em ambos os gráficos, demarca o setor de significância maior para os estudos ambientais (conforme Odum, 1996)

que as duas comunidades apresentam sucesso científico em domínios de escalas diferentes. Os meteorologistas aperfeiçoaram cada vez mais os modelos de circulação global nas últimas três décadas, propiciando que sejam rotineiramente aplicados para a previsão do tempo e simulação climática. Os biólogos, por seu turno, realizaram progressos sensíveis na construção de modelos rigorosos sobre a fotossíntese, baseados nos princípios bioquímicos e biofísicos. Todavia, assevera que o rigor e a adequabilidade dos modelos biológicos tendem a se tornarem menos precisos à medida que aumentam as escalas temporal e espacial, de modo que na escala de sucessão ecológica os modelos são altamente empíricos e de credibilidade incerta.

Ainda sob a perspectiva biológica, ODUM (1996) focaliza o amplo espectro escalante dos fenômenos, desde a grandeza das moléculas até a dos sistemas geológicos e de informação. Se praticamente no universo qualquer fenômeno está conectado a alguns outros, direta ou indiretamente, em qualquer abordagem analítica não se pode ter a pretensão de analisá-los todos, mas deve-se fazer uma opção. Exemplifica uma opção para o contexto dos estudos ambientais, sugerida na escala dos ecossistemas e dos usuários econômicos, cuja grandeza surge como apropriada para muitas questões de uso dos recursos e microeconomia (figura 5.12). Todavia, no caso dos sistemas ambientais pode-se incluir também organizações na escala das sociedades humanas.

Para a modelagem dos processos terrestres, uma etapa inicial consiste em estabelecer esquema integrativo entre os componentes, em escalas diferenciadas, que permita o tratamento analítico das entidades em itens facilmente separáveis. SELLERS (1992) elaborou esquema para os processos da biosfera e atmosfera, distinguindo três conjuntos de sistemas em função da escala temporal dos processos de fluxos de retroalimentação: modelos biofísicos (ou de climatologia superficial terrestre), modelos biogeoquímicos (ou de ciclos de nutrientes) e modelos ecossistêmicos (ou de estrutura e composição das comunidades) (figura 5.13). Os fluxos de retroalimentação nos sistemas biofísicos são os mais rápidos e fortemente interativos: as propriedades do albedo da superfície, rugosidade e as taxas de fotossíntese e transpiração controladas biofisicamente atuam como condições limites da superfície da atmosfera próxima da superfície, no tocante à radiação, calor, vapor d'água e fluxos de momento entre os dois sistemas. Esses fluxos na escala temporal curta influenciam a hidrologia local, transferência de carbono e taxas dos ciclos de nutrientes (por meio da temperatura e umidade disponível) que, por sua vez, entram na alimentação do ciclo biogeoquímico. A retroalimentação biogeoquímica é influenciada pelas forças climáticas na escala temporal de meses a anos e pelos inputs do sistema biofísico. As taxas do ciclo e a grandeza do estoque de nutrientes, as propriedades do solo e a hidrologia, dominantemente determinam os fluxos de gases traços do sistema e

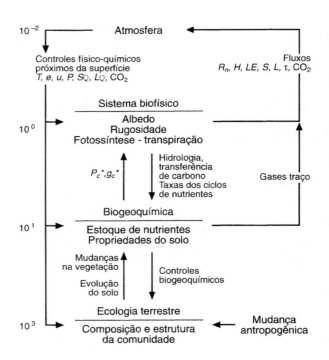

Figura 5.13 — *Modelo de organização dos processos na biosfera e atmosfera, distinguindo três conjuntos principais separados por escalas temporais (em anos, na esquerda) e processos de mudança: modelos biofísicos, modelos biogeoquímicos e modelos de ecossistemas terrestres (conforme Sellers, 1992)*

também regulam a capacidade fotossintética da área média da canópia, a condutibilidade estomacal máxima. A capacidade fotossintética e a condutibilidade estomacal regulam o sistema fotossíntese-transpiração e parcialmente determinam os fluxos de água e gás carbono emitidos pela cobertura vegetal.

O sistema biogeoquímico alimenta diretamente a composição e estrutura da comunidade biológica, influenciando as propriedades do solo e o conteúdo dos nutrientes. A composição e estrutura da comunidade biológica, que pode ser considerada como sendo o status do sistema (composição das espécies, biomassa, etc), também é influenciado diretamente pelas forças físicas climáticas. Por sua vez, o sistema ecológico exerce influencia direta nos componentes bioquímicos e biofísicos do sistema por intermédio do sistema vegetação-solo.

O problema das grandezas espaciais tem recebido atenção especial em hidrologia. BLOSCHL e SIVAPALAN (1995) realizaram estudo abrangente sobre as implicações ligadas com a escala têmporo-espacial para a modelagem de fenômenos hidrológicos, sintetizando esquema que vai desde a infiltração nos solos e cheias relâmpagos, ligados com a escala do metro e do minuto, até os fluxos em aqüíferos na grandeza das dezenas e centenas de milhares km^2 e na duração da centena de anos (5.14). As ordens de magnitude dos fenômenos hidrológicos nas escalas espacial e temporal possuem implicações para a

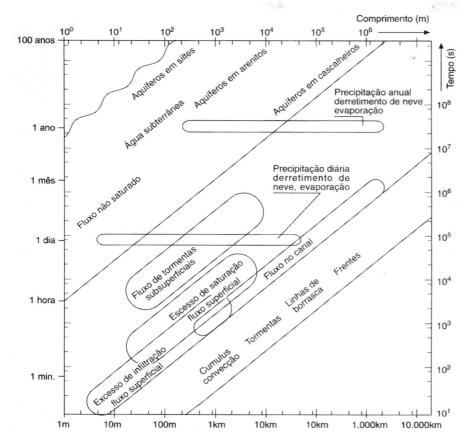

Figura 5.14 — As características nas escalas espacial e temporal dos processos hidrológicos (conforme Bloshl e Sivapalan, 1995)

estruturação de modelos a serem empregados no controle em tempo-real ou no manejo de problemas hidrológicos que oscilam desde os alertas e previsão de cheias até a construção das grandes barragens.

O aninhamento hierárquico das entidades organizacionais na escala espacial recebeu atenção na abordagem fractal, mormente no tocante ao modelo sobre a intensidade dos processos em cascata. Um exemplo histórico é representado pela contribuição de Lewis Fry RICHARDSON, conhecido como o pai da predição numérica do tempo. Em seu livro *Weather Prediction by Numerical Process* (1922) apresenta uma nota de rodapé que, parodiando um poema de J. Swift a respeito da hierarquia social britânica do século XVIII, expressa sua visão analógica sobre a dinâmica atmosférica que, conforme a tradução contida no livro de GLEICK (1990), mostra o seguinte:

> "Grandes espirais têm pequenas espirais
> Que se alimentam da velocidade delas,
> E pequenas espirais têm espirais menores,
> E assim por diante até a viscosidade"

Nessa menção RICHARDSON (1922) compreendia a fenomenologia básica da turbulência como sendo de invariância escalar e o mecanismo da dinâmica significando que as estruturas com tamanhos similares interagem muito mais fortemente do que estruturas com tamanhos muito diferentes. Um modelo conceitual de representação pictórica, considerando a cascata de giroscópios escalantes, a fim de exemplificar a aplicação da estrutura de Lie, dos multifractais universais e da criticalidade auto-organizada na análise da turbulência atmosférica, foi apresentado por CHIGIRINSKAYA e SCHERTZER (1997) utilizando explicitamente a versão de Richardson (figura 5.15).

A fundamentação conceitual para a abordagem multifractal dos processos em cascatas baseia-se no fato de que a energia ou massa disponível em uma unidade hierárquica não se distribui de maneira uniforme e regular pelas subunidades hierárquicas subjacentes. Há subunidades melhor aquinhoadas, recebendo maior quantidade, enquanto outras recebem quantidades pequenas ou praticamente nulas. Diagrama esquemático exemplificando o processo multiplicativo em cascata encontra-se representado na figura 5.16. De uma etapa para outra, cada unidade é fragmentada em quatro subunidades, transferindo para elas o fluxo de energia. O procedimento aleatório faz

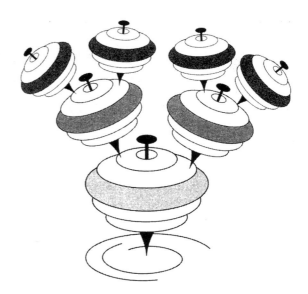

Figura 5.15 — Ilustração da cascata escalante sob a configuração de giroscópios. O uso de piões na figura representa a complexidade crescente e simboliza a versão do verso de Richardson (conforme Chigirinskaya e Schertzer, 1997)

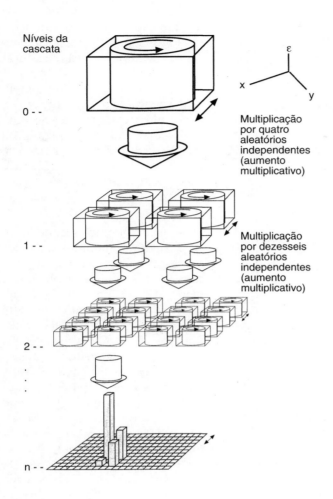

Figura 5.16 — Diagrama bidimensional do processo em cascata multiplicativa, em diferentes níveis de sua construção para escalas menores (conforme Schertzer e Lovejoy, 1993)

com que as unidades multiplicadas sejam aquinhoadas diferentemente nas quantidades de energia do fluxo, resultando no surgimento de singularidades (eventos de alta magnitude). Neste processo, o fluxo de campo em escala maior modula a multiplicação dos vários fluxos para a escala menor, e o mecanismo da redistribuição do fluxo repete-se em cada etapa da cascata (SCHERTZER e LOVEJOY, 1993). O exemplo empírico mais tradicional dessa diferenciação espacial encontra-se baseado no zoneamento climático das temperaturas, em função da energia solar recebida.

O tratamento da precipitação constitui outro exemplo. Nos estudos climatológicos a análise rotineira é considerar os registros sobre as precipitações (na escala horária, por exemplo) e somá-las para corresponder às precipitações diárias, mensais e anuais. Há horas vazias, dias vazios, meses vazios, sem ocorrência de precipitação. Na modelagem do processo multiplicativo em cascata, a abordagem segue direcionamento inverso. A quantidade da precipitação anual é considerada unidade de massa disponível. Estabelece-se um critério de fracionamento regular (por quatro, por exemplo), sendo que aleatoriamente uma (ou duas) dessas subunidades seja considerada como vazia. O total da unidade inicial é, então, distribuído igualmente pelas outras três (ou duas) subunidades. Na segunda etapa, realiza-se a fragmentação de cada subunidade em quatro parcelas, e aleatoriamente considera-se uma (ou duas) delas como vazia. O quantidade de massa em cada subunidade é distribuída de maneira uniforme para as três (ou duas) subsubunidades. E o procedimento segue repetitivamente, analogamente como sendo períodos sazonais, meses, dias, horas, etc. Gradativamente cresce a quantidades de unidades vazias e aumenta a intensidade da massa nas ocorrências, em virtude da concentração distributiva. Há a formulação de ocorrências fracas e eventos de alta magnitude, denominados de *singularidades*.

O procedimento formulado para a fractalidade na escala temporal pode ser reaplicado na escala espacial. Na perspectiva geográfica, as organizações espaciais escalonam-se desde a grandeza do *local* até a do globo terrestre. As organizações nas categorias das escalas regional, nacional, subcontinental e continental, por exemplo, são etapas intermediárias nesse aninhamento. O desenvolvimento e a formação de unidades regionais com características individualizadas ao longo dos tempos históricos, em virtude da carência dos meios de comunicação e transporte, apresenta na atualidade um processo de sentido inverso em face da organização espacial global. No processo em cascata do fenômeno da globalização, as decisões e as potencialidades vão se filtrando e permeando pelos escalões espaciais, fluindo diferentemente, promovendo com que haja diferenciação regional e especificações locais no desenvolvimento sócio-econômico. A análise dos fluxos e gerenciamento das informações, recursos financeiros, potencialidades sócio-culturais e alocação de indústrias e de recursos minerais caracteriza essa dinâmica cascadeante. O processo de globalização, em busca da formação de uma organização espacial de grandeza mundial, reformula e age sobre as organizações de grandezas menores, repercutindo diferentemente até na escala dos lugares. Há um escalante fractal nesse processo, que não visa homogeneização dos lugares e regiões, mas acaba dinamizando e promovendo a evolução em todas as áreas e a melhoria em todas as comunidades. Sob essa perspectiva analítica, não será possível pensar na equalização sócio-econômica nem na igualdade das oportunidades, pois as diferenciações locais e regionais obviamente continuarão existindo.

III — MODELOS DESCREVENDO PROCESSOS MORFOESTRUTURAIS

A elaboração de modelos conceituais expressando processos geológicos e geomorfológicos é muito ampla. Em geral não procuram caracterizar o fluxo de matéria

Modelos descrevendo processos morfoestruturais

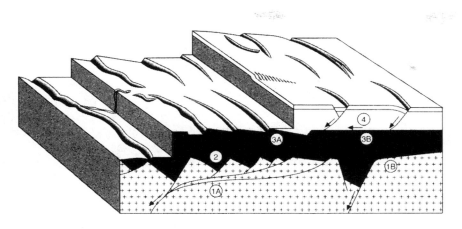

Figura 5.17 — Modelo de falhamentos extensionais em diversos patamares (conforme Jarrigue, 1992)

ou energia, mas representar a dinâmica subjacente e a morfologia resultante.

No caso da geometria dos falhamentos, conforme o modelo simples de cisalhamento, o estilo estrutural da placa rebaixada é dominado por blocos alongados de falhamentos rotacionais, enquanto a deformação da plataforma mais alta inclui um componente de flexura. Esse mecanismo contribui para a assimetria de bacias marginais passivas (FAVRE e STAMPFLI, 1992). Por outro lado, em níveis rasos, o estilo estrutural dos *rift* é influenciado pela composição litológica dos sedimentos nas bacias falhadas. As halitas e os folhelhos, em parte, podem originar o desenvolvimento de falhamentos extensionais em diversos patamares e atuar como níveis de base para sistemas secundários de falhas, desenvolvidos como respostas à instabilidade gravitacional dos sedimentos acumulados (JARRIGUE, 1992; figura 5.17).

A elaboração de modelos morfológicos para representar a ação de processos geomorfológicos de longa duração na escala geológica é procedimento comum. O modelo elaborado por De Martonne para a evolução do modelado em áreas de relevo jurassiano (figura 4.3) representa um exemplo. Outro exemplo encontra-se relacionado com o processo da circundesnudação pós-cretácea nas bordas do setor centro norte da bacia sedimentar do Paraná, propiciando a formação dos compartimentos representados pelas depressões periféricas nos estados de São Paulo, Minas Gerais e Goiás (figura 5.18). O processo erosivo foi retirando as coberturas de rochas sedimentares na borda da bacia, escavando depressão topográfica e levando à formação de linhas de cuestas (AB'SABER, 1949; 1954).

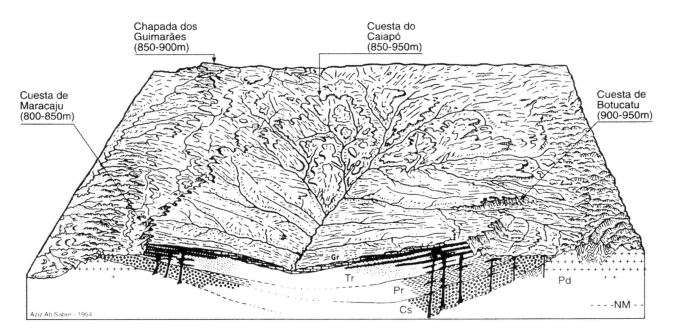

Bloco diagrama da Bacia do Alto Paraná

Figura 5.18 — Bloco diagrama da bacia do Alto Paraná caracterizando o processo de circundesnudação pós-cretácea (conforme Ab'Saber, 1949; 1954)

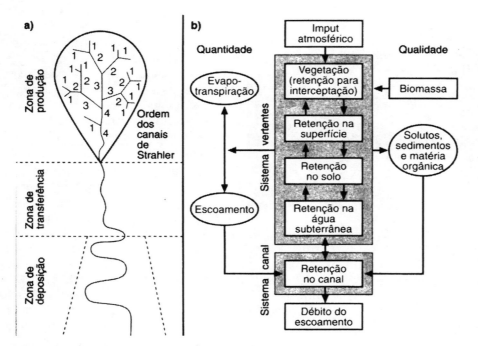

Figura 5.19 — Modelo do sistema fluvial ideal mostrando em (a) o procedimento de ordenação de Strahler e a distinção entre as três zonas. O diagrama em (b) representa a cascata hidrológica que influencia as características da quantidade e a qualidade do escoamento (conforme Schumm, 1977: Petts e Amoros, 1996)

IV — MODELOS DESCREVENDO PROCESSOS EM BACIAS HIDROGRÁFICAS

A bacia de drenagem compreende um conjunto de unidades estruturais, destacando-se as formas de relevo representadas pelas vertentes e as relacionadas diretamente com os canais fluviais. Em qualquer segmento ao longo de um rio, o uso de procedimentos para a ordenação fornece informações relacionadas com a escala de grandeza e a posição no conjunto da rede. Sob esta perspectiva, uma bacia de drenagem de grande tamanho engloba diversos conjuntos de bacias fluviais de escalas menores. Para representar o sistema fluvial SCHUMM (1977) estabeleceu modelo para distinguir as três zonas fundamentais, as de produção, transferência e deposição (figura 5.19). Com base nessa funcionalidade organiza-se a cascata hidrológica em bacias hidrográficas, influenciando as características da quantidade e da qualidade do escoamento (figura 5.19b). Essa conceitualização serve de base para o modelo de organização funcional do sistema hidroquímico.

O ciclo hidrológico em bacias hidrográficas constitui tema sempre representado em modelos sobre fluxos. Um modelo representativo encontra-se ilustrado na figura 5.20. A cobertura vegetal, a superfície topográfica, os solos e os aqüíferos subterrâneos são os elementos componentes, enquanto a precipitação responde pelos inputs e os demais processos como a evapotranspiração, fluxos induzidos e as transferências interbacias respondem pelos outputs. O exemplo constitui modelo assinalando os fluxos, as armazenagens e as influências antrópicas.

Os processos envolvidos no sistema geoquímico acompanham o desenvolvimento do ciclo hidrológico. O modelo representativo foi estabelecido por WALLING (1980), esquematizando paralela-mente o fluxo das águas e o dos produtos químicos (figura 5.21). O input é fornecido pela queda de material seco e úmido, sendo a lixiviação da vegetação e da sara-pueira os processos iniciais. Os processos de escoamento pela su-perfície, o intemperismo, a minera-lização e as interações entre sedi-mentos e solutos são os principais, levando à evacuação dos solutos para os canais fluviais.

A descrição e a simulação de processos em bacias hidrográficas que influenciam a quantidade e a qualidade do escoamento de chuvas torrenciais são empregadas em muitas circunstâncias, tanto em zonas rurais como em áreas urbanizadas. Um componente essencial para o manejo da quantidade e da qualidade das águas em sistemas de drenagem consiste em calcular a quantidade da precipitação sobre a bacia. Um dos processos tradicionais consiste no uso da rede de polígonos do modelo Thiessen, cujo procedimento foi desenvolvido em épocas anteriores à da informatização e aos avanços dos instrumentos ligados com a hidroinformática.

BALL e LUK (1996), utilizando faixas superficiais com o uso de sistemas de informação geográfica, investigaram a acuidade e sensibilidade dos instrumentos da hidroinformática para a modelagem da distribuição temporal e espacial da precipitação em uma bacia de drenagem, estabelecendo o *modelo de bacia de drenagem (catchment model)*. O modelo proposto compõe-se de quatro componentes conceituais (figura 5.22):

geração — o componente do modelo, relacionado com a avaliação da quantidade disponível de água e poluentes. A preocupação principal é avaliar a distribuição temporal e espacial da precipitação e dos poluentes na bacia de drenagem;

coleta — o componente do modelo relacionado com a predição acurada da quantidade e da qualidade do fluxo no ponto de entrada para o componente de transporte do modelo;

transporte — o componente do modelo onde a água e os constituintes poluentes são transportados ao longo dos canais do sistema de drenagem. Geralmente, é referenciado como o componente hidráulico do

Modelos descrevendo processos em bacias hidrográficas 93

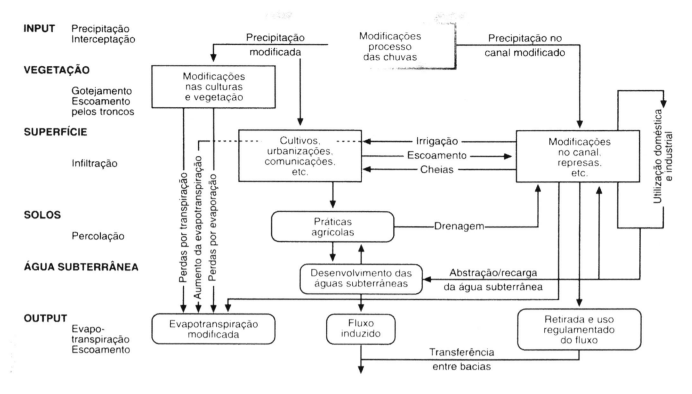

Figura 5.20 — Modelo caracterizando o ciclo hidrológico em bacias hidrográficas, assinalando os fluxos e armazenagens e identificando influências artificiais (conforme Lewin, 1995)

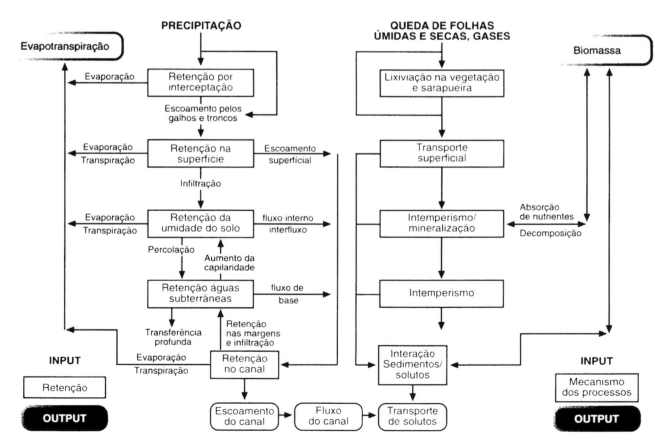

Figura 5.21 — Modelo caracterizando o sistema hidroquímico, mostrando os fluxos hidrológico e de produtos químicos (conforme Walling, 1980)

modelo;

deposição — o componente do modelo onde o escoamento das águas e dos poluentes são descarregados em águas receptoras.

Deve-se salientar que se cada componente conceitual for considerado como sendo um mapeamento dos dados e informações de input e para os dados e informações de output, há a conseqüência de que os mapeamentos dos dados e informações sejam não-lineares, resultando em diversas combinações possíveis de dados, informações e transformações, até que se consiga um resultado hidrográfico adequado.

Uma abordagem para implementar os princípios da hidroinformática nos modelos hidrológicos vem sendo desenvolvida e aplicada pelos engenheiros da Força Armada dos Estados Unidos, em Vicksburg. A abordagem procura desenvolver uma série de aplicações que efetivamente abranjam o campo todo da hidráulica ambiental. A seqüência das aplicações consiste de três componentes que focalizam diferentes aspectos do ciclo hidrológico, incluindo o sistema de modelagem da bacia de drenagem (*Watershed Modeling System, WMS*), o sistema de modelagem das águas superficiais (*Surface Water Modeling System, SMS*) e o sistema de modelagem das águas subterrâneas (*Groundwater Modeling System, GMS*). Cada sistema de modelagem utiliza estruturas consistentes de dados para propiciar migrações de aplicações cruzadas, conexões de entrada e saída com os sistemas de informação geográfica, instrumentos para os elementos finitos multidimensionais e modelos de diferenças-finitas, assim como para a capacidade de dos processos de visualização.

RICHARDS e JONES (1996) descrevem as características dos três sistemas de modelagem, sumariadas como sendo as seguintes:

a) *Sistema de Modelagem da Bacia de Drenagem*: constitui um ambiente abrangente para a modelagem hidrológica, estruturado para focalizar ampla gama de problemas na bacia de drenagem. Pode ser utilizado para automaticamente delinear bacias com base nos modelos digitais do terreno. Utiliza de redes de triângulos irregulares para automaticamente delinear as bacias de drenagem e os limites das sub-bacias, assim como das planícies de inundação. As redes triangulares são criadas em função de bancos de dados digitais de vários tipos, que possam ser lançadas e disponíveis em sistemas de informação geográfica.

As etapas para a realização de uma simulação hidrológica no contexto do sistema de modelagem de bacias hidrográficas são as seguintes:

- obtenção dos dados digitais descrevendo a bacia

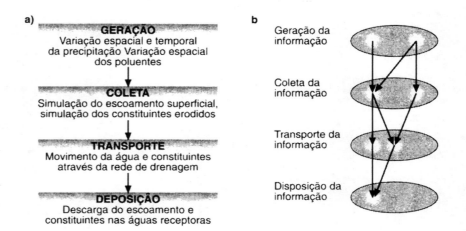

Figura 5.22 — Componentes conceituais de um modelo para bacias hidrográficas (em a) e o mapeamento dos informações e dados através dos componentes (em b). As setas indicam trajetórias alternativas de informação (conforme Ball e Luk, 1996)

de drenagem;
- definir o conjunto dos aspectos ligados com as linhas dos limites, canais e interflúvios, que serão utilizadas para definir as redes de triângulos irregulares;
- editar a rede de triângulos irregulares a fim de eliminar a geometria mal-definida;
- definir as bacias de drenagem;
- calcular as estatísticas da drenagem;
- definir os parâmetros hidrológicos, tais como perdas, precipitação e roteiros;
- rodar o modelo hidrológico;
- avaliar os resultados e rodar novamente.

b) *Sistema de Modelagem das Águas Superficiais*: estruturado para focalizar ampla gama de problemas de engenharia hidráulica em águas rasas, tendo como suporte modelos para o cálculo dos fluxos sub e super-criticos tanto nos canais naturais como nos construídos pelas atividades humanas. Os dados de entrada para os modelos hidráulicos são provenientes das mesmas fontes necessárias ao sistema de modelagem das bacias hidrográficas e se interligam, também, com os sistemas de informação geográfica.

As etapas para a realização uma simulação hidrológica no contexto do sistema de modelagem das águas superficiais são as seguintes:

- obtenção dos dados digitais descrevendo a batimetria;
- triangular os pontos dos dados a fim de definir a rede de triângulos irregulares;
- utilizar a rede de triângulos irregulares para gerar uma malha estruturada ou desestruturada;
- estabelecer as condições limítrofes e as iniciais;
- definir os parâmetros hidráulicos, tais como rugosidade e coeficiente de viscosidade nos vórtices;

- rodar o modelo hidráulico;
- avaliar os resultados e rodar novamente.

c) *Sistema de Modelagem das Águas Subterrâneas*: O sistema de modelagem das águas subterrâneas é multidimensional e abrangente. O sistema consiste de uma seqüência de modelos para as águas subterrâneas de uma interface gráfica para o usuário para o pré e pós processamento dos dados numéricos do modelo. O GMS tem como suporte as redes de triângulos irregulares, dados de perfurações, modelagem sólida, modelos bi e tridimensionais de elementos finitos e de diferenças, geoestatística bi e tridimensional e modelagem de sistemas de informação geográfica.

As etapas do procedimento de simulação para a modelagem no contexto das águas subterrâneas são as seguintes:

- obter os dados digitais das perfurações descrevendo a estratigrafia subsuperficial;
- triangular os pontos de dados para cada nível interfacial a fim de definir as redes de triângulos irregulares;
- usar as redes de triângulos irregulares para gerar uma malha tridimensional;
- estabelecer as fronteiras e as condições iniciais;
- definir os parâmetros hidrogeológicos, tais como condutividade, difusão e parâmetros da zona não saturada;
- rodar o modelo de águas subterrâneas;
- avaliar os resultados e rodar novamente.

V — MODELOS DESCREVENDO PROCESSOS CLIMÁTICOS

A caracterização dos processos climáticos e a dos fluxos de energia nos sistemas climáticos são temas constantemente focalizados. Envolvem desde os modelos para a circulação geral da atmosfera até os modelos para o balanço hídrico e energético locais, passando pelos modelos para a dinâmica regional das massas de ar e para a caracterização e previsão dos tipos de tempo.

Desde a década de sessenta ocorreu grande avanço no desenvolvimento dos modelos de circulação geral (GCM) da atmosfera, possibilitando sua aplicação a inúmeras questões, tais como na simulação da circulação e dos padrões climáticos na época contemporânea. Por outro lado, também se tornam úteis para simular as características climáticas das fases glaciárias do Quaternário, ou de paleoclimas mais antigos, e para a predição dos climas futuros considerando o aumento do bióxido de carbono na atmosfera. O valor dos modelos de simulação paleoclimática é que eles constituem testes de validação para os modelos quando utilizados para simular climas muito diferentes da atualidade. Os GCM são também instrumentos importantes para os estudos diagnósticos e para identificar importantes fatores físicos controlando as mudanças climáticas. Como os resultados são para a escala de grandeza global, servem de inputs para a elaboração de modelos aplicados às escalas regional e local.

Os modelos climáticos de circulação geral da atmosfera são baseados no uso de equações sobre a massa, momento, energia e relações diagnósticas, considerando as propriedades dos componentes do sistema climático. As variáveis analisadas pelas equações governam os valores médios sinópticos, com resolução espacial comparável com a rede sinóptica global. As soluções dadas aos períodos de escala temporal, utilizando as

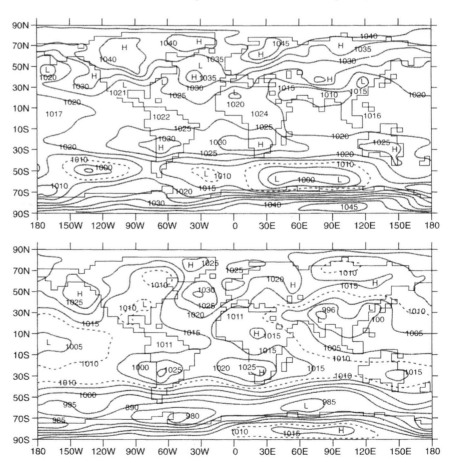

Figura 5.23 — Modelo climático de circulação global, assinalando a distribuição espacial da pressão no mês de julho, ao nível do mar, deduzido para cerca de 18.000 anos BP (acima) e para as condições da superfície atual (em baixo) (conforme Gates, 1976).

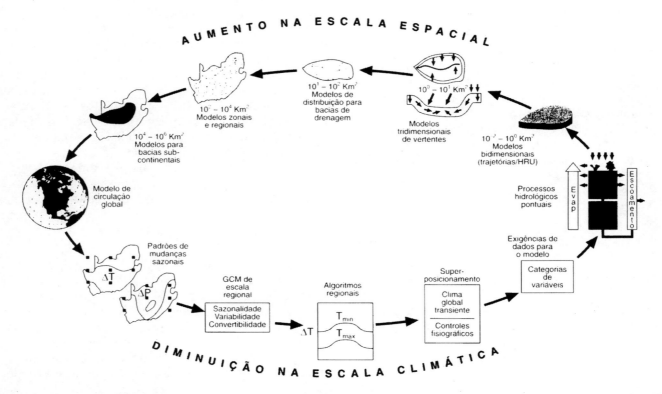

Figura 5.24 — O ciclo de aumento na grandeza espacial e da diminuição na escala dos processos climáticos e hidrológicos, desde o modelo de circulação global até a escala dos processos pontuais (conforme Schulze, 1993)

equações básicas, representam seqüências de mapas climáticos que criam condições de serem trabalhados numericamente até que se alcance, estatisticamente, o estado constante. O resultado final é ponderado para produzir o *modelo climático*, de modo semelhante ao procedimento que se aplica no uso dos registros reais de tipos de tempo para determinar as normais climáticas.

O processo da modelagem pode ser aplicado para as condições atuais como para as paleoclimáticas. Um exemplo refere-se às pesquisas de GATES (1976a; 1976b), a propósito da simulação das condições climáticas na época glacial, há cerca de 18.000 anos BP, tendo como controle a modelo de circulação geral da atmosfera para a época atual (figura 5.23). O modelo representa os resultados obtidos para a variável relacionada com distribuição da pressão ao nível do mar, permitindo analisar a distribuição espacial e inferir considerações em torno das diferenças na organização climática global entre ambas as épocas.

A problemática do escalante espacial torna-se pertinente no uso dos modelos de circulação geral. A figura 5.24, elaborada por SCHULZE (1993; 1997) exemplifica o ciclo do aumento na grandeza espacial e a diminuição na escala climática, desde o modelo para a grandeza global até a escala dos processos pontuais. No que se refere ao escalante espacial dos processos

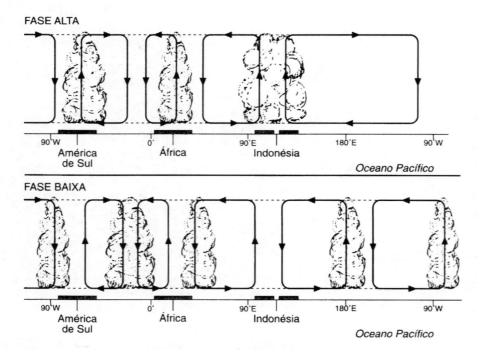

Figura 5.25 — Modelo da circulação das células de Walker durante as fases alta e baixa da Oscilação Meridional (conforme Lindesay, 1986; Tyson, 1986)

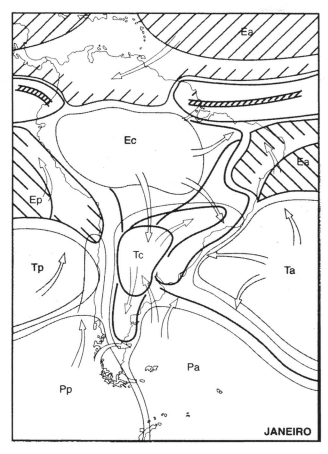

Figura 5.26 — Modelo de circulação das massas de ar na América do Sul, no mês de janeiro (conforme Monteiro, 1973)

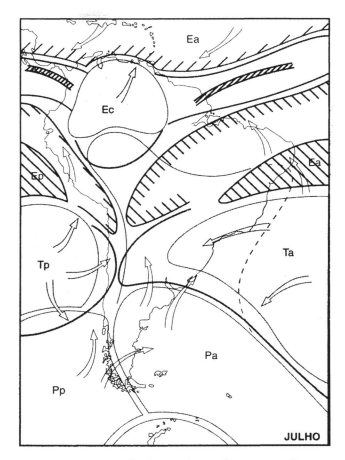

Figura 5.27 — Modelo de circulação das massas de ar na América do Sul, no mês de julho (conforme Monteiro, 1973)

hidrológicos, SCHULZE (1997) observa o seguinte:

- os processos hidrológicos, como a infiltração, água no solo, redistribuição, evaporação da água do solo ou da transpiração geralmente são mensurados em uma dimensão (na vertical ou na profundidade) em um ou mais pontos de uma paisagem;
- na escala das unidades hidrológicas de respostas, nas escalas de grandeza de hectare ao quilômetro quadrado, onde os solos e a vegetação são consideradas como uniformes, os processos pontuais não são mais considerados como representativos;
- os processos pontuais tornam-se ainda menos representativos na escala da vertente (grandezas do quilômetro à dezena de quilômetros quadrado), onde uma segunda dimensão (horizontal) introduz processos advectivos e uma terceira dimensão se responsabiliza pela carga de radiação solar nas vertentes (influenciando demandas diferenciadas da evaporação) e pelos fluxos laterais das águas nos solos, que são dependentes da declividade e das mudanças nas propriedades hidráulicas no perfil dos solos, numa topossequência que se estende desde o interflúvio ao fundo do vale;
- os modelos hidrológicos operacionais, tipicamente elaborados para as grandezas na escala da dezena à centena de quilômetros quadrados, procuram desagregar a bacia de drenagem em sub-bacias interconectadas. Embora as sub-bacias possam ser consideradas como unidades ideais para o planejamento hídrico, por serem geralmente homogêneas no tocante ao uso do solo e no recebimento da precipitação, elas tornam-se hidrologicamente artificiais para dois conjuntos de processos escalares, que são os processos de vertentes (que se repetem espacialmente em uma paisagem) e os processos hidrológicos (que são aditivos no canal em direção jusante);
- as unidades espaciais na escala entre 100 e 1.000 km^2, delimitadas em zonas com respostas relativamente homogêneas no contexto de zoneamento com uniformidade climática e fisiográfica, constituem outro exemplo na escalante espacial. Neste nível, os processos hidrológicos pontuais incorporados em modelos físico-conceituais não são mais válidos e os modelos de outputs deveriam ser utilizados somente para comparações interzonais, em vez de representarem respostas hidrológicas precisas;
- os modelos para bacias hidrográficas subcontinentais, operando em escalas de 10.000 a 1.000.000 de km^2 ou maiores, usufruem de considerável média espacial dos

98 Modelos para a análise de processos nos sistemas

Figura 5.28 — *Domínios naturais da América do Sul há 13.000 - 18.000 anos (conforme Ab'Saber, 1977)*

regimes hidrológicos regionais, geralmente transcendendo vários regimes climáticos e hidrológicos, cada um dos quais responde aos diferentes processos hidrológicos dominantes. Na realidade, é somente nesta escala que as condições limitantes impostas pelos modelos de circulação geral são aplicáveis e que os outputs genéricos desses modelos, na resolução do tempo mensal, são utilizáveis como inputs diretos aos modelos hidrológicos. Todavia, mesmo nessa escala existem grandes discrepâncias entre as precipitações observadas e respostas hidrológicas e as previstas pelos modelos de circulação geral.

Os modelos para a circulação das massas de ar na escala hemisférica ou na escala regional podem ser exemplificados pelo caso da circulação das células de Walker e pelos da circulação na América do Sul e da África do Sul.

Os modelos das células de Walker representam o processo de circulação no hemisfério sul, levando com consideração as fases alta e baixa da Oscilação Meridional (figura 5.25). Três células ascensionais são observadas na fase de alta intensidade da oscilação meridional, salientando-se sobremaneira a situada na região da Indonésia. Na fase baixa distinguem-se cinco células ascensionais, mas com intensidade relativamente fraca.

Modelos expressivos para a circulação das massas de ar na América do Sul foram elaborados por MONTEIRO (1973), considerando os mecanismos gerais da circulação atmosférica sul-americana, pulsando sob o controle da dinâmica da Frente polar, para os meses de janeiro e julho. Os modelos assinalam as grandeza dos domínios ocupados pelas massas de ar polares, tropicais e equatoriais e as trajetórias dominantes em sua circulação (figuras 5.26 e 5.27). Procedimento de inferência mais complexa foi utilizado AB'SABER (1977) para estabelecer a distribuição climática na América do Sul, por ocasião dos períodos glaciais Quaternários entre 13.000 e 18.000 BP, tendo como objetivo assinalar os espaços ocupados pela expansão dos climas secos e levando em consideração resultados de pesquisas geomorfológicas, sedimentológicas e fitogeográficas (Figura 5.28). Para sua interpretação foram importantes os modelos esquemáticos elaborados por DAMUTH e FAIRBRIDGE (1970) para demonstrar os mecanismos climáticos e as diferenças paleoclimáticas entre a situação interglacial atual e a possível situação glacial e glacio-eustática do último período seco pleistocênico (figura 5.29).

No caso da África do Sul, TYSON (1986) elaborou modelos para a circulação atmosférica durante as condições das fases úmidas e secas (figura 5.30). Na estação chuvosa predominam as condições relacionadas com ondas de grande amplitude provindas do Atlântico, em nível superior; os anticiclones mais fortes do Atlântico Sul e Ilhas Gough, com anomalia positiva da pressão; anomalia negativa da pressão sobre o subcontinente, como um todo; as faixas de nuvens encontram-se localizadas preferen-cialmente sobre a África do Sul; a

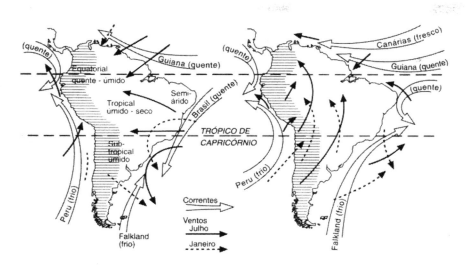

Figura 5.29 — Modelos esquemáticos dos mecanismos climáticos e das diferenças paleoclimáticas entre a situação integlacial atual (à esquerda) e a possível situação glacial do último período seco pleistocênico (à direita) (baseado em Damuth e Fairbridge, 1970; Ab'Saber, 1977)

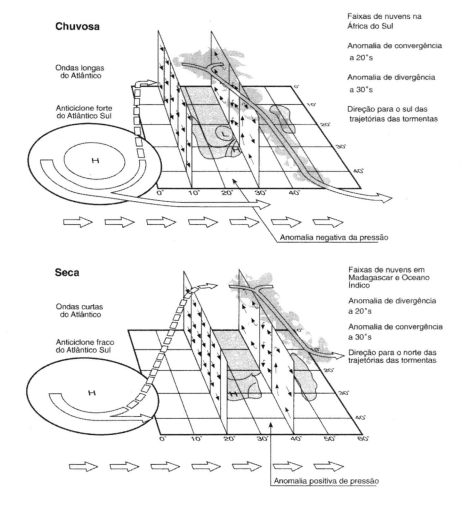

Figura 5.30 — Modelo da circulação meridional anômala na África do Sul, durante condições dominantemente úmidas e secas (conforme Tyson, 1986)

presença de anomalia de convergência na latitude próxima de 20°S, com ITCZ fortificada e ocorrências acentuadas das ondas e baixas dos alísios, e presença de anomalia de divergência a cerca de 30°S com acentuada circulação anticiclônica de superfície. A trajetória predominante das tormentas, que se encontram mais acentuadas, é direcionada para o sul, enquanto os invernos em Cabo são mais secos. Nos verões secos predominam a confluência dos ventos superiores que reduzem o potencial da convecção sobre a África do Sul e geralmente são acompanhados por crescimento dos distúrbios tropicais no sudoeste do Oceano Índico, representando deslocamento para leste na localização preferida para a convecção de verão. Nesse contexto, as ondas de nível superior provindas do Atlântico são de pequena amplitude; o anticiclone proveniente do Atlântico Sul e Ilhas Gough encontra-se enfraquecido, com anomalia negativa da pressão; há anomalia positiva da pressão sobre o subcontinente, como um todo; as faixas de nuvens localizam-se preferencialmente sobre Madagascar e Oceano Índico; há presença de anomalia de divergência na altura de 20°S, com ITCZ enfraquecida e ocorrência diminuta das ondas e baixas dos alísios, e anomalia de convergência a cerca de 30°S, com enfraquecida circulação anticiclônica de superfície. A trajetória predominante das tormentas, que se encontram enfraquecidas, é direcionada para o norte, enquanto os invernos em Cabo são mais úmidos.

Os eventos climáticos ocasionam seqüências de acontecimentos, cuja modelagem contribui para estabelecer as interações e os fluxos. Os eventos chuvosos de alta magnitude são inputs que ocasionam uma cadeia de reações cujos efeitos podem alterar as características do canal fluvial (figura 5.31). Em primeiro lugar, as chuvas intensas produzem altas taxas de escoamento, aumentam a intensidade da erosão e dos movimentos de massa. Em segundo, devido a elevada competência, os fluxos são capazes de entranhar o material armazenado nos

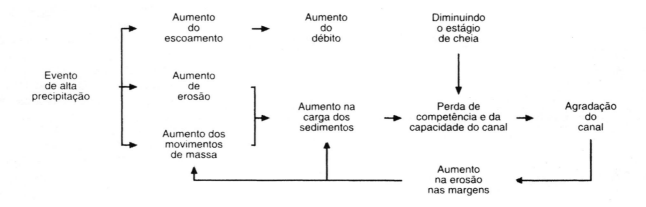

Figura 5.31 — Mecanismos de retroalimentação em respostas a eventos de precipitação de magnitude excepcional (conforme Mount, 1995)

leitos fluviais dos afluentes transportá-los para o curso principal. O solapamento das margens e os movimentos de massa nas vertentes são comuns durante essas fases, aumentando de modo significativo a carga detrítica a ser transportada pelos rios. Em conseqüência, a alimentação simultânea dessa elevada carga sedimentar provinda dos afluentes chega a interferir na agradação do canal e na erosão das margens fluviais.

VI — MODELOS DESCREVENDO FLUXOS HÍDRICOS

A gama e a diversidade de modelos descrevendo os fluxos hídricos nos geossistemas são muito amplas, oscilando desde a caracterização do ciclo hidrológico na escala global até os fluxos nas vertentes e nos solos. Como a preocupação com os recursos hídrico permeia todas as civilizações, não é de se estranhar que a configuração de modelos para descrever os fluxos hídricos possua longa história. Um exemplo é representado pelo conceito do ciclo hidrológico apresentado por Leonardo da Vinci, por volta de 1.500 (figura 5.32)

Muitas tentativas foram feitas para avaliar a quantidade total da água planetária, a sua distribuição, o tempo médio de residência nos principais armazenadores hidrológicos e a disponibilidade em cada continente. A tabela 5.1 apresenta os dados derivados da publicação de SHIKLOMANOV (1990, baseados em informações referentes ao período de 1900-1960. Considerações sobre os três principais armazenadores inorgânicos (oceanos, atmosferas e continentes) e a biosfera, revela a predominância dos oceanos (96,5%) na escala global, o que se reflete no tempo médio de residência de oito dias para a atmosfera e possivelmente de dezenas de milhares de anos para os oceanos. O modelo descrevendo os principais fluxos entre os maiores armazenadores, representados pela precipitação e evaporação, está delineado na figura 5.33.

Aproximadamente, metade da energia solar atingindo a superfície terrestre é utilizada no processo de evaporação, e os valores de 577.000 km^3 para a precipitação e evaporação anual encontram-se representando o limite superior da figura 5.33. O modelo representado pela figura 5.34 especifica a grandeza dos valores. Por exemplo, cerca de 505.000 km^3 (87,5%) da evaporação é processada dos oceanos, da qual 454.000 km^3 (90%) retorna diretamente como precipitação. Os 47.000 km^3 que representam a diferença entre a precipitação e a evaporação nos oceanos e nas áreas terrestres são compensados pelo escoamento fluvial e presença dos icebergs provindos dos glaciares e geleiras.

O modelo clássico de HORTON (1945) sobre o escoamento superficial na escala das vertentes foi sendo

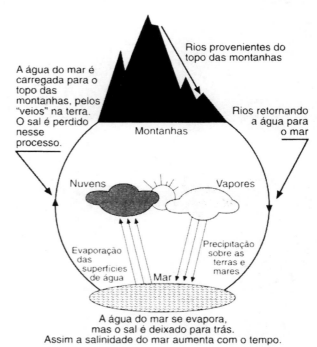

Figura 5.32 — Modelo do conceito de ciclo hidrológico proposto por Leonardo da Vinci (conforme Wilby, 1997)

TABELA 5.1 — VALORES ESTIMATIVOS DA QUANTIDADE DE ÁGUA NOS PRINCIPAIS ARMAZENADORES E DOS PROCESSOS DE FLUXOS ANUAIS (CONFORME SHIKLOMANOV, 1990; IN WAYLEN, 1995)

	volume (km^3 x 10^3)
Armazenadores	
Oceanos	1.338.000,0
Áreas terrestres	
Neves e gelos	24.064,0
Águas subterrâneas	23.400,0
Lagos terrestres	91,0
Mares interiores	85,0
Umidade no solo	17,5
Rios	2,1
Atmosfera	12,9
Biosfera	1,1
Fluxos anuais	
Evaporação	577,0
Oceanos	505,0
Terras	72,0
Precipitação	577,0
Oceanos	458,0
Terras	119,0
Escoamento	47,0

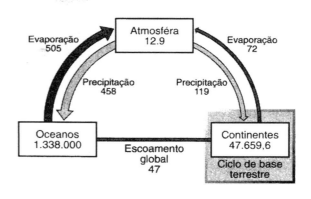

Figura 5.34 — Modelo representando os valores das tranferências entre os três maiores armazenadores na escala global, considerando a evaporação anual, a precipitação e o escoamento (conforme Waylen, 1995)

melhorado e incorporando fluxos diversos na superfície e no regolito. Inicialmente, assinalava-se a presença do fluxo superficial e do material em suspensão, relacionando-os com os setores não-erosivos, de erosão ativa e de deposição dos sedimentos (figura 5.35a) e também se assinalava a ruptura no deslocamento da cobertura de gramíneas em função da intensidade do escoamento pluvial (figura 5.35b). O bloco diagrama elaborado por ATKINSON (1978) salienta as características dos fluxos no perfil do solo, na zona de percolação e no setor da água subterrânea (figura 5.35c).

A modelagem do fluxo hídrico, desde a precipitação até o comportamento das águas subterrâneas, encontra exemplo no modelo ACRU. O modelo ACRU é sistema de modelagem integrado e multi-objetivo, determinístico e com bases físicas e conceituais, focalizando o balanço da água nas diversos horizontes estruturais do regolito e rochas subjacentes, em escala do tempo diário (SCHULZE, 1995; 1997). Além de mencionar os outputs ligados com os componentes do escoamento, irrigação, demanda e abastecimento, reservatórios e opções para a produção agrícola, também considera inter alia o estado da água no solo e a evaporação total na escala diária. O estado das variáveis e o produto final do modelo foram verificados sob diferentes regimes hidrológicos na África, Europa e América. Em suas rotinas, a evaporação total é fracionada em evaporação do solo e evapotranspiração, tornando-a sensível às mudanças de temperatura tanto quanto em função da supressão da transpiração associada com a mudança no teor de gás carbônico. A figura 5.36 configura a estrutura do modelo ACRU, considerando os processos de precipitação, interceptação, infiltração, evaporação e escoamento.

Os modelos descritos pertencem à categoria de conceituais, propiciando a compreensão dos fenômenos hidrológicos. Numerosos modelos vem sendo desenvolvidos e aplicados para a análise e simulação dos fluxos hídricos na escala temporal anual, sazonal,

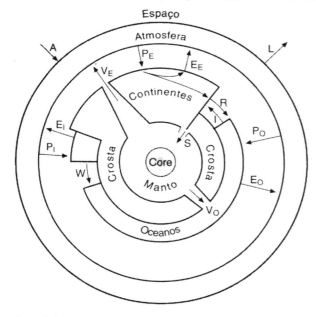

A   Adição de água do espaço
E_O Evaporação dos oceanos
E_I Evaporação das geleiras
E_E Evapotranspiração das terras
I   Intrusão da água marinha nas aquíferas continentais
L   Perda de água para o espaço
P_O Precipitação sobre os oceanos
P_I Precipitação sobre geleiras
P_E Precipitação sobre a terra
R   Escoamentos dos continentes
S   Subdução das águas contidas na crosta
V_O Cones vulcânicos para os oceanos
V_E Cones vulcânicos para a atmosféra
W   Desgaste de camadas de gelo para os oceanos

Figura 5.33 — Modelo assinalando as principais tranferências de água entre os maiores armazenadores hidrológicos na escala global (conforme Waylen, 1995)

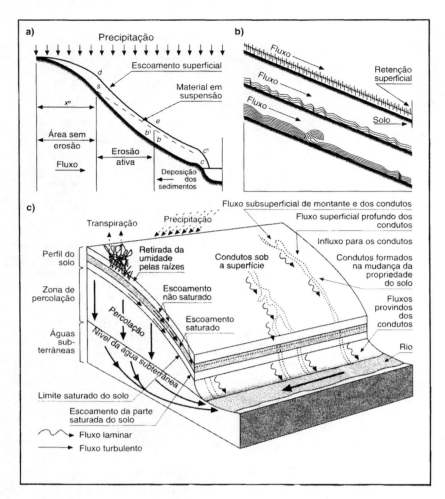

Figura 5.35 — O modelo inicial de fluxo superficial proposto por Horton (em a) e o arranque das gramíneas em ocorrências de chuvas intensas (em b). O bloco diagrama salienta os fluxos no perfil do solo, na zona de percolação e no setor da água subterrânea (conforme Atkinson, 1978)

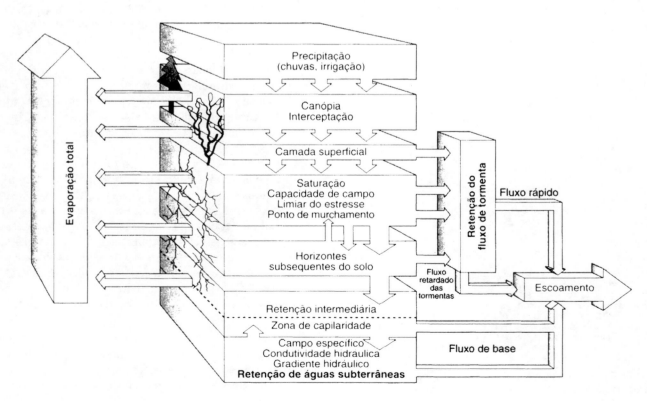

Figura 5.36 — Representação esquemática do modelo ACRU (conforme Schulze, 1995; 1997)

diária ou de duração menor. Para exemplificar podemos citar os seguintes tipos de modelos:

- Os modelos de Markov, ou autoregressivos de primeira ordem (AR), e os modelos autoregressivos de médias móveis (*Autoregressive Moving Average, ARMA)* são comumente utilizados para a geração de fluxos anuais e sazonais. Para a geração de fluxos anuais também costumam ser utilizados, em freqüência menor, o modelo auto-regressivos de segunda ordem, o modelo regressivo linear multi-defasagem e o modelo *shot noise*. O modelo *shot noise* compreende um processo de evento e um processo de resposta linear, correspondendo à reação ao input. Na geração de fluxos sazonais, a dominância recai no uso de modelos de desagregação, nos quais os fluxos anuais são inicialmente gerados e depois desagregados para originar os fluxos desejados, seguido pelo emprego do modelo ARMA. Para a geração de fluxos na escala de duração diária ou menor há inclusão no uso da cadeia de Markov, do modelo *shot noise,* dos modelos de desagregação. Na categoria de outros modelos há o subjacente uso da geração estocástica das chuvas, inserindo a sua utilização como input para os modelos de precipitação escoamento para gerar os volumes dos fluxos fluviais.

O modelo ANSWERS (*Areal Nonpoint Source Watershed Environment Response Simulation*) foi desenvolvido na década de 1970, sendo um modelo distribuído orientado a eventos que prediz o comportamento da bacia hidrográfica durante e imediatamente após um evento de precipitação (especificamente um determinado aguaceiro). É um modelo distribuído sobre a erosão especificado para simular o comportamento hidrológico da bacia hidrográfica tendo a agricultura como principal categoria de uso do solo, durante e após um evento chuvoso. Uma característica básica do modelo ANSWERS é que considera as perdas na transmissão do escoamento e surge como facilmente interconectado com o procedimento raster dos sistemas de informação geográfica e dados do sensoriamento remoto. Os produtos principais do modelo são as previsões sobre o escoamento e erosão. O modelo utiliza quatro parâmetros geográficos básicos:solos, uso da terra, declividade baseada na elevação e morfologia e informações sobre o canal, tanto como os detalhes sobre o evento da precipitação. Para cada tipo de solo oito variáveis são necessárias: porosidade total, capacidade de campo, infiltração estável, diferença entre a infiltração máxima e a infiltração estável, a taxa de diminuição na infiltração devido o aumento na umidade do solo, a profundidade da zona de controle da infiltração, a umidade antecedente do solo e a erodibilidade. Para o componente do uso do solo há seis variáveis.

VII — MODELOS DESCREVENDO PROCESSOS EROSIVOS

A análise da erosão dos solos com base na ação dos processos hidrológicos constitui tema recorrente no setor da modelagem, apresentando ampla gama de modelos. Existe diversidade de modelos sobre bacias hidrográficas que simulam a hidrologia e os processos erosivos, tais como CREAMS, ANSWERS, AGNPS, KINEROS, EUROSEM, WEPP e LISEM.

O modelo CREAMS (*Chemical Runoff and Erosion from Agricultural Management Systems*) foi delineado por KNISEL (1980), sendo modelo da grandeza de campo para avaliar e considerar a qualidade das águas em função das várias práticas agrícolas, que utilizam fertilizantes e produtos químicos nos solos e na luta contra as pragas. Embora possa simular bacias de drenagem sob uma perspectiva genérica, o modelo não foi planejado para ser usado na escala da bacia. Encontrando-se especificamente organizado como modelo agrícola na escala de campo, não pode propiciar informações durante aguaceiros e apresenta restrições limitantes em sua capacidade de rotina. Para facilitar o desenvolvimento do modelo foram estabelecidos diversos pressupostos simplificadores no domínio da bacia de drenagem, como: a) solos relativamente homogêneos; b) predomínio abrangente de uma determinada cultura no uso do solo; c) mesma prática de manejo do solo em toda área, e d) precipitação uniforme sobre toda a área.

O modelo ANSWERS (*Areal Nonpoint Source Watershed Environment Response Simulation*) foi apresentado por BEASLEY et al (1980), sendo um modelo distribuído sobre a erosão elaborado para simular o comportamento hidrológico de bacias hidrográficas, tendo a agricultura como principal categoria de uso da terra, durante e imediatamente após um evento de precipitação. Uma característica significativa do modelo ANSWERS é que considera as perdas na transmissão do escoamento e facilmente se interliga com o procedimento raster dos sistemas de informação geográfica e dados do sensoriamento remoto (DE ROO et al, 1989).

O modelo AGNPS (*Agricultural Non Point Source*) foi delineado por YOUNG et al (1989) e constitui um modelo distribuído em rede, com parâmetros para cada célula. O AGNPS simula um único evento de precipitação em bacias da grandeza de 2.000 km^2. Os principais produtos do modelo são o transporte de sedimentos e a qualidade das águas, incluindo a demanda de nitrogênio, fósforo e oxigênio. O escoamento é predito usando o procedimento do número de curvas do escoamento ligados ao serviço de conservação do solo, enquanto a produção de sedimentos é realizada utilizando-se versão modificada da equação USLE.

O modelo KINEROS, acrônimo de *KINematic Runoff and EROSion Model*, foi apresentado por WOOLHISER et al (1970) e SMITH (1981) e utiliza o modelo de infiltração de Smith/Parlange e a aproximação da onda

104 Modelos para a análise de processos nos sistemas

cinemática para processar o fluxo superficial, e as funções de erosão e transporte são fisicamente baseadas. A estrutura lógica corresponde às cascatas do escoamento superficial, transbordando em áreas planas e contribuindo para o influxo lateral dos canais. A bacia de drenagem é representada por uma cadeia de planos e canais. O usuário do modelo KINEROS pode transformar a bacia de drenagem desejada em uma rede equivalente composta de superfícies de escoamento, ou *planos*, interceptando canais fluviais (ou condutos no caso da drenagem em áreas urbanas), e lagoas ou armazenadores do fluxo. Cada um desses elementos é orientado propiciando que seja estabelecido um fluxo unidimensional, e que cada unidade corresponda a um *elemento* da rede. A figura 5.37,esquemática, conceitualmente exemplifica os principais tipos de elementos do modelo KINEROS e suas interconexões, considerando a precipitação sobre os planos (r,t) e os fluxos entre os componentes (q,t).

O modelo EUROSEM (*European Soil Erosion Model*) analisa eventos únicos, com base em processos, com a finalidade de predizer a erosão do solo pela água em parcelas de campo e pequenas bacias hidrográficas. As equações estão ligadas com as do modelo KINEROS, que providenciam as bases para a geração do escoamento. As equações utilizadas para descrever os processos de erosão são provenientes de várias fontes, substituindo o tipo de equação da USLE. O modelo introduz a erosão em ravinas na escala da bacia hidrográfica, mas para a focalização na escala da bacia possui potencial inferior ao do modelo KINEROS.

O modelo WEPP (*Water Erosion Prediction Project*) foi proposto para a escala da bacia hidrográfica (LANE et al, 1992), representando exemplo da nova geração de modelagem sobre erosão dos solos, podendo ser rodado como modelo de simulação contínua e sobre a base de precipitação individualizada.

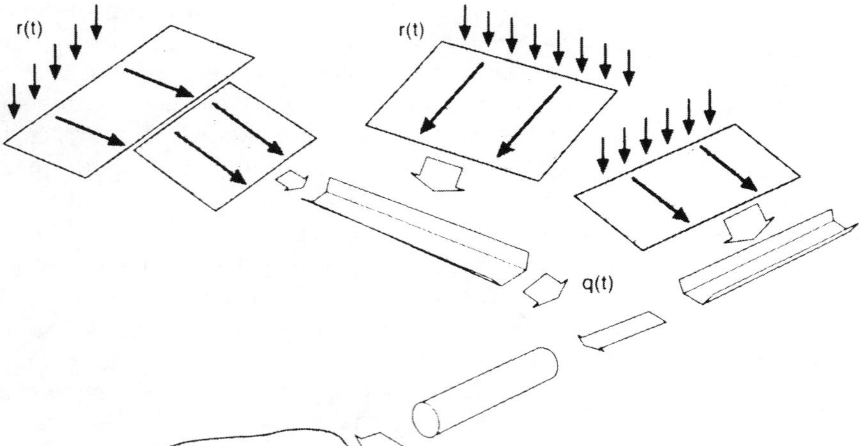

O modelo LISEM (*Limburg Soil Erosion Model*) foi desenvolvido pelo Departamento de Geografia Física da Universidade de Utrecht e pela Divisão de Física do Solo do Winard Staring Centre, em Wageningen. Constitui um modelo da hidrologia e erosão dos solos, em bases físicas, para ser utilizado com objetivos para o planejamento e conservação. O modelo encontra-se incorporado no procedimento raster dos sistemas de informação geográfica, sendo inteiramente expresso em termos da estrutura de comando do SIG. Essa incorporação facilita a aplicação na escala de bacias hidrográficas de grandeza maior, melhora a interface com o usuário e propicia a utilização de dados gerados pelo sensoriamento remoto.

O modelo LISEM encontra-se redigido em linguagem corrente do SIG, desenvolvido na Universidade de Utrecht (WESSELING et al., 1996). A linguagem compreende todos os comandos do PCRaster em SIG, enunciados na mesma norma sintáxica. A figura 5.38 apresenta o fluxograma do modelo LISEM, mostrando os diversos componentes. Para cada componente são acrescentadas as listagens das variáveis relevantes, que constituem as informações pertinentes.

Três categorias de informações representam inputs para o modelo LISEM: a) os arquivos com dados da precipitação e o mapa de chuvas das estações pluviométricas; b) as tabelas para o modelo de águas no solo, onde a incorporação da versão modificada do modelo SWATRE simula o movimento vertical da água no solo, e c) mapas sobre as variáveis relevantes topográficas, do solo e uso da terra. DE ROO, WESSELING e RITJEMA (1996) apresentam listagem dos mapas necessários para a rodagem do modelo LISEM, todos no formato PCRaster. Os mapas listados são os seguintes:

a) Grupo de mapas descrevendo a morfologia da bacia de drenagem:

- "area.map", no qual se define a bacia de drenagem principal;

- "id.map", que define o padrão espacial da precipitação;

- mapa com a localização da desembocadura principal e desembocaduras das sub-bacias;

- mapa com a "direção da drenagem local", que se refere ao aspecto;

- mapa com a declividade das vertentes;

- mapa com o valor n de Manning, para o fluxo superficial;

Figura 5.37 — Representação esquemática dos vários elementos hidrológicos utilizados no modelo KINEROS e algumas das interconexões que podem ser usadas no delineamento de bacias de drenagem urbanas ou rurais (conforme Smith et al., 1995)

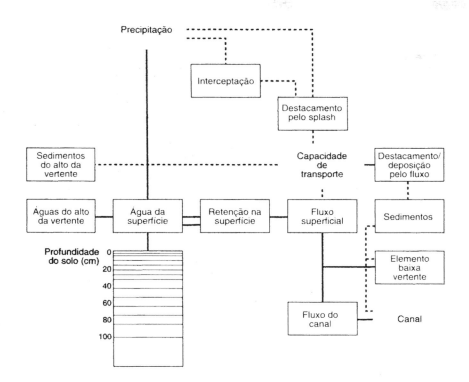

solo;
- mapa com a estabilidade dos agregados do solo;
- mapa com a coesão dos solos para superfícies desnudas;
- mapa com a coesão adicional causada pela vegetação;
- mapa com a coesão dos solos nos canais.

Os resultados fornecidos pelo modelo LISEM consistem em: a) arquivos sumariando os totais (precipitação total, descarga total, descarga máxima, perda total de solos, etc); b) arquivos de séries temporais que podem ser utilizadas para plotar gráficos hidrológicos e sedimentológicos: c) mapas PCRaster sobre a erosão dos solos e deposição, causadas pelo evento; e d) mapas PCRaster do fluxo superficial em determinados intervalos de tempo no transcurso do evento.

Figura 5.38 — Fluxograma do modelo LISEM (conforme Roo, Wasseling e Ritsema,

- mapa com a declividade dos canais principais;
- mapa com o valor n de Manning, para o fluxo nos canais;
- dois mapas descrevendo a morfologia do canal;
- mapa com a localização e largura das estradas;
- mapa com a localização e largura dos traços deixados pelas rodas dos tratores.

b) Grupo de mapas necessários para os submodelos de água no solo:
- mapa com os tipos de perfis do solo;
- mapa similar ao anterior, mas para perfis sob a compactação deixadas pelas rodas dos tratores (opcional);
- mapa similar, mas para perfis sob crostas (opcional);
- mapa com a sucção inicial dos solos, para cada camada de solo (opcional);
- mapas com as variáveis de infiltração de Holtan (opcional);
- mapas com as variáveis de infiltração de Green-Ampt (opcional).

c) Grupo de mapas com variáveis sobre o solo e uso da terra:
- mapa com o índice da área de cobertura folhosa;
- mapa com a cobertura do solo pela vegetação;
- mapa com a altura das culturas agrícolas;
- mapa com a rugosidade aleatória da superfície do

VIII — MODELOS SOBRE FLUXOS DE SEDIMENTOS

Os fluxos de sedimentos constituem aspectos expressando a funcionalidade hidrológica e o comportamento do processo erosivo nas bacias hidrográficas. Os mecanismos de erosão, transporte e sedimentação encontram-se explicitamente modelizados desde os estudos realizados por Surell, em 1841, sobre as torrentes alpinas, identificando o predomínio da erosão no alto curso, o transporte no curso intermediário e a deposição no baixo curso. O modelo expressando as curvas de HJULSTROM (1935) tornou-se clássico, considerando os processos de erosão, transporte e deposição em função das relações entre velocidade do fluxo e granulometria dos sedimentos (figura 5.39a).

O transporte de sedimentos é realizado sob maneiras diferentes, compondo a carga dissolvida, a carga em suspensão e a carga do leito. Os constituintes intemperizados das rochas que são transportados em solução química compõem a *carga dissolvida* dos cursos de água e das águas subterrâneas. As partículas de granulometria reduzida (silte e argila) são pequenas e se conservam em suspensão pelo fluxo turbulento, constituindo a *carga de sedimentos em suspensão*. As partículas de granulometria maior, como as areias e cascalhos, são roladas, deslizadas ou saltam ao longo do leito dos rios, mantendo sempre um contato constante com a superfície do leito e formando a *carga do leito do rio* (figura 5.39c). A somatória constitui o volume da

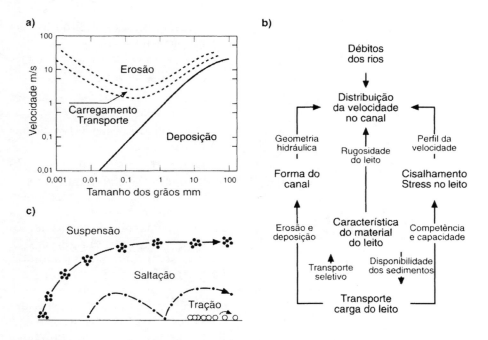

Figura 5.39 — Modelos sobre os processos de transporte de sedimentos, envolvendo a curva de Hjulstrom (em a), os circuitos de retroalimentação entre fluxo, transporte do material do leito e forma do canal (em b) e principais processos no transporte de sedimentos (em c) (conforme Hjulstrom, 1935; Ashworth e Fergurson, 1986)

carga total do rio. Das três categorias de carga, a do leito do rio assume maior significância em relação com a geometria hidráulica do canal fluvial, ocorrendo interação entre as características do fluxo, transporte dos sedimentos e forma do canal (figura 5.39b).

IX — TOPMODEL

Uma característica marcante na modelagem dos sistemas ambientais foi o desenvolvimento ocorrido em duas décadas integrando a abrangência dos modelos digitais do terreno, a modelagem dos processos hidrológicos e os sistemas de informação geográfica. O exemplo marcante é representado pelo TOPMODEL (TOPography MODEl, com base hidrológica), apresentando ampla variedade de aplicações. BEVEN et al. (1995) elaboraram exposição sobre a história do TOPMODEL e de suas variantes, descrevendo os setores de sua aplicação. Observam que o TOPMODEL não é uma estrutura única de modelo organizada para ser de aplicabilidade geral, mas surge principalmente como um conjunto de instrumentos conceituais que podem ser utilizados para simular processos hidrológicos de maneira relativamente simples, mormente no que se refere à dinâmica das áreas contribuintes superficiais ou sub-superficiais.

A simplicidade do modelo advém do uso do índice topográfico, $K = a/tang\ B$, introduzido por KIRKBY e WYEIMAN (1974; KIRKBY, 1975), no qual a é a área montante drenando através de um determinado ponto e $tang\ B$ é o ângulo da declividade local. Este índice, ou o posterior índice solo-topografia introduzido por BEVEN (1986), que corresponde a $a/To\ tang\beta$, é utilizado como índice de similaridade hidrológica. Todos os pontos que possuem o mesmo valor do índice são interpretados como respondendo de maneira hidrologicamente similar. Sob esta perspectiva, não se torna necessário realizar cálculos para todos os pontos em uma bacia hidrográfica, mas somente para valores diferentes do índice, estabelecendo a função de distribuição para a bacia. Os valores altos dos índices tendem a mostrar áreas primeiramente saturadas e, portanto, indicam áreas contribuintes potenciais superficiais ou sub-superficiais. A expansão ou a retração de tais áreas, à medida que a bacia se torna mais umedecida ou seca, é indicada pelo padrão do índice (BEVEN, 1997).

Os pressupostos do índice topográfico de similaridade hidrológica usado no TOPMODEL são (BEVEN, 1997):

- que a dinâmica da zona saturada de água possa ser representada e compreendida pela produção de escoamento subsuperficiais uniformes por unidade de área (ou de sucessivos estados constantes compatíveis com as taxas de recarga médias por área) sobre a área (a) drenada através de um ponto, e

- que o gradiente hidráulico da zona saturada seja representado pela declividade da superfície topográfica local, tangente β.

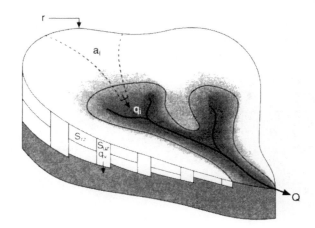

Figura 5.40 — Representação esquemática dos elementos de armazenagem, com aumento discreto da ln ($\alpha/tan\beta$) em uma bacia de drenagem. Os elementos são zona de armazenagem das raízes (S_{rz}), armazenagem na drenagem vertical (S_{uz}) e recarga da zona saturada (q_v). O setor pontilhado representa a área de saturação da superfície (conforme Beven et al., 1995)

BEVEN (1997) também acrescenta o pressuposto sobre a natureza do perfil de transmissividade local com a profundidade. Tradicionalmente, o TOPMODEL tem usado um declínio exponencial da transmissividade com a profundidade ou déficit como sendo $T = T_0 \, exp(-fz_i)$, no qual T_o é a transmissividade na saturação, z é a profundidade local para a zona saturada e f é o parâmetro do escalante controlando a taxa de declínio. Esse procedimento leva ao índice $ln(\alpha/tang\,\beta)$. A equação pode ser formulada, de maneira semelhante, em termos do déficit armazenado próprio à drenagem, usando $T = T_0 \, exp(-D_i/m)$, onde D é o déficit da drenagem local e m é o parâmetro do escalante.

Uma representação esquemática dos elementos armazenadores no contexto de um aumento discreto de $ln(\alpha/tan\beta)$ em uma bacia de drenagem encontra-se na figura 5.40. Os elementos armazenadores são representados pela zona de armazenagem das raízes (S_{rz}), armazenagem da drenagem vertical (S_{uz}) e recarga para a zona saturada (q_v). Nesse modelo, para aumento nos valores da área (α_i) há aumento nas águas drenando por um ponto i. No bloco diagrama, os setores pontilhados representam a área de saturação superficial correspondendo, nesses casos, aos valores de $ln(\alpha/tang\,\beta)$ caindo na classe mais alta.

No TOPMODEL, a noção de similaridade hidrológica em determinados pontos na bacia de drenagem está relacionada com o índice topográfico — $ln(\alpha/tang\,\beta)$ — ou índice topográfico-solos — $ln(\alpha/T_0\,tang\,\beta$ —, que simplificam os pressupostos do modelo. BEVEN e al. (1995) consideram que a resposta de qualquer bacia de drenagem, como predita pelo TOPMODEl, depende da similaridade na distribuição dos índices e da seqüência dos inputs que controlam a referida bacia, incluindo a variabilidade espacial e temporal das taxas da precipitação e perdas por evapotranspiração. Em pequenas escalas, por exemplos em vertentes individualizadas, o *padrão* da variabilidade também pode ser importante, mas em grandes áreas é possível obter-se amostragem suficiente da variabilidade da topografia, solos e vegetação no contexto da bacia de drenagem e analisar a variabilidade em termos de funções de distribuição simples. A escala na qual esta simplificação se torna válida é denominada de *área representativa elementar* (ARE). Os resultados das pesquisas e simulações realizadas por WOOD et al. (1988; 1990) sugerem que o tamanho mínimo para a ARE é da ordem de 1 km².

X — MODELOS SOBRE FLUXOS DE ENERGIA E MATÉRIA EM ECOSSISTEMAS

Os estudos sobre fluxos de energia e matéria em ecossistemas abrangem espectro muito amplo de categorias e de complexidade. Envolvem as análises sobre os fluxos entre os seres vivos e os componentes abióticos e na interação do contexto complexo do ecossistema.

No contexto dos sistemas ambientais há relevância para os fluxos de nutrientes nos ecossistemas. Correspondem aos fluxos de componentes nutritivos para as comunidades de plantas e animais, ocorrendo nas mais diversas grandezas de escalas espaciais. Os mais significativos são representados pelo ciclo do carbono, ciclo do nitrogênio, ciclo do oxigênio, ciclo do enxofre e ciclo de nutrientes. Os modelos exemplificados referem-se aos ciclos do carbono, do nitrogênio e dos nutrientes.

O modelo conceitual para expressar o ciclo do carbono assinala os diversos componentes de armazenagem e os fluxos entre eles. Considerando como ponto de partida o reservatório das moléculas de bióxido de carbono contidas na atmosfera e dissolvidas na água, por meio da fotossíntese e dos processos de metabolismo os átomos de carbono do bióxido de carbono tornam-se elementos componentes das moléculas orgânicas das plantas e demais seres vivos dos ecossistemas. Em etapas sucessivas, os fluxos das moléculas de carbono retornam aos demais componentes do sistema ambiental, inclusive integrando a sedimentação da biomassa, transformação em jazidas petrolíferas e carboníferas e formação de rochas carbonatadas. O ciclo do carbono na grandeza dos ecossistemas e interação com a atmosfera e recursos hídricos ocorre em período temporal relativamente curto. Na escala da formação de rochas sedimentares e jazidas de carvão e petróleo, a escala temporal insere-se na grandeza de milhões de anos (figura 5.41).

O modelo conceitual para representar o ciclo do nitrogênio expressa-se como o diagrama elaborado na figura 5.42. O principal reservatório de nitrogênio é atmosfera, contendo cerca de 78% desse gás (N_2). As plantas não podem utilizar o nitrogênio diretamente do ar, mas o fazem consumindo os ions de amônia e os de nitrato. Ampla gama de bactérias podem converter o gás nitrogênio para a forma de amônia, no processo biológico conhecido como *fixação do nitrogênio*. Além do processo de fixação biológica há a contribuição dos processos industriais de fixação e da ação exercida pelos relâmpagos, no processo de fixação atmosférico do nitrogênio. Após o processo de fixação, ocorrem os fluxos pelos vegetais e animais e, em retroalimentação, para a atmosfera por meio do processo de desnitrificação.

O processo descrevendo o fluxo de nutrientes em ecossistema terrestre procura salientar os principais componentes de acumulação e os principais fluxos, que expressa um dos princípios básicos da sustentabilidade dos ecossistemas. Esse princípio assinala que, "para a sustentabilidade, o tamanho da população consumidora é mantida para que não ocorra a uso excessivo das pastagens ou de outras atividades". Os processos de retroalimentação regulam a sustentabilidade dos ecossistemas por meio do ciclo de nutrientes e fluxos de energia (figura 5.43)

Um exemplo de modelo mais específico analisa os

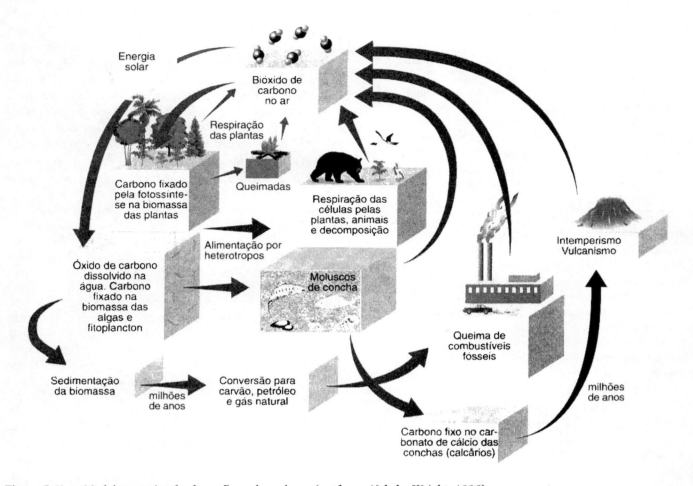

Figura 5.41 — Modelo conceitual sobre o fluxo de carbono (conforme Nebel e Wright, 1996)

níveis de biomassa e o fluxo de energia em áreas de matas na Inglaterra. Considerando que grande parte da energia nas florestas é consumida pelo metabolismo das árvores, enquanto o restante pode ser estocada como material dos troncos ou acomodada na camada da sarapueira, a produção animal é muito menos conspícua. De certo modo, a vida dos animais depende grandemente das folhas das árvores, ou caídas na sarapueira. SIMMONS (1981) insere o caso do fluxo de energia em floresta decídua na Inglaterra (figura 5.44). Deve-se observar que nesse modelo específico o equivalente do NPP dos arbustos e árvores, outras espécies além da dominância de carvalhos, está sendo armazenada como madeira e que muito pouco se transforma em sarapueira. A quantidade disponível para os herbívoros não é muito grande, mas nota-se que várias espécies de herbívoros foram omitidas. A biomassa animal é ampliada pelos produtos finais da cadeia alimentar produzida pela sarapueira, como insetos e animais do solo (coleópteros, doninhas e outros). O diagrama também mostra que os grandes mamíferos não são densamente encontrados até mesmo em florestas naturais.

Uma categoria de processos encontra-se relacionada com a transpiração. Modelos simples foram propostos para descrever as relações entre a transpiração e armazenagem no perfil do solo e entre a drenagem e a armazenagem no perfil do solo. Por exemplo, HODNETT et al (1996), ao analisar a água do solo retirada pelas pastagens e florestas na Amazônia Central, utilizou as seguintes equações:

$$E_t = a_p \frac{S_t}{D} + b_p$$

quando $S_t < 850$mm, e

$$E_t = c_F \frac{S_t}{D} + d_F$$

quando $S_t >$ ou $= 850$mm. Nestas equações E_t é a taxa de evaporação (mm/dia), S_t é a armazenagem de umidade na camada de 2 m do solo, D é a profundidade do solo (2 m), a_p, b_p, c_F e d_F são parâmetros para a pastagem. A primeira equação simula o efeito da tensão da água do solo na transpiração, enquanto a segunda leva em consideração a baixa taxa de transpiração na estação úmida devido a nebulosidade. Para as áreas florestais, a equação delineada foi a seguinte:

$$E_t = c_F \frac{S_t}{D} + d_F$$

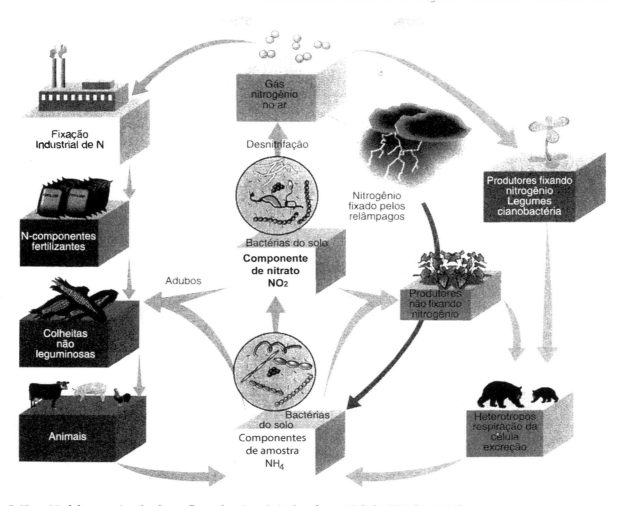

Figura 5.42 — *Modelo conceitual sobre o fluxo do nitrogênio (conforme Nebel e Wright, 1996)*

para quando a taxa de evaporação (E_t) for maior ou igual à taxa de transpiração média da estação seca (E_{VM}), e

$$E_t = E_{VM}$$

onde c_F e d_F são parâmetros das florestas.

A interceptação das chuvas pelas canópias é importante processo no ciclo hidrológico, e desde 1919 vem sendo estudadas as relações desse processo com os aspectos físicos e morfológicos da cobertura vegetal. A chuva caindo na canópia pode ser dividida em dois componentes: o primeiro componente permanece na canópia, sendo consumido pela evaporação, enquanto o segundo escoa pela estrutura da vegetação até atingir o solo. Como o primeiro componente não atinge o solo e não contribui para a sua recarga, é denominado de *perda por interceptação*. Ao realizar observações e a modelagem da interceptação das chuvas na Amazônia, UBARANA (1996) aplicou o modelo delineado por Rutter, em 1971. O modelo requer parâmetros que descrevam a morfologia da vegetação especificada. Esses parâmetros são: capacidade da canópia (S_c), a capacidade de armazenamento no tronco (S_t), o coeficiente da precipitação livre (p), que define a proporção da chuva que cai diretamente sobre o solo sem atingir a canópia, e o coeficiente que define a quantidade da chuva que é direcionada para os troncos (p_t).

Para calcular de modo relativamente rápido a dinâmica da drenagem, o modelo de Reuter é trabalhado com período de tempo de cinco minutos e as variáveis controlantes são uniformemente distribuídas para cada hora. A drenagem (D) somente ocorre quando a canópia se encontrar saturada. Formalmente, essa relação é estabelecida pelas seguintes equações:

$$D = D_3 exp\,(b\,(M_c - S_c)),\ se\ M_c\ for > ou = S_c$$
$$D = 0 \quad se \quad M_c < S_c$$

onde M_c a espessura da água n canópia e D_s é a quantidade da drenagem quando $M_c = S_c$. Os parâmetros representam a taxa de aumento da drenagem com a espessura da água na canópia.

Os fluxos de carbono nas áreas cobertas pela vegetação também sofrem forte dependência dos fatores ambientais e dos processos biológicos atuantes. O comportamento estomacal é afetado pela radiação incidente, temperatura do ar, umidade do ar, pressão parcial do gás carbono, tensão da umidade do solo, todos os fatores que afetam

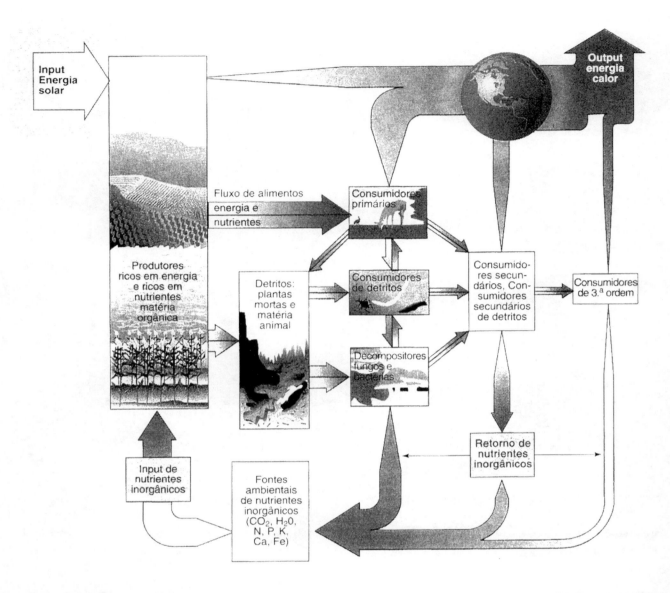

Figura 5.43 — Modelo conceitual sobre o ciclo de nutrientes e fluxos de energia em ecossistemas (conforme Nebel e Wright, 1996)

os processos hidroativos das células das folhas no transporte de iônios. Um modelo simples foi utilizado por ROCHA et al. (1996) para avaliar o fluxo de carbono na floresta amazônica, denominado balanço líquido do ecossistema ou fluxo total de carbono (FTC), que é o balanço entre a assimilação primária bruta do carbono pela canópia (A) e a respiração pela vegetação situada acima do solo (R_c) e pela respiração do solo e das raízes (R_s), de modo que:

$$FTC = A - (R_c + R_s)$$

e onde a assimilação líquida da canópia (A_n) leva em consideração a contagem entre ganhos e perdas na vegetação acima do solo, de modo que:

$$(A_n) = A - R_c$$

e então

$$FTC = R_s - A_n$$

Modelos sobre fluxos de energia e matéria em ecossistemas

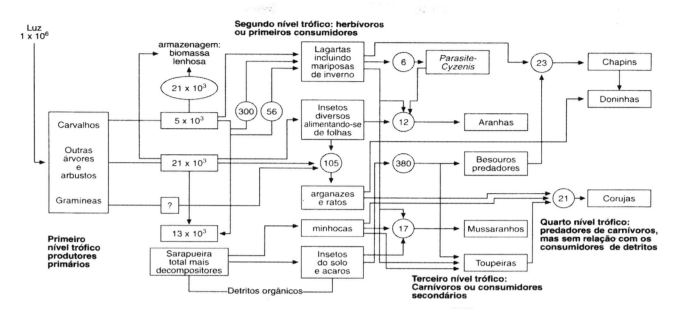

Figura 5.44 — *Modelo sobre o fluxo de energia em floresta decídua da Inglaterra (conforme Simmons, 1981)*

CAPÍTULO 6

MODELOS SOBRE MUDANÇAS E DINÂMICA EVOLUTIVA DOS SISTEMAS

Os modelos sobre mudanças e dinâmica evolutiva dos sistemas ambientais procuram caracterizar as alterações ocorrentes em virtude das transformações observadas ou simuladas nas características dos fatores condicionantes e as relacionadas com as atividades antrópicas. Os modelos absorvem as implicações focalizando os processos e a estrutura dos sistemas, delineando a interpretação evolutiva em função dos dados coletados sobre eventos passados e também a previsão da evolução futura em face de prováveis alterações no comportamento das variáveis responsáveis pelos inputs.

Para que se possa avaliar as possibilidades e intensidades das mudanças há necessidade de se conhecer a estabilidade do sistema, cujos processos de reajustagem interna baseiam-se em circuitos de retroalimentação. Esse procedimento torna-se útil para discernir as oscilações inerentes aos processos de absorção, fazendo com que as alterações ocasionadas pela variabilidade nos inputs sejam integradas na manutenção do estado de estabilidade, daquelas modificações que levam à instabilidade e às mudanças no estado do sistema. Por essa razão, muitos modelos focalizam as relações entre os fluxos e os circuitos de retroalimentação para se compreender o funcionamento do estado estável.

Os estudos referentes às mudanças e dinâmica evolutiva tratam das transformações que os sistemas ambientais sofrem ao longo do tempo. Nessa abordagem, em primeiro lugar, deve-se apresentar as noções básicas envolvidas com os aspectos relacionados com a estabilidade, resiliência, sensibilidade, teoria das catástrofes e criticalidade auto-organizada dos sistemas. Outra questão refere-se ao discernimento entre as mudanças ocasionadas pelas alterações nos controlantes físicos dos sistemas ambientais e as transformações ocasionadas pelos impactos antropogênicos. A exemplificação dos modelos sobre mudanças e transformações ocorridas na escala do Quaternário e na dos tempos históricos constitui tema de item específico. Como tema complementar significativo encontra-se a abordagem relacionada com mudanças climáticas globais e suas implicações.

I — NOÇÕES BÁSICAS

Para a compreensão das mudanças e dinâmica evolutiva dos sistemas ambientais várias noções surgem como fundamentais. Em primeiro lugar destacam-se as perspectivas ligadas com a estabilidade e resiliência dos sistemas, incluindo as dos distúrbios e tempo de reação, que se completam com a análise da sensibilidade. Outra noção vincula-se com a teoria das catástrofes, considerando os momentos de mudanças e transformações. A última refere-se à criticalidade auto-organizada, que vem sendo desenvolvida desde a década de 80 e considerada como a perspectiva científica para se compreender como a natureza trabalha.

A — AS NOÇÕES DE ESTABILIDADE E DE RESILIÊNCIA

Os sistemas ambientais, em sua estrutura e funcionamento, alcançam uma organização ajustada às condições das forças controladoras, denunciando um estado de equilíbrio. Mantendo-se as condições externas os sistemas permanecem em seu estado ajustado, em estabilidade.

Todavia, o estado de estabilidade não é indicador de equilíbrio estático. As forças controladoras apresentam variações em sua intensidade e freqüência, de modo que o sistema pode apresentar uma dinâmica em seu funcionamento para oferecer reações perante essa variabilidade na freqüência e magnitude das entradas, através de mecanismos que absorvem essas oscilações externas sem mudar as suas características internas. Essas reações denunciam um equilíbrio dinâmico, marcando a estabilidade do sistema.

Os estudos sobre a estabilidade dos sistemas tornaram-se mais explícitos a partir da década de setenta, focalizando mormente os ecossistemas, servindo como referência os trabalhos de HOLLING (1973; 1976). Para essa categoria de sistemas pode-se defini-la como sendo "a capacidade do ecossistema em manter ou retornar às suas condições originais após um distúrbio provocado por forças naturais ou pela ação humana". O ecossistema mantém a sua estrutura comunitária (dos seres vivos) e os balanços de material e energia, respondendo às interferências humanas. O sistema é considerado como sendo mais estável à medida que apresentar a menor flutuação e/ou recuperar-se mais rapidamente.

Essa noção de estabilidade possibilita realçar dois aspectos. O primeiro refere-se à *resistência*, que é a capacidade do sistema em permanecer sem ser afetado pelos distúrbios externos, sendo também chamada de inércia. As flutuações observadas nas forças controladoras não ocasionam conseqüências no sistema. O segundo refere-se à *resiliência*, refletindo a capacidade do sistema em retornar às suas condições originais após ser afetado pela ação de distúrbios externos. Os conceitos de resistência e de resiliência são muito importantes para os cientistas e para os planejadores e responsáveis pelo manejo de sistemas ambientais, a fim de analisar e avaliar a estabilidade dos sistemas em termos de sua manutenção ou da rápida recuperação após a implantação dos efeitos perturbadores, assinalando o caráter temporário e reversível do impacto ambiental ou do antropogênico.

Em Física, a resiliência é a capacidade de um corpo recuperar sua forma e seu tamanho original após ser submetido a uma tensão que não ultrapasse o limite de sua elasticidade. Ajustada e aplicada aos sistemas ambientais, ela determina a persistência das relações internas do sistema, refletindo a sua capacidade de absorver mudanças, cujos resultados no processo de recuperação permitem um certo grau de flutuações no estado de ajuste final em torno das condições iniciais. O sistema mantém a sua estrutura e características, embora nem sempre os mesmos valores nos atributos dos elementos. Em áreas sujeitas a fortes flutuações climáticas, como no Nordeste brasileiro, as espécies de animais selvagens e as de criação sofrem diminuição sensível quando das fases secas, mas se recuperam rapidamente após o distúrbio.

A operacionalidade de um conceito constitui um indicador da sua aplicabilidade. WESTMAN (1978), ao estabelecer procedimentos para mensurar a inércia e a resiliência de ecossistemas, sugere que quatro aspectos são importantes para avaliar esse componente: a *elasticidade* refere-se à rapidez com que o sistema retorna ao seu estado original; a *amplitude* é indicadora da zona de segurança (espacial ou da intensidade de forças) dentro da qual o sistema encontra condições para se recuperar, cujos limites máximo e mínimo correspondem aos *limiares,* estabelecendo o seu potencial de refúgio; a *histerese* assinala o espectro no qual as trajetórias de recuperação podem seguir e diferir do padrão de ruptura, em virtude da reação de ajustagem ao distúrbio, e a *maleabilidade* é o grau indicador em que o novo estado estável estabelecido após o distúrbio difere do estado original. O conhecimento da amplitude é de significância porque focaliza o limiar além do qual o sistema não pode mais se recuperar e voltar ao seu estado original. A reajustagem faz-se então em busca de um novo estado

de equilíbrio sob outras condições, apresentando estrutura e funcionamento diferenciado do sistema precedente. A estabilidade é rompida e o processo de resiliência não tem mais potencial para a recuperação do sistema.

B — A NOÇÃO DE SENSIBILIDADE

A sensibilidade representa o nível em que um sistema responderá a uma mudança ocorrida em fatores controlantes, por exemplo, às mudanças nas condições climáticas. No campo da Ecologia, a sensibilidade reflete a amplitude das alterações na composição, estrutura e processos dos ecossistemas, incluindo a produtividade primária, em função de mudanças ocorridas nas temperaturas e nas precipitações.

Relacionada com as noções de estabilidade e sensibilidade encontra-se a da vulnerabilidade. A vulnerabilidade define o nível em que uma mudança climática pode prejudicar ou destruir um sistema. Ela depende tanto da sensibilidade do sistema como de sua adaptabilidade no processo de resiliência, a fim de ajustar-se às novas condições reinantes (climáticas, por exemplo).

As contribuições procurando analisar a sensibilidade das paisagens e de seus componentes, como reações e mudanças perante o comportamento dos fatores controlantes, ainda são raras. Na escala das paisagens há que destacar a coletânea de ensaios organizada por THOMAS e ALLISON (1993), enquanto no campo analítico sobre os componentes há maior desenvolvimento nos setores da geomorfologia e da hidrologia.

Ao focalizar a sensibilidade dos canais fluviais no contexto do sistema paisagem, DOWNS e GREGORY (1993) observaram que, embora haja poucos estudos explícitos sobre a sensibilidade em geomorfologia fluvial, há uma série ampla de estudos relevantes tratando de modo implícito a questão da sensibilidade. As variações nas condições de equilíbrio foram reconhecidas por LANGBEIN e LEOPOLD (1964), em trabalho sobre os estados de quase-equilíbrio aplicados ao sistema fluvial. Posteriormente, em duas contribuições SCHUMM (1969; 1973) analisou a noção de metamorfose fluvial e as questões ligadas aos limiares geomorfológicos, cuja ultrapassagem promove reações e ajustamentos no sistema fluvial. Posteriormente, SCHUMM (1985) explicitamente identificou a sensibilidade como uma das sete razões para a incerteza geológica e sugeriu que ela, quando combinada com a singularidade, podia exemplificar casos em que um input pequeno podia desencadear um efeito grande, e que em outros casos os mesmos inputs poderiam não ter conseqüências. As implicações dessas idéias para as pesquisas sobre o Quaternário foram desenvolvidas por BEGIN e SCHUMM (1984). Por seu lado, SCHUMM (1985) também observou que no interior de uma paisagem composta por diferenciadas formas de relevo, poderia ocorrer a presença de formas de relevo sensíveis e insensíveis. Um pouco mais tarde, SCHUMM (1991) definiu a sensibilidade como a propensão de um sistema em responder às mudanças externas menores, de modo que se um sistema for sensível e estiver próximo de um limiar ele responderá a uma influência externa. A análise da sensibilidade ganha relevância no tocante à identificação e predição dos azares geomorfológicos, em particular, e dos ambientais.

As considerações de BRUNSDEN e THORNES (1979) sobre a sensibilidade e mudanças das paisagens, idéias que foram utilizadas principalmente em relação às vertentes, basearam-se nas relações entre a magnitude do distúrbio e as forças de resistência. Em sua conclusão assinalam que "a sensibilidade de uma paisagem à mudança é expressa como a probabilidade de que uma determinada mudança nos controles de um sistema produzirá uma resposta sensível, reconhecível e persistente. A questão envolve dois aspectos: a propensão à mudança e a capacidade do sistema em absorver a mudança" (BRUNSDEN e THORNES, 1979).

Outra contribuição para definir a sensibilidade geomorfológica, baseada no balanço de forças e sua periodicidade, também foi apresentada por CHORLEY, SCHUMM e SUDGEN (1984), considerando que "mudanças das entradas (i.e., na magnitude dos processos) no sistema produzem mudanças nos produtos (sedimentos) e mudanças nas formas ou estruturas dos componentes internos do sistema (i.e, dos subsistemas). A velocidade com que as mudanças nas entradas se refletem nas resultantes mudanças de formas é expresso pelo denominado *tempo-de-reação* do sistema. ... Dessa maneira, a resposta da forma de relevo pode ser mensurada em termos da *sensibilidade* (i.e, intervalo de recorrência/tempo-de-reação) ..., onde o intervalo de recorrência é o comprimento médio do tempo separando eventos de uma magnitude relevante".

A sensibilidade, representando a capacidade de reagir ou a disposição de ressentir-se às mínimas ações ou variações de influências externas, corresponde à noção de *suscetibilidade*. Sob este aspecto, tornaram-se comuns os estudos procurando avaliar a suscetibilidade dos solos à erosão. Entretanto, a análise da sensibilidade permeia estudos nas mais diversas disciplinas. No campo da hidrologia, o uso da análise da sensibilidade foi considerado por McCUEN (1973), como "um instrumento de modelagem que, se devidamente utilizado, pode propiciar ao construtor de modelos melhor conhecimento das correspondências entre o modelo e os processos físicos que estão sendo modelados". Os estudos da sensibilidade, em hidrologia, são aplicados na análise da evapotranspiração, recarga e fluxo das águas subterrâneas, escoamento superficial e fluvial, qualidade das águas, etc.

No campo da geomorfologia fluvial, DOWNS e GREGORY (1993) e GREGORY (1995) distinguem quatro nuanças para a análise da sensibilidade:

a) *relação entre o distúrbio e as forças de resistência*: representando situações onde os ajustamentos morfológicos são acelerados, em casos onde existe um desequilíbrio;

b) *a relação entre as forças do distúrbio e uma condição limiar específica*: situações em que a magnitude da mudança causada pelas forças desequilibradoras corresponde a um estilo documentado da resposta do canal, como relacionada a uma condição limiar;

c) *a permanência das mudanças morfológicas de acordo com sua habilidade de dependência temporal para recuperar-se frente ao distúrbio*: representa o tempo de mudança, seja para se recuperar perante um distúrbio ou expresso como a relação do tempo-de-reação ao intervalo de recorrência do evento geomorfológico;

d) *equivalente da análise da sensibilidade, na qual as respostas lineares e não-lineares dos sistemas geomorfológicos são avaliadas em relação às alterações nas variáveis múltiplas controlantes*: depende de um conhecimento integrado das três definições prévias para a modelagem das mudanças dependentes do tempo, de acordo com as mudanças unitárias nos parâmetros de entrada.

A análise da sensibilidade e a análise da incerteza encontram-se relacionadas, mas são diferentes em seus conceitos. A primeira refere-se ao estudo das respostas internas e dos produtos dos modelos na medida em que são afetados pelas mudanças nos parâmetros dos inputs ao modelo. A segunda refere-se ao estudo da estocasticidade do modelo através dessas relações internas. Nos procedimentos computacionais, a determinação da sensibilidade aos parâmetros dos inputs constitui a parte principal da análise da incerteza, porque as principais tarefas da computação baseiam-se na avaliação dos coeficientes da sensibilidade.

C — A TEORIA DAS CATÁSTROFES

A teoria das catástrofes foi desenvolvida por THOM (1975), inicialmente como exercício na topologia diferencial. A noção básica é constituída pela idéia de que as singularidades topológicas podem descrever mudanças ao longo do tempo como no espaço. ZEEMAN (1976) e ZAHLER e SUSSMANN (1977) apresentaram sumários adequados sobre suas características. Embora GRAF (1979) haja salientado as potencialidades da teoria da catástrofe como modelo para a análise das mudanças no canal fluvial, não ocorreu difusão ampla dessa perspectiva analítica nas análises geográficas e em Geociências. GRAF (1979) também observa que a "teoria da catástrofe é uma linguagem, não explicando nada. Ela pode ser útil para descrever o comportamento de sistemas geomórficos, mas não oferece respostas às questões básicas do *por que ?*".

THOM (1975) delineou a teoria como sendo uma

maneira para caracterizar mudanças nos sistemas, raciocinando que, embora os processos naturais sejam quantitativamente complexos, eles são qualitativamente simples e estáveis. Por exemplo, a despeito da grande variações no clima, litologia e estrutura geológica, os canais fluviais apresentam notáveis similaridades em todo o mundo. As suas dimensões quantitativas podem ser muito diferentes, mas as características básicas são similares. A ênfase sobre os aspectos qualitativos do mundo real é um aspecto da evolução da teoria das catástrofes com a fundamentação topológica, onde o arranjo é mais essencial que a magnitude (GRAF, 1979).

A concepção básica da teoria das catástrofes é que as singularidades topológicas podem descrever mudanças ao longo do tempo e também no espaço. Na análise e cálculo, as singularidades são definidas como pontos em uma curva gráfica onde a direção ou qualidade da curva se modifica. Na topologia, as singularidades são fenômenos que ocorrem onde pontos são projetados de uma superfície para outra, enquanto as superfícies são distorcidas. Por meio dessas distorções, a singularidade pode mudar em tamanho ou magnitude, mas mantém a sua forma básica. Conforme a teoria de THOM (1975), a mudança registrada pelos sistemas através do tempo também pode ser caracterizada por singularidades (ou formas de espaço/tempo), as quais podem ser chamadas de catástrofes.

Os sistemas dinâmicos apresentam domínio bastante amplo no qual a estabilidade prevalece. Entretanto, também possuem comportamento de se movimentar para "as fronteiras da estabilidade", quando pequenos distúrbios podem ocasionar efeitos que levam os sistemas à instabilidade, isto é, à uma situação de catástrofe. Subseqüentemente, a reorganização dos componentes do sistema pode fazer com que o sistema retorne ao domínio da estabilidade precedente ou a um novo estado de estabilidade, diferente do anterior, em processo evolutivo.

O sistema apresenta um evento catastrófico no sentido de que se movimenta de um estado inicial de estabilidade, passa por uma fase dramática de reorganização e retorna a um estado de estabilidade, em grau semelhante ao anterior ou a um estado diferente. Exemplos de eventos catastróficos são representados por deslizamentos, avalanchas, terremotos e deflagração de pestes em ecossistemas. Em cada caso, mudanças pequenas ocorrem nos sistemas que, individualmente, podem não ser críticas ao sistema. Entretanto, coletivamente, levam à evolução do sistema para um estado crítico. O exemplo das avalanchas é clássico: cada floco de neve potencialmente se soma para a instabilidade do sistema. Quando se atinge um determinado ponto crítico, o próximo floco de neve pode desencadear uma avalancha que afeta uma grande parte do sistema. A estabilidade temporária é rapidamente recomposta se a avalancha não for muito dramática. Mesmo em pequena escala, as avalanchas adicionam-se ao *stress* da parte jusante da vertente, tornando-a mais suscetíveis às futuras avalanchas à medida que mais neve cai nesses lugares ou que pequenas avalanchas adicionais provindas de montante contribuem com aumento da carga nevosa.

À medida que o processo evolutivo se desenvolve, sob certo aspecto faz com que o sistema se torne mais eficiente. Esta é a evolução para a catástrofe. Um sistema nesse estado pode transpor-se para novo estado estável por meio de outro processo de evolução, provavelmente mais rápido que no primeiro tipo, e o novo estado estável pode não ser muito eficiente. Sistemas naturais de elevada grandeza espacial provavelmente são condicionados a funcionar próximos do pico da eficiência pela intervenção aleatória de processos externos atuantes na escala regional.

A figura 6.1 exemplifica uma superfície definida pela seguinte equação:

$$X^3 - ALPHA*X - BETA = 0$$

Em exemplo mencionado por HANNON e RUTH (1997), suponha que uma bola esteja colocada no ponto A, situado no topo dessa superfície. A bola pode permanecer parada, e pequenos toques podem tirá-la de seu ponto de equilíbrio em A e levá-la a um novo equilíbrio. Após uma série de pequenas perturbações, entretanto, a bola rolara da parte do topo da superfície e, *a priori*, será difícil determinar exatamente onde irá parar. Pelo que se conhece, atingirá um novo ponto de equilíbrio na parte inferior da superfície, que se pode denominar de ponto B.

Ao receber novos toques no ponto B, a bola novamente tende a rolar e sair desse ponto. Se o toque possuir força suficiente pode-se propulsioná-la e ultrapassar a dobra, ou cúspide, para atingir novamente a parte superior da superfície. Onde exatamente irá parar? A resposta precisa requer conhecimento correto da forma da superfície, das propriedades da bola, e da magnitude e direção da força exercida sobre a bola. Em sistemas complexos, como os da natureza, nem todas as variáveis que descrevem o sistemas e as forças incidentes sobre elas são

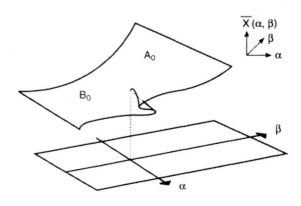

Figura 6.1 — Superfície representando exemplo de catástrofe (conforme Hannon e Ruth, 1997)

suficientemente conhecidas. Como resultado, a modelagem geralmente estabelece o domínio da estabilidade e não as localizações específicas.

É conhecido o fato de que um superfície plana pode ser completamente subdividida em unidades de tamanho iguais pelo uso de somente três figuras: quadrados, triângulos e hexágonos. Analogamente, THOM (1975) demonstrou que um continuum espaço-tempo pode somente ser subdividido por um limitado número de formas: no caso do universo natural há somente sete singularidades ou catástrofes. Com o plano, a forma é determinada pelo número de lados; com o continuum espaço-tempo, a forma é determinada pelo número de fatores controlantes e comportamento.

GRAF (1979) sintetiza alguns dos conceitos básicos. Primeiro, considere um sistema que é controlado por duas variáveis, a e b. O comportamento do sistema é mensurado por uma terceira variável, x. Estas três variáveis estão relacionadas uma às outras por uma função dinâmica ou energia potencial, $E(a, b, x)$. Para cada combinação de (a, b) há um valor correspondente de x que minimiza E, representando um estado de equilíbrio (figura 6.2). Os estados de equilíbrio são definidos pelas soluções dadas à equação de $E/x = 0$. As covariâncias de a, b e x que satisfazem a equação geralmente formam um plano, com cada combinação de (a, b) correspondendo a um valor de x. Mas em alguns casos uma combinação de a, b podem produzir dois ou mais valores correspondentes de x, resultando em uma superfície convoluta em dobras. Tais superfícies são singularidades que caracterizam mudanças no sistema; elas são chamadas *catástrofes* porque um pequeno reajuste em uma variável pode resultar em uma mudança catastrófica no comportamento da variável à medida que seu valor se altera radicalmente através da dobra.

Considerando as formulações de Thom, as formas das

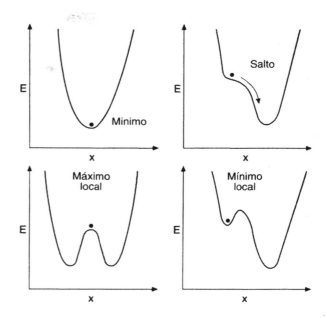

Figura 6.2 — Esquema das funções potenciais ou de energia. O estado mais provável para cada situação é onde o valor da derivativa ou declividade da linha representando a função é igual a zero (conforme Graf, 1979)

funções de energia que definem o formato das singularidades são as superfícies de catástrofes. Todos os sistemas em sua representação quadridimensional (comprimento, largura, altura e tempo) possuem funções de energia que dependem somente do número de fatores controlantes. Essas funções que caracterizam os sete tipos básicos de catástrofes, juntamente com as derivativas que são utilizadas para definir as superfícies das catástrofes correspondentes, estão inseridas no quadro 6.1.

Se um sistema geomorfológico pode ser adequadamente descrito por medidas sobre força (a),

QUADRO 6.1 — Características dos sete tipos básicos de catástrofes (conforme Graf, 1979, baseado em Thom)

Singularidade	Fatores controlantes	Fatores de comportamento	E, função de energia	Derivativa: quando igual a zero define a singularidade
Dobra	1	1	$\frac{1}{3}x^3 - ax$	$x^2 - a$
Cúspide	2	1	$\frac{1}{4}x^4 - ax - \frac{1}{2}bx^2$	$x^3 - a - bx$
Rabo de andorinha	3	1	$\frac{1}{5}x^5 - ax - \frac{1}{2}bx^2 - \frac{1}{3}cx^3$	$x^4 - a - bx - cx^2$
Borboleta	4	1	$\frac{1}{6}x^6 - ax - \frac{1}{2}bx^2 - \frac{1}{3}cx^3 - \frac{1}{4}dx^4$	$x^5 - a - bx - cx^2 - dx^3$
Hiperbólico	3	2	$x^3 + y^3 + ax + by + cxy$	$3x^2 + a + cy$
Elíptico	3	2	$x^3 - xy^2 + ax + by + cx^2 + cy^2$	$3x^2 - y^2 + a + 2cx$ $-2xy + b + 2cy$
Parabólico	4	2	$x^2y + y^4 + ax + by + cx^2 + dy^2$	$2xy + a + 2cx$ $x^2 + 4y^3 + b + 2dy$

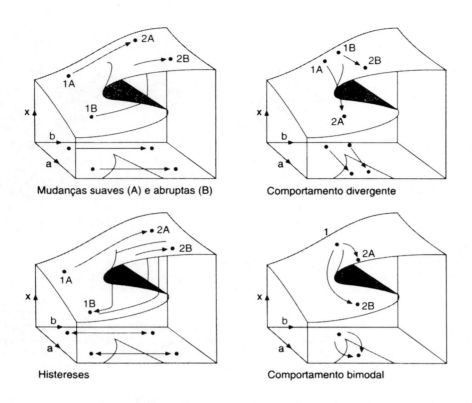

Figura 6.3 — *Representação diagramática das mudanças suaves e abruptas (em A), comportamento divergente (em B), histerese (em C) e comportamento bimodal (em D) (conforme Graf, 1979)*

resistência (b) e resposta (x), então as mudanças durante as atividades podem ser descritas por uma catástrofe em cúspide. A superfície, definida pelas relações inseridas no quadro 6.1, possui características significantes que possuem implicações geomorfológicas (GRAF, 1979), tais como mudanças abruptas e suaves, divergência, histerese e comportamento bimodal (figura 6.3).

A catástrofe em cúspide sugere que um sistema pode mudar abrupta ou gradualmente, dependendo das condições antecedentes. Se um ponto (1 A, figura 6.3 a) representando o estado do sistema está localizado longe da dobra, uma pequena mudança nas variáveis (a, b) resultará em ajustagem relativamente pequena em x, no comportamento. Por outro lado, se o ponto (1B, figura 6.3 a) está localizado na dobra, uma pequena mudança nos controles causará a superação de um limiar e resultará em mudança drástica no valor de x, à medida que o ponto salta para uma parte diferente da superfície. Esta característica da cúspide se harmoniza com o conceito de limiar geomorfológico exposto por SCHUMM (1973; 1977), especialmente no aspecto de que os limiares são intrínsecos e não necessariamente o produto de fatores externos.

A *divergência* constitui outra característica da cúspide. Considerando aproximadamente o mesmo ponto de partida, o comportamento do sistema pode ocorrer em diversas direções. Por exemplo, o sistema começando no ponto 1A muda para o ponto 2A respondendo a uma mudança em um dos fatores controlantes. Se o sistema apresenta como ponto de partida 1B e sofreu o mesmo tipo de mudança em um dos fatores, sua modificação seria para o ponto 2B, muito diferente do caso antecedente. A divergência sugere que as condições antecedentes são altamente relevantes nas reações de sistemas ambientais (figura 6.3b). A possibilidade de histerese é significativa por causa da atividade cíclica que comumente é observada nos processos ocorrentes em sistemas ambientais. A *histerese* ocorre quando um único fator de controle regularmente aumenta e diminui, enquanto os outros fatores controlantes permanecem constantes. Em sistemas complexos, algumas variáveis podem conjuntamente aumentar ou diminuir regularmente. A figura 6.3c mostra que o ponto representando o comportamento do sistema pode responder com reajustagem suave (1 A para 2 A) ou pode apresentar transições suaves interrompidas regularmente por saltos (1B para 2B). As mudanças climáticas cíclicas em regiões semi-áridas podem produzir alternâncias de entalhamento e deposição sedimentar nos canais fluviais, constituindo exemplo da característica de histerese da catástrofe em cúspide.

O *comportamento bimodal* constitui a quarta característica. Para cada combinação de (a, b) que ocorre na dobra, denominado o conjunto da bifurcação, há a possibilidade de surgirem dois valores estáveis para a variável do comportamento (figura 6.3d). O lado inferior da dobra é o máximo local da função potencial e, portanto, constitui um estado instável. O estado exato é determinado pelo curso da mudança do sistema à medida que o ponto móvel entra na dobra, de maneira que as condições antecedentes e as seqüências das mudanças são considerações importantes. GRAF (1979) exemplifica o caso de que, sob certas combinações de profundidade e velocidade, aquelas que produzem o número de Reynolds entre 500 e 750, o fluxo pode ser laminar ou turbulento, dependendo em parte da seqüência da ajustagem. Para as combinações de profundidade e velocidade no setor externo à dobra, o comportamento do fluxo pode ser de um ou de outro tipo.

D — O CONCEITO DE CRITICALIDADE AUTO-ORGANIZADA

Outro conceito, desenvolvido inicialmente na Física, mas que possui potencialidade para ser aplicado nos sistemas ambientais, refere-se à criticalidade auto-organizada.

O conceito de *criticalidade auto-organizada* foi introduzida por BAK, TANG e WIESENFELD (1987; 1988), definindo um sistema natural em um estado situado na margem da estabilidade. O sistema, quando perturbado a partir desse estado, evoluirá naturalmente a fim de retornar ao estado crítico da borda da estabilidade. Trata-se de um princípio de organização geral governando a evolução de sistemas não-lineares para um estado que exibe os aspectos de um estado crítico tradicional: não há escala nesse estado, e o sistema flutua fortemente no espaço e tempo, exibindo escalantes espaciais e temporais (SAPOZHNIKOV e FOUFOULA-GEORGIOU, 1996). BAK e CHEN (1991) explicitam que a criticalidade auto-organizada constitui uma teoria holística, pois as características globais, assim como o número relativo de eventos grandes e pequenos, não dependem dos mecanismos microscópicos. Em conseqüência, torna-se impossível compreender as características globais dos sistemas analisando separadamente as partes que os compõem. Sob a perspectiva de BAK e CHEN (1991), "a criticalidade auto-organizada constitui o único modelo ou descrição matemática que forneceu bases a uma teoria holística para os sistemas dinâmicos". Ao concatenar, de modo sistemático, as bases dessa concepção visando sua compreensão para público abrangente, BAK (1997) utiliza da designação de "a ciência da criticalidade auto-organizada".

A teoria da criticalidade auto-organizada insere outra gama de nuanças às explicações dadas às catástrofes, cujos analistas procuravam explicá-las como conseqüências de conjunções raras de circunstâncias ou aos acontecimentos de fenômenos com alta magnitude. Quando em 1906 ocorreu o grande terremoto em São Francisco, os geólogos explicaram-no pela ocorrência de forças em uma imensa zona de instabilidade, coincidente com a falha de San Andrés. Quando o mercado de vinho sofreu violenta baixa, em 1987, os economistas explicaram-na como conseqüência do efeito desestabilizador da informatização e automação das transações. Para explicar a extinção em massa dos dinossauros, os paleontólogos geralmente referem-se às causas ligadas ao impacto de meteoritos ou a extenso vulcanismo. BAK e CHEN (1991) consideram que tais explicações são possivelmente corretas, mas salientam que sistemas tão grandes e complicados podem sofrer rupturas tanto sob o efeito de inputs de alta magnitude como a partir da queda de um alfinete. Os grandes sistemas interativos organizam-se perpetuamente a si mesmos, até chegar a um estado crítico, em que um acontecimento banal pode originar uma reação em cadeia capaz de produzir catástrofes. BAK e CHEN (1991) salientam que muitos sistemas compostos evoluem espontaneamente até um estado crítico, no qual um acontecimento banal pode originar a uma reação em cadeia capaz de afetar a um número qualquer de elementos do sistema. Embora os sistemas compostos produzam muito mais acontecimentos banais que catástrofes, uma parte integral de sua dinâmica encontra-se constituída por reações em cadeia de todos os tamanhos.

O processo observado na construção da pilha de areia, baseado em experimento desenvolvido inicialmente em laboratório, acabou tornando-se a figuração simbólica dessa concepção teórica (figura 6.4). No começo, a pilha é quase plana e os grãos individuais param próximos do lugar em que caem. Os seus movimentos podem ser compreendidos em termos de suas propriedades físicas. À medida que o processo continua, a pilha torna-se cada vez mais íngreme e ocorrerá pequenos deslizamentos de areia. Todavia, à medida que o processo se mantém no tempo, os deslizamentos de areia tornam-se cada vez maiores. No modelo da pilha arenosa, à medida que ela vai sendo construída a grandeza característica das avalanchas maiores cresce até que a pilha atinja o estado crítico. Depois que esse estado é atingido, o deslocamento de um grão de areia pode produzir avalanchas de qualquer tamanho até igual ao tamanho do próprio sistema. Conforme a teoria da criticalidade auto-organizada, o mecanismo que conduz aos eventos de pequena grandeza é o mesmo que promove o desencadeamento de acontecimentos de alta grandeza. A intensidade das avalanchas (número de partículas envolvidas em cada uma delas) segue uma distribuição de lei potencial. De modo semelhante, no estado crítico, a superfície da pilha arenosa mostra geometria fractal (SAPOZHNIKOV e FOUFOULAS-GEORGIU, 1996).

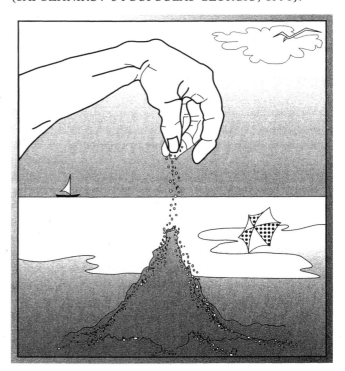

Figura 6.4 — A pilha de areia, figuração simbólica da teoria da criticalidade auto-organizada (desenho de Elaine Wiesenfeld, conforme Bak, 1997)

Modifica-se a concepção tradicional de que os sistemas pequenos poderiam ser modificados por forças e eventos de pequena grandeza, enquanto os sistemas grandes e complicados só poderiam sofrer transformações em face da presença de eventos de alta magnitude. Essa quebra na proporcionalidade entre magnitude dos eventos e grandeza e complexidade dos sistemas também repercute na compreensão e análise da resiliência e estabilidade dos sistemas. O registro da sismicidade geralmente é considerado como exemplo clássico de um sistema natural que exibe criticalidade auto-organizada (BAK e TANG, 1989). Há um input contínuo de energia (*strain*) por meio do movimento relativo das placas tectônicas. Essa energia é dissipada em uma distribuição fractal dos abalos sísmicos. SCHOLZ (1991) argumentou que a crosta terrestre inteira encontra-se em estado de criticalidade auto-organizada.

Nos sistemas apresentando criticalidade auto-organizada, semelhantemente ao que ocorre nos fenômenos críticos tradicionais, o comportamento espacial e o temporal estão interrelacionados. BAK, TANG e WIESENFELD (1987; 1988) salientaram que há uma forte conexão entre o ruído "$1/f$" observado em muitos fenômenos naturais e a estrutura espacial fractal auto-similar do estado crítico. As relações entre comportamento fractal espacial e escalante temporal nos sistemas em estado de criticalidade auto-organizada foram formalmente estabelecidas por MASLOV, PACZUSKI e BAK (1994).

SAPOZHNIKOV e FOUFOULA-GEORGIU (1996) observam que os sistemas mostrando criticalidade auto-organizada são caracterizados por dois aspectos aparentemente contraditórios, mas complementares em sua essência, cuja interconexão determina o comportamento desses sistemas:

a) por um lado, os eventos catastróficos, de alta magnitude, são intrínsecos, ocorrências inevitáveis de um sistema no estado crítico (BAK, CHRISTENSEN e OLAMI, 1994);

b) por outro lado, o sistema tende a permanecer no estado crítico após tê-lo alcançado (BAK, TANG e WIESENFELD, 1988). Dessa maneira, para os sistemas mostrando criticalidade auto-organizada, o estado crítico é um atrator da dinâmica. Isso significa que o estado de criticalidade auto-organizada é estacionário: uma vez que seja alcançado, não se modificam as propriedades estatísticas do sistema, tais como o escalante espacial e a distribuição da lei potencial sobre as freqüências dos eventos que afetam o sistema (avalanchas ou terremotos, por exemplo). Os sistemas não mais evoluem, excetuando a presença de flutuações (que, entretanto, podem ser muito fortes). Sob essa perspectiva, o estado crítico de tais sistema representa a sua meta final.

Devido a dificuldade em se realizar a modelagem de sistemas complexos compostos por numerosos elementos e governados por grande quantidade de interações, os analistas ainda não podem construir modelos matemáticos que sejam totalmente adequados à realidade e teoricamente manejáveis. Como alternativa, recorrem ao uso de modelos simplistas e idealizados que reflitam as características essenciais dos sistemas reais. Um sistema enganosamente simples, construído por Held e seus colaboradores em experimentos no Laboratório da IBM, tem sido referenciado como paradigma para demonstrar a presença da criticalidade auto-organizada: trata-se do modelo da pilha de grãos de areia.

Held e seus colaboradores idealizaram um aparato que vai lançando grãos de areia lenta e uniformemente, na razão de um grão por vez, sobre uma superfície circular plana. No começo, os grãos ficaram em repouso próximo do ponto em que caíram. De imediato, começam a repousar uns sobre os outros criando um montículo de inclinação suave. Ocasionalmente, quando ocorria uma inclinação demasiado forte em algum lugar da pilha, os grãos deslizavam-se ladeira abaixo provocando uma pequena avalancha. À medida que se vai adicionando mais e mais areia e se acentuando a inclinação média da pilha, aumenta também paralelamente o tamanho médio das avalanchas. Começavam a cair uns poucos grãos pela borda da superfície de base circular. O monte deixava de crescer quando a quantidade de areia adicionada ficava compensada, em termos médios, com a quantidade de grãos que caía pela borda da superfície. Nesse momento, o sistema havia alcançado o estado crítico.

Quando se adicionava um grão de areia a uma pilha que se encontrava em estado crítico, podia-se desencadear uma avalancha de tamanho imprevisível, sem que se pudesse excluir a ocorrência de acontecimentos "catastróficos". Todavia, na maior parte das vezes, o grão caia sem produzir avalanchas. Os pesquisadores observaram que os deslizamentos, mesmo incluindo as ocorrências de elevada grandeza, apenas exercem interferência em uma pequena quantidade dos grãos empilhados. Em conseqüência, nem sequer os acontecimentos catastróficos faziam com que a inclinação da pilha se desviasse significativamente da inclinação crítica.

BAK e CHEN (1991) salientam que as avalanchas constituem tipos particulares de reações em cadeia, que recebem também o nome de *processos de bifurcação*. Simplificando a dinâmica das avalanchas, identificam os aspectos principais da reação em cadeia, descrevendo o modelo nos seguintes termos:

"No início da avalancha, um único grão desliza ladeira abaixo por causa de alguma instabilidade na superfície da pilha. O grão somente irá parar se chegar a cair em uma posição estável; ao contrário, continuará ladeira abaixo. Se em sua descida golpear outros grãos que estejam em posição quase-instáveis, provocará também os seus deslocamentos. No desenvolvimento do processo, cada grão poderá deter-se ou continuar caindo, e pode também provocar a queda de outros grãos. O processo cessará quando todas as partículas ativas hajam sido detidas ou hajam abandonado a pilha. Para medir o tamanho da avalancha basta contar a quantidade total das partículas caídas.

A pilha mantém altura e inclinação constantes porque a probabilidade de extinção da atividade encontra-se compensada, em média, pela probabilidade de que a atividade se bifurque, Dessa maneira, a reação em cadeia mantém um estado crítico.

Se o monte arenoso possui um formato no qual a inclinação é inferior ao valor crítico — *o estado subcrítico* — as avalanchas serão menores do que as produzidas no estado crítico. Uma pilha subcrítica aumentará até alcançar o estado crítico. Por outro lado, se a inclinação é maior que o valor crítico — *o estado supercrítico* — as avalanchas serão muito maiores que as geradas pelo estado crítico. Um empilhamento supercrítico se desmoronará até alcançar o estado crítico. Tanto os empilhamentos subcríticos como os supercríticos vêm-se espontaneamente arrastados até o estado crítico".

Outro procedimento para ilustrar o processo da criticalidade auto-organizada é representado pelo modelo autômato celular. TURCOTTE (1992; 1997) descreve que, no modelo autômato celular foi considerado uma grade de células bidimensional (células quadradas). As partículas foram adicionadas aleatoriamente em cada célula até que houvesse quatro partículas em uma célula. Nesse momento, a célula era então considerada instável e as quatro partículas eram distribuídas para as quatro células adjacentes. Se qualquer uma dessas quatro células então passasse a possuir quatro ou mais partículas, processava-se uma distribuição subseqüente das partículas nela contidas, passando para as células adjacentes. As partículas eram eliminadas somente quando eram perdidas para fora das laterais externas da malha de células.

No estado constante ("steady state"), o número de partículas em uma malha de células flutua em torno de um valor médio que é consideravelmente menor que o valor máximo permitido (3N.N). O comportamento do modelo é caracterizado pela estatística da distribuição de eventos conforme a freqüência-tamanho. O tamanho de um evento de redistribuição múltipla pode ser quantificado de diversas maneiras. Um procedimento é contar o número de células N que se tornam instáveis em um evento múltiplo. O número de eventos N no qual uma quantidade especificada de células (A) participou é considerada como sendo função do número de células. Uma boa correlação com a lei potencial fractal é obtida com inclinação de 1,03. Como o número de células (A) é equivalente a uma área, a dimensão fractal relevante é D = 2,06. Outro procedimento é contar o número de partículas X perdidas para fora da malha em um evento múltiplo. As pesquisas realizadas por BAK, TANG e WIESENFELD (1988) sobre o comportamento desse modelo mostraram as quantidades como sendo função do tamanho da malha. Encontraram que o número de eventos N de um tamanho particular, contando o número

de eventos ou a quantidade de partículas perdidas, satisfaz a relação fractal com valor D = + ou - 2,0.

II — MUDANÇAS OCASIONADAS PELOS FATORES FÍSICOS CONTROLANTES

Os fatores físicos controlantes dos sistemas ambientais são os que envolvem os condicionamentos gerais ligados com o clima e geodinâmica, e com as interações funcionais entre seus componentes, ligados com os processos geomorfológicos, hidrológicos e ecossistêmicos.

Os controlantes físicos responsáveis pelas mudanças nos sistemas climáticos estão relacionados com as transformações na dinâmica da atmosfera que, por sua vez, refletem alterações nos inputs provenientes da geodinâmica terrestre (vulcanismo, por exemplo) ou das perturbações solares. Os processos da geodinâmica terrestre também sofrem mudanças ao longo da escala geológica.

No tocante às grandezas na escala temporal dos processos influenciando o sistema climático, podem ser lembrados os seguintes indicadores: a) na escala de anos a décadas: transferência do estoque do capital responsável pela emissão de gases estufa, sem considerar os processos de reabsorções antecipadas; b) na escala das décadas aos milênio: estabilização da concentração atmosférica dos gases estufa de longa vida, estabelecendo-se um nível estável nas referidas emissões; c) na escala das décadas ao século: equilíbrio do sistema climático considerando um nível estável nas concentrações de gases estufa; d) na escala dos séculos: equilíbrio do nível marinho considerando um clima estável; e) na escala das décadas ao século: restauração/reabilitação dos sistemas ecológicos prejudicados ou perturbados.

Considerando a grandeza da escala espacial relacionada com as mudanças climáticas, MORNER (1984; 1987) assinala que nenhuma das tendências e mudanças climáticas rápidas possuem extensão global, mas somente uma extensão hemisférica ou regional e do tipo em que a mudança em um lugar é contrabalançada por mudanças compensadoras de sinal inverso em outras regiões, sugerindo mecanismos de retroalimentação no contexto espacial, pois a quantidade de energia recebida pela Terra permanece estável. MORNER (1987) mostrou que as características e implicações dessas mudanças, em termos de temperaturas, podem ser sintetizadas em cinco pontos:

a) as mudanças climáticas analisadas não podem se originar de aumentos ou quedas na temperatura, mas representam distribuição do calor na superfície do globo, regional ou hemisfericamente e, algumas vezes, até localmente;

b) a duração dessa redistribuição de calor na superfície do globo e, em todos os casos, de cerca de 50-150

122 Modelos sobre mudanças e dinâmica evolutiva dos sistemas

anos;

c) a redistribuição do calor, incluindo o armazenamento e a transformação do calor, que ocorre na escala de 50-150 anos, parece ser possível somente através de mudanças na circulação oceânica;

d) as mudanças na circulação dos oceanos podem ser desencadeadas por diversos mecanismos diferentes. A duração parece excluir um mecanismo desencadeado pelos ventos e sugere a existência de uma origem combinando relações rotacionais-gravitacionais-oceanográficas;

e) o tempo (duração) e a escala espacial de ocorrência dos fenômenos oferecem a possibilidade para se discriminar entre diferentes possíveis mecanismos causadores.

Todavia em função das escalas espacial e temporal que envolvem, no presente momento os sistemas climáticos e os sistemas geodinâmicos inserem-se no contexto de fatores controlantes. Os exemplos de modelos vinculam-se aos estudos geomorfológicos, hidrológicos e ecossistêmicos.

A — MUDANÇAS EM SISTEMAS GEOMORFOLÓGICOS E HIDROLÓGICOS

A análise das mudanças nos sistemas ambientais envolve a influência da escala temporal e as características das respostas complexas. Em função da escala temporal, configurada como sendo no tempo presente, no tempo histórico e no tempo geológico, as variáveis apresentam comportamento que pode ser interpretado como dependente ou independente. SCHUMM e LICHTY (1965) apresentaram quadro mostrando o status das variáveis que influenciam as características hidrogeomorfológicas dos rios (quadro 6.2). Por exemplo, na escala de tempo presente, as variações espaciais da velocidade e profundidade (variável 10) em pequeno trecho do canal são

determinadas pela morfologia do canal (variável 9). De modo semelhante, as variações diárias do fluxo fluvial resultam dos parâmetros hidráulicos, tais como dos ajustes do débito no quadro da seção transversal. Na escala de tempo curto, a morfologia do canal é determinada e independente, mas sob a escala de tempo histórico ela é considerada como dependente do débito médio de água e sedimentos (variável 8). A forma do canal é considerada como estando em equilíbrio com os débitos fluviais e cargas de sedimentos produzida pela interação entre clima (variável 6) e vegetação (variável 7) no âmbito da bacia de drenagem de montante. Todavia, as dimensões do canal em equilíbrio também refletirão as características do vale (variável 5), que se desenvolveu ao longo da escala de tempo geológico. A declividade do vale e a sedimentologia dos depósitos ocorrentes no vale, heranças de condições paleoclimáticas (variável 3), assumem importância significativa.

As mudanças nos fatores externos induzem ajustamentos aos novos estados de equilíbrio. Essas mudanças não ocorrem mantendo a mesma intensidade, mas observa-se a presença de fases episódicas de alta magnitude na atuação dos processos. No caso da bacia hidrográfica, a sua evolução pode ser marcada por episódios de altas taxas no trabalho geomorfológico, evidenciadas por elevada produção de sedimentos. Com as mudanças climáticas, a vegetação é rapidamente afetada mas o reajuste climáxico é lento e ocorre o desencadeamento de curto período de instabilidade paisagística na fase de transição. KNOX (1972) salientou que, com a mudança do clima árido para o úmido, a densidade de drenagem, as taxas de escoamento e a produção de sedimentos aumentam rapidamente até um máximo, antes de declinar para um nível relativamente baixo (figura 6.5). Tais casos exemplificam a aplicação do modelo de equilíbrio dinâmico.

Se KNOX (1972) exemplificava as mudanças episódicas nos sistemas fluviais como desencadeadas com as mudanças no regime da precipitação (figura 6.5 a),

QUADRO 6.2 — O status das variáveis de uma bacia de drenagem durante períodos de tempo de duração decrescente

Variáveis da bacia de drenagem	Status das variáveis durante determinados períodos de tempo		
	Cíclico	Equilibrado (*graded*)	*Estabilidade*
1. Tempo	Independente	Não relevante	Não relevante
2. Relevo inicial	Independente	Não relevante	Independente
3. Geologia (litologia, estrutura)	Independente	Independente	Independente
4. Clima	Independente	Independente	Independente
5. Vegetação (tipo e densidade)	Dependente	Independente	Independente
6. Relevo ou volume do sistema acima no nível de base	Dependente	Independente	Independente
7. Hidrologia (escoamento e sedimentação por unidade de área)	Dependente	Independente	Independente
8. Morfologia da rede de drenagem	Dependente	Dependente	Independente
9. Morfologia das vertentes	Dependente	Dependente	Independente
10. Hidrologia (descarga de água e sedimento do sistema)	Dependente	Dependente	Dependente

(conforme Graf, 1979, baseado em Thom)

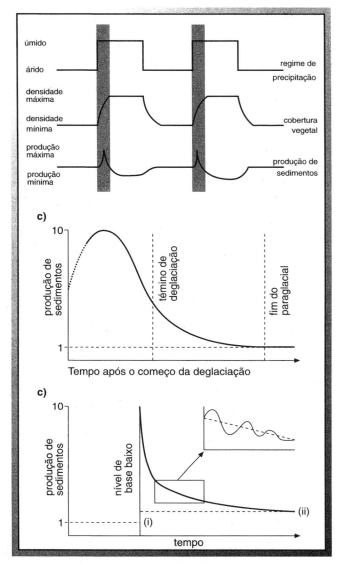

Figura 6.5 — Mudanças episódicas em sistemas fluviais. Os episódios relacionados com a alta produção de sedimentos podem estar ligados (a) com mudanças no regime da precipitação (conforme Knox, 1972); (b) com a retração dos glaciares (conforme Church e Ryder, 1972), e (c) como rebaixamento do nível de base (conforme Schumm, 1977)

CHURCH e RYDER (1972) apresentavam exemplos da produção de sedimentos em função das mudanças na retração dos glaciares (figura 6,5b), e SCHUMM (1977) o fazia em termos do abaixamento do nível de base (figura 6.5c).

A aplicação do modelo de equilíbrio dinâmico na análise da largura do canal fluvial, sem considerar o processo do fluxo, poderia sugerir variações similares ao representado na parte superior da figura 6.6. OSTERKAMP (1979) salienta que, para uma determinada descarga média, uma certa largura média ou uma amplitude para a largura é pressuposta como correspondente à condição de equilíbrio dinâmico. Como as mudanças a curto prazo no débito e na largura são inevitáveis, o modelo reconhece a necessidade de considerar médias ou amplitudes limitadas. Para o período relativamente breve durante o qual a largura permanece constante (no caso, mas nem sempre, dos pontos A até H), pressupõe-se a existência de estado estacionário. Sob esta perspectiva, o estado estacionário pode ocorrer em várias larguras do canal, até mesmo se o canal seja anômalo e episodicamente muito largo ou anastomosado (ponto E), e o estado estacionário não requer necessariamente que prevaleça a condição de equilíbrio dinâmico.

A parte inferior da figura 6.6 representa como as relações entre largura e débito fluvial podem mudar ao longo do tempo quando se utiliza o modelo alométrico da função potencial. OSTERKAMP (1979) mostra que, para um débito fluvial, pode-se pressupor a existência de uma largura mínima do canal cuja grandeza se ajusta ao valor do débito fluvial médio (Q), de modo que a equação seja $Q = aW^b$. O valor do expoente b é considerado como constante para os canais de fluxos perenes, cerca de 2,0. As condições de estado estacionário é alcançado quando se atinge o valor mínimo (ponto K). Nos pontos I e L uma mudança no regime fluvial ocasionou aumento momentâneo na largura do canal, como o caso de ser provocado erosão acelerada das margens. Depois que ocorreu o alargamento exagerado,

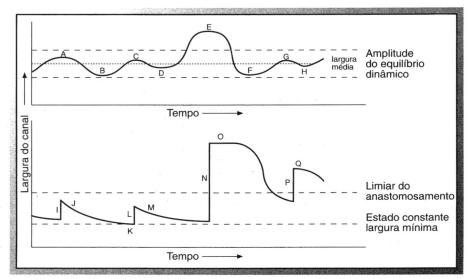

Figura 6.6 — Comparação esquemática do uso das noções de equilíbrio dinâmico e invariância alométrica como comportamento do canal fluvial (conforme Osterkamp, 1979)

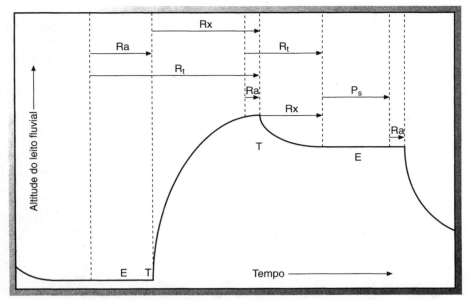

Figura 6.7 — As mudanças na altitude do leito fluvial ao longo do tempo, causadas por agradação e entalhamento, são utilizadas como referências para salientar aspectos do tempo de resposta, que é a somatória do tempo de reação (Ra) e tempo de relaxamento (Rx). P_s é o tempo de persistência das novas condições de equilíbrio, enquanto T e E são, respectivamente, os limiares e as condições de equilíbrio (conforme Bull, 1981)

o estreitamento procede lentamente (pontos J e M), acompanhado por mudanças no material sedimentar no canal e declividade necessária para se ajustar à equação $Q = aW^{2,0}$. Se há ocorrência de uma enchente altamente erosiva (ponto N), o canal pode ser ampliado para além do limiar de estabilidade e prevalece as condições do canal anastomosado. Nos pontos O e Q a reconstrução do canal vai se processando de maneira lenta, pela deposição de material sedimentar fino necessário para a coesão das margens. Se outra enchente ocorrer (ponto P), há possibilidade de ocorrer ampliação da largura porque o estágio maturo do crescimento da vegetação ripariana ainda não se processou para funcionar como proteção à erosão das margens.

Em virtude da sua complexidade, os sistemas ambientais exibem respostas complexas. No campo dos sistemas geomorfológicos, SCHUMM (1977) e STARKEL et al (1991) mostraram que o número, magnitude e duração dos eventos erosivos e deposicionais variam entre os vales e ao longo do mesmo vale. O desenvolvimento dos sistemas geomorfológicos torna-se complexo em decorrência de três perspectivas: a) as mudanças nos controles externos variam na escala regional; b) as grandes bacias hidrográficas compreendem uma hierarquia de sistemas de processos–respostas (sub-bacias e setores do canal principal), e c) a própria complexidade estrutural e funcional do sistema.

A rapidez com que as mudanças morfológicas estabelecem um novo equilíbrio ou se recuperam para recompor as dimensões do equilíbrio precedente é denominada de *tempo de reação* (figura 6.7; 6.8a). Uma mudança no input pode provocar distúrbio de curta duração (p.e., cheia de alta magnitude) ou impacto que se mantenha, como mudança climática ou interferência antrópica (construção de barragem, urbanização). Outro aspecto significativo é que os diferentes componentes reagem em ritmos diferenciados (figura 6.8b). Aumento na precipitação e no escoamento provocará rapidamente mudanças na geometria hidráulica dos canais aluviais (largura, profundidade, etc), mas as conseqüências no

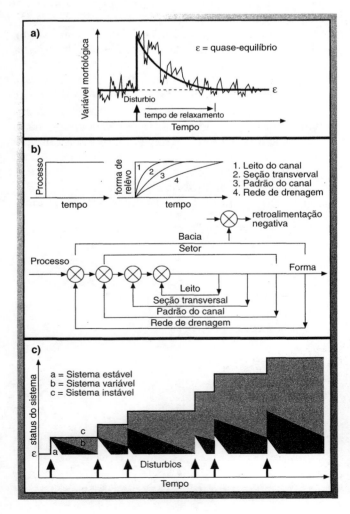

Figura 6.8 — Esquemas das respostas dos canais fluviais aos distúrbios. Em (a) a variável em quase equilíbrio modifica-se durante o tempo de relaxamento; em (b) um setor do canal pode incluir, em qualquer momento do tempo, um conjunto de formas diferencialmente ajustadas refletindo diferentes sensibilidades aos processos de mudanças; em (c) uma série de distúrbios é considerada como tendo efeitos diferentes sobre os canais, dependendo da efetividade do processo de recuperação (conforme Petts, 1994; Petts e Amoros, 1996)

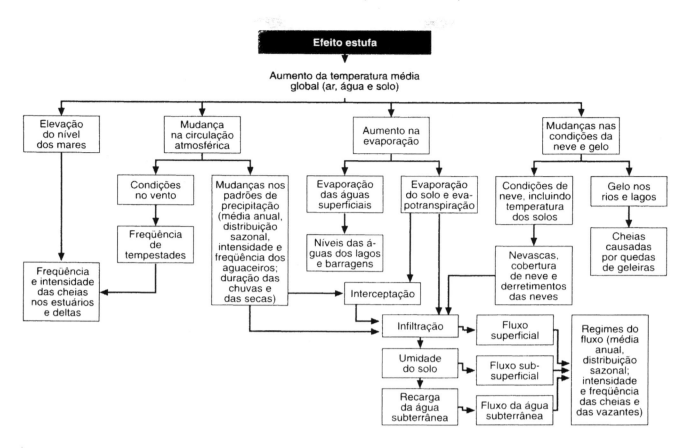

Figura 6.9 — Impactos potenciais das mudanças climáticas sobre os hidrossistemas fluviais (conforme Lemmela et al., 1989; Petts e Amoros, 1996)

padrão da drenagem e na densidade de drenagem serão muito lentas. Tais aspectos indicam graus diferenciados na sensibilidade dos sistemas frente às mudanças.

Em decorrência, a recuperação do equilíbrio morfológico também apresenta diferenciação. Os sistemas com baixa sensibilidade apresentam longo tempo-de-reação e lenta recuperação, refletindo as características de distúrbios relativamente freqüentes e mostram mudança progressiva, constituindo os sistemas instáveis (figura 6.8c.c). Os sistemas com alta taxa de recuperação tendem a mostrar marcante ajustagem temporal à magnitude dos processos freqüentes, comportando-se como sistemas estáveis (figura 6.8c.a)

Os impactos potenciais das mudanças climáticas sobre os hidrossistemas fluviais representam outra categoria de exemplo. No modelo surge como exemplo de retroalimentação em que a mudança climática, ocasionada pelos gases estufa, estimulam alterações ambientais. As repercussões envolvem-se com as mudanças no nível marinho, na circulação atmosférica, na evaporação e nas condições das áreas nevosas e glaciárias. As alterações incidentes na precipitação modificam a quantidade das águas, as características na intensidade e freqüência dos escoamentos e o regime fluvial, com mudanças nos canais e na rede fluvial (figura 6.9).

Os processos nos sistemas geomorfológicos são condicionados pelas características climáticas e hidrológicas. Em função desse controle, um tema recorrente encontra-se relacionado com as implicações causadas pelas mudanças climáticas na dinâmica geomorfológica. Uma categoria de exemplos é representado pela modelagem das relações observadas entre as mudanças climáticas e os processos em zonas litorâneas. Um modelo conceitual assinalando as relações entre as mudanças climáticas e os processos litorâneos encontra-se delineado na figura 6.10.

As modificações verificadas no nível marinho ocasionam modificações nas características geomorfológicas das baixadas litorâneas. Ao considerar o caso da dinâmica evolutiva de estuários em função da mudança eustática, DALRYMPLE et al. (1992) utilizaram modelo representado por um prisma tridimensional (figura 6.11). A progradação, que corresponde ao movimento para a parte posterior do prisma, faz com que haja sedimentação nos estuários promovendo a sua transformação para a tipologia deltaica, caso os sedimentos sejam fornecidos diretamente pelos canais fluviais, ou para a tipologia morfológica de planícies com restingas ou planícies intertidais planas, caso os sedimentos sejam fornecidos pelas ondas ou marés, respectivamente. As transgressões, que correspondem ao

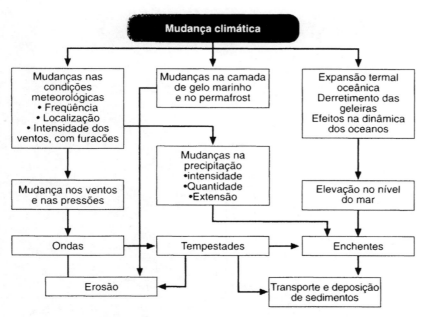

Figura 6.10 — Relações entre mudanças climáticas e processos litorâneos (conforme Goudie, 1997)

movimento para a parte frontal do prisma, promovem a inundação dos vales fluviais e sua conversão em estuários. Os perfis transversais ao longo do prisma podem ser usados para classificar os sistemas deposicionais litorâneos conforme a importante relativa dos processos fluviais, intertidais e das ondas.

Há várias tentativas para se realizar a modelagem das oscilações eustáticas, que sejam consistentes com o decaimento das calotas glaciárias. Tais modelos utilizam pressupostos relacionados com a reologia da Terra e com o tamanho e distribuição das calotas glaciárias durante e após o máximo do último estágio glacial. O modelo empregado por CLARK e LINGLE (1979) e CLARK (1980) considera a deformação do fundo dos oceanos pela carga glacial e de águas, a perturbação geoidal resultante da atração gravitacional da superfície das águas às grandes camadas de gelo e a redistribuição da matéria no interior da Terra. Os autores presumem que a viscosidade do manto seja constante, que o nível marinho se elevou a cerca de 75 m entre 18.000 e 5.000 anos atrás, e que não ocorresse mais mudança eustática desde aquela época. O modelo distinguiu seis zonas de nível marinho:

- a zona I engloba as regiões que estavam sob as calotas glaciárias. A emersão imediata ocorreu em virtude do soerguimento elástico e redução na atração gravitacional dos gelos na superfície dos oceanos;
- a zona II sofreu submersão como resultado do material do manto fluindo para as áreas soerguidas;
- a zona III apresenta inicialmente rápida submersão que, gradualmente, foi substituída por suave emergência de menos de um metro,
- a zona IV apresenta submersão contínua de 1 a 2 metros nos últimos 5.000 anos, apesar do pressuposto de que o volume dos oceanos fosse constante durante esse período;
- a zona V apresenta inicialmente submersão, mas foi afetada por suave emersão entre 1 e 2 metros quando o derretimento das geleiras adicionou água aos oceanos;
- todas as zonas litorâneas continentais, deixando de lado aquelas adjacentes à zona II, incluem-se na categoria da zona VI. O aumento do peso da água sobre o fundo dos oceanos forçou o fluxo do material do manto para as áreas sob os continentes, causando soerguimento durante a fase média do Holoceno, embora o modelo pressupõe que não ocorresse aumento no volume dos oceanos nesse período. (figuras 6.12 e 6.13).

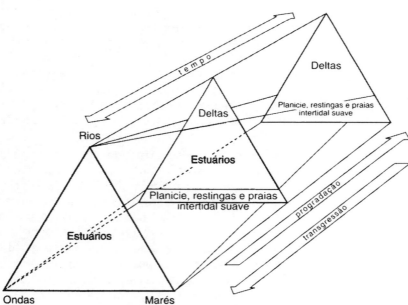

Figura 6.11 — Classificação evolutiva dos ambientes litorâneos. O eixo longitudinal do prisma representa o tempo com referência aos movimentos eustáticos e cargas de sedimentos, enquanto os três vértices do prisma correspondem aos ambientes dominados pelos rios, ondas e marés (conforme Dalrymple et al., 1992)

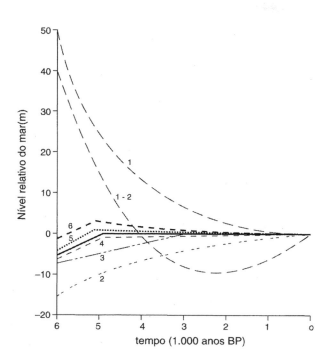

Figura 6.12 — Mudanças expressivas do nível marinho para os últimos 6.000 anos. A linha mais forte representa a pressuposta mudança eustática no nível do mar (conforme Clark e Lingle, 1979)

Os efeitos das mudanças climáticas no ciclo hidrológico apresentam facetas diversas. Os efeitos desencadeados por crescente concentração de gases estufa no sistema na complexa rede de interação do sistema hidrológico estão delineados na figura 6.14. ARNELL (1994) considera que o aumento na concentração de gases estufa resulta em aumento no balanço da radiação na superfície terrestre, produzindo modificações nas temperaturas, precipitações e evaporação, e em conseqüência nos regimes de umidade dos solos, reabastecimento de águas subterrâneas e escoamento fluvial. As temperaturas, precipitações, evaporação e umidade do solo afetam o crescimento da vegetação, assim como provocam mudanças na radiação solar e na concentração de CO_2. As concentrações mais altas de bióxido de carbono também podem afetar o uso de recursos hídricos pelas plantas. A complexidade interativa do sistema hidrológico é salientada pelas respostas não-lineares e pelos limiares importantes do sistema que governam o funcionamento de diferentes tipos de processos.

A análise das reações geomorfológicas em face das mudanças climáticas possui no campo da Geomorfologia Fluvial longa relação de estudos de casos e modelos, mostrando a interação no conjunto do sistema ambiental para o desenvolvimento das formas e processos no âmbito das bacias hidrográficas, assinalando as condições

Figura 6.13 — Distribuição espacial das zonas de mudanças no nível marinho. Os números representam as zonas descritas no texto. O diagrama superior pressupõe que a desintegração das geleiras do hemisfério foi completada há 5.000 anos, e posteriormente elevado de 0,7m por causa do derretimento da Antártica. O diagrama inferior pressupõe que a desintegração das geleiras de ambos os hemisférios foi completada há 5.000 anos (conforme Clark e Lingle, 1979)

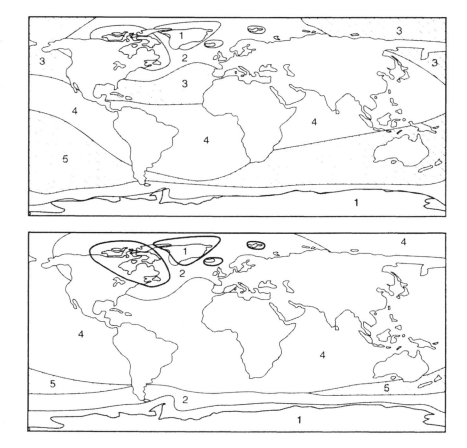

128 Modelos sobre mudanças e dinâmica evolutiva dos sistemas

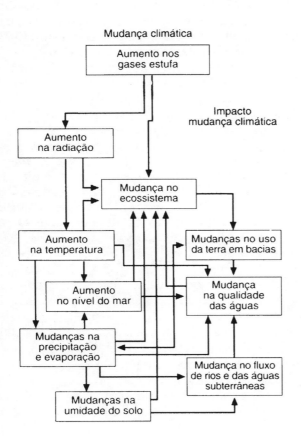

Figura 6.14 — Impactos das mudanças climáticas no sistema hidrológico (conforme Arnell, 1994)

climáticas e as características e as influências das rochas, dos solos, da vegetação e do uso da terra. Uma contribuição exemplificando a potencialidade aplicativa da teoria dos sistemas nos estudos geomorfológicos e a integração dos conhecimentos empíricos setoriais numa abordagem holística, fim de compreender e avaliar as reações geomorfológicas às modificações nos inputs energéticos e agentes controladores (mudanças climáticas) está relacionada com a obra de BULL (1991). Nessa obra apresenta análises e modelos considerando os impactos das mudanças climáticas ocorridas no Pleistoceno e Holoceno observados nas redes hidrográficas e nas vertentes em regiões desérticas, em regiões semi-áridas e cadeias montanhosas subúmidas, e nos sistemas fluviais das regiões úmidas.

No contexto da literatura brasileira, as análises das alternâncias de fases úmidas e secas durante o Quaternário propiciaram oportunidade para BIGARELLA, MOUSINHO e SILVA (1965 a; 1965b), em decorrência das pesquisas desenvolvidas principalmente no Brasil de Sudeste, elaborarem um modelo evolutivo sobre o modelado, englobando a sucessão de pedimentos nas fases de clima seco e o entalhamento fluvial nas fases de clima úmido, levando à formação de pedimentos, rampas e terraços fluviais (figura 6.15). A primeira fase (A) corresponde à formação de ampla superfície intermontana causada pela pediplanação sob condições de clima árido. As fases (B) e (C) mostram a regressão da superfície aplainada causada por ligeiro rebaixamento do nível de base local ocasionada por suaves flutuações

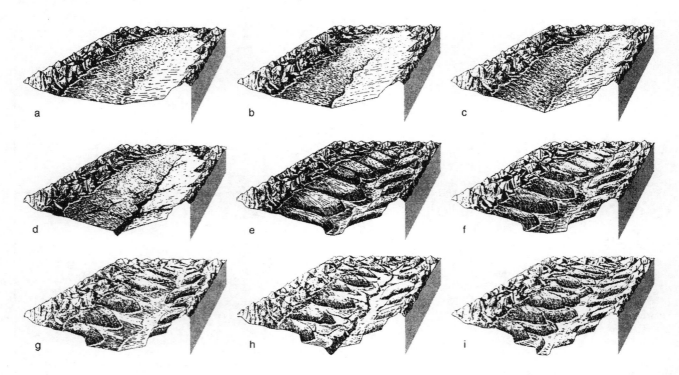

Figura 6.15 — Modelo evolutivo dos vales fluviais considerando a sucessão de fases de climas úmidos e secos ao longo do Quaternário. A descrição das fases encontra-se no texto (conforme Bigarella, Mousinho e Silva, 1965)

para condições úmidas ao longo da fase árida; em (D) observa-se dissecação generalizada da superfície aplainada devido a implantação da fase úmida. A fase (E) representa o processo de alargamento dos vales, aluvionamento e acelerado coluvionamento por curtos episódios áridos no decorrer da época úmida. A fase (F) mostra a retração do escarpamento e formação de uma superfície de pedimentos sob condições de clima árido, enquanto(G) assinala degradação das vertentes dos pedimentos durante ligeira flutuações úmidas ao longo da fase árida. Na fase (H) há incisão generalizada sob uma nova fase de clima úmido, e durante (I) observam-se alargamento e aluvionamento dos vales causados por flutuações climáticas episódicas com tendência para ampliação da aridez.

B — MUDANÇAS EM ECOSSISTEMAS

Os ecossistemas continentais e os marinhos reagem modificando-se em função das mudanças climáticas, mas pode-se inferir que as transformações são mais rápidas e sensíveis nos primeiros em virtude dos processos e níveis ligados com a estabilidade, sensibilidade e vulnerabilidade. Nos ecossistemas continentais, por exemplo, as mudanças climáticas provocam distúrbios e alterações na estrutura e no metabolismo dos ecossistemas, influenciando a competitividade e a produção da biomassa. Por outro lado, a distribuição espacial dos biomas também se modifica no contexto da organização regional.

No presente item descrevem-se exemplos relacionados com as mudanças espaciais ao longo de ecossistemas fluviais, em função das mudanças na grandeza dos componentes do sistema das bacias hidrográficas, e modelos para a análise de paisagens florestais, levando-se em consideração as características de duas perspectivas. As alterações na organização espacial dos ecossistemas serão inseridas no contexto das implicações geográficas relacionadas com as mudanças climáticas globais.

A abordagem sobre os hidrossistemas fluviais (AMOROS e PETTS, 1993; PETTS e AMOROS; 1996) procura estudar as relações entre hidrologia, geomorfologia e ecologia ao longo dos cursos d'água. As bases estabeleceram-se nos anos setenta quando foram introduzidos dois importantes conceitos para a ecologia fluvial, provindos dos estudos geomorfológicos. O primeiro refere-se ao uso da teoria do equilíbrio da energia para fundamentar o *conceito do continuum fluvial* (VANNOTTE et al., 1980), que assinala que as características estruturais e funcionais das comunidades fluviais estão adaptadas para se ajustarem ao estado mais provável ou ao estado médio dos sistemas físicos. O segundo constitui o reconhecimento e o uso adequado das escalas espacial e temporal, com base na proposição estabelecida por SCHUMM e LICHTY (1965; vide quadro 6.2), constituindo os fundamentos para a elaboração da teoria ecológica fluvial (MINSHALL, 1988).

O conceito de *continuum fluvial* salienta as mudanças espaciais ao longo do sistema, considerando a hierarquia da ordenação fluvial (figura 6.16). Assinala que os sistemas fluviais florestais possuem um estrutura longitudinal formada pelo gradiente dos processos físicos que influenciam a importância relativa das três fontes primárias de energia: inputs locais de matéria orgânica provenientes da vegetação terrestre (inputs alóctones), produção primária dentro do canal (inputs autóctones) e transporte do material orgânico provindo de montante. A estrutura e função das comunidades bióticas ao longo do continuum procuram se estabelecer em equilíbrio dinâmico com as condições ambientais físicas. Três zonas básicas podem ser distinguidas, correlacionadas com as três zonas geomorfológicas discernidas por SCHUMM (1977).

Os canais da primeira à terceira ordem geralmente são sombreados pela presença da mata ripariana e a fonte

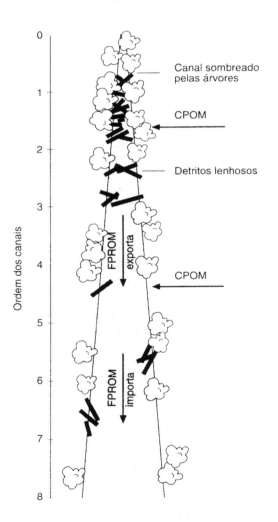

Figura 6.16 — Dimensões hidrológicas no contexto dos corredores fluviais, considerando o conceito de continuum fluvial (conforme Vannote et al., 1980; Petts e Amoros, 1996). POM = particulados de matéria orgânica; C = material grosseiro; F = material fino; CPOM é convertido para FPOM pela decomposição e processos dentro do canal

de energia primária é a sarapueira terrestre, que é processada pelos grupos de invertebrados retalhadores e coletores. Os setores médios (ordens 4 a 6) são relativamente amplos e rasos, e a iluminação e nutrientes favorecem o crescimento de algas no leito do canal que é consumida pelos grupos de invertebrados rastejantes e pelos coletores. Nos rios com larguras amplas, as variações nas condições ambientais (fluxos e temperaturas) são relativamente lentas e predizíveis; os longos prazos de travessia, mistura das águas provindas de diferentes fontes na bacia hidrográfica e os grandes volumes hídricos possuem efeito de compensação. Nos setores dos baixos cursos, os elevados níveis de particulados orgânicos e de sedimentos finos provindos de montante e das planícies de inundação favorecem a presença dos grupos de invertebrados coletores (PETTS e BRADLEY, 1997). Dessa maneira, à medida que a ordem aumenta há alargamento do canal e diminuição do papel exercido pelas matas em ambas as margens. No sentido longitudinal também há diminuição dos impactos causados pelos entulhos arbóreos no canal. Os particulados de matéria orgânica (POM) aliam-se ao material grosseiro (C) nos altos cursos, enquanto surgem integrados ao material sedimentar mais fino (F) ao longo do perfil longitudinal. A categoria CPOM vai se transformando em FPROM no interior do canal pela decomposição e processamento biológico, aliados aos aspectos da competência fluvial.

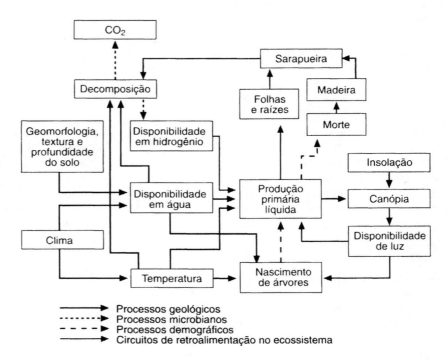

Figura 6.17 — Características do modelo LINKAGES (conforme Pastor e Johnston, 1992)

Na aplicação de modelos para a análise de paisagens florestais duas perspectivas podem ser exemplificadas. Uma abordagem consiste em usar modelos de simulação ambiental para analisar a variabilidade espacial das respostas de florestas às mudanças climáticas. PASTOR e JOHNSTON (1992) utilizaram o modelo LINKAGES, combinado com o uso de sistemas de informação geográfica, para simular o processo anual, o crescimento e a morte de árvores individuais e o decaimento da sarapueira, considerando células de 1/12 ha de floresta. As características do modelo LINKAGES estão delineadas na figura 6.17. O modelo pressupõe que as espécies migram para novos sítios à medida que as temperaturas e a disponibilidade de água nos solos sejam ótimas, e que o crescimento seja condicionado pela temperatura, água, nitrogênio, ou insolação, que é o fator mais restritivo. As florestas foram simuladas para 200 anos em vinte pontos na região oriental da América do Norte usando médias mensais das temperaturas e da precipitação com base em séries de dados de longo prazo. Essas propriedades climáticas foram alteradas linearmente para os próximos 100 anos, procurando simular condições climáticas correspondentes ao dobro da atual concentração em bióxido de carbono nos lugares amostrados, seguindo-se período de mais 200 anos sob as novas condições climáticas. Os resultados mostraram migração das espécies arbóreas e modificações na composição distributiva dos componentes da floresta (JOHNSTON, COHEN e PASTOR, 1996).

A segunda abordagem consiste em focalizar os aspectos ligados com os distúrbios, sucessão e manejo de paisagens florestais. Um modelo estocástico, espacialmente explícito, elaborado para simular as florestas das regiões lacustres dos estados setentrionais dos Estados Unidos, refere-se ao estudo dos distúrbios e sucessões das paisagens, denominado LANDIS (*LANdscape DIsturbance and Sucession*) e aplicado por MLADENOFF et al. (1996). O modelo simula de maneira quantitativa a sucessão conforme as classes de idade das espécies arbóreas. Essa abordagem possibilita orientar a complexidade do modelo em algoritmos que simulam as interações espaciais na escala das paisagens, considerado a dispersão das sementes em uma matriz de tipos de solos com diferentes regimes de distúrbios. O modelo inclui uma interface gráfica e rotinas adequadas à análise espacial e para o cálculo de vários índices dos padrões de paisagens, tendo como produtos mapas e gráficos, sendo desenvolvido para analisar a estrutura da paisagem florestal em resposta aos distúrbios provocados por queimadas, pelos vendavais e pela atividade de exploração florestal. A estrutura geral do modelo LANDIS, considerando o código imperativo e o orientado a objetos encontra-se representada na figura 6.18.

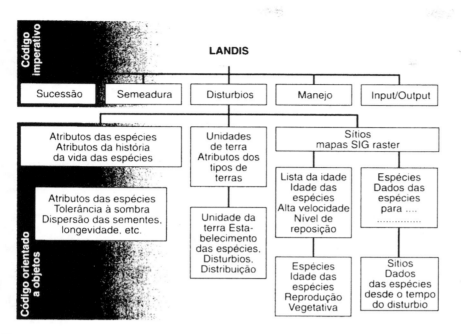

Figura 6.18 — Esrutura geral do modelo LANDIS, salientando os componentes dos códigos imperativo e orientado a objetos (conforme Mladenoff et al., 1996)

Os ecossistemas funcionam como componentes ambientais de alta sensibilidade em face das condições climáticas. Em contrapartida, os estudos polínicos e as análises dos indicadores de antigos ecossistemas são bases relevantes para as inferências ligadas com a recomposição de paleoclimas. Na escala dos tempos históricos, as modificações nos ecossistemas da superfície terrestre estão muito vinculadas aos impactos antropogênicos. Mas na escala temporal do Quaternário modificam-se os fatores principais de controle, assumindo relevância as interações com as oscilações paleoclimáticas. Nessa perspectiva, os estudos recompondo os cenários paisagísticos ao longo do Quaternário são exemplos de modelos, como o caso das pesquisas de AB'SABER (1977b; 1977c) a propósito dos processos de savanização, do mapeamento dos espaços ocupados pelos climas secos nas fases glaciárias e no delineamento dos domínios naturais no período entre 18.000 e 13.000 anos BP, na América do Sul (figura 5.30).

III — MUDANÇAS OCASIONADAS PELOS IMPACTOS ANTROPOGÊNICOS

As atividades econômicas e sociais realizadas pelas sociedades ocasionam mudanças na morfologia e nos processos dos sistemas ambientais. As repercussões dessas atividades incidem em modificações na superfície terrestre, que se processam em ritmos variados ao longo dos tempos históricos. Os modelos exemplificativos estão relacionados com as mudanças nas variáveis dos componentes climáticos, nas variáveis dos elementos dos sistemas geomorfológicos e hidrológicos e mudanças nos ecossistemas.

A — MUDANÇAS NAS VARIÁVEIS CLIMÁTICAS

Para se compreender as mudanças climáticas recentes e futuras torna-se necessário documentar as oscilações climáticas passadas nas escalas temporal e espacial. Essa preocupação é básica para se verificar se as mudanças hodiernas estão ligadas com a variabilidade natural ou com as influências antropogênicas. Para as fases do tempo geológico, as reconstruções paleoclimáticas constituem os procedimentos adequados. No tocante aos tempos históricos, as inferências sobre as condições climáticas encontram-se baseadas nos registros de diversas categorias de fenômenos, tanto ambientais como históricos. Para os dois últimos séculos os registros climáticos começaram e se ampliaram baseados em observações instrumentais. Entre as muitas questões relacionadas com essa temática, os exemplos mencionados referem-se ao aquecimento global, ao quadro genérico das mudanças climáticas baseadas nas observações instrumentais e ao caso dos climas urbanos.

O aquecimento da atmosfera constitui mudança que se relaciona com a emissão de gases estufa. O crescimento demográfico, ao longo dos séculos, sempre se envolveu com o desmatamento e formação de espaços abertos para as atividades agrícolas e pastoris. A ampliação espacial das atividades humanas tornou-se crescente, possibilitando a emissão de quantidades cada vez maiores de gases. Os impactos causados pelo crescimento populacional sobre a emissão de gases estufa, em relação com a agricultura e atividades florestais, encontram-se delineados na figura 6.19. Desencadeados pela demanda crescente por alimentos e combustíveis, as atividades promovem a expansão das atividades agrícolas nas vertentes e o encurtamento ou eliminação dos pousios, gerando a intensificação dos sistemas de produção e o aumento da erosão. As conexões delineadas no modelo mostram as interações entre quatro tipos de circuitos.

As observações instrumentais sobre as variáveis climáticas estão restritas aos últimos 150 anos, mas a maioria das informações refere-se a séries temporais bem mais curtas. Um quadro genérico sobre as mudanças climáticas, com base nas informações instrumentais, encontra-se representado na figura 6.20, assinalando os indicadores da temperatura e hidrológicos para as condições nos continentes e oceanos. As observações mostram aquecimento ao longo do século XX, acompanhado por alterações no ciclo hidrológico. O aquecimento não pode ser atribuído apenas ao processo de uso da terra e urbanização, pois também é encontrado

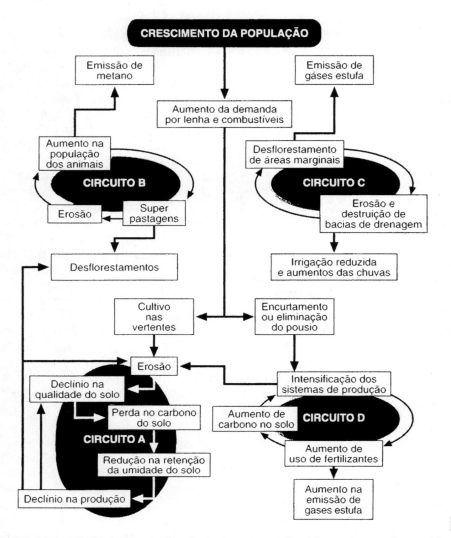

Figura 6.19 — Modelo representativo dos impactos causados pelo crescimento demográfico sobre a emissão dos gases estufa, em relação com as atividades agrícolas e desmatamentos

nas temperaturas dos oceanos.

As mudanças nas condições climáticas em áreas urbanizadas constituem categoria de impactos antropogenéticos, com ampla bibliografia, considerando tanto os efeitos na temperatura, gerando as *ilhas de calor*, como na precipitação. Cingindo-se à literatura brasileira, destaca-se inicialmente a ampla e fundamental abordagem sobre o clima urbano realizado por MONTEIRO (1976). Em virtude das características das áreas urbanizadas, há absorção maior do calor promovendo aumento das temperaturas e diferenças com os valores reinantes na zona rural circunvizinha. A respeito das ilhas de calor, TARIFA (1977) realizou estudo na área de São José dos Campos, enquanto LOMBARDO (1985) analisou o caso da metrópole paulistana. Posteriormente, ao analisar as mudanças climáticas no Brasil, produzidas pela ação antrópica, TARIFA (1983) retoma o exemplo da área metropolitana de São Paulo e acrescenta o da cidade de Cubatão como casos onde a ação humana tem contribuído para a degradação da qualidade ambiental. Na análise do caso de São José dos Campos, aplicando a técnica da regressão linear, TARIFA (1977) obteve resultados relacionando as temperaturas na área urbanizada (Y_1 e Y_2) com as temperaturas da zona rural (X_1 e X_2), de modo que

$$Y_1 = 10,2263 + 0,5669\ X_1$$
$$r = 0,83$$
$$Y_2 = 9,1507 + 0,6166\ X_2$$
$$r = 0,86$$

Para a cidade do Rio de Janeiro, BRANDÃO (1987) realizou estudo descritivo sobre as oscilações climáticas analisando a tendência da variação da precipitação e da pluviosidade para o período que chega, como no caso da Praça XV, de 1851 a 1980. Em suas conclusões observa que verificou a existência de "dois grandes ciclos quentes, tanto para as temperaturas médias anuais como para as sazonais e mensais, intercalados por uma faixa mais amena, num intervalo de aproximadamente cem anos". Em busca da aplicabilidade dos valores observados em áreas urbanas como indicadores de alterações térmicas, PITTON (1997) analisou os casos de duas cidades médias (Rio Claro e Araras) e de duas cidades pequenas (Cordeirópolis e Santa Gertrudes), salientando ligeiro aumento das temperaturas em relação com a densidade das áreas edificadas.

B — MUDANÇAS EM SISTEMAS HIDROLÓGICOS

As atividades humanas estão interferindo sobre as características do ciclo hidrológico em muitos locais e bacias de drenagem. Os impactos são de diferentes categorias, ocasionados por ações deliberadas (mas nem sempre com previsão das conseqüências) ou inadvertidas, afetando a quantidade e a qualidade das águas e biotas aquáticos. Essas atividades compreendem os seguintes exemplos:

- *represamentos e regulagem dos rios*:- A construção de represas para a proteção contra cheias, produção de energia elétrica e navegação interior, associadas com as medidas de regulamentação, causam mudanças na distribuição espacial e temporal dos fluxos fluviais, o que também repercute na evaporação e na infiltração

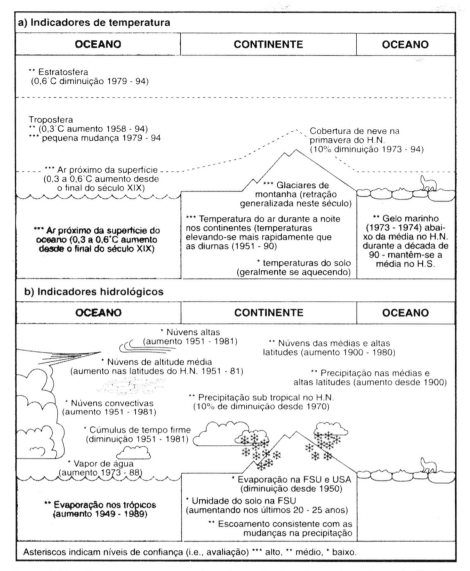

Figura 6.20 — *Esquemas representativos das variações observadas sobre os indicadores das temperaturas e dos hidrológicos, nos continentes e nos oceanos (conforme Nicholls et al., 1996)*

de áreas próximas ao leito dos rios e na biota circunvizinha. Os impactos sobre aumento ou diminuição na infiltração fluvial para os aqüíferos subterrâneos assumem alta relevância;

- *impactos dos procedimentos de uso das terras e de suas mudanças*:- As atividades antropogênicas que afetam a superfície das terras incluem a urbanização, atividades agrícolas tais como irrigação, drenagem, saneamento das terras e a aplicações de fertilizantes químicos, desmatamentos e silvicultura e atividades pastoris. Essas atividades podem causar, local e regionalmente, mudanças significativas na evaporação, balanço hídrico, freqüência das cheias e das secas, quantidade e qualidade das águas superficiais e subterrâneas e no reabastecimento das águas subterrâneas;

- *retirada de águas e retorno de efluentes*:- As águas usadas para propósitos municipais, industriais e agrícolas podem afetar os fluxos fluviais e os níveis das águas subterrâneas. Essas águas podem, subseqüentemente, retornar ao sistema hidrológico, mas em quantidade menor que a retirada, pois uma parcela é consumida pela evaporação e uso biológico;

- *desvios das águas fluviais em grande escala*:- O desvio das águas fluviais em grande escala, principalmente para finalidades de irrigação e produção energética, pode causar mudanças acentuadas e irreversíveis nos ecossistemas de grandes áreas.

Estas categorias de impactos são relevantes para a modelagem considerando as implicações para os processos hidrológicos e para a elaboração de cenários relacionados com os estudos de impactos ambientais. Como perspectivas de análise sobre cenários podem ser utilizados os análogos temporais, nos quais se utilizam os modelos sobre o passado como análogos para o futuro, e os análogos espaciais, nos quais o modelo para uma área é utilizado como referencial para outra localidade.

C — MUDANÇAS EM SISTEMAS GEOMORFOLÓGICOS

Na análise da geometria hidráulica, a área da seção transversal, ao nível das margens plenas, tem sido definida como indicadora da capacidade do canal. Em virtude das características observadas nas variáveis da geometria hidráulica, as pesquisas também mostram relações entre a capacidade do canal com outros atributos da bacia de drenagem. Ao analisar exemplos localizados em Devon, na Inglaterra, PARK (1978) encontrou relacionamento entre a capacidade do canal e a área da bacia de drenagem, expressa como sendo igual a

$$Ac = 1,189 Ab^{0,48},$$

na qual *Ac* é a área da seção transversal, ao nível de margens plenas, indicadora da capacidade do canal, e *Ab* é a área da bacia de drenagem.

O uso desse modelo permite calcular a área esperada que o canal deveria apresentar. Tomando esse valor como ponto de referência, pode-se estabelecer um *índice de alargamento* do canal (*Iac*), que consiste em confrontar a área mensurada em determinada seção transversal com a área esperada, de modo que:

$$Iac = \frac{\text{área mensurada do canal}}{1,189 \, (\text{área da bacia})^{0,48}}$$

Os valores próximos da unidade assinalam crescimento proporcional, alometricamente ajustados em função da área da bacia de drenagem. Quando essa proporcionalidade é alterada em determinados trechos, cumpre verificar a influência de fatores atuantes, tais, como exemplo, a atividade antrópica. Ao estudar a influência da urbanização em rios localizados no Sudeste da Inglaterra, HOLLIS e LUCKETT (1976) observaram que o alargamento apresenta correlação positiva com a porcentagem da área recoberta por superfícies pavimentadas, em virtude do reconhecido fato de que a impermeabilização das áreas resulta em aumento no pico dos fluxos das cheias (LEOPOLD, 1968). À medida que o tempo decorre, devido a expansão da urbanização, as conseqüências morfológicas nos canais podem ser intensificadas. No exemplo de Sussex, as bacias que sofreram desenvolvimento urbano há menos de quatro anos apresentam canais com índice de alargamento de 2,19, e as que sofreram urbanização com tempo superior a 4 anos apresentam índices de 5,95.

A construção de barragens e reservatórios nos cursos de água também introduz alterações na capacidade do canal, pois modifica a magnitude e a freqüência dos picos dos débitos em direção a jusante. Se a geometria do canal está em equilíbrio com o pico da descarga de determinada grandeza e intervalo de recorrência, então a interposição de uma barragem provocará ajustamentos na geometria hidráulica do canal situado a jusante. No caso do rio Tone, em Somerset (Inglaterra), GREGORY e PARK (1974) analisaram a capacidade do canal ao nível de margens plenas situadas a montante e a jusante de um reservatório construído em 1959. Considerando as seções transversais situadas a montante e aquelas localizadas a jusante, em relação com a fase antecedente ao reservatório, observaram correspondência significativa na capacidade do canal em seu relacionamento com a área da bacia hidrográfica, descrita como sendo igual a

$$C = 0,4526 \, Ab^{0,68}$$

na qual C é a área do canal (em m^2) e Ab é a área da bacia de drenagem (em km^2). Analisando o nível de margens plenas no trecho do rio a jusante do reservatório, correspondente ao novo fluxo, GREGORY e PARK (1974) observaram redução de 54% na capacidade do canal na parte imediatamente próxima da barragem, mas em direção de jusante o reajustamento se processa de modo mais rápido até que venha a atingir valores aproximados com os obtidos na fase anterior à construção da barragem e compatíveis com os localizados à montante do reservatório (CHRISTOFOLETTI, 1981b).

D — MUDANÇAS EM ECOSSISTEMAS

Em função das características e da sensibilidade dos ecossistemas, as mudanças temporais e espaciais relacionadas com as atividades antrópicas são freqüentes. As alterações provocadas pela implantação das atividades agrícolas, pastoris, urbanização, industrialização e mineração, que se inserem transformando radicalmente a estrutura dos ecossistemas reinantes, são comuns em todas as sociedades. O uso de modelos encontra-se direcionado para a compreensão das mudanças desencadeadas pelas atividades humanas, considerando as alterações na composição, processos e potencialidades dos ecossistemas em sua função de suporte ambiental. As causas consideradas como ponto de partida vinculam-se às mudanças na composição geoquímica da atmosfera, às alterações ocorridas nas temperaturas e nas precipitações e às próprias atividades sócio-econômicas.

Com o aumento dos gases estufa na atmosfera, principalmente do bióxido de carbono, ocorrem mudanças na composição biogeoquímica e nas condições climáticas. As mudanças biogeoquímicas provocam alterações no crescimento das plantas, devido à fertilização pelo CO_2, e mudanças na estrutura e padrão da vegetação devido à melhoria na eficiência do uso da água. Por seu turno, as mudanças climáticas promovem alterações diretas no crescimento das plantas, na decomposição e padrões da vegetação, e indiretas nos regimes dos distúrbios e na competição das plantas (figura 6.21).

Considerando o processo de urbanização, PICKETT et al (1997) demonstram a possibilidade para se distinguir gradientes dos impactos urbanos entre os diversos sítios, passando do segmento de floresta para o segmento intermediário rural-urbano e segmento urbano denso, mostrando a aplicação integrativa entre a abordagem ecológica tradicional e o uso do modelo ecossistema humano. Os autores consideram quatro categorias de processos, considerando os processos que contribuem

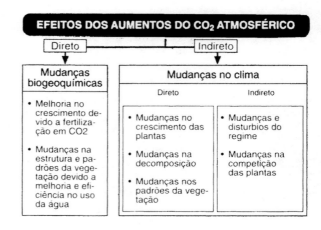

Figura 6.21 — Conseqüências ocasionadas pelo aumento de bióxido de carbono na atmosféra (conforme Leemans, 1997)

para manter a qualidade do ar, os que modificam as condições climáticas, os processos químicos que contribuem para a manutenção do fluxo e da qualidade das águas e os que reduzem o escoamento superficial, a erosão e produção de sedimentos e os picos de cheias.

Sob uma perspectiva mais sistematizada, a elaboração de modelo focalizando os efeitos da urbanização nos fenômenos ecológicos, com base nos trabalhos de McDONNELL e PICKETT (1990), McDONNELL et al (1997) e PICKETT et al (1997), salientando as relações causais e as retroalimentações entre os componentes das áreas urbanas e os fenômenos ecológicos, encontra-se exemplificado na figura 6.22. A figura assinala os efeitos bióticos e ambientais e os efeitos nos ecossistemas ocasionados pelos aspectos estruturais das áreas urbanas, características da biota e pelas políticas e condições sócio-econômicas.

A expansão das atividades recreativas representa uma das tendências marcantes da sociedade contemporânea, com implantação de empreendimentos de grandeza espacial significativa. As alterações ocasionadas pelos empreendimentos turísticos inserem-se em complexa rede de ligações com os componentes ambientais. Um modelo explicitando o quadro genérico dessas relações foi proporcionado por MATHIESON e WALL (1982), considerando as mudanças afetando, direta ou indiretamente, os sistemas hospedeiros: solos, água, vegetação e animais da vida selvagem .

IV — MUDANÇAS PALEOCLIMÁTICAS NA ESCALA DO QUATERNÁRIO E NA DOS TEMPOS HISTÓRICOS

As oscilações climáticas são fenômenos registrados em todas as épocas geológicas. Todavia, para a análise dos sistemas ambientais há maior relevância para o conhecimento das oscilações climáticas ocorridas durante o Quaternário.

O período Quaternário abrange a etapa dos últimos 1,8 milhão de anos, constituindo tempo muito breve para que a deriva continental seja considerada como explicação adequada para as sensíveis mudanças observadas nas condições climáticas. O Quaternário é dividido em *Pleistoceno*, que vai desde o início até há cerca de 10.000 BP, e *Holoceno*, que recobre os últimos 10.000 anos.

Nos últimos 900.000 anos (900 KBP) ocorreram longos períodos frios, as glaciações, por vezes com duração na escala da centena de milhares de anos, apresentando um pico de resfriamento e pequenos ciclos de resfriamento na ordem de 40.000 e 22.000 anos, chamados de ciclos de Milankovich e atribuídos às variações na órbita do Sol. As glaciações alternaram-se com períodos mais quentes, as fases interglaciárias.

O modelo representativo das oscilações climáticas globais no Quaternário está representado na figura 6.23. A fase interglaciária precedente à atual, denominada de *interglacial Eemiano*, durou aproximadamente de 120.000 a 20.000 anos. Na Europa as temperaturas foram mais altas e as precipitações mais chuvosas. O aumento das temperaturas na Antártica encontrou-se paralelizado com aumento do bióxido de carbono na atmosfera, de 190 ppm para 280 ppm. A grandeza espacial da Antártica diminuiu muito e os níveis marinhos elevaram-se cerca de 6 m acima dos níveis atuais. O findar abrupto desse período quente possivelmente foi desencadeado por mudanças na direção nos mecanismos de transporte no Atlântico Norte.

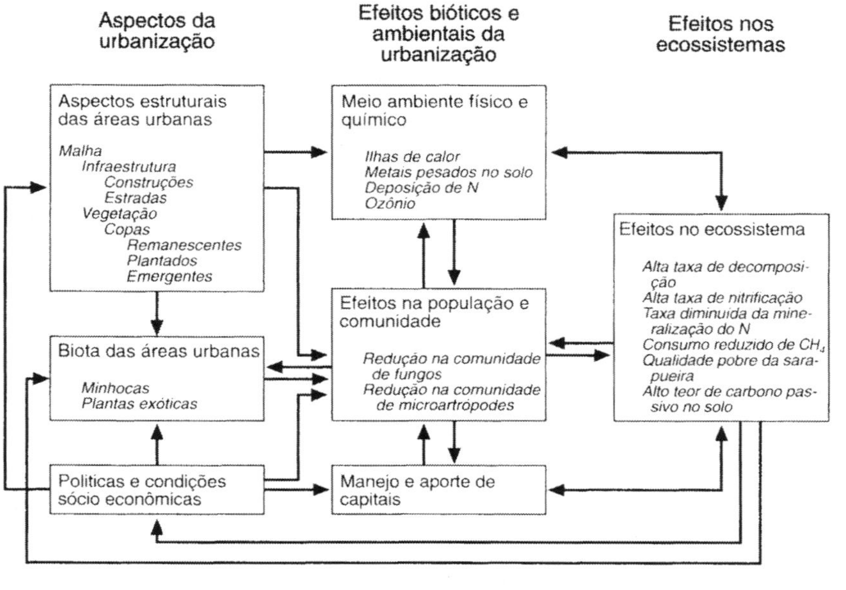

A glaciação subseqüente e mais recente envolveu resfriamento no período de 120.000 a 20.000 anos BP, com redução paralela do bióxido de carbono e sugerindo processo de efeito estufa. O rebaixamento geral de 8 graus na temperatura não ocorreu de forma contínua, mas apresentou seis pequenas fases de resfriamento acompanhadas por etapas de ligeiro aquecimento. Essa fase glaciária promoveu acúmulo de águas nas calotas glaciárias, de modo que na fase mais intensa da glaciação o nível marinho baixou cerca de 120 m em relação ao nível atual.

O Holoceno apresenta clima relativamente mais quente que a fase anterior, que corresponde à *era do domínio da humanidade*, mas que demonstra também sofrer pequenas oscilações. Um período relativamente mais quente ocorreu na Europa, entre

figura 6.22 — Modelos conceituais salientando os efeitos da urbanização, nas condições de ambientes em florestas, rural-urbano e urbano (conforme Pickett et al., 1997)

900-1200 AD, com temperaturas ligeiramente mais altas que as atuais. A fase holocênica mais quente corresponde ao evento *Altitermal*. Generalizado resfriamento ocorreu entre 1450 e 1850, chamado a *Pequena Idade Glaciária*, que parece ser o quarto evento similarmente espaçado desde o último glacial, que ocorreu no Holoceno.

Em escala temporal correspondendo ao século XX, observa-se pequenas oscilações nos valores das temperaturas, mas tendência geral para aquecimento. Os dados relacionados com as anomalias globais das temperaturas anuais sobre as áreas continentais para o período de 1856 a 1995, tomando como referência a média para o período de 1961 a 1990, assinala que a partir de 1970 acentua-se o ritmo do aquecimento (figura 6.24), levando-se ao polêmico tema do aquecimento global. As informações são baseadas nos registros compilados pela Unidade de Pesquisa Climática, da Universidade de East Anglia, e utilizados pelo Painel Intergovernamental sobre Mudanças Climáticas em suas publicações. No que se refere às anomalias das temperaturas anuais na superfície marinha para o período de 1856 a 1995, considerando a região situada entre 20° e 70° N e entre 0° e 80° W, também tomando como referência as médias para o período de 1961 a 1990, observa-se que ocorreu onda mais acentuada na fase de 1940-1950, com declínio por volta de 1970 e retorno à ascensão nos anos oitenta (figura 6.25).

Em termos dos estudos de grandeza regional, os dados coletados por KADOMURA (1995) sobre as mudanças paleoecológicas e paleohidrológicas observadas na África Equatorial e na América do Sul propiciam dois exemplos. Na África Equatorial, no transcurso dos últimos 20.000 anos, foram observadas mudanças paleoecológicas e paleohidrológicas na posição dos níveis lacustres, vegetação, hidrogeomorfologia e influxos de sedimentos, nas áreas do lago Botsumtwi, lago Barombi Mbo, Koiru Birim e fóz do Congo/Zaire. O modelo descritivo inserido na figura 6.26 distingue alterações em quatro principais fases temporais, oscilando entre 20.000 a 15.000 anos, 15.000 a 9.500 anos, 9.500 a 3.000 anos e 3.000 ao presente.

Representação semelhante das mudanças paleoecológicas e paleohidrológicas foi elaborada para o setor equatorial da América do Sul,

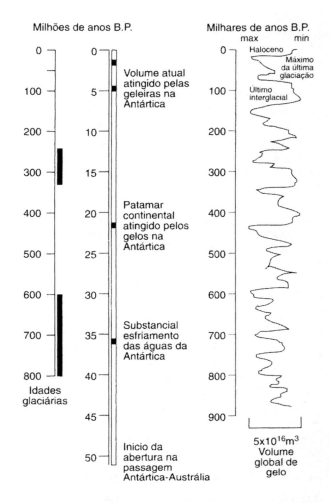

Figura 6.23 — Modelo representativo das ocilações climáticas globais no Quaternário e na escala geológica, desde 800 milhões de anos

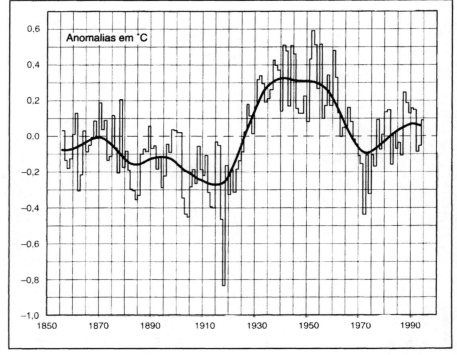

Figura 6.24 — Registro global das temperaturas na superfície continental no período de 1856 a 1995, considerando as anomalias em relação com a média para o período de 1961 a 1990. A curva em negrito é resultado da aplicação de filtragem para os valores anuais, salientando as variações temporais maiores que 30 anos (conforme Hulme e Barrow, 1997)

Mudanças climáticas globais e suas implicações **137**

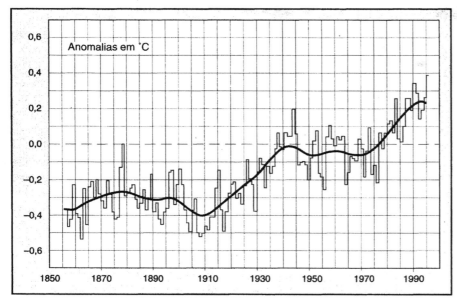

Figura 6.25 — Registro das temperaturas na superfície dos oceanos, no período de 1856 a 1995, considerando as anomalias em relação com a média para o período de 1961 a 1990. A região é definida como sendo de 20° a 70° N e de 0° a 80° W. A curva em negrito é resultado da aplicação de filtragem para os valores anuais, salientando as variações temporais em escalas maiores que 30 anos (conforme Hulme e Barrow, 1997)

sintetizando o estado atual das pesquisas. As características observadas nos lagos do Altiplano andino, áreas de Salitre e Carajás, cabeceiras fluviais em terra firme da Amazônia e no cone da desembocadura do Amazonas possibilitam delinear cinco fases temporais demarcadas em torno de 20.000 a 13.000 anos, 13.000 a 10.000 anos, 10.000 a 7.000 anos, 7.000 a 4.000 anos e 4.000 até o presente (figura 6.27).

V — MUDANÇAS CLIMÁTICAS GLOBAIS E SUAS IMPLICAÇÕES

As implicações geográficas das mudanças climáticas são representadas pelo conjunto das modificações ocorridas nas organizações espaciais, considerando-se inclusive as verificadas no nível hierárquico dos geossistemas e sistemas sócio-econômicos e as observadas na categoria hierárquica dos seus elementos componentes (relevo, solos, vegetação, recursos hídricos, agricultura e uso do solo, áreas urbanizadas, indústrias e redes de transporte, etc).

A temática surge como sendo complexa, tornando-se necessário utilizar de abordagem holística em seu tratamento e compreender com clareza o posicionamento e grandeza hierárquica dos inputs, reações e efeitos no contexto da totalidade, a fim de se evitar o uso inadequado das informações e a elaboração de análises, interpretações explicativas e projeções preditivas incompatíveis com a categoria dos fenômenos implicados nos impactos e funcionamento dos sistemas.

A compreensão das conseqüências relacionadas com as mudanças climáticas constitui tema que ganha importância crescente no campo da modelagem ambiental, em virtude da necessidade de se compor cenários em face da reformulação espacial dos sistemas ambientais. As preocupações envolvem-se com as mudanças nos sistemas das florestas, nos das savanas, nos dos desertos e processos de desertificação, na criosfera, nas regiões montanhosas, nas regiões lacustres e nas baixadas úmidas, nos sistemas litorâneos e nos oceanos. Um delineamento temático sobre as implicações ambientais ligadas com as mudanças climáticas globais pode ser exemplificado

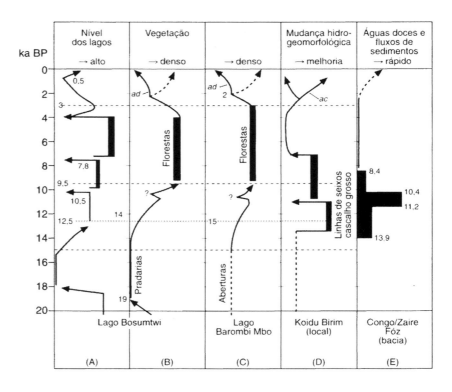

Figura 6.26 — Principais mudanças paleoecológicas e paleohidrológicas na África Equatorial úmida durante os últimos 20.000 anos. ac = intensificação do fluxo superficial, erosão e sedimentação; ad = degradação antropogênica (conforme Kadomura, 1995)

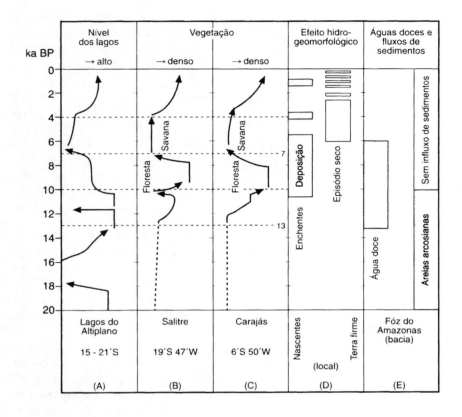

Figura 6.27 — *Principais mudanças paleoecológicas e paleohidrológicas na América do Sul equatorial úmida durante os últimos 20.000 anos (conforme Kadomura, 1995)*

considerando os casos das baixadas litorâneas, em virtude do aquecimento global e mudanças no nível oceânico, da química da atmosfera, da circulação atmosférica e condições climáticas e das mudanças nos geossistemas (CHRISTOFOLETTI, 1993d). As análises e os debates conseguiram compor um quadro informativo sobre as transformações, cujo conhecimento e preocupação transcende em muito o âmbito das comunidades científicas e órgãos governamentais, ganhando difusão pelo público em geral. Os relatórios dos Grupos de Trabalho do Painel Intergovernamental Sobre Mudanças Climáticas oferecem visão atualizada sobre o estado do conhecimento, considerando as causas e as implicações (HOUGHTON, JENKINS e EPHRAUMS, 1990; JAGER e FERGUSON, 1991; HOUGHTON, CALLANDER e VARNEY, 1992; HOUGHTON et al., 1996; WATSON et al., 1996; BRUCE, LEE e HAITES, 1996), assim como são úteis as análises realizadas nos trabalhos de SIMON e DeFRIES (1992) e MINTZER (1992).

1. As baixadas litorâneas

Amplo conjunto de acontecimentos ocasiona mudanças nas baixadas litorâneas, afetando as funções e os valores das zonas costeiras continentais e insulares. A elevação do nível marinho, as conseqüências biogeofísicas nos processos de sedimentação, nas praias arenosas, nas restingas e dunas, nos atóis e recifes coralígenos, nas baixadas úmidas e na biodiversidade são alguns dos itens afetados.

Para uma modelagem qualitativa das implicações que envolvem as baixadas litorâneas quentes e úmidas, pode-se inicialmente considerar os acontecimentos ligados apenas aos ecossistemas. Os ecossistemas respondem dinamicamente às mudanças climáticas e às do nível marinho, mas amplo espectro de respostas pode ser esperado na dependência das circunstâncias e das condições climáticas locais. A elevação das águas marinhas alagaria os mangues e as baixadas, que se tornariam áreas imersas, e aceleraria a erosão das costas. A invasão progressiva das águas ocuparia novas áreas, promovendo reajuste no posicionamento do lençol freático, afogamento de trechos dos vales fluviais e alterações nos contornos das baias e enseadas. As condições hidrológicas dos solos seriam alteradas. As características pertinentes às condições edafológicas da zona intertidal desapareceriam de determinados setores e se implantariam nas novas áreas afetadas pela ação marinha. A sobrevivência dos manguezais seria possível onde a taxa de sedimentação aproximar-se-ia da taxa da elevação marinha.

A primeira implicação relaciona-se com a distribuição espacial das variáveis, redundando em novos mapeamentos. A estrutura espacial do sistema, o arranjo da paisagem, altera-se em sua localização e espacialidade. Esse acontecimento supõe que resiliência do ecossistema permita a sua manutenção e recomposição. Não em sua recuperação na mesma área, mas uma nova nuança deve ser considerada a fim de enriquecer esse conceito e ampliar sua potencialidade de aplicação nas análises geográficas. A noção de resiliência ligada com a migração espacial, fazendo com que a estrutura e a dinâmica ecológica desloquem-se paulatinamente, ocupando novas áreas e vencendo a competição e luta para com as formações biogeográficas então reinantes. Caso não seja mantida a estabilidade, o ecossistema sofrerá modificações em sua estrutura, composição e dinâmica.

Calcula-se que um bilhão de pessoas vive em baixadas litorâneas com possibilidades de serem afetadas pelo aumento do nível das águas, e toda a área que atualmente se situar até 5 metros acima do mar encontra-se potencialmente vulnerável, nos próximos três séculos, aos efeitos das enchentes, particularmente ressacas, e à penetração da água salgada nos estuários e nos lençóis subterrâneos. Considerando a altura máxima das ressacas e os efeitos das enchentes, calcula-se que 3 por cento das terras emersas atuais ficariam sujeitas às inundações ou vulneráveis à penetração de água salgada. Esses acontecimentos afetariam muitas áreas urbanizadas e atividades agrícolas, provocando deslocamento e migração das populações prejudicadas e das atividades econômicas.

2. Química da atmosfera

A ação antropogênica tem favorecido a emissão de gases estufa que, além de incidir no aquecimento global, repercute na composição química da atmosfera, mormente contaminando a baixa camada da atmosfera. A composição química da atmosfera altera a qualidade do ar, tendo conseqüências nas circunstâncias de vida dos seres humanos, animais e plantas. Alteram-se os rendimentos da fotossíntese, respiração e evapotranspiração e o metabolismo. Surge, então, o fenômeno da poluição afetando a saúde dos seres vivos e criando condições para a intensificação de doenças.

A concentração de poluentes não ocorre de modo homogêneo na superfície das terras emersas. Surgem focos de maior intensidade, que começam a ser evitados e reorganizados. Em função désses processos, transformam-se paulatinamente as atividades sócio-econômicas, repercutindo na paisagem e na organização espacial.

3. Circulação atmosférica e condições climáticas

As mudanças vinculadas ao aquecimento global e à elevação do nível marinho redundariam em alterações na circulação das massas de ar. Considerando que haja manutenção da posição da Terra, mantendo-se a estabilidade dos atuais pólos e zona equatorial, ocorreriam mudanças na distribuição das temperaturas e na umidade atmosférica repercutindo nas características das massas de ar e no seu potencial de movimentação. Qual seria o grau de mudança no posicionamento e nas trajetórias das massas de ar ? As implicações refletem-se nos tipos de tempo incidindo na variabilidade das temperaturas e das precipitações, assim como na magnitude e freqüência dos eventos. Do ponto de vista local verificar-se-iam modificações nos valores da temperatura, da precipitação, do regime pluviométrico, do balanço hídrico, etc. Tais mudanças seriam suficientes para que o local sofresse mudança no tipo de clima, verificando-se a manutenção da mesma "zonalidade", mas com variação na escala temporal do clima no estudo locacional ? Ou a dinâmica e a interrelação das forças zonais permaneceriam relativamente estabilizadas, verificando-se então deslocamento das faixas zonais e novo posicionamento na distribuição espacial ? Há, portanto, necessidade de se estar ciente dos limiares e das implicações espaciais relacionadas com mudanças nas variáveis climáticas, mas também no potencial de resiliência da estabilidade na categoria climática, que são diferentes das limitações, cujas ultrapassagens levam a um novo estado de equilíbrio, a um novo tipo de clima, ocorrendo então mudança na categoria do clima.

4. Implicações nos geossistemas

Em virtude da complexidade dos sistemas ambientais físicos, muitas reações podem funcionar como mecanismos de retroalimentação negativa favorecendo o processo de resiliência e a estabilidade do sistema. Há necessidade de que a mudança externa (nas condições climáticas) tenha longa duração a fim de incidir nos processos e na dinâmica dos demais componentes do geossistema, ultrapassando os limiares da resiliência. Os ecossistemas, representando o elemento biológico, são considerados como o mais frágil e primeiro a responder às mudanças climáticas. As mudanças na cobertura vegetal alteram a potencialidade do manto protetor e, no sentido da ruptura das formações florestais, intensificam o escoamento superficial e acelerando a erosão. As repercussões encadeantes refletem-se nas condições hidrológicas nas vertentes e no fluxo das bacias hidrográficas. Nas vertentes há mudanças na intensidade dos processos pedológicos e dos morfológicos, com reações na morfologia. Os canais fluviais reagem e se reajustam às novas condições de fornecimento de material detrítico e de águas. O reajustamento nas características dos elementos e a redistribuição dos ecossistemas criam novo arranjo paisagístico, indicadores de novo estado de equilíbrio do geossistema.

As implicações regionais das mudanças climáticas sobre as florestas mostram que, à medida que ocorrer aumento das temperaturas, o impacto será menor nas florestas tropicais que nas temperadas e boreais, porque os modelos projetam que as temperaturas aumentarão menos nas regiões tropicais que nas outras latitudes. Todavia, as florestas tropicais são muito sensíveis às variações na quantidade e na sazonalidade das precipitações. De modo geral, as atividades humanas implementando tipos diversos de uso da terra afetarão muito mais intensamente as florestas tropicais do que as mudanças climáticas. Nas florestas temperadas, em algumas regiões a produção da biomassa pode aumentar devido ao aquecimento e aumento do bióxido de carbono na atmosfera. Todavia, em outras áreas a diminuição dos recursos hídricos induzida pelo aquecimento, a expansão de pestes e das queimadas poderão ocasionar diminuição na produção da biomassa e mudanças na distribuição das florestas temperadas. A modelagem prevê aquecimento particularmente sensível nas regiões de latitudes altas e as florestas boreais são mais acentuadamente afetadas pelas temperaturas que os outros ecossistemas florestais. Os aumentos prováveis das queimadas e das pestes provocarão diminuição na idade média das plantas, na biomassa e no armazenamento de carbono, com impactos mais acentuados nos limites meridionais, onde as florestas de coníferas boreais diluem-se para dar avanço às espécies das zonas pioneiras das pradarias. Os limites arbóreos setentrionais comportam-se avançando mais lentamente nas regiões atualmente ocupadas pelas tundras. Em conseqüência, haverá mudanças na estrutura e no metabolismo nos ecossistemas florestais.

Nessa escala de grandeza regional, as implicações das mudanças climáticas nos geossistemas estão mais para o âmbito da Paleoclimatologia que no tempo dos registros históricos. A reconstituição das mudanças ocorridas no Quaternário, por exemplo, representa excelente arsenal exemplificativo para o primeiro conjunto. A sucessão temporal dos sistemas ambientais no mesmo território e o mapeamento da distribuição espacial dos geossistemas em fases sucessivas são assuntos enriquecidos por ampla bibliografia. Já se tornaram clássicas as contribuições de AB'SABER (1967; 1977 a; 1977b; 1979; 1980; 1981), considerando os domínios morfoclimáticos no Brasil e na América do Sul, a problemática da desertificação e da savanização no Brasil intertropical, os mecanismos de desintegração das paisagens tropicais no Pleistoceno, a expansão dos climas secos na América do Sul por ocasião dos períodos glaciais quaternários e os domínios morfoclimáticos atuais e quaternários na região dos cerrados. Recentemente, COLTRINARI (1992) publicou levantamento atualizado a respeito dos estudos ligados com o Quaternário, na América do Sul.

CAPÍTULO 7
ABORDAGENS NA AVALIAÇÃO DAS POTENCIALIDADES AMBIENTAIS

A modelagem de sistemas ambientais possibilita conhecer as características estruturais, o funcionamento e a dinâmica desses sistemas, mas também pode ser direcionada para rumos aplicativos. Uma tendência consiste em realizar os estudos de impactos ambientais, procurando avaliar as conseqüências dos projetos e atividades antropogenéticas. Sob perspectiva complementar, surge a sintonização da modelagem aplicada no processo de analisar e avaliar os riscos e os azares naturais.

Outras duas linhas de focalização consistem nos procedimentos para designar valores aos componentes ambientais e nos procedimentos de avaliação integrada e modelagem econômica ambiental.

I — OS ESTUDOS DE IMPACTOS AMBIENTAIS (EIA)

Os estudos de impactos ambientais constituem instrumentos que integram o conhecimento adquirido na análise dos sistemas ambientais com os objetivos das políticas de planejamento e manejo dos recursos, procurando coordenar a implantação da alternativa de melhor uso por meio de uma avaliação antecipativa. Essa abordagem sempre corresponde à categoria de análise dos impactos antropogênicos. O conhecimento adequado dos sistemas ambientais possibilita compreender suas reações perante os impactos causados pelos projetos sócio-econômicos e avaliar os benefícios e os malefícios a curto, médio e a longo prazo. Baseiam-se no conhecimento das condições reais e na elaboração de cenários futuros como respostas dinâmicas evolutivas.

O desenvolvimento histórico da abordagem representada pelos estudos de impactos ambientais remonta à década de sessenta, quando começaram a surgir os movimentos para que o desenvolvimento ambiental e o social fossem mais adequados e questionando o valor dos prejuízos ambientais causados em função do paradigma do *progresso*. Ao longo das últimas décadas ocorreu reconhecimento e difusão na necessidade de se implantar mecanismos legais para a exigência de estudos de impactos ambientais (EIAs), sendo inserido como exigência e normas em legislações ambientais de numerosos países. Na qualidade de instrumento acatado de maneira ampla, os avanços conceituais e as melhorias técnicas realizadas fazem com que haja desenvolvimento rápido em sua eficácia analítica possibilitando subsídios meritórios para os julgamentos e tomadas-de-decisão.

A abordagem holística, integrativa, constitui a base fundamental para o planejamento e estudos de impactos, cujo espectro corresponde a três direcionamentos: avaliação de impactos no meio ambiente, avaliação de impactos tecnológicos e avaliação de impactos sociais. Os três direcionamentos envolvem a análise ambiental, a previsão tecnológica, o delineamento das metas a serem alcançadas e o estabelecimento de cenários sócio-econômicos alternativos (figura 7.1).

Entre as diversas técnicas que servem de suporte à elaboração de estudos sobre as reações ocorrentes nos sistemas ambientais, ecológicos, econômicos e sociais destaca-se a função da modelagem. O uso de modelos é empregado para avaliar os efeitos que se desenvolvem

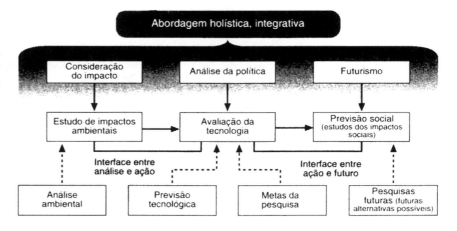

Figura 7.1 — Relações entre estudos de impactos ambientais, avaliação tecnológica e avaliação dos possíveis impactos sociais (conforme Vlachos, 1985; Barrow, 1997)

em amplo espectro de fenômenos, tais como no tocante às mudanças no uso das terras, emissão de poluentes, mudanças climáticas, modificações nos canais fluviais, mudanças nas condições de estuários, erosão litorânea, uso de produtos químicos na agricultura, manejo de bacias hidrográficas e deposição ácida. O mesmo ocorre no setor da avaliação tecnológica e da avaliação social.

O processo de avaliação dos impactos ambientais apresenta diversas etapas, que geralmente consistem em: a) delimitar a área a ser estudada e definir o problema; b) identificar os efeitos ambientais mais prováveis; c) predizer a magnitude dos impactos prováveis; d) avaliar a significância dos impactos ambientais prováveis para cada alternativa de desenvolvimento, e e) comunicar os resultados da avaliação de impactos ambientais, incluindo recomendações sobre as melhores alternativas. O delineamento mais detalhado do processo envolve decisões e retroalimentações. Dois exemplos de modelos procurando descrever o processo de estudos de impactos ambientais encontram-se registrados nas figuras 7.2 e 7.3. As etapas são as seguintes (baseadas em KOZLOWSKI, 1989; WOOD, 1995; BARROW, 1997):

a) etapa preliminar, que consiste no planejamento e gestão para especificar os problemas e providenciar os dados para a avaliação. Nesta fase realiza-se a descrição da proposta inicial e verifica-se se há a necessidade se de elaborar o EIA. Caso haja dúvidas executa-se uma varredura na proposta como sendo avaliação preliminar;

b) avaliação preliminar da proposta, para decidir se há necessidade de se elaborar avaliação minuciosa e profunda dos impactos ambientais, levando à escolha entre as opções: sem necessidade de estudos, relatório de avaliação sobre estudos parciais e realização de análises intensas e relatório completo;

c) delineamento do projeto, realizando a definição dos parâmetros, das metas, a delimitação e normas dos estudos (profundidade, temas e tempo disponível), escolha da abordagem, formação da equipe, organização do orçamento, etc). Corresponde à avaliação piloto dos impactos, à revisão das alternativas e à identificação das questões relevantes. Uma audiência pública pode ser realizada para se completar o projeto, em circuito de reavaliação, ou aprová-lo;

d) descrição do meio ambiente, considerando a coleta de dados para as variáveis estabelecidas como relevantes no projeto;

e) identificação dos impactos, uti-

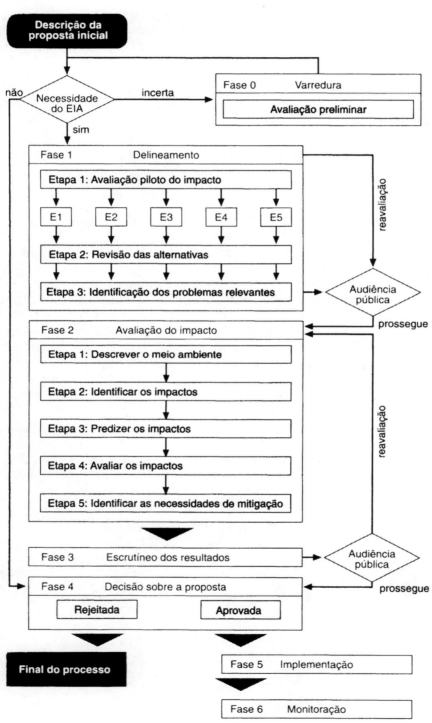

Figura 7.2 — Modelo descritivo das etapas no desenvolvimento dos estuados de impactos ambientais (conforme Kozlowski, 1989; Barrow, 1997)

Os estudos de impactos ambientais (EIA) **143**

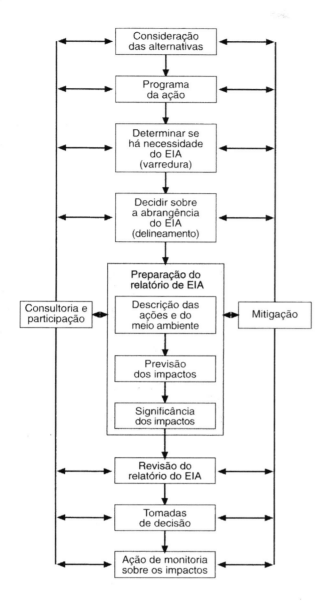

Figura 7.3 — Modelo descritivo das fases no processo dos estudos de impactos ambientais (conforme Wood, 1995)

lizando das observações, previsão, modelagem e determinando se haverá impactos;

f) avaliação, procurando interpretar ou determinar a significância, em termos de escala espacial e de magnitude, com indicação sobre a confiabilidade e probabilidades. Esta fase pode envolver ponderações e transformações dos dados para permitir comparações ou facilidade de comunicação. Deve-se considerar os impactos ligados às alternativas de desenvolvimento e os do não-desenvolvimento e as propostas para mitigação dos efeitos;

g) elaboração de *release do* relatório preliminar do EIA para servir como documento para a audiência pública, prevendo-se as modificações como processo de retroalimentação para a elaboração do relatório final;

h) tomada-de-decisão sobre o relatório, aprovando ou rejeitando a implantação do projeto em face das considerações e análises apresentadas sobre as alternativas propostas;

i) monitoria, realizando acompanhamento e vigilância para acompanhar o desenrolar dos processos em função das previsões realizadas e para a detectar desvios ou surgimento de impactos imprevistos.

Como resultante, a própria qualidade dos estudos de impactos ambientais pode ser avaliada em função dos critérios de efetividade, eficiência e imparcialidade (CANADIAN ENVIRONMENTAL ASSESSMENT RESEARCH COUNCIL, 1988). Quanto ao critério da efetividade, os EIAs podem ser considerados adequados se, por exemplo:

a) as informações geradas no EIA contribuíram para a tomada de decisão;

b) foram corretas as predições da efetividade sobre as medidas dos impactos;

c) as medidas mitigatórias e compensatórias atingiram os objetivos almejados.

Quanto ao critério da eficiência, se:

a) as decisões do EIA estejam feitas em tempo hábil para a economia e outros fatores que determinam as decisões do projeto, e

b) os custos relacionados com a condução do EIA e manejo dos inputs durante a implementação do projeto possam ser determinados e sejam razoáveis.

Para se ajustar ao critério da imparcialidade, os EIAs são adequados se:

a) todas as partes interessadas possuem oportunidade igual para influenciar as decisões antes que elas sejam tomadas;

b) as pessoas diretamente afetadas pelo projeto possuem igual acesso às normas de compensação.

O Instituto de Ecologia dos Recursos Animais, da Universidade da Colúmbia Britânica, desenvolveu um processo para a modelagem simulatória dos estudos de impactos ambientais em procedimento denominado Avaliação e Manejo de Adaptação Ambiental (*Adaptative Environmental Assessment and Management - AEAM*), sob a coordenação de HOLLING (1978). Nesse procedimento, o AEAM baseia-se na realização de pequenos simpósios reunindo cientistas, tomadores-de-decisão e especialistas em modelagem computacional para construir um modelo de simulação análogo àquele a ser afetado por um determinado projeto de implementação. O componente chave do AEAM é o simpósio no qual todos os participantes procuram atingir o consenso sobre os aspectos e relações importantes que caracterizam o sistema estudado. O resultado qualitativo do simpósio é traduzido pelos especialistas em modelagem na elaboração de um modelo consistente com as relações qualitativas considerando os parâmetros selecionados.

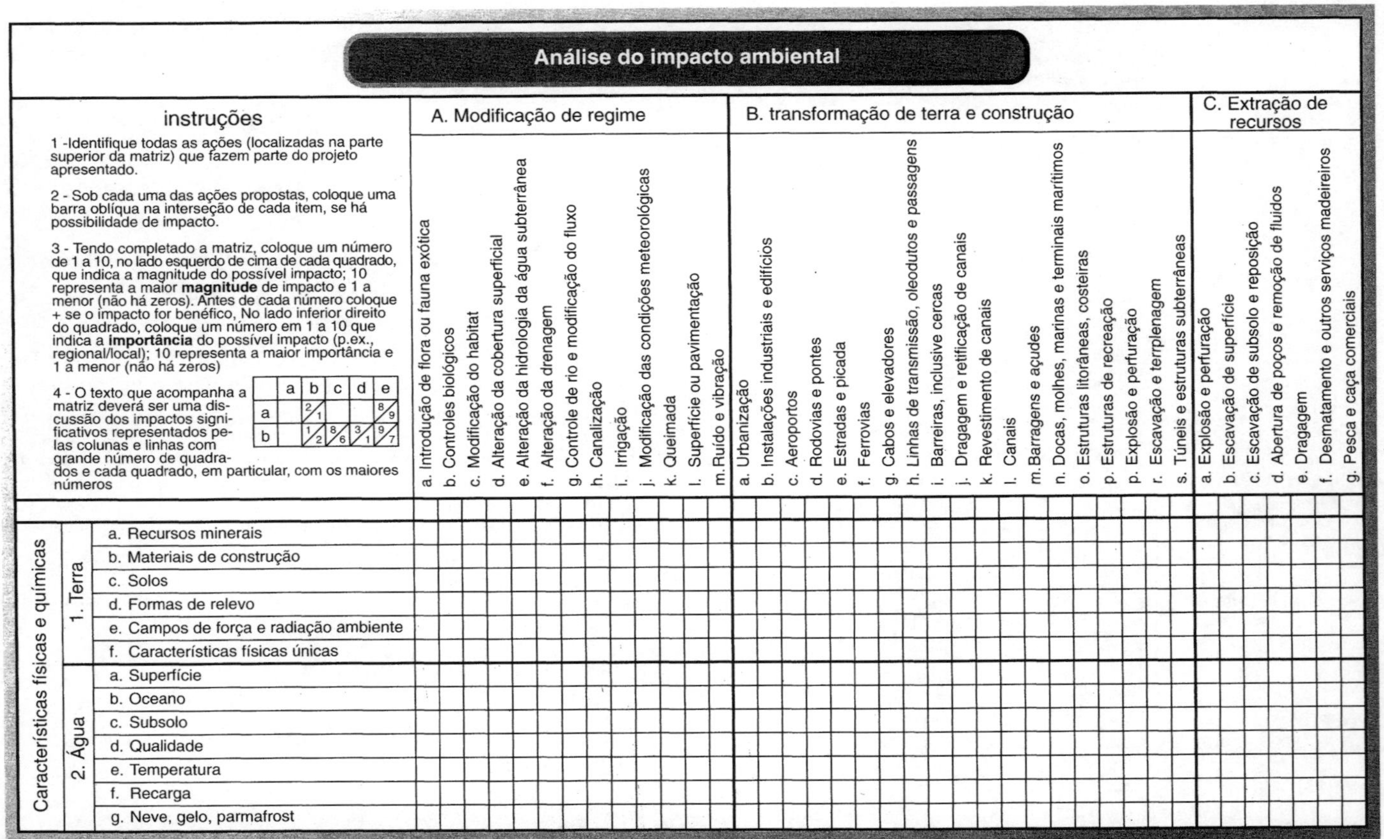

Análise do impacto ambiental

instruções

1 - Identifique todas as ações (localizadas na parte superior da matriz) que fazem parte do projeto apresentado.

2 - Sob cada uma das ações propostas, coloque uma barra oblíqua na interseção de cada item, se há possibilidade de impacto.

3 - Tendo completado a matriz, coloque um número de 1 a 10, no lado esquerdo de cima de cada quadrado, que indica a magnitude do possível impacto; 10 representa a maior **magnitude** de impacto e 1 a menor (não há zeros). Antes de cada número coloque + se o impacto for benéfico, No lado inferior direito do quadrado, coloque um número em 1 a 10 que indica a **importância** do possível impacto (p.ex., regional/local); 10 representa a maior importância e 1 a menor (não há zeros)

4 - O texto que acompanha a matriz deverá ser uma discussão dos impactos significativos representados pelas colunas e linhas com grande número de quadrados e cada quadrado, em particular, com os maiores números

A. Modificação de regime
- a. Introdução de flora ou fauna exótica
- b. Controles biológicos
- c. Modificação do habitat
- d. Alteração da cobertura superficial
- e. Alteração da hidrologia da água subterrânea
- f. Alteração da drenagem
- g. Controle de rio e modificação do fluxo
- h. Canalização
- i. Irrigação
- j. Modificação das condições meteorológicas
- k. Queimada
- l. Superfície ou pavimentação
- m. Ruído e vibração

B. transformação de terra e construção
- a. Urbanização
- b. Instalações industriais e edifícios
- c. Aeroportos
- d. Rodovias e pontes
- e. Estradas e picada
- f. Ferrovias
- g. Cabos e elevadores
- h. Linhas de transmissão, oleodutos e passagens
- i. Barreiras, inclusive cercas
- j. Dragagem e retificação de canais
- k. Revestimento de canais
- l. Canais
- m. Barragens e açudes
- n. Docas, molhes, marinas e terminais marítimos
- o. Estruturas litorâneas, costeiras
- p. Estruturas de recreação
- p. Explosão e perfuração
- r. Escavação e terrplenagem
- s. Túneis e estruturas subterrâneas

C. Extração de recursos
- a. Explosão e perfuração
- b. Escavação de superfície
- c. Escavação de subsolo e reposição
- d. Abertura de poços e remoção de fluidos
- e. Dragagem
- f. Desmatamento e outros serviços madeireiros
- g. Pesca e caça comerciais

Características físicas e químicas

1. Terra
- a. Recursos minerais
- b. Materiais de construção
- c. Solos
- d. Formas de relevo
- e. Campos de força e radiação ambiente
- f. Características físicas únicas

2. Água
- a. Superfície
- b. Oceano
- c. Subsolo
- d. Qualidade
- e. Temperatura
- f. Recarga
- g. Neve, gelo, parmafrost

Figura 7.4 — Parcela da matriz para análise de impactos ambientais, na qual são quantificados os prováveis efeitos das atividades humanas sobre os vários aspectos do ambiente (conforme Leopold et al., 1971)

Na organização dos estudos de impactos ambientais um modelo consiste na elaboração de listagens padronizadas expondo um quadro da gama dos impactos associados com determinada categoria de projeto. Todavia, embora consigam oferecer um panorama sobre o espectro dos impactos, as listagens são gerais, incompletas e unidimensionais. Uma alternativa consiste na elaboração de matrizes, bidimensionais, relacionando uma gama de ações vinculadas com o projeto ao longo de um segundo eixo.

A proposição matricial mais famosa provavelmente seja a matriz elaborada por LEOPOLD et al (1971), no Serviço Geológico dos Estados Unidos, que acabou sendo conhecida como a "matriz de Leopold". Essa matriz consiste de uma listagem das ações em desenvolvimento, dispostas horizontalmente, enquanto uma relação dos componentes ambientais encontra-se situada verticalmente (figura 7.4). O resultado é que os itens em uma listagem podem ser sistematicamente relacionados a todos os outros itens da segunda listagem para verificar a possível ocorrência de um impacto. Uma vez completada, quando foram identificadas as interações entre as atividades de desenvolvimento e os componentes ambientais, a matriz torna-se instrumento sumário, fácil e útil. A matriz pode ser utilizada para medir e interpretar os impactos descrevendo-os em termos de magnitude e importância (P.e., numa escala de valores entre 1 e 10, onde 1 é a menor magnitude de importância e 10 a

maior). Os valores podem ser acompanhados pelos sinais mais (+) e menos (–) a fim de indicar se o impacto é benéfico ou adverso.

DEVUYST (1993) observa que as matrizes apresentam sérias limitações teóricas e práticas. Elas focalizam sobre impactos diretos entre dois itens: o impacto do fator causador e um aspecto do componente ambiental afetado pela ação. Os impactos surgem identificados por uma série de ligações discretas, bidimensionais, entre as atividades de desenvolvimento e os componentes. Todavia, os aspectos dos componentes ambientais podem ser afetados por diversos diferentes impactos por meio de variados circuitos. O resultado cumulativo desses impactos não é facilmente percebido nem mensurável por meio do procedimento matricial. Para superar esse inconveniente, procurando analisar os circuitos e as implicações relacionais dos impactos ambientais, surgiu o procedimento relacionado com o uso de modelos em redes (BISSET, 1989).

O modelo em redes foi desenvolvido para explicitamente considerar os impactos de segunda, terceira e ordens mais elevadas que podem surgir ligados ao desenvolvimento de um impacto inicial. Um exemplo inicial baseia-se na rede desenvolvida por SORENSEN (1971) direcionada para o uso da terra em zonas litorâneas, tornando possível assinalar os efeitos secundários e subseqüentes das ações nos componentes ambientais. A figura 7.5 expressa o modelo da rede de

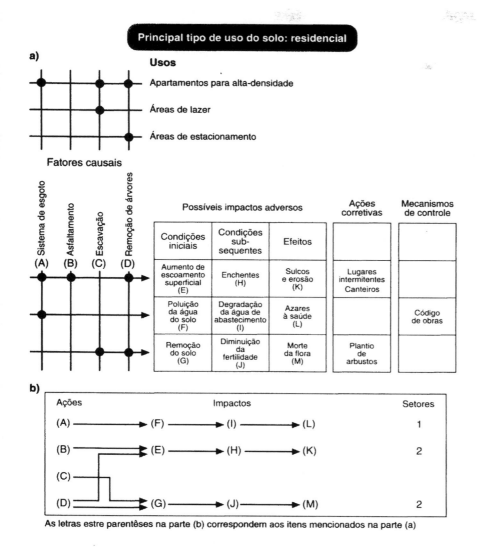

Figura 7.5 — Exemplo do modelo da rede de Sorensen, aplicada na avaliação de impactos ambientais ocasionados pelo uso residencial (conforme Devuyst, 1993)

Sorensen mostrando, por exemplo, que a construção de apartamentos com alta densidade e de áreas de estacionamento pode resultar na remoção de árvores. A remoção das árvores pode ter dois impactos possíveis: aumento do escoamento superficial e remoção da camada superficial do solo. O aumento do escoamento superficial pode ocasionar cheias e ser corrigido pela construção de canteiros de flores. A remoção da camada do solo resulta em decréscimo da fertilidade, podendo ser mitigada pelo plantio de arbustos.

O desenvolvimento das atividades e preocupações com o manejo dos recursos naturais, desde o segundo lustro da década de oitenta, levou ao surgimento dos estudos ambientais estratégicos (*Strategic Environmental Assessment - SEA*), direcionados para as políticas, planejamento e programas. De modo específico, os SEAs são prolongamentos e aplicabilidades dos EIAs. Embora apenas alguns países possuam regulamento específico para os SEAs, *ad hoc* são praticados em muitos outros. Atualmente estão sendo propostos direcionamentos legislativos gerais e nacionais para os países europeus, tais como na Comunidade Européia, Holanda e Reino Unido (THERIVEL et al, 1995). Na Austrália, uma revisão do processo ligado aos EIAs está em andamento e incluindo considerações específicas sobre os SEAs. O seu desenvolvimento torna-se marcante nos Estados Unidos.

Os estudos ambientais estratégicos é uma forma de política ou programa de análises de impactos ambientais em etapas, aninhadas ou seqüenciais, que procuram propiciar uma estrutura dentro do qual possam ser situados cada projeto, programa ou avaliação de impactos. Os estudos de impactos ambientais (EIA) podem ser empregados ao nível de projeto, em etapa que se incorpora com os estudos ambientais estratégicos interligando-os aos programas ou aos níveis políticos. Os estudos ambientais estratégicos podem ser aplicados com uma focalização setorial (p.e., deposição de lixo urbano, programas de drenagem, de transporte, etc), com focalização regional (p.e., planos regionais, planos urbanos e rurais, planos nacionais, etc) e com focalização indireta (p.e, para a tecnologia, políticas fiscais, justiça e execuções, desenvolvimento sustentável). Podem ser aplicados para uma política nacional de energia, para o desenvolvimento de uma zona industrial ou para uma área de valor cênico.

As etapas principais no processo dos SEAs podem ser estabelecidas como sendo (LEE e WALSH, 1992; BARROW, 1997):

a) análise para determinar se a política, plano ou programa requer um SEA formal no estágio preliminar do processo de planejamento;

b) avaliação para determinar a abrangência e o nível de detalhamento do SEA;

c) composição da equipe para realizar a avaliação das ações propostas, propor as modificações necessárias e discernir as formulações consideradas desejáveis em função dos resultados e objetivos do SEA;

d) preparação do relatório preliminar do SEA, com base nas análises e ações recomendadas, a fim de submetê-lo como fundamento dos projetos pretendidos para julgamento e aprovação (das ações propostas) pelos órgãos e autoridades competentes;

d) tornar disponível o relatório para outras autoridades

e órgãos públicos relacionados com questões ambientais, assim como aos interessados em geral, a fim de obter informações e comentários;

e) as autoridades competentes reúnem e consideram todas as informações relevantes, incluindo o relatório do SEA e os pareceres de assessorias, com a finalidade de tomar uma decisão sobre o projeto e ações propostas;

f) realizam-se as providências necessárias para monitorar a implantação das ações e os impactos ambientais e empreender quaisquer futuros estudos ambientais considerados necessários (EIA ou SEA), ao longo das etapas no processo de planejamento e implantação.

II — MODELAGEM APLICADA NA AVALIAÇÃO DE RISCOS E AZARES NATURAIS

Se o desenvolvimento dos estudos de impactos ambientais refere-se às seqüências dos efeitos relacionados com a implantação de atividades sócio-econômicas, uma outra preocupação emergente consiste em utilizar a modelagem para avaliação dos impactos ambientais, configurados como riscos e azares naturais. Essa avaliação integra o conhecimento científico disponível para as características e previsão dos eventos críticos de alta magnitude, considerando as prováveis ocorrências na escala temporal e a delimitação espacial das áreas de riscos, com a as informações sobre a grandeza dos prejuízos econômicos e número de vitimas. Esse procedimento insere-se na análise da vulnerabilidade das sociedades frente aos impactos ambientais e possui relevância para os órgãos governamentais, instituições de planejamento e agências de seguros.

Na escala global ocorrem mais de 300 desastres naturais em cada ano, ocasionando cerca de 250.000 mortes e afetando diretamente mais de 200 milhões de pessoas. As perdas econômicas alcançam a cifra de 60 bilhões de dólares, sendo que 40% dos prejuízos não são cobertos pelos seguros. Para se perceber a importância do problema, pode-se citar exemplo fornecido pela grandeza dos prejuízos causados por algumas grandes catástrofes devido às ocorrências de terremotos, tormentas e enchentes no período de 1985 a 1995, mostrando a proporção do montante que estava sob a proteção se seguros e a parcela desprotegida de seguros (figura 7.6). Nessa perspectiva, a avaliação de

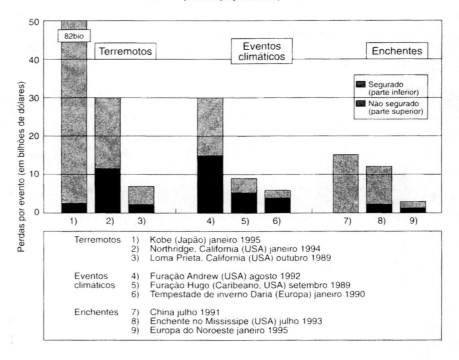

Figura 7.6 — Representação dos principais prejuízos ocasionados pelas catástrofes naturais, em anos recentes, considerando os valores segurados e os sem seguros (conforme Hausmann e Weber, 1996)

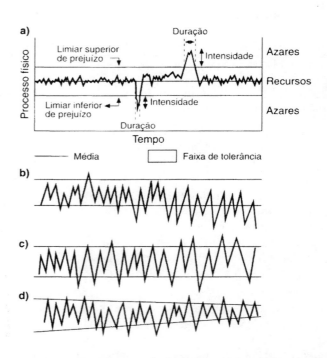

Figura 7.7 — Modelo representativo da sensibilidade aos azares naturais como função da variabilidade dos processos físicos e tolerância sócio-econômica (em a). As faixas B, C e D mostram as mudanças na sensibilidade ao longo do tempo devido às variações nos eventos naturais e na tolerância sócio-econômica (conforme Devuyst, 1993)

riscos basicamente significa quantificar as perdas potenciais aos valores *assegurados*, e se possível combinados com a avaliação das freqüências ou probabilidades correspondentes. Entretanto, as perdas e prejuízos encontram-se diferencialmente distribuídas na superfície terrestre. Cerca de 90% dos impactos ocorrem nos países em desenvolvimento, onde as perdas no produto nacional bruto são 20 vezes maiores que nos países desenvolvidos (ALEXANDER, 1995).

Os azares naturais podem ser considerados como existindo na interface entre os eventos dos sistemas ambientais e os usuários dos sistemas sócio-econômicos (BURTON et al., 1978). Muitos eventos naturais mostram ampla gama de variações em sua magnitude ao longo do tempo, com comportamento não-linear e multifractal. Todavia, os eventos naturais extremos somente são considerados como *azares* na medida em que ocasionam prejuízos e mortes aos seres humanos. Um furacão ou terremoto em região remota, despovoada, é classificado como *evento natural*, mas não como *azar natural*. Os azares naturais, portanto, resultam do conflito entre os processos geofísicos e as sociedades humanas. Esta interpretação sobre os azares naturais estabelece os seres humanos como componente central, não só em face da localização da ocorrência mas também perante a percepção e a expectativa *média* de ocorrência dos fenômenos naturais.

Procurando representar a faixa de amplitude aceitável no tocante à variabilidade dos fenômenos naturais, que é grandemente controlada pelo sistema sócio-econômico HEWITT e BURTON (1971) estabeleceram modelo para essa concepção. Quando a variabilidade ultrapassa determinado limiar, os eventos naturais começam a impor *stress* sobre a sociedade e tornam-se azares em vez de um recurso. Com base nessa representação (figura 7.7 a) a intensidade e a duração de um azar podem ser facilmente determinadas, assim como a sensibilidade humana para tais eventos naturais.

A sensibilidade humana representa uma combinação da amplitude e variabilidade dos eventos naturais (exposição física) e a grandeza da tolerância social e econômica (vulnerabilidade humana). Essa sensibilidade pode mudar ao longo do tempo em função de modificações na exposição física e/ou vulnerabilidade humana. De VRIES (1985) elaborou esquema representativo dessas implicações, assinalando uma faixa constante de tolerância e vulnerabilidade combinada com declínio nos valores médios, que leva ao crescente risco do desastre (figura 7.7b). O mesmo resultado é obtido aumentando a variabilidade (figura 7.7c) e pela diminuição da faixa social de tolerância (p.e., devido ao aumento populacional (figura 7.7d).

A base teórica reside na concepção de que os desastres naturais resultam da interação dos impactos físicos com a sensibilidade dos sistemas e vulnerabilidade da sociedade. Uma longa tradição analítica gerou conhecimentos a respeito da localização, intervalos de recorrência, modos de atuação e magnitude e freqüência dos eventos naturais extremos (EL-SABH e MURTY, 1988). Dessa maneira, o princípio da magnitude e freqüência assinala que os eventos de alta magnitude são raros e os baixa magnitude comuns, e que a taxa de energia expendida nos processos de azares naturais é o produto da freqüência multiplicada pela magnitude em cada categoria de tempo (WOLMAN e MILLER, 1960). Embora os eventos de muito alta magnitude (p.e., as cheias com recorrência de 500 anos) possam deixar traços na paisagem, que subseqüentemente os eventos menores levarão longo tempo para apagá-los, o impacto dominante sobre o meio ambiente será aquele do tamanho do evento que possui conjuntamente magnitude e freqüência suficientes para gerar a taxa temporal mais alta de dispêndio de energia. Todavia, se essa abordagem propicia aplicação no que se refere à composição geomorfológica e ecológica das paisagens, ela encontra maiores dificuldades em sua aplicação para avaliar os aspectos ambientais nos sistemas sócio-econômicos. Nesses casos, o impacto físico médio temporal dos desastres surge mais como função do gasto de energia na magnitude do limiar determinado pelo efeito do desastre (ponto A, figura 7.8), que considera as relações entre freqüência e magnitude, dispêndio de energia e intervalo de recorrência dos eventos.

Se a incidência de um evento geofísico é considerado como sendo uma quantidade fixada, então o impacto humano é governado pela seguinte equação conceitual (ALEXANDER, 1995):

$$I = B - \sum_i (H.V) - C - M$$

na qual o impacto humano líquido do desastre (I) resulta como sendo função dos benefícios totais dos habitantes na área de risco (B) menos a somatória dos elementos individuais (i) do impacto do azar (H) e da vulnerabilidade (V) às perdas ou prejuízos, menos os

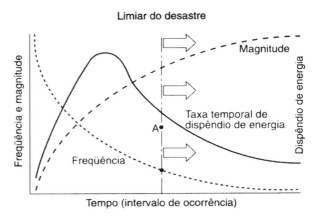

Figura 7.8 — Modelo representativo das interações relacionadas com a freqüência e magnitude, intervalo de recorrência e dispêndio de energia para determinar o limiar do desastre natural (baseado em Wolman e Miller, 1960; Alexander, 1995)

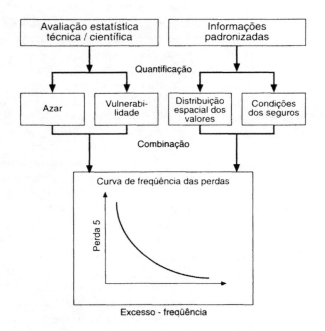

Figura 7.9 — Esquema representativo dos quatro fatores básicos para avaliar os riscos em função dos azares naturais (conforme Hausmann e Weber, 1996)

custos de adaptação ao desastre (C) e mitigação de suas conseqüências (M).

Quatro fatores são básicos para definir as curvas de freqüência das perdas para um azar específico e em determinado contexto espacial (HAUSMANN e WEBER, 1996; figura 7.9):

- azar: relação entre a freqüência e a intensidade do tipo de azar sob consideração nos locais expostos aos riscos;
- vulnerabilidade: suscetibilidade ao prejuízo, considerando a qualidade dos interesses assegurados com respeito ao referido azar natural;
- valores assegurados: distribuição espacial dos valores assegurados, e
- termos e condições dos seguros: devem ser quantificados separadamente e posteriormente relacionados conjuntamente, de maneira apropriada.

A construção de modelos sobre enchentes, com bases físicas em dados espacialmente distribuídos requer a presença de analistas para coletar, armazenar e utilizar os necessários bancos de dados amplos e georreferenciados. Embora os sistemas de informação geográfica sejam instrumentos adequados para recompor, armazenar, atualizar, analisar e representar a disposição dos dados espaciais em conexão com os modelos distribuídos, eles se tornam limitados em sua capacidade para realizar a modelagem das cheias-inundações e avaliar os prejuízos das enchentes (YANG, TSAI e TSAI, 1996).

O modelo integrando os sistemas de informação geográfica com a análise das cheias e inundações,

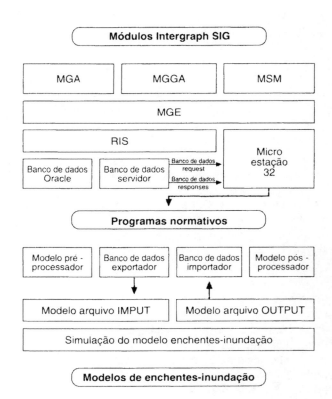

Figura 7.10 — Diagrama esquemático mostrando a integração dos sistemas de informação geográfica com o modelo de inundação pelas enchentes (conforme Yang, Tsai e Tsai, 1996)

desenvolvido por YANG, TSAI e TSAI (1996), encontra-se estruturado em dois componentes: O modelo sobre cheias e inundações e a programação específica do SIG, cuja diagrama encontra-se representado na figura 7.10. As etapas do procedimento de simulação numérica são as seguintes: a) divide-se o conjunto das bacias de drenagem em células e realiza-se a computação de suas características geométricas e topológicas; b) estabelecem-se as entradas correspondentes à precipitação, condições iniciais, condições limitantes, coeficientes e nível de elevação com o auxílio da norma denominada "modelo pré-processador"; c) essas informações são convertidas para o formato dos dados de entrada necessários ao modelo de cheia e inundações, por meio da norma designada como "exportador do banco de dados"; e, por último, os resultados simulados do modelo de cheias e inundações são direcionados para o banco de dados do SIG pela norma denominada de "importador do banco de dados", levando à construção temática do estágio da célula, grandeza da célula e grandeza local com o uso do denominado "modelo pós-processador". Dessa maneira, o uso da integração do SIG e do modelo de cheias e inundações possibilita a realização de simulações numéricas das inundações.

A caracterização das células baseia-se na perspectiva bidimensional do modelo de cheias e inundações, considerando aspectos espaciais das bacias de drenagem, como estradas, valas e estruturas hidráulicas (figura 7.11).

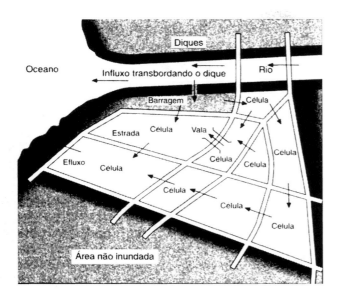

Figura 7.11 — Diagrama esquemático representando o modelo de inundação pelas cheias (conforme Yang, Tsai e Tsai, 1996)

O conjunto da bacia de drenagem é dividido em células interligadas por numerosas conexões hidráulicas, como canais, açudes e galerias. A discretização topológica das bacias não é arbitrária, mas baseia-se em fronteiras físicas como estradas, diques e níveis topográficos naturais. Cada célula é conectada com suas células vizinhas por ligações hidráulicas que permitem a troca de fluxos entre elas. O fluxo é considerado como se concentrando nos ligamentos, nos quais as partes de transbordamento servem somente como efeito de armazenagem. As soluções numéricas em termos dos níveis das águas nas células e para as descargas através das conexões hidráulicas são obtidas resolvendo-se a equação de continuidade e as fórmulas para descargas.

Os prejuízos das enchentes às propriedades podem ser classificados em cinco categorias: prejuízos diretos, prejuízos indiretos, prejuízos secundários, prejuízos intangíveis e prejuízos incertos. De modo costumeiro, a avaliação dos danos causados pelas enchentes encontra-se relacionada apenas à categoria dos prejuízos diretos.

As civilizações humanas são ameaçadas por azares naturais como as enchentes, terremotos, vulcanismos, etc, que apresentam conseqüências crescentes nas organizações sócio-econômicas. Outros azares estão relacionados com as atividades humanas e resultam dos avanços tecnológicos na engenharia civil, química e nuclear. As sociedades tentam se proteger contra tais azares, após que os eventos mostraram suas conseqüências ou quando elas percebem que os riscos envolvidos são muito altos.

A relevância relacionada com a idéia de risco aceitável ou de segurança pode mudar bruscamente em função de um único acidente espetacular, como aconteceu com a catástrofe de Chernobyl, com a queda de aviões no aeroporto de Schiphol, em 1992, e as enchentes nos rios holandeses e alemães em 1993 e 1995. A opinião pública é influenciada não somente pelos acidentes, mas também pela atenção que a midia dedica à sua divulgação. Nessa amplitude, os graus de proteção e de segurança tornam-se questões de escolha política.

Nessa tomada de decisão, surgem duas perspectivas para avaliar os níveis aceitáveis de riscos: o ponto de vista do indivíduo, que decide empreender uma análise pesando os riscos contra os benefícios pessoais diretos e indiretos, e o ponto de vista da sociedade que considera a questão como sendo aceitável ou não em termos de riscos e benefícios para toda a população. Para uma avaliação normativa do risco aceitável, ambos os critérios devem ser satisfeitos. Um modelo para avaliação normativa dos riscos aceitáveis, considerando os riscos pessoais nos países ocidentais, deduzidas das estatísticas das causas de mortes e quantidade de ocorrências, e os riscos ao nível das nacionalidades foi proposto por VRIJLING, HENGEL & HOUBEN (1996).

Sob a perspectiva individual, a probabilidade de sofrer um acidente fatal deveria preencher os seguintes requisitos:

$$P_{fi} < \text{ou} = \frac{\beta_i \cdot 10^{-4}}{P_{d\,lfi}}$$

na qual $P_{d\,lfi}$ é a probabilidade de ser morto em um acidente, e β_i representa o fator político. Este fator varia com o grau de voluntariedade, correspondendo às condições em que uma atividade é conhecida e ao nível do benefício percebido. Os valores dessas condições variam na escala de 100, no caso de completa liberdade de escolha, como no caso do alpinismo, até 0,01 quando no caso de um risco imposto sem que se haja percebido qualquer benefício direto.

Sob a perspectiva do nível de risco no contexto da sociedade nacional, a determinação do risco socialmente aceitável parte do princípio que o resultado de um processo social de avaliação de risco reflete-se na estatística dos acidentes, procurando-se derivar um padrão preferencial nas ocorrências registradas. Considerando o campo dos conhecimentos pessoais como um instrumento de observações, tornam-se perceptíveis os níveis de probabilidade muito baixa de acidentes fatais, que surgem como socialmente aceitáveis. O tempo de recorrência encontra-se situado na ordem de magnitude da vida humana.

Considerando as observações registradas em mais de 20 categorias de atividades na Holanda e pressupondo uma distribuição arbitrária sobre elas, VRIJLING, HENGEL e HOUBEN (1996) estabeleceram a seguinte formulação para avaliar a segurança em determinada atividade:

$$P_{fi} \cdot N_{pi} \cdot P_{d\,lfi} < \beta_i \cdot 100$$

Nesta formulação, o termo N_{pi} representa o número de participantes. O valor de b_i corresponde, em geral a 7.10^{-6} da grandeza populacional.

III — O USO DA MODELAGEM NOS PROCEDIMENTOS PARA DESIGNAR VALORES AOS COMPONENTES AMBIENTAIS

A preocupação em se avaliar os componentes ambientais em função de valores econômicos não é recente. Um panorama sobre o estado da questão nas décadas de sessenta e setenta foi delineada por DOHAN (1977), enquanto ODUM (1977) esquematizava os problemas relacionados com a energia, valores e moeda. A aceitação e a expansão das metas e programas relacionados com o desenvolvimento sustentável forneceram outro ímpeto ao assunto. O fato óbvio é que a implantação de muitas atividades econômicas pode prejudicar as características do meio ambiente. Sob essa perspectiva surgiu a noção de que o meio ambiente constitui uma forma de *capital natural*, análoga de alguma maneira aos aspectos do capital físico e do capital financeiro. Sob o contexto analítico da Economia ambiental, em circuito de retroalimentação, os prejuízos causados no capital natural posteriormente irão se refletir nas outras modalidades.

Ao se considerar a definição de desenvolvimento sustentável como sendo aquele "que atende as necessidades do presente sem comprometer a possibilidade da geração futura atender suas próprias necessidades" (COMISSÃO MUNDIAL SOBRE O MEIO AMBIENTE E DESENVOLVIMENTO, 1987; 1988), surge a interpretação problemática do que se refere ao valor e natureza do estoque natural a ser passado para as gerações futuras. Há algo de sacrossanto no que se refere aos níveis do estoque que a geração atual recebeu das anteriores? Para as gerações futuras deve-se transferir um nível físico constante dos recursos ou preservar os seus valores em termos econômicos?

Uma questão fundamental consiste em como atribuir valores monetários para os componentes ambientais. Se os recursos disponíveis fossem a custo zero e em quantidades infinitas, o problema não existiria. Mas a realidade mostra que as quantidades são finitas e a utilização dos recursos engendra custos. Dessa maneira levanta-se a indagação: quais os critérios e bases para orientar as escolhas ? Essa preocupação interliga-se com a análise dos custos e benefícios, a fim de equacionar as vantagens e desvantagens das implantações sociais e econômicas no uso do solo rural e urbano. Principalmente quando se trata de projetos de infra-estrutura em regiões pouco desenvolvidas ou de valor turístico, por exemplo.

O valor do meio ambiente foi subestimado por muito tempo resultando em prejuízos à riqueza humana, em produtividade reduzida, rompendo estruturas sociais e solapando o desenvolvimento a longo prazo. O reconhecimento dessa problemática pelos pesquisadores analistas e políticos ocorreu, pelo menos em princípio, em todo o mundo, favorecendo o desenvolvimento da Economia Ambiental ou Ecológica.

A valoração ambiental é tema de crescente interesse no campo da Economia Ambiental ou Ecológica. PETHIG (1994) salienta a necessidade de se desenvolverem pesquisas procurando subsidiar e melhorar a racionalidade da política ambiental, mostrando que: a) a análise teórica é necessária para sugerir rumos possíveis tendo em vista melhores procedimentos de valoração; b) os procedimentos de valoração constituem uma base teorética sólida para evitar mensurações sem teoria; c) as pesquisas básicas são direcionadas para aspectos da valoração que são polêmicos considerando sua relevância e/ou para os quais os métodos de mensuração disponíveis são considerados inadequados; d) que os métodos e valoração devem ser criticamente analisados no tocante às suas fraquezas e pontos fortes, a fim de que se esteja seguro de usar o melhor procedimento disponível para cada caso particular de aplicação, e) que as metodologias de valoração não-econômicas são levadas a enfrentar os processos competitivos do discurso profissional, a fim de que cada metodologia seja considerada em função de seus méritos e deficiências.

A Economia Ecológica preocupa-se em integrar os estudos sobre o manejo da natureza com os das atividades humanas, aplicando perspectiva holística para a análise de sistemas nos quais os seres humanos representam um componente essencial, com o objetivo maior de realizar a interação entre a Ecologia e Economia a fim de fornecer o significado e substância à idéia de desenvolvimento sustentável. Procura-se desenvolver sinergias positivas entre o desenvolvimento e o meio ambiente.

A temática da economia ecológica encontra-se desenvolvida em ampla literatura, pois a existência e o bem-estar humano dependem dos sistemas ecológicos e diversidade biológica. BARBIER, BURGESS e FOLKE (1994) salientam que a perda da biodiversidade é um dos problemas mais sérios da atualidade, mas as abordagens setorizadas dos ecólogos e economistas falham em apreender todas as implicações do problema. Por essa razão argumentam em prol de uma abordagem interdisciplinar para analisar e salvaguardar tanto a humanidade como a biosfera dos efeitos provocados pela extinção das espécies.

O problema para calcular e designar valores econômicos aos recursos ambientais é complexo e diversificado. Há técnicas padronizadas para avaliar determinados recursos como água para irrigação, pesca, madeiras e solo agrícola. As mesmas técnicas podem ser utilizadas para avaliar as perdas associadas com alagamentos e excessiva atividade pastoril. Elas integram-se na perspectiva de que os recursos ambientais em questão são inputs na produção de mercadorias comercializáveis. Assim como o fluxo de todos os outros inputs para a produção devem permanecer constantes, os valores ligados com as mudanças em seu abastecimento podem ser calculados diretamente do valor das mudanças resultantes nos produtos.

A questão pode ser mais complexa para mercadorias como a lenha, água potável e água para cozinha, que são inputs para a produção doméstica. Essa questão envolve a necessidade de se avaliar as funções da produção doméstica. Como exemplo, os custos de transporte (em particular, os custos de energia medidos em calorias) para mulheres e crianças seriam menores se as fontes de lenha e de água não estivessem distantes e refluindo. Como primeira aproximação, o valor dos recursos água ou lenha para a produção doméstica pode ser calculado em função dessa necessidade de energia. Em algumas situações (como acontece com a lenha), o recurso é um substituto para um input comercializável (por exemplo, gás, parafina ou querosene); em outros, como no caso da água para cozinha, é um complemento para inputs comercializáveis (como grãos para alimento). Tais fatos levam à necessidade de consignar preços de mercadorias não postas no mercado em termos de avaliar preços de mercadorias produzidas para o mercado.

Os sistemas ambientais são hábitats vitais para o desenvolvimento da população mundial, e as alterações em suas potencialidades afetam amplos conjuntos populacionais. LEONARD (1989) avaliou grosseiramente as populações afetadas ou potencialmente passíveis de sofrerem com as tendências nocivas aos recursos ambientais: população morando ou dependendo das florestas tropicais (200 milhões); pessoas afetadas pela degradação em áreas secas (850 milhões); pessoas dependendo da irrigação para a vida quotidiana (1 bilhão); pessoas relacionadas com a degradação de bacias hidrográficas (500 milhões); pessoas ameaçadas pela erosão dos solos (400 milhões); pessoas dependentes da diminuição no fornecimento da lenha (3 bilhões por volta do ano 2.000).

A modelagem ambiental surge como instrumento relevante para todo esse processo, considerando o diagnóstico, os processos e as mudanças. No que se refere aos procedimentos de valoração econômico ambiental há a utilização de várias técnicas, que podem envolver o uso de modelos. WINPENNY (1991) relaciona as seguintes categorias de técnicas:

a) *análise de custos e benefícios* — combina o rigor com a generalidade, focalizando o balanço entre os custos e os benefícios de uma ação. Em sua praticabilidade mais simples requer poucas pressuposições e pequena quantidade de dados. Em casos mais complexos, necessita considerar as questões ligadas com os riscos, incertezas, sustentabilidade e distribuição, para estabelecer avaliações adequadas aos sistemas ambientais.

Os custos do desenvolvimento devem ser cuidadosamente definidos, considerando os recursos necessários para o desenvolvimento e as implicações nas mudanças ambientais. Por exemplo, ao se construir uma rodovia em determinada região, a abordagem pode ser formulada como sendo (BARDE e PIERCE, 1991):

$$(Bd — Cd - NBc) > 0$$

na qual Bd = valor monetário dos benefícios do desenvolvimento (diminuição do tempo de percurso, entre outros); Cd = valor monetário dos custos dos recursos do desenvolvimento (trabalho, terras, maquinárias, etc); NBc = benefícios líquidos da conservação, que corresponde aos benefícios da conservação (Bc) menos os custos de conservação (Cc). Os benefícios omitidos incluirão todos os usos recreativos e outros valores obtidos no tocante à conservação;

b) *análise de custos e efetividade* — surge como técnica útil de ser aplicada quando os benefícios não podem ser mensurados. É aplicada em casos como: escolhendo procedimento mais eficiente (menor custo) para se atingir determinados objetivos ambientais (p.e., atingir um determinado nível de limpeza no ar e nas águas); determinando o melhor uso de um orçamento disponível para se atingir determinadas metas (p.e., como otimizar o uso do orçamento disponível para a conservação), ou no processo de avaliar os custos de se alcançar diferentes metas alternativas, como um procedimento para decidir qual meta deva ser a adotada. O critério de decisão da técnica é selecionar a melhor opção de custos e efetividade, escolhendo aquela que atinge os objetivos com o menor custo total;

c) *avaliação dos benefícios ambientais* — os sistemas ambientais oferecem benefícios aos seus usuários e àqueles que, embora não os utilizando diretamente, se sentem gratos pela sua disponibilidade. Os benefícios aos usuários são estabelecidos por dois tipos de consumidores: i) todos aqueles que fazem uso real das potencialidades ambientais (agricultores, pescadores, recreacionistas, poluidores, etc), estabelecendo o *valor de uso real*; e ii) os usuários potenciais dos sistemas ambientais no futuro, se presentes ou ainda não integrantes da população. Este segmento representa o *valor de opção* das potencialidades ambientais, que pode ser definida como sendo "uma disposição em pagar para a preservação de um meio ambiente em função de alguma probabilidade de que as pessoas farão uso dele em uma época posterior" (PEARCE, MARKANDYA e BARBIER, 1989). Uma terceira categoria de benefícios corresponde ao *valor de existência*, sendo definida por JOHANSSON (1990) como sendo "até se o próprio indivíduo não consuma o serviço ... ele pode ainda estar relacionado com a qualidade da existência da propriedade. Por exemplo, ele pode sentir-se satisfeito com o simples fato de que a propriedade esteja disponível para outras pessoas, no presente ou no futuro". No domínio da Economia ambiental, o *valor econômico total* é a soma dessas três categorias de valores.

Para essa finalidade, os economistas costumam

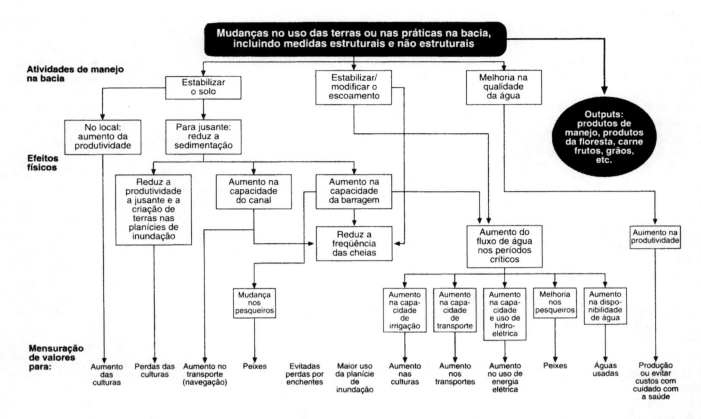

Figura 7.12 — Exemplo de modelo para considerar os efeitos físicos e os valores dos benefícios em função das práticas de manejo em bacia de drenagem, quando comparadas com as condições mantidas sem o uso de práticas de manejo (baseado na FAO, 1987; Winpenny, 1991)

utilizam os seguintes métodos de análise: i) a abordagem dos efeitos sobre a produção; ii) a análise dos gastos de prevenção e dos custos de reposição; iii) a análise do capital humano; iv) o uso dos métodos hedônicos; v) a análise dos custos de transporte para ter acessibilidade aos recursos; e vi) a análise da valoração contingente, considerando como as pessoas valorizariam determinadas mudanças ambientais em termos de contribuir para sua preservação ou aceitar a compensação por uma perda na qualidade ambiental (WINPENNY, 1991; PEARCE e MORAN, 1994).

Um exemplo de modelo considerando os efeitos físicos e os valores dos benefícios em função das práticas de manejo em bacias hidrográficas, para compará-los com as condições mantidas sem o uso das práticas de manejo, foi delineado pela FAO (1987) e encontra-se esquematizado na figura 7.12.

Sob a perspectiva econômica de considerar as potencialidades ambientais como um gigantesco capital básico, em busca dos procedimentos para o desenvolvimento sustentável, DASGUPTA (1994) estabelece que a avaliação correta do produto nacional líquido (PNL) deve considerar a seguinte formulação em uma economia fechada:

PNL = *Consumo*
+ *investimento líquido no capital físico*
+ *o valor da mudança líquida no capital humano*
+ *o valor na mudança líquida do estoque do capital natural*
− *o valor dos prejuízos ambientais atuais.*

IV — A PROCURA DA INTEGRAÇÃO NA MODELAGEM ECONÔMICO AMBIENTAL

Os problemas ambientais não podem ser considerados como fenômenos externos à sociedade, pois são ocasionados pelas atividades humanas e, em conseqüência, a procura em manter o bem-estar humano, qualidade ambiental e as funções dos ecossistemas integra-se com as tomadas-de-decisão em todos os níveis. Dessa maneira, há a necessidade de compreender a interação entre os sistemas ambientais e os sistemas sócio-econômicos, observando-se ritmo crescente nas pesquisas situadas na interface entre a Ecologia e a Economia. Todavia, entre os cientistas há consideráveis diferenças nas perspectivas de abordagens sobre os problemas ambientais e, também, nas proposições de como agir a fim de redirecionar a sociedade em busca da sustentabilidade. Em 1984, no Instituto Internacional de Economia Ecológica, da Universidade de Estocolmo, Joan Ashuvud estimulou e orientou a formação do Eco-Eco-Group (*Ecological Economic Group*), com a finalidade de reunir e ampliar a compreensão das diferentes perspectivas entre ecólogos e economistas e estimular a comunicação e a cooperação no tocante às pesquisas sobre as questões ambientais.

Um procedimento na modelagem ambiental consiste em identificar e combinar os princípios da Ecologia, Economia e Termodinâmica na elaboração de modelos estruturados e aplicativos à sociedade. A noção básica reside no fato de que as economias são sistemas abertos inseridos em ecossistemas, com os quais permutam matéria e energia. As interações entre esses sistemas são vitais para a performance de cada um deles, e elas são condicionadas pelas leis da física. Um exemplo é a obra de RUTH (1993), que procurou inserir os conhecimentos setorizados em contexto de abordagem holística e integrar as bases conceituais na função aplicativa da modelagem.

Ao considerar as diferenças qualitativas entre os sistemas econômicos e os ecossistemas, RUTH (1993) salienta que os sistemas econômicos são, em última instância, determinados pelas preferências humanas, individuais ou sociais, enquanto os ecossistemas são auto-determinados, isto é, "determinados pelas forças cegas da Física". Entretanto, acrescenta que ambos os sistemas podem ser descritos em termos físicos, embora estejam presentes diferenças ao predizer cada comportamento do sistema ou ao especificar as leis do comportamento. Esse é ponto crucial para a abordagem integrada econômico-ambiental: a entidade emergente deve ser focalizada sob uma perspectiva que considera a similitude na dinâmica dos processos responsáveis pela estruturação e funcionamento dos sistemas. No campo da análise geográfica, surge como sendo o desafio de analisar as organizações espaciais como resultante integrada da interação entre os geossistemas e os sistemas sócio-econômicos.

Ao se posicionar na consideração de que os sistemas econômicos são auto-organizados e similares ao componentes dos ecossistemas, RUTH (1993) distingue três questões relevantes: a) as relações entre auto-organização e interações economia — meio ambiente são discutidas de modo extensivo pelos economistas, argumentando que a substituição dos bens de capital para os recursos naturais nos processos de produção reduz as possibilidades dos recursos e que, em geral, as mudanças técnicas podem superar os limites impostos sobre as atividades econômicas pelos condicionamentos ambientais. Essas limitações podem ser sob a forma de disponibilidade dos recursos ou sob a habilidade do meio ambiente em assimilar e degradar os resíduos lançados; b) que a auto-organização econômica que se implanta às custas do balanço de energia do meio circundante só pode ser respondida empiricamente, evidenciando a tendência de que a dissipação da energia pelos sistemas econômicos aumenta com a organização; e c) necessidade do delineamento de metas políticas que possam ser derivadas da perspectiva que considera os sistemas econômicos como estruturas dissipativas auto-organizadas, que requerem constantes fluxos de matérias

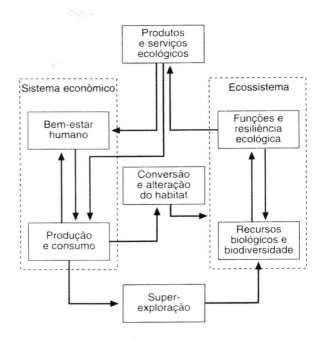

Figura 7.13 — Modelo representativo do sistema econômico ambiental, em função da biodiversidade (conforme Barbier, Burgess e Folke, 1994)

e energias para o sistema.

O componente básico encontra-se no delineamento do sistema econômico ambiental. Em virtude da complexidade, muitas proposições estabelecem modelos para a caracterização dos elementos e dos circuitos dos processos em face de determinada problemática. Por exemplo, BARBIER, BURGESS e FOLKE (1994) consideram a relevância da economia ecológica da biodiversidade. Salientam que a biodiversidade e os recursos biológicos são fundamentais para o funcionamento e resiliência dos ecossistemas, que por seu turno alimentam fluxos e recursos ecológicos essenciais para suportar as atividades de produção e consumo do sistema econômico e, em última instância, o bem estar e a existência da comunidade humana. Todavia, as atividades econômicas de produção e consumo também provocam a perda da biodiversidade, diretamente através da super exploração dos recursos biológicos e, indiretamente, por meio das modificações e destruição no hábitat.

Sob essa perspectiva biológica, a configuração do sistema econômico ambiental distingue o sistema econômico e o ecossistema como elementos componentes, mostrando as suas interrelações (figura 7.13). Ambos surgem como subsistemas integrados no sistema maior.

Na modelagem dos sistemas econômico-ecológicos surgem nuances para expressar a complexidade inserida nas diversas categorias de modelos. Numa representação podem ser colocadas nos dois extremos da direita e da

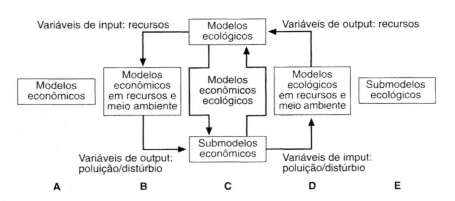

Figura 7.14 — Representação das categorias de modelos em função da perpectiva monodisciplinar e do aumento analítico da complexidadde (conforme Braat e Lierop, 1987)

esquerda os modelos monodisciplinares relacionados com a análise econômica e com a ecológica (figura 7.14). À medida que focalizam os componentes e os processos de interação vai aumentando a complexidade, em busca de se compreender a unicidade do sistema maior (BRAAT e LIEROP, 1987).

A linhagem analítica estabelecida por ODUM (1996) focaliza o uso da EMERGIA como instrumento para a avaliação do uso econômico e ambiental, fornecendo subsídios para as tomadas-de-decisão. A *emergia*, definida como sendo uma medida da riqueza real, é o trabalho previamente requerido para gerar um produto ou serviço. Em função dessa proposição, as mercadorias, serviços e processos ambientais de diferentes tipos são focalizados sob a base comum da emergia. Concomitantemente, a noção de transformidade (*transformity*), a emergia por unidade de energia, identifica a escala do fenômeno energético. ODUM (1996) assinala que, expressando-se a emergia *em dolares*, ela indica a parte do produto econômico bruto baseado na riqueza real, pois o valor de alguma coisa auxilia as pessoas a visualizarem a sua importância política pública.

A energia disponível pode ser medida em calorias. A caloria foi definida como o calor necessário para elevar a temperatura em um grau centígrado na massa de um grama de água. Um quilograma de caloria (kcal) é igual a 1.000 calorias. ODUM (1996) assinala que comissões internacionais recomendam que o *joule* (mais do que a caloria) seja usada como unidade de energia. A conversão é de que há 4.186 joules em um kcal. No processo de transformidade solar, a emergia solar por unidade de energia é expressa em emjoules por joule (sej/J).

Um exemplo corresponde à avaliação energética na escala da geobiosfera e à identificação das principais fontes energéticas que contribuem aos fluxos a médio e a longo prazos. ODUM (1996) descreve o modelo salientando que o sol, as marés e as fontes profundas de calor no globo terrestre (calor geotérmico) interagem como um sistema acoplado com uma rede de processos

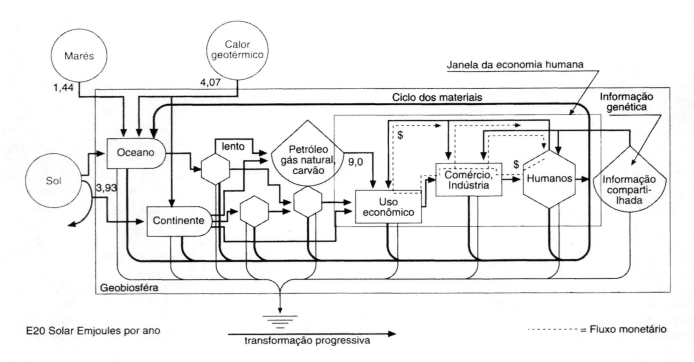

Figura 7.15 — Modelo esquemático da hierarquia global de energia e do balanço anual da energia, na escala da geobiosfera (conforme Odum, 1996)

A procura da integração na modelagem econômico ambiental **155**

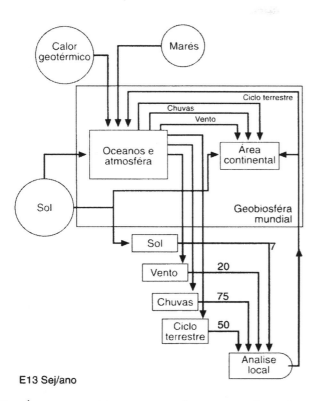

Figura 7.16 — *Modelo representando o processo de avaliação dos fluxos de energia da escala da geobiosfera para a escala local. No exemplo, o fluxo maior encontra-se relacionado com as chuvas (conforme Odum, 1996)*

que incluem os sistemas econômicos e a produção e manutenção dos estoques das informações compartilhadas globalmente. Na figura 7.15 as transformidades solares aumentam da esquerda para a direita, ao longo de uma série de sucessivas transformações de energia. A transformidade solar mensura a posição na hierarquia da energia e indica a amplitude apropriada da ação efetiva. A soma total do fluxo de emergia solar é de $9,44 \times 10^{24}$ sej/ano, representada pela contribuição provinda da insolação solar ($3,93 \times 10^{24}$), calor geotérmico ($4,07 \times 10^{24}$) e energia das marés ($1,44 \times 10^{24}$).

Os principais processos geobiosféricos também contribuem com inputs para cada área da superfície terrestre. Globalmente, a emergia requerida para cada uma é a mesma pois são subprodutos escalares de cada outra hierarquia superior. A insolação direta em cada área contribui para o sistema unitário na escala global, do qual é apenas uma parte. Os ventos, as chuvas, a insolação e outros processos são subprodutos do processo global, mas áreas diferentes recebem porcentagens variadas da emergia terrestre como inputs. Os desertos podem ter maior emergia relacionada com o ciclo terrestre, enquanto as florestas recebem mais energia em função das chuvas. A figura 7.16 representa os inputs de emergia solar para as trajetórias de cada processo, mostrando um contexto de grandeza escalar pequena no qual as chuvas surgem como os principais contribuintes (75×10^{13} sej/ano).

A proposição de Howard Odum estabelece um sistema de avaliação com bases quantificáveis para representar os valores ambientais e os valores econômicos com medidas comuns. A emergia (redigida com m) mensura o trabalho da natureza e o dos seres humanos no processo de gerar produtos e serviços. Selecionando escolhas que maximizam a produção e uso da emergia, as políticas e tomadas-de-decisão podem favorecer aquelas alternativas ambientais que maximizam a riqueza real, a economia como um todo e os benefícios públicos.

Apesar das inúmeras tentativas, a modelagem integrada entre os sistemas ambientais e sistemas econômicos ainda permanece como desafio aos pesquisadores. O desenvolvimento da teoria da complexidade muito auxiliará no direcionamento para proposições mais adequadas. O ponto essencial reside na concepção de entidades organizacionais de maior nível hierárquico, expressando a representabilidade unitária da integração entre os sistemas da natureza e os da sociedade. A concepção da organização espacial, sob a perspectiva geográfica, constitui uma proposição viável.

CAPÍTULO 8

O USO DE MODELOS NO PLANEJAMENTO AMBIENTAL E TOMADAS DE DECISÃO

Os sistemas ambientais servem de suporte às atividades sócio-econômicas, cujas potencialidades constituem as bases para os programas de desenvolvimento sustentável. Um grande conjunto de atividades encontra-se expressa pelas estratégias de planejamento ambiental ligadas aos sistemas econômicos, tendo como base os modelos de suporte às decisões. Outra demanda da sociedade hodierna vincula-se com a necessidade de se realizar modelagem integradora econômico-ambiental em função das metas do desenvolvimento sustentável. Em decorrência deve-se considerar as tendências e mudanças ambientais, em torno dos indicadores da sustentabilidade ambiental e das variáveis sociais e econômicas. A meta maior e as escolhas operacionais estão relacionadas com os procedimentos de simulação de cenários futuros.

I — A ABORDAGEM INTEGRADORA ENTRE SISTEMAS AMBIENTAIS E ECONÔMICOS

Nos debates relacionados com os problemas ambientais vem ganhando realce, no transcorrer da última década, a análise dos aspectos de interface entre os sistemas ambientais e os sistemas econômicos. Nos anos das décadas de 70 e 80 as questões ambientais ganharam impulso e relevância política nos países desenvolvidos, mas foram dominantemente focalizadas como temas setoriais. No segundo lustro da década de 80 tais questões começaram a emergir como temas de política pública e de interesse para a segurança nacional e riqueza econômica das nações. Essa tendência estimulou a necessidade de se reconciliar as atividades sócio-econômicas com as potencialidades e restrições ambientais, procurando a manutenção das condições adequadas para a sociedade em perspectiva a longo prazo. O ponto marcante foi o relatório elaborado pela Comissão Brundtland, publicado em 1987, estabelecendo as bases e as metas para o desenvolvimento sustentável.

A abordagem integradora combinando o crescimento econômico e a manutenção das potencialidades ambientais surge como amplo desafio aos pesquisadores, planejadores e políticos. Uma tarefa relevante é estruturar uma concepção na qual os objetivos das propostas de conservação dos recursos naturais não sejam consideradas como necessariamente contraditórias às metas do desenvolvimento. Por seus turno, um crescimento econômico saudável deve ser considerado como pré-requisito necessário para se estabelecer os meios para a implantação de uma política construtiva no tocante às ameaças ambientais atualmente emergentes. A tarefa não é fácil pois consiste em integrar a funcionalidade de sistemas em esferas diferentes do conhecimento, tais como Economia, Física, Ecologia e Geografia.

O desafio restringe-se principalmente ao âmbito aplicativo do conhecimento científico, pois os cenários da realidade sempre se expressaram como entidades estruturadas e funcionais na superfície terrestre. O problema emerge em vista do crescimento demográfico, da demanda social e do crescimento econômico que ampliaram a expansão territorial e a intensidade da exploração dos recursos naturais e ambientais. O desafio consiste no conhecimento cada vez mais preciso dos sistemas econômicos, ecológicos e geográficos, em torno de suas estruturações e funcionamentos, e na interação desses sistemas na organização dos sistemas nas escalas global e regional. As bases conceituais e analíticas fornecem as informações necessárias aos procedimentos da modelagem simulatória, como suportes às tomadas de decisão.

Como subsídios à compreensão e modelagem dessa interação, três temas devem ser considerados: o dos recursos naturais, o do desenvolvimento sustentável e o da modelagem econômica regional.

A — A RELEVÂNCIA DOS RECURSOS NATURAIS

O conceito de recursos naturais é de importância quando se deseja compreender as interfaces entre sistemas ambientais e sistemas econômicos. Apresentando muitas nuanças, o termo possui significados algo diferentes sob a perspectiva dos economistas como das utilizadas pelos ecólogos e geocientistas.

As jazidas de minérios são encontradas em muitas regiões e podem ser utilizadas como matérias-primas para a produção industrial, de máquinas e equipamentos. Obviamente são recursos retirados da natureza para as atividades econômicas. A exploração de madeira, cortando as árvores em florestas naturais ou matas artificiais, é interpretada como uso de recursos da natureza para a produção de polpa e papel ou fonte de energia. O uso da insolação e dos ventos para gerar energia e a própria qualidade do ar são considerados como recursos obtidos do sistema natural. O mesmo ocorre com os recursos hídricos. Mas o emprego de animais para o transporte e uso nas atividades agrárias, ou mesmo como fonte alimentar, pode ser considerado como recurso natural ?

O conceito de recursos naturais é sensível ao contexto no qual é utilizado. Os componentes existentes na superfície terrestre não surgem como recursos naturais apenas porque se encontram no sistema da natureza. Passam a essa categoria quando ganham relevância em função da intervenção humana, pelo conhecimento de sua existência, pelo conhecimento de como pode ser tecnicamente utilizado e pela sua integração a determinadas necessidades da sociedade. Em conseqüência, o mesmo recurso natural não é perene em sua importância ao longo dos tempos nem possui a mesma relevância em todas as regiões.

Sob a perspectiva dos geocientistas e ecólogos, a preocupação consiste em reconhecer e analisar os componentes dos sistemas geofísicos e ecológicos e avaliar a sua distribuição e potencialidade. Sob a perspectiva do economista, a preocupação consiste em avaliar se o elemento natural contribui para a produção de algum componente necessário à sociedade e se há viabilidade econômica para sua exploração.

A disponibilidade de recursos e a qualidade do sistema ambiental ("meio ambiente") somente se tornam problemas sérios quando a explotação dos recursos e a deposição de resíduos das atividades produtoras e consumidoras começam a atingir taxas e amplitude areal que não são mais compatíveis com a capacidade dos sistemas naturais em fornecer matérias primas e em absorver e processar os resíduos. A modelagem relacionada com os fluxos de matérias fornecidas com o uso dos sistemas e com o fluxo deposicional dos resíduos está sempre tomando como diretriz os processos relacionados com a resiliência e estabelecimento de limiares, em função das características de cada sistema ambiental, considerando as ocorrências na escala local e regional.

Em relação com as políticas ambientais e de uso dos recursos, três principais categorias de objetivos podem ser estabelecidos (BRAAT e LIEROP, 1987):

a) *objetivos ligados com a conservação da natureza*: Esta categoria de objetivos pode ser caracterizada como sendo exploração e prejuízos mínimos dos sistemas naturais. Os objetivos podem expressar a forma extrema da preservação completa, sem acesso e nenhum uso dos sistemas ambientais (reservas naturais, santuários, etc). Em geral, esses objetivos são explicitamente direcionados somente para áreas limitadas, por vezes com o propósito explícito de salvaguardar recursos para uso futuro. Outro aspecto é constituído pela proteção dos sistemas ambientais do uso consumista, mas possibilitando o uso sob formas mais amenas com para funções recreativas, estéticas e científicas;

b) *objetivos econômicos*: A segunda categoria de objetivos pode ser caracterizada como de produção máxima de matérias e serviços a custo mínimo. O caso extremo pode assumir a forma da destruição total da estrutura do sistema (desmatamento total da floresta, destruição dos cardumes para a atividade pesqueira, etc). O aspecto dominante é a satisfação das necessidades atuais. As necessidades a serem satisfeitas podem ser básicas, como alimentação e moradia, ou suplementares, tais como para o luxo e riqueza individuais;

c) *objetivos mistos*: A terceira categoria de objetivos ainda não é normalmente praticada ou conhecida nas atividades políticas. Ela implica no uso sustentável máximo dos recursos e serviços ambientais. O conceito crucial encontra-se representado pela *sustentabilidade*, significando que as diversas formas de uso são compatíveis com capacidade produtiva e capacidade de suporte do sistema ambiental envolvido. O conceito implica que essa compatibilidade estende-se sobre um período temporal ilimitado. Esta categoria de objetivos são mistos porque englobam simultaneamente os objetivos econômicos e os da conservação amena da natureza.

As questões relacionadas com a distribuição dos recursos naturais são componentes que contribuem para as características estruturais dos sistemas, enquanto os fluxos de materiais surgem como inputs para o funcionamento dos próprios sistemas ambientais, dos sistemas sócio-econômicos e das organizações espaciais. Os projetos de utilização devem ser elaborados em função das metas do desenvolvimento sustentável e da inserção nas escalas das organizações locais, regionais e globais.

B — AS CARACTERÍSTICAS DO DESENVOLVIMENTO SUSTENTÁVEL

A temática do desenvolvimento sustentável vem sendo focalizada de modo crescente no transcurso da última década. Relaciona-se com a reformulação das bases e metas do crescimento econômico em sua interação com as características, potencialidades e dinâmica dos sistemas ambientais. Os inúmeros enunciados procurando definir o desenvolvimento sustentável apresentam formulação abrangente e genérica, como é obvio e necessário. Para a devida implementação, os projetos e programas requerem a absorção de conhecimentos fornecidos por várias disciplinas e compreensão adequada dos ecossistemas e geossistemas, que são sistemas ambientais de elevada complexidade. Todavia, para a elaboração dos diagnósticos, análise dos dados e avaliação das potencialidades torna-se necessário estar consciente das diferenças entre as perspectivas ecológica e geográfica de análise, devendo-se avaliar como entrosá-las ou verificar qual delas é mais adequada para a escala de grandeza espacial pretendida pelo projeto de desenvolvimento sustentável. Em continuidade, para que haja o gerenciamento dos programas e projetos há necessidade de se especificar critérios para a escolha de indicadores relevantes à sustentabilidade ambiental, cujas informações sobre eles servem de guia para acompanhar o desenrolar do projeto e detectar momentos críticos.

As preocupações mais explicitas com as questões ambientais começaram a ser desencadeadas no transcurso da década de 60. A Conferência das Nações Unidas sobre Meio Ambiente Humano, realizada em 1972 em Estocolmo, tornou-se marco histórico. A difusão dos debates e os movimentos ambientalistas possibilitaram tomada-de-consciência sobre as implicações decorrentes do crescimento demográfico, do desenvolvimento da tecnologia e expansão das atividades econômicas, da grandeza atribuída aos fluxos de material e energia manipulados pelas atividades humanas, que se interagem com os fluxos dos ecossistemas e geossistemas. Estabelecia-se uma diretriz focalizando as qualidades do meio ambiente para a vida das populações humanas, visando delinear os limiares de aceitabilidade e os problemas decorrentes das poluições e diminuição das potencialidades ambientais. Mais recentemente, o desafio e a demanda sócio-econômica emergentes buscam as perspectivas e os procedimentos para se promover o desenvolvimento econômico ajustado ao adequado uso dos recursos naturais. Em vinte anos, a mudança na preocupação básica foi observada justamente na temática das duas conferências organizadas pelas Nações Unidas. Em 1972 delineava-se a preocupação com o "Meio Ambiente Humano". Em 1992, na Conferência realizada no Rio de Janeiro, o tema fundamental expressava-se como sendo "Meio Ambiente e Desenvolvimento". Baseando-se nas formulações mais claramente expressas no Relatório Brundtland, constituindo o volume *Our Common Future*, elaborado pela Comissão Mundial Sobre Meio Ambiente e Desenvolvimento e publicado em 1987, tornou-se corrente o uso da expressão "desenvolvimento sustentável", que se constitui no desafio atual solicitado pela sociedade para as comunidades de pesquisadores, nas mais diversas disciplinas, e para os planejadores e políticos.

O termo *desenvolvimento sustentável* começou a ser utilizado nos anos iniciais da década de setenta, quando da convenção realizada em Cocoyoca a respeito do desenvolvimento e meio ambiente. Em 1987, o conceito de desenvolvimento sustentável foi expresso como sendo a base de abordagem integrativa para a política econômica. No relatório da Comissão Mundial sobre Meio Ambiente e Desenvolvimento, é definido como sendo "aquele que atende às necessidades do presente sem comprometer a possibilidade de as gerações futuras atenderem a suas próprias necessidades".

A premissa básica salienta que a sustentabilidade representa algo a ser feito sem que haja a dilapidação do estoque dos recursos naturais. O Relatório da Comissão Brundtland, de 1987, mostra que, no mínimo, o desenvolvimento sustentável não deve colocar em risco os sistemas ambientais que sustentam a vida na Terra: a atmosfera, as águas, os solos e os seres vivos, e que nenhum ecossistema, seja onde for, tem chance de ficar intacto.

A meta fundamental do desenvolvimento sustentável, considerando as definições propostas pela Comissão Brundtland e outros autores, é de ordem política. Consiste em orientar decisões visando utilizar adequadamente os recursos naturais a fim de manter condições favoráveis para a "qualidade de vida" das gerações futuras, não menores que as herdadas das gerações passadas. HOLMBERG e SANDBROOK (1992) salientam que essa meta política pode ser interpretada de três maneiras:

- que a próxima geração deveria herdar um semelhante estoque de riqueza, compreendendo os bens construídos pelo homem e os bens ambientais;

- ou que a próxima geração deveria herdar um estoque de bens ambientais não inferior ao herdado pela geração precedente;

- ou que o estoque herdado deveria compreender os bens construídos pelo homem, os bens naturais e o "capital humano".

A primeira interpretação engloba todos os bens de capital, os construídos pelo homem e os "naturais". A segunda salienta apenas os bens do capital natural, enquanto a terceira compreende as heranças culturais. Os dois autores mencionam que o desenvolvimento humano recente tem seguido o padrão implícito na primeira interpretação. Entretanto, considerando a preocupação constante com as perturbações humanas na estabilidade dos sistemas ambientais, mormente na riqueza ecológica como a da biodiversidade, o conceito de *estoque* encontra-se em momento propício par ser absorvido. Mostram também que há riscos para a sobrevivência da sociedade e das suas riquezas culturais, que se tornam bens perecíveis para o estoque da herança.

BARBIER (1987) considera que o desenvolvimento intrinsecamente envolve ajustagens entre metas conflitantes, tais como entre crescimento econômico e conservação ambiental, a introdução de tecnologias modernas e a preservação da cultura tradicional, ou a reconciliação do crescimento com a melhoria na equidade social. Embora considere que muitas das dimensões qualitativas dessas ajustagens não podem ser adequadamente mensuradas, o processo inevitavelmente se torna sujeito a julgamentos baseados nos valores predominantes e normas éticas. O processo é dinâmico e se diferencia em virtude das localizações regionais e escalas temporais.

As políticas de desenvolvimento sustentável procuram estimular programas e procedimentos visando atingir as metas propostas (desenvolvimento econômico, uso adequado dos recursos, melhoria social e bem-estar das comunidades), mas usufruindo dos conhecimentos gerados nas diferentes disciplinas analíticas (Geografia, Ecologia, Geociências, Economia, Sociologia e outras). O conhecimento gerado no campo de ação da Geografia Física surge como básico para a compreensão dos elementos que constituem o grande conjunto do estoque dos recursos naturais e ambientais, no tocante ao diagnóstico, análise, avaliação e manejo, e para a complexidade do próprio sistema. Engloba os estudos sobre a totalidade unitária do geossistema, como também inclui e necessita dos estudos direcionados para a estrutura e dinâmica dos seus diversos elementos.

Para que as políticas de desenvolvimento sustentável possam ser adequadamente propostas e executadas, necessitam obrigatoriamente absorver o conhecimento e delinear suas demandas para outros sistemas, e a categoria dos sistemas ambientais físicos (geossistemas) expressa-se como essencial para as atividades sócio-econômicas. O sistema ambiental físico compõe o embasamento paisagístico, o quadro referencial para se inserir os programas de desenvolvimento, nas escalas locais, regionais e nacionais. Não há como omitir a existência e o uso dos recursos ligados com as qualidades das formas de relevo, dos solos, das águas e do ar, em determinado nível hierárquico, e da expressividade paisagística dos geossistemas.

C — MODELAGEM ECONÔMICA REGIONAL

Em muitos países, os modelos macroeconômicos foram desenvolvidos a partir da década de sessenta tanto para os envolvidos com a economia de mercado livre como de economia planejada. Esses modelos geralmente incluem simulações políticas baseando-se em estimativas sobre indicadores do crescimento nacional, como consumo nacional, produção, emprego, etc. Um aspecto relevante das abordagens ligadas com a modelagem econômica refere-se à escala regional, procurando incluir os aspectos espaciais do desenvolvimento econômico. Dessa maneira, os modelos econômicos regionais e os modelos setoriais tornaram-se cada vez mais operacionais desde o findar dos anos sessenta, como instrumentos para o planejamento regional e político, com a finalidade de investigar as conseqüências de decisões políticas alternativas ou opções conflitantes, servindo como esquemas para mensurar a eficiência e equidade de políticas econômicas alternativas (BROUWER, 1987).

Os modelos econômicos regionais levam em consideração fenômenos econômicos e demográficos, distinguindo três componentes básicos: a) o setor orientado à demanda (p. ex., demanda por terra, capital ou trabalho, e demanda final); b) setor orientado ao abastecimento (p. ex., abastecimento de trabalho, capital, facilidades de transporte, energia, produção, etc), e c) setor demográfico (p. ex., grandeza da população). Os modelos podem focalizar cada setor individualmente ou promover interações, considerando dois ou três desses setores. Modelos econômicos regionais integrando os setores da demanda e do abastecimento ampliam seu potencial de complexidade e análise.

A tendência em se inserir as questões ambientais integradas aos modelos econômicos ganhou realce nas décadas recentes, cujos movimentos iniciais foram marcados pelas preocupações com a poluição do ar, das águas e dos solos e com a utilização dos recursos naturais. Entretanto, essa preocupação já registra exemplos antigos. BROUWER (1987) cita o caso de Londres que, no século XIII, foi afetada por problemas de poluição ambiental em virtude da queima de carvão. CLARK (1986) lembra que a expansão da demanda em lenha e de produtos agrícolas nos países europeus, nos séculos XVII e XVIII, provocou impactos acentuados de desflorestamento. Todavia, a inclusão explícita dos fenômenos ambientais nas análises econômicas surge no século XIX quando Malthus e Ricardo descreveram cenários salientando as limitações sobre o crescimento da população e à disponibilidade de terras agrícolas. No século XX uma das primeiras tentativas para incluir as questões ambientais no contexto da modelagem econômica é representada pela abordagem de input e output (I/O) desenvolvida por ISARD (1968) e colaboradores. Os modelos de input e output descrevem o setor da produção em uma economia mostrando as ligações entre as necessidades de inputs para a fabricação de produtos. A emissão de poluentes encontram-se incorporados em um modelo de I/O, estando relacionados aos setores da produção econômica.

Desde a década de setenta há desenvolvimento dos esforços procurando realizar a modelagem das interações entre as atividades econômicas, o desenvolvimento demográfico e os processos ecológicos na grandeza da escala regional. A razão principal para a modelagem dessas conexões complexas entre economia e sistemas ambientais foi a crescente percepção de quão grande se tornam os impactos ambientais provocados pelas atividades econômicas. Para designar essa categoria da modelagem, BROUWER (1987) criou o termo de *modelos ambientais integrados*.

Sob a perspectiva econômica, em estudo tendo o objetivo de considerar as conseqüências regionais das taxas ambientais na Dinamarca, GORTZ (1996) utilizou do modelo denominado EMIL. Em 1993 a Dinamarca introduziu uma taxa sobre a produção de gás carbono, fixada em aproximadamente 16 dólares por tonelada de

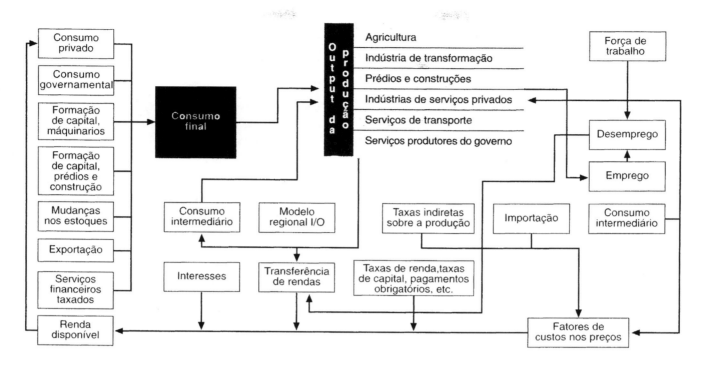

Figura 8.1 — Estrutura do modelo EMIL (conforme Gortz, 1996)

bióxido de carbono produzido pelas moradias e em 8 dólares para as indústrias. O objetivo de GORTZ (1996) foi o de quantificar os efeitos regionais das referidas taxas e considerar as implicações ligadas com o uso de taxas similares de 16 dólares para ambas as categorias para a Dinamarca e para a competitividade industrial. O modelo econômico regional utilizado consiste de 12 modelos independentes, um para cada região da Dinamarca. O EMIL surge como modelo keynesiano multiplicador de renda, no qual a estrutura da produção é um modelo de input-output regional, com estruturação similar ao modelo de I/O na escala nacional (figura 8.1).

Sob perspectiva semelhante, procurando aplicar a abordagem analítica de input-output para estudar os impactos regionais de uma redução futura dos subsídios agrícolas na Noruega, JOHANSEN (1996) utilizou do modelo denominado REGION. É modelo macroeconômico regional que consiste de 32 setores de produção, dos quais 7 são da categoria pública. Cada setor privado produz uma mercadoria principal, mas pode produzir todos os tipos, e os setores públicos produzem apenas uma mercadoria. Em sua totalidade, o modelo especifica 26 tipos de mercadorias. A figura 8.2 mostra que o modelo se desdobra em três núcleos básicos: os pré-modelos, o modelo principal e os sub-modelos, salientado também que o modelo de 20 unidades regionais tratadas todas elas da mesma maneira.

Muitas proposições foram realizadas no campo da modelagem entre processos econômicos e ambientais na escala nacional. Um exemplo dessa abordagem nas escalas regional e nacional é constituído pelos *Sistemas Estratégicos de Avaliação Ambiental* (SEAS) ou *modelos*

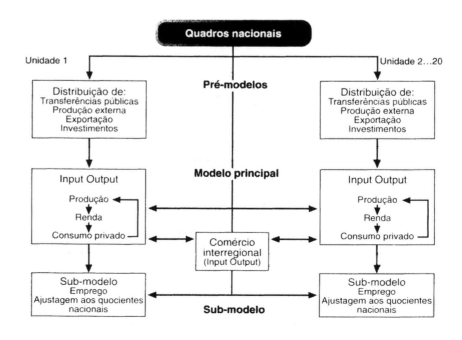

Figura 8.2 — Estrutura do modelo REGION (conforme Johansen, 1996)

de estudos estratégicos de impactos ambientais (EEIA). Essa abordagem foi desenvolvida para a Agência de Proteção Ambiental dos Estados Unidos, representando conexão de modelos econômicos, ambientais e energéticos. Os modelos SEAS tiveram como base os modelos de input e output dos Estados Unidos, levando em consideração 185 setores que emitem poluentes no ar, águas e solos.

Sob a perspectiva analítica dos geocientistas e biólogos, o reconhecimento dos problemas ligados com o uso dos recursos naturais envolve-se com o diagnóstico da quantidade, qualidade e distribuição espacial e da inserção desses componentes na estrutura e funcionamento dos sistemas ambientais, mensurando-os como potencialidades para atender demandas sócio-econômicas. Sob a perspectiva do economista, salientam-se as preocupações com o uso dos recursos e a sua significância do elemento humano na criação de um recurso. E a modelagem do planejamento envolve o conjunto em busca da estruturação e funcionamento de entidades envolvendo os fluxos interativos dos sistemas ambientais e dos sócio-econômicos no estabelecimento de organizações espaciais adequadas à época hodierna e como elos para os cenários futuros. Inerentemente resultam na prática das metas do desenvolvimento sustentável e no delineamento da escala espacial de aplicabilidade. Em face da complexidade inerente a essa categoria de sistemas, emerge o problema ligado com a formação de competências e o grau de responsabilidade que assumem os cientistas, os planejadores e os políticos.

II — PLANEJAMENTO AMBIENTAL

O planejamento e o manejo ambientais podem ser definidos como o iniciar e a execução de atividades para dirigir e controlar a coleta, a transformação, a distribuição e a disposição dos recursos sob uma maneira capaz de sustentar as atividades humanas com um mínimo de distúrbios nos processos físicos, ecológicos e sociais (BALDWIN, 1985).

O termo planejamento abrange ampla gama de atividades. Pode-se distinguir as categorias de planejamento estratégico e planejamento operacional e usar outros critérios de grandeza espacial (planejamento local, planejamento regional, planejamento nacional, etc) ou de setores de atividades (planejamento urbano, planejamento rural, planejamento ambiental, planejamento econômico, etc). OTTENS (1990) salienta que o planejamento estratégico relaciona-se com as tomadas de decisão, a longo e médio prazos, envolvendo geralmente um conjunto de pesquisas, discussões, assessorias e negociações. As atividades que servem de base às tomadas de decisões podem ser categorizadas em dois grupos: a organização do próprio processo de tomada de decisão e a produção dos resultados tangíveis, na forma de planos, programas e projetos. Esses dois aspectos do planejamento estratégico geralmente são

referenciados como sendo processual e substantivo. O planejamento processual produz a infra-estrutura organizacional e a tomada de decisão, na qual os planejadores substantivos podem produzir relatórios de pesquisa, relatórios de políticas, material informativo e, eventualmente, planos oficiais, planos de reformulação, programas de implementação e delineamento de projetos. As iniciativas e as atividades de controle que se encontram conectadas com a implementação dos planos a serem executados são denominados de planejamento operacional ou planejamento orientado para a ação. Esse aspecto do planejamento envolve o julgamento de aplicações e autorizações (ou não), com respeito ao desenvolvimento, construções e instalações. Mas também inclui a monitoria e o controle dos projetos em andamento.

O planejamento ambiental envolve-se com os programas de utilização dos sistemas ambientais, como elemento condicionante de planos nas escalas espaciais do local, regional e nacional, ou de atividades setorizadas como uso do solo urbano, uso do solo rural, execução de obras de engenharia e planejamento econômico. Em função de focalizar os ecossistemas e os geossistemas, os seus objetivos podem sublinhar perspectivas ecológicas ou geográficas. Para a implantação das atividades de gestão ambiental há o envolvimento de informações provindas de muitas disciplinas. Estabelecendo como suporte o conhecimento geográfico, a intensidade das influências disciplinares varia nas esferas entre fraca, forte e muito forte (figura 8.3).

Em função das três categorias de objetivos delineadas para o uso de recursos naturais, BRAAT e LIEROP (1987) estabelecem uma classificação para os problemas políticos relacionados com o planejamento ambiental, envolvendo nove classes grupadas em três tipos de questões, representadas graficamente na figura 8.4:

a) Questões ligadas com a política ecológica:

Classe 1: impactos ecológicos do uso de recursos

Classe 2: impactos ligados com a poluição e distúrbios

Classe 3: manejo para a conservação dos ecossistemas

b) Questões ligadas com a política econômica:

Classe 4: impactos econômicos do uso de recursos

Classe 5: impactos econômicos da poluição e distúrbios

Classe 6. manejo para a otimização econômica

c) Questões ligadas com a integração econômico ecológica:

Classe 7: uso sustentável dos recursos

Classe 8: uso sustentável dos serviços ambientais

classe 9: manejo do sistema total

As características de modelo ambiental integrado com aplicação ao planejamento espacial ao nível regional encontram-se descritas por BROUWER (1987), levando-se em conta previsões para escalas temporais de 10 a 15

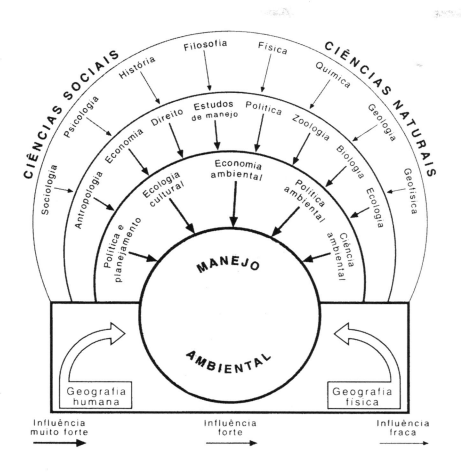

Figura 8.3 — Categorias de influências da informações disciplinares para as atividades de gestão ambiental (conforme Wilson e Bryant, 1997)

Figura 8.4 — Representação das questões ligadas com a política ecológica (A), política econômica (B) e integração econômico ecológica (C) (conforme Braat e Lierop, 1987)

anos. A descrição dos aspectos ambientais e espaciais no tocante ao planejamento físico regional é apresentada em integração com os impactos econômicos e demográficos diretos e indiretos.

A análise consiste de cinco módulos interligados: demográfico, econômico, ecológico, meio ambiente artificial e intermediário. As relações entre os módulos encontram-se representados na figura 8.5, cujas características principais são as seguintes:

- o *módulo demográfico* expressa a composição da população, classificação por idade e sexo e utiliza do método de sobrevivência conjunta (abordagem de cenário do esperado desenvolvimento futuro da população);
- o *módulo econômico* também faz uso da abordagem de cenário para determinar a demanda para o trabalho classificado pelos setores econômicos. As equações de demanda do trabalho são lineares, por sua natureza. A oferta de trabalho na região é obtida da variável população no módulo demográfico;
- o *módulo meio ambiente artificial* ou módulo de oportunidades utiliza de equações lineares para determinar a demanda por moradias, uso de águas (para uso doméstico como para as indústrias), a demanda para oportunidades de recreação, a produção de lixo (doméstico e industrial) e também para a

a) Questões de política ecológica

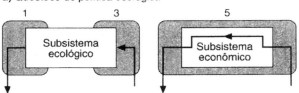

b) Questões de política econômica

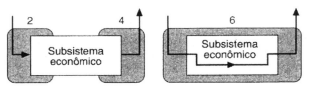

c) Questões mistas da política econômica ecológica

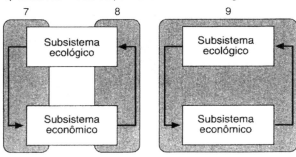

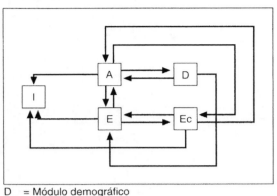

D = Módulo demográfico
E = Módulo econômico
Ec = Módulo ecológico
A = Módulo meio ambiente artificial
I = Módulo intermediário

Figura 8.5 — Interações entre os módulos do modelo ambiental integrado (conforme Brouwer, 1987)

poluição por fosfatos, nitratos, enxofre e óxidos de nitrogênio;

- o *módulo ecológico* constitui um modelo de simulação com equações diferenciais não-lineares e consiste, entre outros aspectos, pela quantidade de algas na água, quantidade de macrófitos aquáticos e concentração de sais. Os parâmetros para quantificar as relações encontram-se fundamentados no levantamento da literatura e na ajustagem do modelo;
- o *módulo intermediário* determina o balanço entre suprimento e demanda da classificação de uso das terras. As emissões de bióxido de enxofre, obtidas do módulo meio ambiente artificial, são inputs para o modelo de dispersão no módulo intermediário para localizar as concentrações de bióxido de enxofre.

BROUWER (1987) também salienta que as interações entre os módulos são descritas em nível mais agregado do que na análise das relações internas aos módulos ao nível das variáveis individuais. A grandeza da população, uma variável no módulo demográfico, encontra-se diretamente relacionada à oferta de trabalho no módulo econômico e à variável moradia no módulo meio ambiente artificial. Uma dependência existe entre o módulo econômico e o do meio ambiente artificial, pois o nível das atividades recreativas são variáveis independentes nas equações ecológicas que especificam a quantidade de peixes e de fosfatos. Quando as variáveis ecológicas excederem um limiar (em termos de g/m^3) em alguns anos, os níveis de recreação poderão diminuir no próximo ano em cerca de 25%.

Um modelo específico é representado pela interação entre sistemas econômicos, sociais e ecológicos em região de agricultura intensiva, resultado de projeto desenvolvido para elaborar metodologia integrada e analisar o caso da região meridional de Oldenburg, na Alemanha, como exemplo de área com agricultura intensiva (BROUWER, 1987). O modelo do sistema agrícola é composto por três módulos: econômico, ecológico e sócio-político (figura 8.6).

O módulo econômico consiste da análise para um empreendimento agrícola com baterias animais no nível microeconômico. O objetivo é a simulação das decisões microeconômicas realizando os processos e o comportamento de uma propriedade rural tanto como da simulação das resultantes conseqüências econômicas e ecológicas. O modelo da estrutura agrícola e da economia regional, agregada a partir do modelo de simulação microeconômica, é desenvolvido para quantificar as influências da proteção ambiental sobre a economia regional.

O módulo ecológico descreve os efeitos das atividades de uso do solo sobre os subsistemas (p. ex., solos, águas

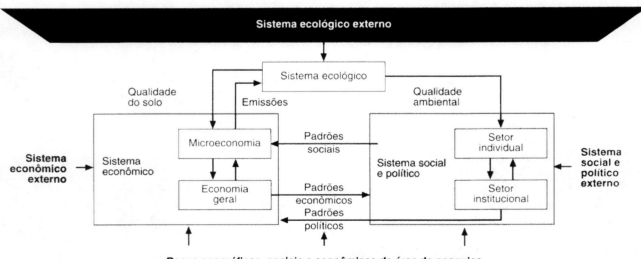

Figura 8.6 — Estrutura do modelo para a análise de agrossistemas (conforme Brouwer, 1987)

subterrâneas, águas superficiais, flora e fauna) e os circuitos de retroalimentação para o módulo econômico ao nível regional. Um aspecto do sistema consiste na grande quantidade de excrementos animais que devem ser depositados ou eliminados. O impacto sobre a concentração de nitratos nas águas subterrâneas é focalizado pelo micromodelo do agroecossistema. O módulo sócio-político analisa o comportamento das pessoas envolvidas que estão morando na região do projeto. O módulo descreve a preocupação pública em relação com os níveis de nitratos nas águas subterrâneas e seus impactos sobre a saúde pública, tanto como os grupos de interesse agrícola contrários aos procedimentos de uso do solo.

O direcionamento predominante nas proposições ligadas com o desenvolvimento sustentável e com a modelagem econômico ambiental incide no uso das informações oriundas das abordagens ecológicas. Da mesma forma, as questões ambientais normalmente focalizadas referem-se aos problemas da poluição do ar, das águas e dos solos, uso da energia, eutrofização, controle de nutrientes, atividades pesqueiras, biodiversidade e características dos ecossistemas como suporte às atividades econômicas. Há tendência explícita ao planejamento ambiental baseado nas perspectivas biológica e ecológica. Entretanto, o contexto da espacialidade necessita que a focalização do planejamento ambiental seja baseado em outra perspectiva de análise, a da análise geográfica, pois redunda na implantação de organizações espaciais. A modelagem econômico ambiental necessita desenvolver-se nesse outro rumo, considerando a caracterização dos geossistemas como entidade básica, mais complexa, pois também envolve e absorve em suas estruturação as entidades ecossistêmicas. Contribuições nesse sentido, embora de temática setorial, são oferecidas pelos modelos de manejo dos recursos hídricos e impactos causados pelas enchentes no contexto de bacias hidrográficas.

Uma contribuição necessária consiste em aprimorar o conhecimento sobre as características e processos dos geossistemas, visando inclusive conhecer a estabilidade e a resiliência. Isso possibilita avaliar a manutenção da estrutura e realizar modelagens sobre até que ponto a intensidade e extensividade dos impactos antropogenéticos poderão ser absorvidos. Outra faceta consiste em estabelecer maior gama de nuanças nos procedimentos para orientar a aplicação de valores econômicos nas escalas sobre os recursos ambientais. As unidades do geossistema têm significado e função no funcionamento global. Determinadas áreas, como as das planícies de inundação ou as dos grotões, podem ser consideradas como de riscos para a ocupação humana e de pouco valor na avaliação econômica. Mas podem exercer papel vital como mantenedoras e estratégicas para a preservação e recuperação do sistema.

O diagnóstico e a avaliação das características e funcionamento dos elementos componentes dos geossistemas assinalam potencialidades para os programas de desenvolvimento, mas não são fatores limitantes. Em sua formulação visando o desenvolvimento sustentável, econômico, social, político e ambiental, os programas devem ser formulados adequadamente, considerando as potencialidades dos recursos naturais. É o embasamento físico que deve ser manejado. Se os planejadores desconhecerem as implicações da qualidade, grandeza e dinâmica dos elementos ambientais, os programas tornar-se-ão eivados de riscos e projeções infelizes para que haja a efetivação do desenvolvimento sustentável. Por outro lado, o conhecimento gerado nos trabalhos de Geografia Física necessita também fornecer informações pertinentes e relevantes aos planejadores, estabelecendo as características e os parâmetros dos indicadores de sustentabilidade. Há interação forte entre as necessidades e a demanda gerada pelos responsáveis pelos programas de desenvolvimento e os conhecimentos gerados pela comunidade de geógrafos.

Um cuidado importante consiste em considerar que os resultados dos delineamento de unidades espaciais obtidos em função de *overlays*, com base em mapeamento de variáveis, apenas são representativos da estruturação morfológica, mas não da sua funcionalidade. Utilizando de técnicas manuais ou de geoprocessamento, as denominadas *cartas sínteses* são instrumentos viáveis para a elaboração inicial do planejamento ambiental, pois elas contribuem para o discernimento das unidades geoambientais. Mas o conhecimento dos processos e a compreensão do estado de estabilidade, da sensibilidade e da vulnerabilidade surgem como fundamentais para a implantação das atividades de uso.

A difusão das metas e demandas ligadas com as políticas de desenvolvimento sustentável criou desafios para diversas disciplinas científicas, estabelecendo um ambiente saudável de agitação e turbulência. Compreende-se facilmente como a análise e avaliação das condições ambientais envolve as ações essenciais da Ecologia e da Geografia Física. Mas pode-se claramente perceber que o desafio não se restringe apenas a esses setores, mas interessa agudamente, por exemplo, ao conjunto da Geografia Humana. Quais são os padrões de organização sócio-econômica que melhor se ajustam ao uso sustentável da estruturação e potencialidades dos recursos ambientais ? A organização espacial sócio-econômica atualmente existente pode ser avaliada como adequada ? Quais seriam os indicadores geográficos sócio-econômicos que podem ser utilizados como referenciais e quais os parâmetros de aceitabilidade ? Em conseqüência dessas contribuições, percebe-se que a implementação dos programas de desenvolvimento sustentável irão ratificar ou executarão mudanças nas organizações espaciais existentes. Essas transformações implicam o uso e a aplicabilidade do conhecimento sobre os sistemas espaciais complexos, no diagnóstico, análise e avaliação das organizações espaciais e no uso de

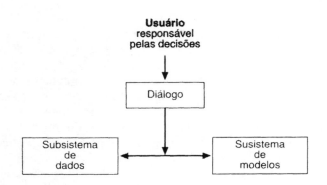

Figura 8.7 — Configuração básica do modelo para sistemas de suporte às decisões (conforme Sprague, 1989; Ferraz, 1996)

procedimentos de modelagem e simulação dos cenários futuros.

III — OS MODELOS DE SUPORTE ÀS DECISÕES

Os modelos de suporte às decisões surgem baseados em sistemas de informações e servem como instrumento às tomadas de decisões pelos planejadores, empresários e políticos, podendo serem definidos como "um sistema interativo que proporciona ao usuário acesso fácil a modelos decisórios e dados a fim de dar apoio a atividades de tomadas de decisões semi-estruturadas ou não-estruturadas " (JOHNSON, 1986). Uma configuração esquemática dos sistemas de suporte às decisões foi delineada por SPRAGUE (1989) e FERRAZ (1996), salientando os elementos relacionados com o usuário (responsável pelas decisões), diálogo (interface entre o usuário e o sistema), os dados (que servem de suporte ao sistema) e os modelos (que proporcionam os recursos para as análises) (figura 8.7). Na presente abordagem geral dessa temática, um aspecto refere-se aos requisitos para o desenvolvimento de um sistema de informação, enquanto outro versa sobre as características dos modelos de suporte às decisões.

A — O DESENVOLVIMENTO DE SISTEMAS DE INFORMAÇÕES COMO INSTRUMENTO ÀS TOMADAS DE DECISÃO

Diversas contribuições podem ser mencionadas visando o desenvolvimento de sistemas de informações como modelos de suporte às decisões, procurando estabelecer determinados critérios e requisitos para que os objetivos possam ser alcançados.

Um sistema de suporte às decisões pode ter objetivos genéricos ou específicos. O sistema genérico organiza uma arquitetura com ponto de partida para a solução de diversos problemas, mas possuindo sempre uma trajetória similar para as soluções pretendidas. O sistema específico baseia-se nos dados disponíveis, no problema concreto que deve ser solucionado e nos instrumentos que podem ser utilizados (HAAGSMA, 1996). O primeiro consiste no procedimento metodológico, enquanto o segundo refere-se à aplicação direcionada.

A generalidade de um sistema de suporte às decisões pode ser definida como "a possibilidade para se acrescentar determinadas escolhas (software, data, plataformas, etc)." (HAAGSMA, 1996). Diversos componentes podem ser identificados em um sistema genérico, embora nem todos eles devam obrigatoriamente integrar os sistemas específicos dele derivados. Um Grupo de Trabalho (LWI) foi estabelecido para o desenvolvimento de arquiteturas em sistemas genéricos, que chegou a estabelecer os componentes básicos como sendo: sistema de mensuração, sistema de informação, sistema de modelos e sistema de análise (LWI, 1995; figura 8.8). Embora o LWI conceda relevante importância ao fator humano, ele não inclui esse componente na estrutura do sistema geral.

B — CARACTERÍSTICAS DOS MODELOS DE SUPORTE ÀS DECISÕES

As características dos modelos de suporte às decisões envolvem o uso de sistemas especialistas, direcionados para encaminhar direcionamentos de soluções para determinadas categorias de problemas ou para estudos de casos individualizados. As nuanças são variadas, pois

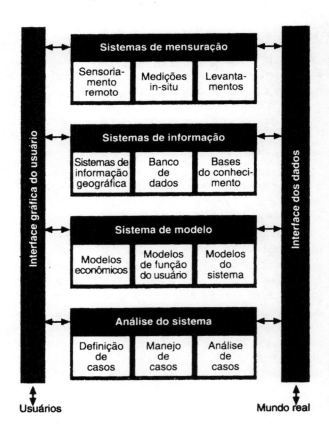

Figura 8.8 — Componentes gerais de sistemas de suporte às decisões (conforme LWI, 1995)

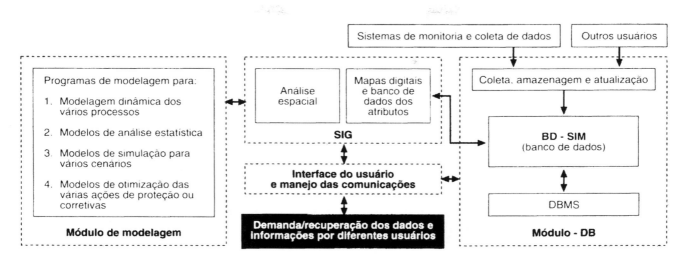

Figura 8.9 — Arquitetura de sistema de informação para suporte às decisões no tocante à proteção ambiental (conforme Manescu et al., 1996)

refletem as ajustagens necessárias à grandeza do problema ambiental e aos objetivos que se deseja atingir.

No contexto nacional da Romênia, o desenvolvimento de um sistema de informação para servir de instrumento às tomadas de decisão, para o manejo e proteção ambiental, procurou preencher os seguintes requisitos:

- propiciar informações e conhecimentos completos, fidedignos e atuais, processados de forma adequada, no tocante ao estado do meio ambiente sobre uma área ou região específica;
- propiciar suporte firme para as decisões estratégicas e/ou ações operativas necessárias à prevenção ou redução dos efeitos adversos ou negativos sobre o meio ambiente;
- propiciar dados e informações necessárias para avaliar ajustagem com a legislação vigente para a proteção ambiental;
- propiciar dados e informações necessárias para a construção, calibragem e uso de modelos de simulação aplicados aos estudos relacionados a várias categorias de meios ambientes.

Levando em consideração esses requisitos, foi desenvolvido na Romênia; desde 1992, banco de dados ligado ao sistema de informação ambiental, continuamente aperfeiçoado, cujas informações são georreferenciadas e/ou dispostas em séries temporais. Interligado com sistemas de informação geográfica e programas de modelagem, compõe um conjunto integrado cujas características operacionais foram expostas por MANESCU et al. (1996) e se encontram delineadas na figura 8.9.

Um sistema de suporte às decisões para o planejamento ambiental em recursos hídricos, levando em consideração os aspectos da quantidade e da qualidade das águas, encontra-se descrito por AVOGRADO e MINCIARDI (1996). O modelo delineado inclui bacia com um rio principal e diversos tributários. O escoamento fluvial liga-se a uma represa, cujos efluxos secundários são fornecidos para abastecimento de água potável para grande área urbanizada e geração de energia elétrica, tendo como referencial os estudos de casos da região pré-alpina, no norte da Itália. O procedimento decisório consiste de duas fases. Na primeira fase, os problemas ligados aos recursos hídricos levam em consideração as demandas das várias categorias de usuários (para água potável, abastecimento, geração de energia elétrica, irrigação, etc) e os requisitos para fluxo mínimo em qualquer seção do canal fluvial. Na segunda fase, é considerado o preenchimento dos padrões de qualidade das águas e possivelmente ajustando alguns parâmetros para caracterizar o tratamento das águas por algumas usinas. O esquema conceitual do procedimento decisório encontra-se representado na figura 8.10.

A Universidade de Tecnologia de Delft desenvolveu sistema de suporte às decisões, considerando o processo de planejamento para o uso de recursos hídricos em bacias hidrográficas, cuja finalidade é estabelecer procedimentos para se realizar a otimização no uso dos recursos relacionados com as águas. Implicitamente, há interfaces utilizando bancos de dados, modelos de aplicação e instrumentos de análise (figura 8.11). Considerando as metas de analisar a viabilidade dos projetos visando estabelecer o desenvolvimento potencial no contexto das bacias, VERHAEGHE e KROGT (1996) descrevem os principais componentes e as interrelações relacionados com a modelagem de recursos hídricos, expostos como sendo:

a) *cenários econômicos e demográficos*, que determinam a projeção das atividade de uso das águas e estão interligadas com o planejamento espacial da região;

b) *planejamento espacial*, que influencia a magnitude e o entrosamento das atividades de uso das águas. o planejamento espacial é influenciado pelas limitações

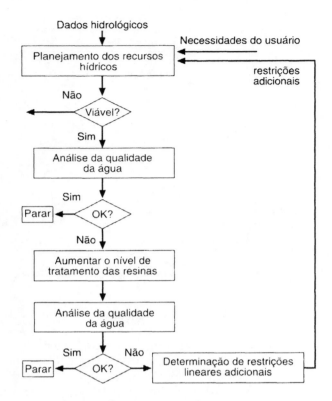

Figura 8.10 — Modelo de sistema de suporte às decisões para o planejamento no uso de recursos hídricos (conforme Avogrado e Minciardi, 1996)

sobre os recursos disponíveis na região, que são analisados pelos sistemas de recursos hídricos (em processo de retroalimentação);

c) *projeção das atividades de uso das águas*, pois o planejamento envolve a análise das águas disponíveis e a avaliação das demandas previstas para os vários usuários. A avaliação das demandas futuras encontra-se vinculada com as projeções sócio-econômicas e com o planejamento para o desenvolvimento geral da região. Tendo como base os cenários para a demografia, desenvolvimento econômico e planejamento espacial, as projeções podem ser feitas paras as diversas atividades (água potável, irrigação, abastecimento, uso industrial e necessidades ambientais);

d) *demandas hídricas reais para os vários setores*, pois o nível real do uso das águas pelos diferentes usuários, assim como a relação entre as diferentes fontes de abastecimento (p. ex., águas subterrâneas e águas superficiais), serão influenciadas pela boa vontade em pagar, que será por sua vez influenciada pelo custo (e qualidade) das águas. Para essas tarefas utiliza-se do modelo DEMES (*Demand Estimation*), que realiza a computação das várias demandas para o uso das águas em face das projeções da população e atividades sócio-econômicas;

e) *dados hidro-meteorológicos*, necessários para estabelecer a disponibilidade dos recursos hídricos, em sua distribuição espacial na bacia e na variação ao longo do tempo. As bases analíticas utilizam o modelo HYMOS (*Hydrological Modelling System*), que constitui banco de dados para o manejo e processamento dos dados hidro-meteorológicos;

f) *simulação da alocação e distribuição das águas*, que focaliza a análise espacial e cuja simulação incorpora o balanço hidrológico da bacia e confronta a água disponível com a quantidade de água prevista pelas demandas. A modelagem torna-se fundamental para o planejamento e se baseia no uso do modelo RIBASIM (*River Basin Simulation*), que constitui modelo genérico para a simulação do comportamento de bacias fluviais sob variadas condições hidrológicas;

g) *avaliação dos resultados da simulação*. Com base na avaliação do balanço obtido e da performance sócio-econômica, pode ser feito ajustamento a fim de otimizar a performance selecionando diferentes opções para o uso das águas e levando em considerações diferentes quantidades para as demandas, assim como realizar mudanças na distribuição espacial;

h) *estratégias para a modelagem dos recursos hídricos*, que se constituem em combinações lógicas sobre as medidas de infra-estrutura, regras de alocação, opções para compartilhar o uso das águas e escolha dos projetos de desenvolvimento;

i) *fixação dos custos das medidas*, que se encontram associadas com a construção, operação e manutenção das infra-estruturas, que são partes da modelagem dos recursos hídricos. Juntamente com os custos variáveis (prejuízos com o racionamento, benefícios com a energia hidroelétrica, etc) e benefícios derivados da simulação, pode-se realizar uma avaliação total do programa de planejamento;

j) *cargas poluentes*, resultantes das várias categorias de uso das águas. Essa tarefa pode ser implementada pelo uso do modelo WLM (*Waste Load Model*), que propicia avaliação real e futura das cargas poluentes nas águas superficiais;

l) a *simulação dos processos de qualidade das águas e distribuição dos poluentes* na bacia propicia a informação necessária para avaliação da qualidade de água para o abastecimento, impactos ambientais e influencia as medidas a serem tomadas. Os processos são caracterizados pelos parâmetros físicos e características do uso das águas, podendo ser implementado pelo uso do modelo DELWAQ (*Delft Water Quality*), cuja simulação avalia o comportamento e o destino dos constituintes da qualidade das águas, tendo como base os cenários que foram criados;

m) *limitações dos recursos*, que resultam da comparação entre quantidade e a qualidade das águas disponíveis e as demandas e avaliações dos efeitos decorrentes das estratégias ligadas ao planejamento da bacia. As

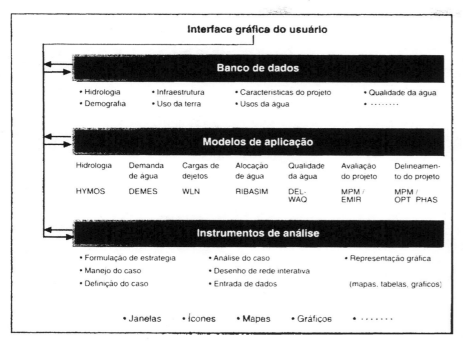

Figura 8.11 — Modelo de suporte às decisões no planejamento de uso dos recursos hídricos no contexto de bacias hidrográficas (conforme Verhaeghe e Krogt, 1996)

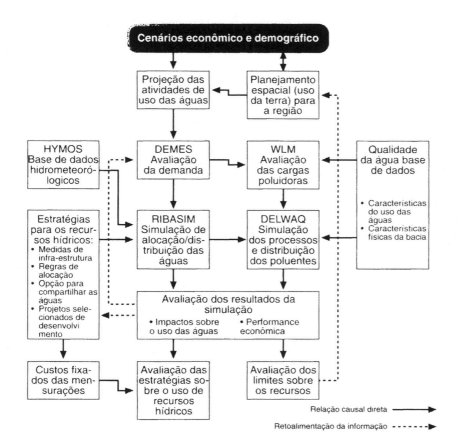

Figura 8.12 — Delineamento geral de sistemas de suporte às decisões em recursos hídricos (conforme Verhaeghe e Krogt, 1996)

limitações verificadas podem afetar profundamente o planejamento da distribuição espacial dos recursos hídricos.

Dessa maneira, o sistema de suporte às decisões surge como sendo composto por três subsistemas: a) o sistema do banco de dados, contendo os dados e informações que descrevem os vários aspectos relacionados com o planejamento, e um sistema para o manejo do banco de dados; b) o conjunto dos modelos de aplicação, que simula o comportamento e as características dos diferentes componentes no processo de planejamento, e c) o sistema de análise, que contém os vários instrumentos para a estruturação dos processos de análise e interpretação e visualização dos resultados (figura 8.12).

Ao analisar a questão da outorga de direito ao uso da água no Estado de São Paulo, FERRAZ (1996) teve a oportunidade de elaborar a aplicação do modelo decisório SIMOX II, englobando as modificações inseridas no modelo que foi desenvolvido pelo Centro Pan-americano de Engenharia Sanitária e Ciências do Ambiente para simular a quantidade de oxigênio dissolvido (OD) e a demanda bioquímica de oxigênio (DBO), procurando descrever a relação entre a carga orgânica lançada e o déficit máximo que ocorre em um ponto a jusante do lançamento e o balanço hídrico. O modelo SIMOX II tem a capacidade de simular qualquer sistema fluvial em estrutura de rede, sendo modelo de qualidade de água aplicável somente a rios e canais, em sua dimensão longitudinal. No estudo específico foram simulados apenas os valores de OD e DBO dos lançamentos de efluentes urbanos e industriais. O fluxograma do modelo proposto em sua aplicação no caso de trecho da bacia do rio Piracicaba encontra-se representado na figura 8.13 (FERRAZ, 1996; FERRAZ e BRAGA Jr., 1998).

AZEVEDO, PORTO e PORTO (1998) analisam aspectos metodológicos e aplicativos de sistema de suporte à decisão, focalizando o gerenciamento integrado da quantidade e qualidade dos recursos hídricos. O sistema

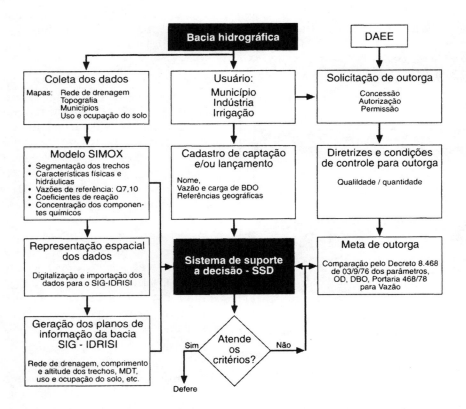

Figura 8.13 — Fluxograma do modelo de suporte às decisões aplicado a bacias hidrográficas do Estado de São Paulo (conforme Ferraz, 1996; Ferraz e Braga Jr., 1998)

descrito combina um modelo de qualidade de águas superficiais (*QUAL2E*) e um modelo de simulação em rede de fluxo (*MODSIM*) em uma interface amigável. O modelo QUAL2E é bastante completo e versátil permitindo a simulação de até quinze variáveis de qualidade das águas, em qualquer combinação desejada pelo usuário. Foi desenvolvido para auxiliar o processo de planejamento e gerenciamento de qualidade da água em uma rede fluvial. O MODSIM é modelo de simulação/otimização que se inclui na categoria dos chamados *modelos de rede de fluxo*. A sua aplicação como instrumento no desenvolvimento de sistemas de suporte à decisão baseia-se em sua alta flexibilidade e ao seu potencial para a análise de sistemas complexos de aproveitamento de recursos hídricos. Um terceiro módulo para a avaliação de resultados é composto por uma série de indicadores de performance desenvolvidos para facilitar a análise conjunta de objetivos de quantidade e qualidade. Para explicitar o potencial do sistema, os modelos foram aplicados na análise da bacia do rio Piracicaba. O arcabouço geral do sistema encontra-se representado na figura 8.14 envolvendo também as etapas anteriores e posteriores à integração de quantidade e qualidade das águas.

IV — INDICADORES DE SUSTENTATIBILIDADE AMBIENTAL E VARIÁVEIS SÓCIO-ECONÔMICAS

Os procedimentos relacionados com a sustentabilidade surgiram visando a operacionalidade dos programas de desenvolvimento sustentável, necessitando envolver indicadores relacionados com os componentes ambientais, econômicos, institucionais e sociais e as suas interações. Uma proposta conceitual de análise foi apresentada pela Comissão para o Desenvolvimento Sustentável, do Programa do Meio Ambiente das Nações Unidas (UNEP-DPCSD, 1995), estabelecendo o critério da pressão-estado-resposta (figura 8.15). As atividades humanas, processos e padrões, são forças controlantes que influenciam o meio ambiente e, em numerosos casos, exercem pressão sobre suas características. O uso de recursos naturais, emissão de poluentes e lançamento de dejetos são exemplos de tais pressões, podendo resultar em efeitos nas condições ambientais: concentração de ozônio na alta atmosfera, acidificação, diminuição da fertilidade dos solos, erosão, salinização, etc. Tais consequências provocam impactos que modificam de maneira direta, defasada ou potencialmente as características e a funcionalidade dos sistemas ambientais. Em termos ecossistêmicos, em fluxo em circuito, acabam provocando impactos sobre a sociedade no que se refere à qualidade no abastecimento de água, destruição dos bancos pesqueiros pelo uso excessivo, etc. As respostas sociais às mudanças ambientais podem ser feitas por medidas institucionais, legais ou financeiras, ou por meio de mudanças nas estratégias de gestão ou planos de desenvolvimento. Essas ações podem se encontrar interligadas, de modo que uma *resposta* a determinado problema se transforme em *pressão* sobre um outro. O uso de fertilizantes na agricultura, que pode ser uma resposta à percepção na perda da produtividade dos solos, pode ser uma causa para a poluição hídrica.

O modelo elaborado pela Comissão para o Desenvolvimento Sustentável contempla três diferentes tipos de indicadores (HENS, 1996):

- os indicadores da pressão ou forças controlantes refletem o conjunto das dimensões ambientais, econômicas, sociais e institucionais do desenvolvimento sustentável, constituindo-se em pontos chaves para as formulações políticas;

- os indicadores de estado descrevem as condições reais

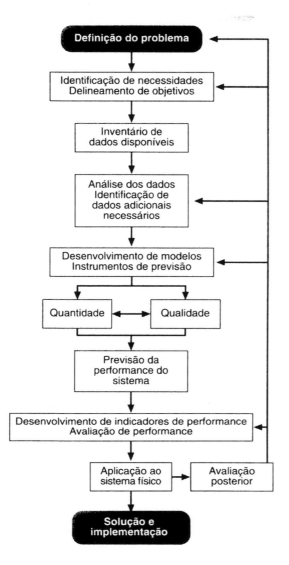

dos sistemas ambientais. Eles são especialmente informativos quando identificam problemas e levantam questões a serem conscientizadas. Os dados sobre a depleção da camada de ozônio na atmosfera são representam apenas informações sobre o buraco existente na Antártica, mas chama atenção mundial e requer que se reflita sobre o assunto;

- os indicadores de respostas refletem as intensidades das medidas adotadas, sendo úteis para avaliar a efetividade das decisões políticas. Por exemplo, para reduzir a emissão de gases provocando a depleção do ozônio.

De maneira setorizada surgiram propostas analisando a sustentabilidade ecológica, a econômica, a social, a cultural e a ambiental. Em nosso contexto expositivo, a sustentabilidade ecológica corresponde à manutenção das características dos ecossistemas. Geralmente aplicada às escalas de pequena grandeza espacial, por vezes é utilizada para designar até a grandeza global da geosfera.

No âmbito da perspectiva da modelagem ambiental, a noção de sustentabilidade ambiental surge como mais adequada, pois inclusive absorve a noção de sustentabilidade ecológica. A sustentabilidade ambiental significa o processo de manter ou melhorar as características e funcionalidade dos sistemas de suporte terrestre como condições adequadas para as comunidades biológicas e humanas. Em princípio, não se inclui os seres humanos e suas atividades pois eles se tornam os beneficiários, buscando-se a melhoria dos padrões e da qualidade de vida. Se o desenvolvimento sustentável representa a meta a ser atingida, a sustentabilidade ambiental engloba os procedimentos de mensuração e a qualificação dos indicadores para operacionalizar o desenvolvimento sustentável. Ambos os termos não podem ser confundidos (MUNASINGHE & SHEARER, 1995). Não se deve esquecer que o conceito e os critérios para analisar a sustentabilidade são essenciais para os estudos de impactos ambientais (SIMPSON, 1996).

Figura 8.14 — Modelo da metodologia para o desenvolvimento integrado de recursos hídricos (conforme Azevedo, Porto e Porto, 1998)

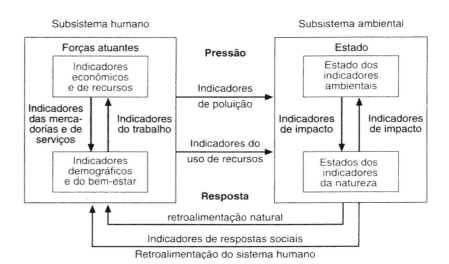

Figura 8.15 — Estrutura conceitual do modelo de pressão, estado e resposta para o delineamento de indicadores ambientais (conforme UNEP e DPCSD, 1995, Hens, 1996)

172 O uso de modelos no planejamento ambiental e tomadas de decisão

Os indicadores de sustentabilidade ambiental são os derivados da natureza e características dos geossistemas, diferenciados dos indicadores que possam ser utilizados para avaliar a sustentabilidade ecológica, social, econômica e cultural. De modo genérico, para a sustentabilidade ambiental, os indicadores são escolhidos baseando-se no pressuposto de que devem preencher os seguintes requisitos (HATCHER, 1996):

a) representar adequadamente um componente crítico do geossistema, identificando uma qualidade ambiental;

b) poder ser isolado, para análise, no contexto no sistema ambiental;

c) ser mensurado de modo preciso e repetidamente;

d) quantificar os impactos resultantes e se harmonizar com a coleção dos dados escolhidos;

e) identificar necessidades para apoiar a elaboração de estratégias de controle;

f) serem compreendidos e interpretados em termos de sua funcionalidade no geossistema, a fim de que as mudanças possam ser valorizadas como benéficas ou maléficas.

Em conseqüência desses pressupostos, para que os indicadores possam ser analisados e avaliados em sua função para com a sustentabilidade ambiental, torna-se necessário que:

a) expressem adequadamente o *status* de uma característica ambiental significante e fundamental;

b) sejam compreendidos e validados pela comunidade;

c) sejam mensuráveis de modo prático e analisados estatisticamente, produzindo dados defensáveis pela lógica;

d) possuam ligações compreensíveis e analisáveis com outros indicadores;

e) representem, ou diretamente se relacionem com, valores relevantes da comunidade.

Para o cálculo da sustentabilidade ambiental de uma determinada localidade ou região, uma proposta foi elaborada na Holanda, pelo Ministério da Habitação, Planejamento do Uso do Solo e Gestão Ambiental, levando-se em consideração quatro fatores influências na avaliação *da pressão ambiental* : população (P), mercadorias e serviços (MS), energia e recursos (ER) e impacto ambiental (IA). GOETEYN (1996) descreve que a pressão ambiental para o desenvolvimento sustentável (DS) é calculada como sendo:

$$PA = \frac{1}{DS} = (\Sigma P) * \frac{MS}{P} * \frac{ER}{MS} * \frac{IA}{ER}$$

O primeiro termo (P) reflete a pressão da população sobre o desenvolvimento sustentável que, nesse contexto, significa "estabelecer uma taxa de crescimento mais adequada à capacidade de suporte, e criar um consenso sobre o que constitui a população ótima, a fim de propiciar um referencial para a aplicação de circuitos negativos da retroalimentação" (ODUM, 1971).

O segundo termo (MS/P) reflete o padrão de consumo. Em uma sociedade sustentável, produz-se uma quantidade teórica de bens e serviços per capita. Convencer os produtores e os consumidores sobre a responsabilidade de não exceder essa quantidade será um dos fatores determinantes para se alcançar o desenvolvimento sustentável. O preço desses bens e serviços pode servir como um importante instrumento para se atingir a finalidade pretendida.

O terceiro e o quarto termos (ER/MS; IA/ER) refletem aspectos tecnológicos. O desenvolvimento sustentável almeja atingir um uso mínimo de energia e recursos combinado com impactos ambientais mínimos. Esses impactos devem permanecer dentro dos limites da capacidade de suporte ambiental (resiliência do espaço de uso ambiental ou ecossistema).

Em decorrência dessa avaliação, o desenvolvimento sustentável almeja implantar o valor mínimo do produto desses quatro fatores. As políticas sobre a tecnologia influenciam os dois últimos; as políticas sobre a quantidade (volume) influenciam os dois primeiros).

O *espaço de utilização ambiental* representa medida da pressão relativa exercida por uma comunidade sobre as funções ambientais disponíveis. É a quantidade dos recursos naturais e serviços que o ecossistema pode realizar sem reduzir sua capacidade produtiva ou gerar mudanças irreversíveis em suas partes essenciais. Este conceito interliga todas as funções ambientais aos padrões de produção e consumo em uma determinada região, conforme os diferentes setores econômicos.

Na proposição de indicadores ambientais há ampla quantidade para serem trabalhados nos estudos de escala internacional, nacional e local. As listagens geralmente relacionam indicadores sobre índices para a poluição atmosférica, mensuração sobre concentração de componentes químicos, qualidade da água, mensuração dos níveis de poluentes e das espécies indicadoras (área de ocorrência, diversidade, número e tipos de espécies). Elas denunciam a preocupação ecológica para com os estudos de qualidade ambiental e projetos de planejamento visando a sustentabilidade.

Os indicadores sociais procuram avaliar o desenvolvimento e a qualidade de vida. Geralmente há especificação para as variáveis ligadas com a educação, saúde, custo de vida, criminalidade, diversidade cultural, diferenças raciais, envolvimento da comunidade e questões ligadas com a juventude e infância.

A categoria dos indicadores econômicos é mais conhecida, procurando mensurar diversas facetas da sociedade humana. Os indicadores geralmente utilizados referem-se ao produto nacional bruto, produto doméstico bruto, estoques de mercado, taxa de desemprego, nível de pobreza e taxas de comércio externo, embora muitos outros surjam em análises com objetivos específicos. O produto nacional bruto, o produto doméstico bruto e os estoques de mercado são freqüentemente usados para determinar a riqueza de uma economia.

O Grupo *Sustainable Seattle*, criado em 1990, vem desenvolvendo atividades em torno de estabelecer um modelo sobre indicadores úteis para a análise da sustentabilidade. Os princípios que norteiam o estabelecimento dos indicadores são: possibilidade de usar dados existentes, pressuposições que possam ser reavaliadas, possibilidade de integração entre mudanças a curto e a longo prazos, relacionamento dos indicadores às características individuais, identificação de rumos da sustentabilidade, indicadores inseridos em um conjunto coerente e possibilidade para determinar relações entre si (HATCHER, 1996). Como resultado, o Grupo *Sustainable Seattle* procurou distinguir os indicadores em diversas categorias, focalizando o consumo de recursos, economia, meio ambiente natural, população, meio ambiente social, educação, transportes, segurança pública, saúde, cultura e lazer, participação e envolvimento da comunidade.

Nessa temática, praticamente há ausência sobre a utilização de indicadores elaborados sob a perspectiva geográfica na análise das questões ambientais em busca da sustentabilidade. Com a finalidade de exemplificar, CHRISTOFOLETTI (1996) expressou a preocupação referente à categoria dos indicadores geográficos ligados com componentes do geossistema, salientando a problemática geomorfológica tendo como referencial o uso de bacias hidrográficas como unidades de organização espacial. Considerando que as formas de relevo constituem um componente do sistema ambiental físico (geossistema), o objetivo foi o de apresentar referenciais de abordagens e os critérios para discernir indicadores geomorfológicos, que possibilitem selecionar quais características das formas topográficas e da dinâmica dos processos geomorfológicos se tornam relevantes. A lacuna básica reside na inexistência de parâmetros para se estabelecer a amplitude da resiliência e avaliar a sua estabilidade das características tratadas pelos indicadores, em função da sustentabilidade ambiental necessária ao desenvolvimento sócio-econômico e aos padrões e à qualidade de vida dos grupamentos humanos.

Quando se deseja estabelecer indicadores geomorfológicos para analisar a sustentabilidade ambiental, uma preocupação relevantes consiste em escolher a unidade espacial básica para o referencial analítico. Para determinadas variáveis morfométricas (rugosidade topográfica, declividade de vertentes, etc) pode-se utilizar uma área delimitada por diversos critérios (limites administrativos, quadrículas, etc), porque não há vinculação imediata com a caracterização e mensuração dos processos. Entretanto, quando se deseja relacionar as características morfométricas com a dinâmica dos processos, deve-se utilizar de unidades espaciais integrativas. Para esse contexto, as bacias hidrográficas surgem como sendo adequadas.

As bacias hidrográficas surgem como unidades funcionais, com expressividade espacial, sendo sistemas ambientais complexos em sua estrutura, funcionamento e evolução. Sob a perspectiva de funcionalidade integrativa entre as características do geossistema e do sistema sócio-econômico, as bacias hidrográficas tornam-se as unidades fundamentais para a mensuração dos indicadores geomorfológicos para a análise da sustentabilidade ambiental.

No contexto do geossistema (sistema ambiental físico), o componente geomorfológico consiste na expressividade das formas de relevo, considerando a sua morfologia e processos. No sistema da bacia hidrográfica, os dois subcomponentes básicos estão representados pelas vertentes e pela rede de canais fluviais. As características morfológicas das vertentes e as dos canais fluviais e a dinâmica dos processos morfogenéticos e fluviais combinam-se para expressar a paisagem geomorfológica auto-organizada na entidade integrativa das bacias hidrográficas. Dessa maneira, a caracterização de indicadores geomorfológicos para a sustentabilidade ambiental deve expressar a funcionalidade e relevância dos processos morfogenéticos nas vertentes e na rede de canais. E para que haja a análise adequada em vista da sustentabilidade deve-se também considerar as questões escalares espaciais e temporais.

Qual a escala espacial adequada para a mensuração dos indicadores geomorfológicos? Seriam as informações obtidas nas micro, meso ou grandes bacias? Qual a escala temporal de informação adequada para verificar a estabilidade e mudanças nos indicadores geomorfológicos? Seriam as informações obtidas ao longo do ano, do decênio, do século ou do milênio?

Considerando os objetivos relacionados com os estudos de impactos ambientais, RIVAS et al. (1997) agrupam os componentes geomorfológicos em três categorias:

a) recursos geomorfológicos utilizáveis como materiais ligados com as atividades de extração, para construção, consumo, produção de energia, etc;

b) elementos geomorfológicos, representando recursos não consumíveis como extração, mas implicando utilização direta pelas atividades humanas, que podem ser:

- formas topográficas como componentes geomorfológicos da paisagem;
- sítios de interesse geomorfológico sob a perspectiva de valor científico, educacional ou recreativo;
- unidades geomorfológicas como locais de suporte para outros elementos, tais como bases interativas para determinados ecossistemas;

c) processos geomorfológicos, cujas freqüências e magnitudes podem se constituir em riscos às atividades humanas.

Para os estudos de impactos ambientais, a análise geomorfológica focaliza as questões relacionadas com a dinâmica dos processos e salienta os aspectos relacionados com a suscetibilidade e reações das formas topográficas às mudanças, em face dos projetos previstos pelos projetos sócio-econômicos. Sob a perspectiva da sustentabilidade ambiental, essas informações são incorporadas e ampliadas para a monitoria ao longo do tempo, acompanhando a implantação e o desenvolver do projeto. As variáveis relevantes para ambas as finalidades não surgem como sendo as mesmas.

Para o contexto da sustentabilidade ambiental, CHRISTOFOLETTI (1996) mencionou dez variáveis para serem consideradas: declividade das vertentes; comprimento das vertentes; percentual das áreas conforme as classes de declividade; rugosidade topográfica; erosividade e erodibilidade dos solos; freqüência e densidade dos escorregamentos e deslizamentos; carga detrítica no escoamento superficial; volume e área de acumulação detrítica nos fundos de vales; carga detrítica nos cursos d'água e áreas sujeitas às inundações.

V — ELABORAÇÃO DE CENÁRIOS ALTERNATIVOS

A meta maior e as escolhas operacionais do planejamento ambiental e das tomadas de decisão estão relacionadas com os procedimentos de simulação de cenários futuros.

A modelagem de cenários alternativos engloba o diagnóstico adequado dos sistemas ambientais em sua estruturação, processos e dinâmica. A modelagem consiste em estabelecer mudanças nos inputs e verificar se o desenrolar dos processos levam à superação ou não dos limiares condizentes com a estabilidade. Nesses procedimentos, os cenários surgem como sendo respostas expressas pelas estruturas representativas dos novos estados do sistema. O julgamento para a escolha dos cenários futuros mais desejáveis reside em ampla base de perspectivas e metas sociais, econômicas e políticas.

A modelagem de cenários futuros encontra-se atualmente mais desenvolvida no campo das mudanças climáticas, considerando as implicações das novas condições no arranjo espacial e funcionamento das atividades humanas. De modo paralelo, há conjunto de trabalhos realizando a modelagem em função das mudanças na quantidade e na qualidade dos recursos hídricos. No quadro dessas perspectivas setoriais, pode-se também assinalar a aplicação da modelagem nos cenários ecossistêmicos e geomorfológicos. E também no contexto dos cenários econômicos. O delineamento dos diversos capítulos anteriores fornece bases e exemplos para se compreender essas categorias de análises.

Entretanto, a agenda da modelagem encontra seu maior desafio na proposição das organizações espaciais que sejam compatíveis com o desenvolvimento sustentável, promovendo a disposição espacial das atividades e a sua interação em busca do desenvolvimento econômico, do uso adequado dos recursos naturais e da melhoria da qualidade de vida. Não surgiu a oportunidade para se mencionar exemplos nesse nível hierárquico, que possui alta significância. Para sua implementação, há que desenvolver o contexto teórico e metodológico para expressar os padrões de organizações espaciais otimizadas. Em função desses padrões, diagnosticar e avaliar o estado das organizações espaciais atualmente existentes. Posteriormente, planejar as proposições para sanar as distorções nos casos julgados inadequados, que levem à uma implementação efetiva. São objetivos que aparentemente surgem como utópicos, mas a percepção hodierna atribui relevância a esses problemas e emergem demandas para soluções. Como componente subsidiário nesse processo, a modelagem de sistemas ambientais oferece contribuição essencial. Essa demanda da sociedade para o estudo dos sistemas espaciais complexos surge como um dos desafios para a geração de pesquisadores que desponta para prosseguir no desenvolvimento científico, nos albores do século XXI.

CAPÍTULO 9

PANORAMA SOBRE A PRODUÇÃO BIBLIOGRÁFICA

Embora o uso de modelos seja tradicional em Geociências, a preocupação explicita com essa temática possui raízes na década de 60, servindo como referenciais as obras de W. C. KRUMBEIN e F. A. GRAYBILL (1965), sobre An Introduction to Statistical Models in Geology e de R. J. CHORLEY e P. HAGGETT (1967) sobre Models in Geography. A obra de Chorley e Haggett transformou-se em clássica e relevante na história do pensamento geográfico. Vinte anos depois, em 1987, foi realizado em Oxford um simpósio justamente para avaliar as implicações e as transformações desencadeadas por ela. Os ensaios foram reunidos no volume Remodelling Geography, organizado por Bill MACMILLAN (1989).

Posteriormente, a literatura a respeito de modelos apresenta ritmo crescente considerando aspectos específicos os mais diversos, em todas as disciplinas envolvidas nas Geociências, com proliferação extraordinária de artigos em periódicos científicos. Coletâneas, obras gerais e anais de simpósios procuravam concatenar a tônica dos conhecimentos. Mais recentemente, começaram também a surgir as contribuições explicitamente relacionadas com a temática da modelagem em sistemas ambientais.

Em face da ampla documentação bibliográfica, cuja riqueza informativa e significado histórico não foram absorvidos nos objetivos dos textos referentes aos capítulos temáticos, torna-se oportuno oferecer um panorama genérico como orientação. O objetivo é o de fornecer informações sobre as obras gerais, ensaios e coletâneas que foram sendo publicadas no decorrer dos últimos trinta anos, contribuindo para o desenvolvimento conceitual e técnico dessa temática, como amostragem e sem a pretensão de ser levantamento completo ou exaustivo. Não se cuida das contribuições inseridas em periódicos, valiosas mas extremamente dispersas em inumeráveis fontes. A opção para cingir-se às obras e coletâneas, por vezes incluindo volumes organizados em função de trabalhos apresentados em simpósios e congressos científicos, baseia-se no fato de que sistematizam o estado do conhecimento em sua época e focalizam as preocupações emergentes para a pesquisa e o ensino. As informações sobre as obras mencionadas neste quadro panorâmico encontram-se registradas nas referências bibliográficas. As informações pertinentes às colaborações ou artigos contidos em coletâneas ou volumes relacionados a congressos e simpósios não estão registradas na bibliografia. As exceções são para os casos em que a contribuição foi explicitamente utilizada e mencionada nos capítulos, no decorrer do texto ou em ilustrações.

Como critério expositivo procura inicialmente focalizar as contribuições iniciais, abrangendo a produção científica até o início da década de oitenta. Em seguida, a tentativa consiste em reunir as obras ligadas com a modelagem em setores temáticos, considerando as obras relacionadas com os sistemas ambientais, estudos geomorfológicos, climatológicos e hidrológicos. De maneira complementar, procura-se oferecer apanhado sobre a produção bibliográfica ligada com os sistemas dinâmicos e abordagem fractal em Geociências e Geografia, sistemas de informação geográfica e suas aplicações, incluindo contribuições ligadas com a Geoestatística e análise espacial, e sobre os sistemas especialistas, redes neurais, inteligência artificial e teoria difusa (fuzzy theory) e suas aplicações no amplo campo dos sistemas ambientais. Em cada item temático, em princípio, a exposição segue a ordem cronológica. Todavia, quando o mesmo autor possui obras diversas sobre o tema, as obras posteriores encaixam-se em seqüência à primeira.

I — AS CONTRIBUIÇÕES INICIAIS

O chamativo candente para valorizar o uso de modelos encontra-se ligado ao movimento de reformulação desencadeado na década dos anos sessenta, estimulando o uso da quantificação e de rigor conceitual em Geociências e Geografia. A característica é de que apenas nessa época desenvolveu-se a preocupação em sistematizar essa temática, procurando definir seus aspectos, avaliar suas potencialidades e estabelecer seus rumos. Muitos foram os procedimentos e as propostas realizadas por pesquisadores em épocas anteriores, que puderam ser incorporados no processo da quantificação e da modelagem.

A obra sobre *An Introduction to Statistical Models in Geology,* elaborada por W. C. KRUMBEIN e F. A. GRAIBYLL (1965) incorpora e sistematiza ampla produção aplicativa de procedimentos estatísticos. Os três capítulos iniciais versam sobre significância da estatística, dos modelos e dos dados numéricos em Geologia. Os demais capítulos ensinam sobre o uso aplicativo da análise de populações, inferência estatística, amostragem, tipologia de distribuição, análise da variância, modelos lineares, matrizes e vetores, modelo linear geral e suas aplicações e uso de modelos avançados. Os autores assinalavam que não se tratava de obra de estatística. O objetivo era direcionado para os geólogos, como um "guia para formalizar as idéias que surgiram de seus dados e para selecionar métodos válidos na obtenção de dados adicionais a fim de testar seus conceitos".

A mesma característica de sistematização ocorreu com a obra *Models in Geography,* organizada por R. J. CHORLEY e P. HAGGETT (1967) e resultante dos encontros de Madingley. Os ensaios foram elaborados com a finalidade de organizar o conhecimento e estabelecer orientação para novas tendências na pesquisa geográfica. A parte introdutória considera a função dos modelos, reunindo contribuições sobre modelos, paradigmas e a Nova Geografia e uso dos modelos em ciência. Três capítulos tratam dos modelos de sistemas físicos, abordando a aplicação em Geomorfologia, Meteorologia e Climatologia e Hidrologia. A terceira parte versava sobre os modelos de sistemas sócio-econômicos, considerando os modelos demográficos, sociológicos, de desenvolvimento econômico, de geografia urbana e localização do povoamento, de localização industrial e da atividade agrícola. O conjunto de sistemas integrados surge na quarta parte, estudando as regiões, modelos e classes, os organismos e ecossistemas como modelos geográficos, modelos da evolução dos padrões espaciais e modelos de redes. No tocante aos modelos de informação, na última parte, surgem as contribuições a respeito dos mapas como modelos, dos modelos *hardware* e dos modelos de ensino da Geografia. A obra de Chorley e Haggett foi publicada em português, em três volumes, nos anos de 1974 e 1975, por iniciativa da Editora EDUSP e Livros Técnicos e Científicos, sob os títulos de *Modelos físicos e de informação em Geografia,* *Modelos sócio-econômicos em Geografia* e *Modelos integrados em Geografia.*

R. J. CHORLEY e B. KENNEDY (1971) elaboraram o volume *Physical Geography: A Systems Approach,* concatenando o uso da análise de sistemas na abordagem da Geografia Física. Além de especificar as características dos sistemas morfológicos, em seqüência e de processos-respostas, analisam as questões relacionadas com o equilíbrio e mudanças nos sistemas ambientais. A utilização de modelos surge amiúde em todo o texto. Alguns anos depois, R. J. BENNETT e R. J. CHORLEY (1978) envolvem-se com a extensa obra *Environmental Systems: Philosophy, Analysis and Control,* versando sobre os diversos aspectos das organizações em sistemas, considerando os sistemas ecológicos como os sócio-econômicos. Ambos os volumes constituem úteis obras de referência, expressando as contribuições pioneiras na década de setenta.

Objetivando apresentar o desenvolvimento e a aplicação de "séries de instrumentos destinados à compreensão e à monitoria de sistemas do homem e da natureza", Charles A. S. HALL e John W. DAY Jr. (1977) organizaram coletânea de trabalhos relacionados com a construção de modelos ecossistêmicos. A obra engloba 25 contribuições inseridas em quatro seções. A primeira seção contém capítulos introdutórios sobre a teoria e os procedimentos para a construção de modelos, referindo-se a temas variados. As três seções seguintes englobam contribuições que se dedicam a história de casos, expondo resultados de trabalhos efetuados em diversas áreas, e cuja preocupação maior está em descrever as técnicas e os procedimentos, assim como em interpretar e discutir as conseqüências oriundas das atividades antrópicas, além de contribuir para o conhecimento dos processos e dos mecanismos atuantes nos ecossistemas.

Uma avaliação muito significativa sobre a produção dos geógrafos britânicos no uso dos procedimentos de análise quantitativa e de modelos foi elaborada por N. WRIGLEY e R. J. BENNETT (*Quantitative Geography: a British View,* 1981). Essa avaliação incide sobre os modelos descritivos estáticos usados para representar a forma e a geometria espacial e sobre os modelos utilizados para o estudo da dinâmica dos processos. As exposições pertinentes enquadram-se na análise dos modelos estatísticos e modelos matemáticos, complementadas com doze contribuições avaliando o uso aplicativo das técnicas quantificativas e modelos nos vários setores da Geografia Física (Climatologia, Hidrologia, Geomorfologia e Biogeografia) e Geografia Humana.

Iniciado em 1971, os eventos anuais organizados como Simpósio de Geomorfologia, em Binghampton, têm a característica de reunir contribuições em torno de tema previamente escolhido. A temática sobre espaço e tempo em Geomorfologia foi o primeiro a explicitamente tornar relevante as preocupações com a estabilidade e mudanças nos sistemas geomorfológicos, e o volume contendo os ensaios foi organizado por C. E. THORN (*Space and Time in Geomorphology*, 1982). Explicitamente, o Simpósio de 1985 foi direcionado para a temática dos Modelos em Geomorfologia, sob a organização de M. J. WOLDENBERG (*Models in Geomorphology*, 1985). Sob uma perspectiva neopositivista da metodologia científica os autores dos ensaios apresentam e testam modelos (hipóteses) de variada abrangência e generalidade, focalizando a forma e a dinâmica dos glaciais atuais e antigos, as interrelações da história glacial e dos movimentos tectônicos na oscilação do nível marinho, a configuração das linhas costeiras, forma e processos de vertentes, topologia de redes fluviais e problemas geomorfológicos do planeta Marte.

Considerando a abordagem sistêmica aplicada no estudo dos sistemas ambientais, I. D. WHITE, D. N. MOTTERSHEAD e S. J. HARRISON (1984) organizaram livro didático dedicado ao ensino universitário da Geografia Física (*Environmental Systems: An Introductory Text*). Essa obra expressa-se como atualizada e possuindo um toque original, coerente e satisfatória, mantendo a estrutura e a perspectiva analítica dos sistemas ao longo de todos os capítulos. Inerentemente, absorve e descreve os aspectos da modelagem, expondo exemplos das mais diversas categorias de modelos.

Com base nos conceitos de sistema, que se pressupõe sua existência no mundo real, e de modelos, que são tentativas para descrever, analisar, simplificar e expor um sistema, R. J. HUGGETT (1985), na obra *Earth Surface Systems*, trata da variedade de modelos usados para explicar e predizer os padrões e processos observados nos sistemas da superfície terrestre. Nessa obra significativa para a modelagem, tais modelos ocupam a parte mais importante do volume, objetivando a exposição e análise das três principais classes que são de interesse para os pesquisadores em Geociências e análise dos sistemas ambientais: modelos estocásticos dedutivos, modelos estocásticos indutivos, modelos estatísticos e modelos determinísticos. Os exemplos versam sobre os aspectos morfológicos e sobre os processos e fluxos nos sistemas da superfície terrestre.

No campo da modelagem de sistemas ambientais e ecológicos, sob a perspectiva das ciências biológicas, ocorreu em 1981 o lançamento de uma série dedicada aos *Developments in Environmental Modelling*, por parte da Editora Elsevier, sob a orientação editorial de S. E. Jorgensen. Os volumes publicados ao longo dos primeiros anos referem-se à energia e modelagem ecológica (MITSCH et al., 1981), modelos práticos para o manejo dos recursos hídricos (WHITTINGTON e GUARISO, 1983), ecologia numérica (LEGENDRE e LEGENDRE, 1983), aplicações da modelagem ecológica no manejo ambiental (JORGENSEN, 1983), análise dos sistemas ecológicos, considerando o estado-da-arte na modelagem ecológica (LAUENROTH, SKOGERBOE e FLUG, 1983), modelagem do destino e efeitos das substâncias tóxicas no meio ambiente (JORGENSEN, 1984), modelos

matemáticos no tratamento biológicos das águas servidas (JORGENSEN e GROMIEC, 1985), modelagem e simulação de ecossistemas de águas doces (STRASKRABA e GNAUCK, 1985), fundamentos da modelagem ecológica (JORGENSEN, 1986), seleção e aplicação de modelos para a análise da poluição agrícola com fontes não-pontuais (GIORGINI e ZINGALES, 1986), modelagem matemática dos sistemas ambientais e ecológicos (SHUKLA, HALLAM e CAPASSO (1987) e modelagem das baixadas úmidas (MITSCH, STRASKRABA e JORGENSEN, 1988).

II — MODELAGEM EM SISTEMAS AMBIENTAIS

A partir do segundo lustro da década de 80 observa-se o lançamento de obras vinculadas mais explicitamente com a modelagem ambiental, em sua focalização mais específica e em seu envolvimento com o planejamento, procurando salientar as interligações entre os sistemas ambientais e a economia. Três setores temáticos encontram-se reunidos neste conjunto: as obras focalizando sistemas ambientais sob a perspectiva geográfica, as elaboradas sob a perspectiva ecológica e as de integração entre meio ambiente e economia.

O interesse básico da obra elaborada por Stephen TRUDGILL (*Soil and Vegetation Systems*, 1988) está na análise e na modelagem dos componentes dos sistemas solos e vegetação e suas reações. Sua importância reside no entendimento da natureza holística dos ecossistemas. Inicialmente o autor expõe os aspectos dos sistemas solo e vegetação, prosseguindo com a análise encadeante dos fluxos de nutrientes e de sedimentos. Na última parte, como análise dos processos-respostas, salientam-se os modelos para a concepção integrada do conjunto.

Procurando atender demanda abrangente, baseada no fato de que se torna difícil obter informações ligadas aos diversos setores que compõem o meio ambiente e levando em conta que os modelos prognósticos apresentados geralmente são contraditórios e de difícil avaliação, Richard J. HUGGETT (1991) novamente dedicou atenção à análise dos sistemas ambientais da superfície terrestre, em sua obra *Climate, Earth Process and Earth History*. Considerando as condições climáticas como controladoras e desencadeadoras da dinâmica observada nos outros tipos de sistemas ambientais, o autor sucessivamente analisou os subsistemas da hidrosfera, dos sedimentos como produtos do intemperismo e dos processos morfogenéticos, da topografia como formas de relevo e solos e da biosfera.

Procurando mostrar como os impactos humanos sobre o meio ambiente podem ser investigados usando os modelos matemáticos, Richard J. HUGGETT (1993) organizou o volume *Modelling the Human Impact on Nature: Systems Analysis of Environmental Problems*.

Focalizando questões as mais diversas, incluindo considerações sobre aquecimento global, chuvas ácidas e levantamento do nível marinho, explicitou os procedimentos básicos na construção e aplicação de modelos, incluindo rotinas de programas aplicativos para ambientes de microcomputadores. Em sua constante atividade científica, HUGGETT (1995; 1997) elaborou duas outras obra sistematizando o conhecimento em torno da abordagem evolutiva da Geoecologia e das mudanças ambientais, mostrando dinâmica da Ecosfera.

O volume *Modelling Change in Environmental Systems*, organizado por A. J. JAKEMAN, M. B. BECK e M. J. McALEER (1993), focaliza os conceitos e princípios para a modelagem de sistemas ambientais e salienta como tais procedimentos são relevantes para as ciências da natureza. A preocupação consiste em delinear as técnicas e abordagens aplicáveis à modelagem de sistemas ambientais, nas perspectivas do diagnóstico, da análise, da simulação e do prognóstico. Os procedimentos da modelagem versam sobre os sistemas como entidades unitárias e também a respeito da análise morfológica, funcional e evolutiva dos diversos subsistemas componentes, procurando avaliar as potencialidades, as restrições e a adequação para se compreender e prever as características e intensidades das mudanças ambientais.

O volume *Concise Encyclopedia of Environmental Systems*, organizado por Peter C. YOUNG (1993), contém 184 verbetes, em ordem alfabética e com textos relativamente longos. Torna-se óbvia a relevância dessa contribuição para a pesquisa e o ensino, oferecendo panorama conciso do estado atual da arte nos estudos sobre os sistemas ambientais. Os verbetes tratam de noções, procedimentos metodológicos, técnicas analíticas e procedimentos de manejo e controle, recobrindo os setores da climatologia, hidrologia, mudanças ambientais, poluição ambiental, ecologia, planejamento ambiental, sensoriamento remoto, sistemas de informação geográfica, quantificação, modelagem ambiental e ecológica e outros. As perspectivas e tendências emergentes para os estudos ambientais também se encontram contempladas, pois diversos tópicos expõem as noções relacionadas com os sistemas caóticos, redes neurais, análises fractais e multifractais, teoria difusa ("fuzzy theory") e termodinâmica.

A obra de U. ASWATHANARAYANA (1995), correspondendo à introdução ao Geoambiente, refere-se a uma concepção integrada do sistema ambiental, tratando da sua totalidade e dos elementos componentes. O objetivo não se restringe apenas ao diagnóstico e avaliação, mas se direciona para o manejo do "geoambiente". Ao longo dos capítulos, o autor explana como os recursos ambientais podem ser manejados em face da sustentabilidade, por meio da compreensão sobre os processos ambientais que se operacionalizam nos fluxos de matéria e energia nas rochas, solos, águas, relevo e atmosfera.

Considerando que a abordagem holística sistêmica é a mais adequada, ao tratar dos hidrossistemas fluviais G. E. PETTS e C. AMOROS (1996) assinalam que os "os rios devem ser analisados como sistemas tridimensionais, estando na dependência de transferências de energia, material e biota nas direções longitudinal, lateral e vertical. Tornam-se importantes os fluxos de montante para jusante, as interações laterais com as margens e setores da bacia e os intercâmbios verticais com as águas subterrâneas e aqüíferos aluviais. A integridade do hidrossistema fluvial depende das interações dinâmicas dos processos hidrológicos, geomorfológicos e biológicos atuantes nessas três dimensões em amplitudes diferenciadas da escala temporal. Fundamentalmente, os hidrossistemas fluviais relacionam-se com a variabilidade dos processos básicos hidrológicos e geomorfológicos que determinam os tipos de setores dos hábitats existentes e a força, duração e freqüência de suas conectividades". Em função da perspectiva, das informações e da sistematização apresentadas, o volume representa excelente contribuição para a análise geográfica dos sistemas ambientais no contexto das bacias hidrográficas.

Para a análise sistêmica é fundamental que haja a compreensão do aninhamento hierárquico do sistema, em suas grandezas espaciais e funcionais. Para o hidrossistema fluvial, Petts e Amoros sugerem os seguintes níveis escalares: a bacia de drenagem, os setores funcionais, os conjuntos funcionais e as unidades funcionais. O volume absorve a abordagem do hidrossistema fluvial para analisar as características dinâmicas dos sistemas fluviais tomando como base as grandes planícies fluviais, nas quais o funcionamento dos ecossistemas é determinado pela interação dos processos longitudinais, laterais e verticais. A primeira parte focaliza os processos hidrológicos e geomorfológicos que organizam os ambientes físicos ao longo dos cursos d'água, onde se desenvolvem as comunidades biológicas. Os quatro capítulos tratam da perspectiva da bacia de drenagem, dinâmica hidrológica e hidroquímica, geomorfologia dos rios das regiões de climas temperados e da estrutura hidrológica e geomorfológica dos hidrossistemas.

A segunda parte trata das comunidades biológicas, salientando que elas variam em função das características físicas dos diferentes ambientes aquáticos. Esses processos são estudados em função dos produtores primários, dos invertebrados e dos peixes. Cada capítulo versa sobre a organização espacial das comunidades e estratégias adaptativas das espécies na escala das unidades e dos conjuntos funcionais, isto é, em relação com o mosaico dos hábitats e heterogeneidade dos recursos biológicos.

A terceira parte estuda as dimensões temporais, particularmente tratando das maneiras de interação entre as diferentes unidades funcionais. No capítulo nono aborda-se os fluxos de energia, material e informação entre as unidades funcionais do hidrossistema, desenvolvendo o conceito de *ecotono* — as zonas de transição entre unidades, conjuntos e setores e salientando a importância da conectividade. Os dois capítulos finais analisam os processos de sucessão ecológica e os impactos humanos sobre os hidrossistemas fluviais, aplicando as informações expostas ao longo do volume para explicar as mudanças ecológicas que ocorreram nos hidrossistemas, especialmente nos últimos 200 anos.

Walter J. WEBER Jr. e Francis A. DiGIANO (1996) elaboraram obra sistematizada sobre a dinâmica dos processos nos sistemas ambientais. Englobam uma adequada análise teórica, a análise dos processos e a aplicabilidade expressa pela descrição de casos. Os autores consideram que os dois aspectos fundamentais dos sistemas ambientais são representados pela natureza da reação e fenômenos de transporte. Para que essa concepção se torne explicita, começam a exposição por uma abordagem geral dos fatores e características dos processos nos sistemas ambientais e prosseguem analisando mais detalhadamente a natureza, as características e dinâmica das diferentes categorias de processos e os condicionamentos e controles que os fatores exercem nos processos e nas expressividades dos sistemas ambientais.

Paolo ZANNETTI (1993; 1994a; 1996) é o responsável pela organização de três coletâneas relacionadas com a modelagem ambiental, compondo os volumes iniciais de série destinada aos métodos computacionais e *software* para a simulação da poluição ambiental e seus efeitos adversos. As contribuições em cada volume procuram apresentar o estado-da-arte e a avaliação sobre determinado tema da modelagem ambiental, redigidas por especialistas no setor e com o objetivo de fornecer panorama no campo da simulação matemática e numérica dos fenômenos ambientais. Concomitantemente, propiciam oportunidades para se analisar aspectos físicos, químicos, biológicos e ecológicos dos sistemas ambientais. Em cada volume há a presença de capítulo expondo as informações úteis contidas nos trabalhos publicados no volume específico e nos anteriores, e na estruturação mesclam-se colaborações de ordem conceitual, técnica e de análise de casos.

Nove ensaios encontram-se reunidos no primeiro volume, publicado em 1993, que se inicia pela exposição introdutória e panorama da obra. As contribuições analisam questões diversas relacionadas com os modelos atmosféricos, aplicações da modelagem matemática aos ambientes marinhos, modelagem da qualidade dos rios e lagos, modelagem da poluição em diferentes meios ambientais, modelagem ecológica, modelagem dos ruído ambiental, manejo da informação ambiental e a propósito do futuro da modelagem ambiental.

O segundo volume, publicado em 1994, contém nove capítulos versando sobre diferentes questões ambientais e um capítulo introdutório à modelagem ambiental. A predominância temática encontra-se envolvida com a poluição atmosférica e das águas subterrâneas, mas há tópicos especiais como a propósito da difusão do *spray* aéreo associado com a aplicação de pesticidas agrícolas. Os demais ensaios analisam a modelagem da poluição na camada de ar metropolitana, a modelagem da dispersão de partículas em aplicações na mesoescala, os modelos de transporte a longo alcance, novo método da modelagem da precipitação e escoamento e suas aplicações na hidrologia da bacia de drenagem, modelagem do transporte dos contaminantes reativos em solos variavelmente saturados, mecanismos e modelos para as interações dos permeantes agressivos com os solos, aspectos teóricos e aplicações da assimilação de dados de variação e sobre a importância dos sistemas inteligentes como suporte para as decisões ambientais.

O terceiro volume organizado por Paolo ZANNETTI (1996) reúne quatorze contribuições. O capítulo introdutório apresenta avaliação sobre a modelagem ambiental, considerando a atualidade e o futuro. As demais contribuições focalizam as questões ligadas com a modelagem da dispersão do *spray* aéreo, avaliação da nova versão do modelo AVACTA II, representação da meteorologia em modelos de dispersão na mesoescala, modelagem regional do transporte na poluição do ar n região Sudoeste dos Estados Unidos, a influência da umidade dos solos na performance dos modelos prognósticos na mesoescala e na escala das nuvens, modelagem global e na mesoescala da dispersão dos gases vulcânicos e dos aerossóis, modelagem aproximativa da precipitação e escoamento usando equação integral estocástica, o uso de um sistema de suporte às decisões para o manejo de bacias hidrográficas, a modelagem numérica da intrusão das águas marinhas nos aqüíferos litorâneos, a análise dos dados ecológicos da Lagoa de Veneza por meio da modelagem de simulação, metodologia e implementação de *software* para a análise de impactos para a poluição do ar e das águas e a propósito do uso da visualização científica na modelagem ambiental.

A designação de "ciências ambientais" abrange amplo conjunto de disciplinas e, em sua análise, utiliza procedimentos oriundos das chamadas ciências da natureza e ciências sociais. A obra didática elaborada por Simon WATTS e Lindsay HALLIWELL (1996), versando sobre os métodos e técnicas nas ciências ambientais, constitui importante guia prático para orientar o interessado no conjunto das técnicas viáveis para a análise ambiental, não se reportando nem se restringindo às suas disciplinas de origens. A perspectiva de focalização baseia-se na aplicabilidade dos procedimentos metodológicos e técnicos aos estudos ambientais. A preocupação didática e introdutória oferece aos iniciantes uma exposição fácil, agradável e auto-suficiente sobre o conjunto desses procedimentos.

A obra encontra-se organizada em dez capítulos e três apêndices. Embora a linhagem expositiva esteja voltada para os estudos ambientais, a ordenação dos capítulos pode distinguí-los em duas categorias: procedimentos da metodologia científica geral e metodologias aplicativas às análises ambientais. A primeira categoria inclui capítulos versando sobre a observação, registro e questionamento científicos, procedimentos de amostragem, segurança e equipamentos básicos de laboratórios e análise estatística. A segunda parte reúne os capítulos que tratam das maneiras de pesquisar e temas analíticos aplicados aos estudos sobre as propriedades dos solos, das águas, procedimentos das pesquisas de campo em estudos ecológicos e procedimentos de pesquisas na análise das características sociais. Os apêndices apresentam ao leitor constantes e fórmulas matemáticas, tabelas estatísticas e descrição mais detalhada sobre técnicas de campo e análises químicas sobre os solos.

Três razões servem de orientação a Jerald L. SCHNOOR (1996) na organização do volume sobre *Environmental Modelling*: a) obter melhor compreensão do destino e transporte dos componentes químicos por meio da quantificação de suas reações, processos de fixação e movimentos; b) determinar as concentrações químicas expostas aos organismos aquáticos e/ou seres humanos no passado, presente e futuro; e c) predizer as condições futuras sob vários tipos de cenários ou manejo de ações alternativas. Considerando estes três objetivos, defrontamo-nos com obra elaborada com grande acuidade na análise do transporte e deposição dos poluentes na água, ar e solos, surgindo como relevante guia introdutório para graduandos em fase final do curso e pós-graduandos em programas relacionados com as ciências ambientais e engenharia ambiental. A preocupação de Schnoor é demonstrar como desenvolver e aplicar modelos matemáticos para ampla variedade de poluentes químicos, salientando principalmente os processos observados nos recursos hídricos.

Utilizando de abordagem didática, a estruturação da obra focaliza os processos de transporte, os princípios químicos e aplicações específicas nas águas superficiais e subterrâneas, deposição atmosférica e mudança global. Sob esta perspectiva, os quatro capítulos iniciais oferecem o panorama introdutório, as características dos fenômenos de transporte, a cinética das reações químicas e a modelagem do equilíbrio químico. O tratamento analítico específico surge a partir de capítulo quinto, estudando a eutrofização dos lagos, poluentes convencionais em rios, componentes químicos orgânicos tóxicos em lagos, rios e estuários, modelagem dos elementos metálicos, contaminação das águas subterrâneas e deposição e biogeoquímica atmosférica. O último capítulo analisa as mudanças globais e os ciclos globais de componentes, tais como carbono, nitrogênio e enxofre.

Na abordagem dos sistemas ambientais encontra-se a temática tratando das mudanças globais. Ela pode ser focalizada como representando as transformações ocorridas na superfície terrestre como análise dos processos passíveis de estarem ocorrendo na atualidade, promovendo alterações nas condições climáticas e envolvendo, em conseqüência, mudanças no nível marinho e nas características dos geossistemas. Algumas obras relacionadas com as mudanças climáticas estão registradas no item bibliográfico sobre os climas. Algumas menções sobre mudanças nas características da superfície terrestre e sobre as mudanças globais atuais encontram-se ora inseridas.

Entre as obras didáticas procurando analisar as influências antrópicas e as modificações na superfície há que destacar as contribuições realizadas por Andrew GOUDIE. Em 1981 lançou a obra *The Human Impact: Man's Role in Environmental Change*, caracterizada pela amplitude da abordagem e contribuindo para se apreender as maneiras pelas quais a ação humana atua sobre os processos e sistemas naturais, ocasionando modificações ambientais. Em sucessivas edições vem sendo ampliada e atualizada, inclusive no título que a partir de 1990 passou a ser *The Human Impact on the Natural Environment*. A recente obra de Andrew GOUDIE e H. VILES (1997) nessa linhagem, *The Earth Transformed: An Introduction to Human Impact on the Environment*, constitui uma introdução concisa e não-técnica sobre as maneiras de como o meio ambiente foi e está sendo afetado pelas atividades humanas.

Uma obra básica é representada pelo volume *The Earth as Transformed by Human Action*, organizada por B. L. TURNER II et al (1990), tendo como base as contribuições apresentadas em simpósio realizado em 1987 a respeito das transformações verificadas na superfície terrestre devido às ações humanas, incorporando a noção de que a escala das mudanças sobre a Terra foi radical e a humanidade alterou tão profundamente a biosfera que, para os objetivos práticos, quase tudo foi alterado ou encontra-se próximo de atingir essa condição. A primeira parte trata das mudanças na população e na sociedade, examinando as principais forças atuantes no decorrer dos últimos 300 anos. A segunda parte focaliza as transformações ocorridas no meio ambiente, relacionadas com as áreas emersas, com as águas, oceanos e atmosfera. A terceira parte trata de estudos regionais sobre as transformações, cujos exemplos descrevem os casos da Amazônia, Borneo e Península Malásica, Caucásia, Planaltos da África Oriental, Planície Russa, Grandes Planícies dos Estados Unidos, Bacia do México, Nigéria, Suécia e Suíça. A última parte reúne trabalhos que propiciam conhecer as transformações, considerando o domínio do significado (a inadequação da teoria homem-natureza e a visão do consumo de massa), o domínio das relações sociais (produção, reprodução e a função do gênero nas transformações ambientais) e o domínio da ecologia cultural (adaptações e mudanças sob a perspectiva histórica). A obra de Turner II et al. retoma a linhagem do simpósio realizado em 1955, cujo volume intitulado *Man's Role in Changing The Face of the Earth*, organizado por William L. THOMAS Jr. (1956), tornou-se clássico na literatura ambiental.

Nessa linhagem encontra-se a contribuição de Neil ROBERTS (1994), focalizando a abordagem dos sistemas ambientais em Geografia Física em seu livro *The Changing Global Environment*. Salientando que a abordagem sistêmica estimulou avanços no conhecimento ligado com a Geografia Física, organizou volume servindo ao ensino e à pesquisa tendo como diretriz as questões dinâmicas relacionadas com as mudanças ocorrentes nos sistemas ambientais.

A primeira edição da obra *Changing the Face of the Earth*, elaborada por I. G. SIMMONS, foi publicada em 1989 recebendo ampla aceitação pelos méritos e qualidade, tornando-se obra didática considerada como referência básica a respeito da história das relações entre o homem e a natureza. Em sua segunda edição, datada de 1996, essa notável contribuição surge revista e ampliada, apresentando uma narrativa fundamentada ecologicamente a propósito da história humana, mostrando como as comunidades humanas foram influenciadas pelos "ambientes naturais". Adicionalmente, I. G. Simmons insere considerações sobre a sustentabilidade e globalização.

A introdução apresenta o quadro genérico das idéias a respeito das relações entre a sociedade e a natureza e os conceitos básicos em torno da perspectiva globalizante e integradora, da noção de ecossistema, da energia, das condições climáticas e dos impactos humanos. Os três capítulos seguintes analisam as características e as potencialidades dos diversos tipos de sociedades para com as transformações nas condições do meio ambiente. Inicia tratando do homem primitivo e sua circunvizinhança, mostrando a evolução do homem e a ecologia do fogo. Posteriormente Simmons estuda as sociedades dedicadas à caça e á coleta, considerando as condições ambientais, os recursos da fauna e da flora, os fluxos de energia em tais sociedades, os impactos e o manejo do meio ambiente. O quarto e o quinto capítulos versam sobre os impactos e mudanças ocasionadas pelas atividades agrícolas, considerando inicialmente os sistemas de cultivo, a expansão e o desenvolvimento da agricultura, e no capítulo seguinte os agrossistemas, os sistemas concomitantes de produção e proteção e as relações entre população, recursos e ambientes dos grupamentos agrícolas.

Semelhantemente à temática agrícola, desmembrada em dois capítulos, o mesmo ocorre na segunda edição com a análise da industrialização. O sexto capítulo refere-se às atividades industriais, mostrando as categorias de combustíveis, a expansão da industrialização, a produção e transformação da energia e a industrialização dos sistemas conexos. O sétimo capítulo trata dos impactos da industrialização sobre os sistemas conexos, definindo as suas categorias, as conseqüências ambientais ligadas ao lixo industrial e as relações entre população, recursos e meio ambiente no mundo industrializado. O último

capítulo analítico versa sobre a energia nuclear, estudando as novas fontes de energia e suas implicações ambientais e nas maneiras de pensar.

Em dois alentados volumes sobre *The Global Environment: Science, Technology and Management*, D. BRUNE, D. V. CHAPMAN, M. D. GWYNNE e J. M. PACYNA (1997) reúnem 77 contribuições de pesquisadores, tecendo considerações a propósito de aspectos científicos, tecnológicos e de manejo do sistema ambiental global. A obra representa esforço para se estabelecer uma panorama em amplo espectro, mas atualizado e sob uma perspectiva de concatenação do conhecimento e acessibilidade de leitura, constituindo contribuição às atitudes de entrosamento para conjuntamente oferecer considerações sobre conceitos, técnicas e experiências por parte dos pesquisadores e compartilhá-las com a grande audiência de interessados. Cada um dos capítulos foi submetido a uma extensiva revisão internacional, mas as idéias e opiniões críticas expressam as posições de seus autores.

O primeiro volume é constituído pelas três partes iniciais, tendo o objetivo de tratar das disciplinas ambientais básicas e analisar a natureza e os efeitos das atividades antropogênicas no meio ambiente. A primeira parte versa sobre o funcionamento dos sistemas ambientais e apresenta capítulos descrevendo o ciclo hidrológico, a modelagem e predição climática, a magnetosfera, ionosfera e atmosfera média, os oceanos, ecossistemas e sistemas geomorfológicos. Na segunda parte, dedicada ao estudo da exploração e degradação dos sistemas ambientais, os autores analisam o manejo das interações entre as águas e as terras, as funções e degradação das baixadas úmidas, erosão e degradação das terras em regiões secas e montanhosas, os impactos antrópicos atuais sobre as florestas, os sistemas marinhos e litorâneos, turismo, os fluxos de metais na sociedade, a produção de energia e o problema dos transportes e da mobilidade. Dezoito capítulos estão reunidos na terceira parte versando sobre questões ligadas com a poluição e mudanças geoquímicas na atmosfera, acidificação de lagos, declínio das florestas e *stress* ambiental, geoquímica dos sistemas ambientais, poluição marinha, eutrofização, biodiversidade, saúde dos seres humanos, poluição atmosférica em áreas urbanizadas, poluição sonora e poluição pelos dejetos e lixos.

O segundo volume compreende cinco partes, reunindo quarenta capítulos, com o objetivo de estudar como as sociedades interagem com os meios ambientes e como elas se comportam perante as conseqüências de suas atividades. A quarta parte trata de questões ligadas com as interações humanas, versando sobre o crescimento populacional, industrialização e urbanização, meio ambiente e economia e ecofilosofia e ética ambiental. Os capítulos da quinta e sexta partes estudam as características dos processos e os aspectos tecnológicos do tratamento e disposição dos produtos residuais, minimizando os prejuízos ambientais, e os problemas e procedimentos da engenharia ambiental em busca da reabilitação de ambientes degradados. A sétima parte encontra-se destinada ao estudo da vigilância e monitoria ambiental, considerando os aspectos da assessoria e elaboração de relatórios, monitoria ambiental e sistemas de informação, informações para as tomadas-de-decisão e conscientização pública, sistemas de informação geográfica, modelos e sistemas de suporte às decisões e monitoria da atmosfera superior e dos oceanos. A última parte engloba as contribuições relacionadas com a regulamentação, manejo e estratégias preventivas para trabalhar com os problemas ambientais, destacando os aspectos da legislação, acordos regionais, instrumentos legais, econômicos e administrativos, educação ambiental, os estudos de impactos ambientais e as metas do desenvolvimento sustentável.

A temática relacionada com as mudanças ambientais ganhou relevância e chamando a atenção de pesquisadores ligados às mais diversas disciplinas. Ao tratarem das questões e fenômenos ligados com essas mudanças, geralmente usando das perspectivas analíticas de suas disciplinas de origens, geralmente decorrem lapsos e equívocos. Uma causa reside, por vezes, em não considerar adequadamente as grandezas das escalas temporais e espaciais compatíveis com a categoria do fenômeno analisado. E quando não levam em consideração essas diferenças escalares, as tomadas-de-decisões dos planejadores e políticos também surgem eivadas de incongruências.

Procurando abordar essas questões, T. S. DRIVER e G. P. CHAPMAN (1996) organizaram volume reunindo contribuições de especialistas trabalhando em disciplinas diversas, focalizando aspectos ligados com as escalas temporais e mudanças espaciais. Cada capítulo exemplifica a importância em se considerar a escala temporal nas análises ambientais, a necessidade de conhecer as mudanças antigas antes de se fazer enunciados a respeito das tendências atuais e o rigor em considerar devidamente as limitações nos exercícios para se predizer mudanças futuras.

Dez contribuições analíticas encontram-se reunidas nesse volume, focalizando temáticas e abrangências escalares diversas. Os três estudos iniciais tratam da estabilidade e instabilidade ambiental a longo prazo nas regiões tropicais e subtropicais, a escala temporal secular e o problema da identificação das escalas temporais das mudanças ambientais. Duas contribuições tratam do aquecimento global e da perspectiva australiana a respeito da política ligada aos gases estufa. Uma focalização especial procura conciliar o conflito nas escalas temporais necessárias aos políticos, à mídia e ao meio ambiente. As análises sobre problemas ambientais relacionados com a erosão dos solos, depleção da fauna e economia das pastagens na África Meridional, com a função das comunidades e clima nas mudanças da cobertura florestal na África Ocidental e sobre as relações entre as atividades econômicas e meio ambiente, em

termos temporais e de previsibilidade constituem um outro conjunto temático. Por último, analisa-se o caso da Índia, tratando do desenvolvimento econômico e mudança ambiental.

A modelagem de sistemas ambientais sob a perspectiva biológica e ecológica é procedimento consagrado e tradicional. Basta salientar a existência de periódico específico — o *Ecological Modelling* — publicado desde 1975 pela International Society for Ecological Modelling, focalizando a modelagem matemática, a análise de sistemas, a termodinâmica e as técnicas computacionais relacionadas com a ecologia e manejo do meio ambiente e seus recursos naturais, enquanto apenas em 1997 surgiu periódico especializado no tocante à modelagem geográfica e ambiental, o *Geographical & Environmental Modeling,* publicado pela editora Carfax.

A partir de 1981, sob a coordenação editorial de S. E. Jorgensen, a editora Elsevier vem considerando a temática dos avanços na modelagem ecológica, sob a perspectiva biológica, em volumes inseridos na série especial dedicada aos avanços na modelagem ambiental.

Justamente com o título *Advances in Environmental Modelling* foi realizado em Veneza, no ano de 1987, simpósio patrocinado pela International Society for Ecological Modelling, cujo volume reunindo as comunicações apresentadas foi organizado por MARANI (1988). Na introdução A. Marani analisa o tema dos modelos matemáticos sobre os sistemas naturais. As trinta e oito contribuições inseridas no volume compõem seções temáticas focalizando os avanços da modelagem na Ecologia e Hidrologia, as relações entre a teoria dos sistemas e as técnicas de modelagem, a aplicação de modelos na análise dos ecossistemas terrestres, ecossistemas marinhos e litorâneos, ecossistemas lacustres, de laguna e de baixadas úmidas e utilização de modelos nos processos de tomadas-de-decisão.

Com o objetivo de fornecer uma exposição abrangente sobre os conhecimentos necessários à análise moderna dos sistemas ecológicos e a respeito das teorias e concepções atuais, absorvendo a abordagem sistêmica, S. FRONTIER e D. PICHOT-VIALE (1993) apresentam obra didática adequadamente planejada focalizando a estrutura, funcionamento e evolução dos ecossistemas.

Na parte introdutória encontram-se expostas as definições iniciais em torno da teoria dos sistemas, da análise cibernética e da organização dos ecossistemas. A primeira parte versa sobre a matéria e energia nos ecossistemas, descrevendo e analisando os fluxos de energia solar e condições climáticas, o fluxo das águas e a produção da biomassa. A segunda parte trata das interações, considerando os ciclos de matérias, a dinâmica da população e dos elementos para uma teoria dos ecossistemas, em função da análise sobre as estruturas, integração das estruturas, evolução das estruturas e ecologia genérica. Como epílogo os autores tecem considerações sobre a ecologia sistêmica e função do homem no ecossistema planetário e acrescentam dois anexos: sobre o uso da teoria dos fractais em Ecologia e a respeito da dinâmica caótica.

A obra *The Dynamic Nature of Ecosystems: Chaos and Order Entwined,* de Claudia PAHL-WOSTL (1997), situa-se no contexto polêmico do dilema sempre enunciado nas ciências sociais e biológicas: é possível compreender a vida e a evolução no âmbito de uma abordagem materialística, mecanística, das ciências naturais ? Se não for possível, quais as conseqüências ? Uma resposta simplista afirmaria que esse é exatamente o objetivo da Biologia.

Baseando-se no sentimento da dúvida, na dificuldade perante o pensamento e métodos atuais nas ciências naturais, com a inadequação que se torna cada vez mais óbvia quando confrontada com a inabilidade para se ajustar com os problemas ambientais que enfrentamos atualmente, Pahl-Wostl lembra que "parece que estamos acumulando mais e mais conhecimento detalhado sobre mecanismos específicos que nos tornamos inaptos para ver a árvore além da madeira". Esta obra representa um processo de abordagem holística, embora ainda não possa ser considerado como produto terminado, um todo coerente. Levando em conta a difusão alardeante de novos conceitos, como auto-organização, caos e ordem, os ecólogos têm o direito de se tornarem relutantes em aceitar qualquer nova panacéia. Psicologicamente, o fascínio de muitos cientistas com as novas idéias simples pode basear-se em frustração com os conceitos tradicionais que se mostraram inadequados quando utilizados para a análise de sistemas complexos, como é o caso típico dos sistemas ambientais. Dessa maneira, rejeitando uma percepção puramente mecanística, o principal objetivo da obra é salientar o desenvolvimento de nova abordagem na qual a natureza dinâmica e organização dos ecossistemas possam ser compreendidos.

Os três capítulos iniciais englobam a introdução, a análise das idéias de estabilidade e equilíbrio no pensamento ecológico e das implicações entre evolução e Ecologia. Eles compõem a primeira parte tratando de descrição histórica para elucidar as tendências do trabalho da autora, a sua abrangência e as tentativas realizadas para melhorá-lo. Outros três capítulos compõem a segunda parte, promovendo introdução a uma nova abordagem teórica para descrever a organização de redes ecológicas no tempo e espaço, estudando a organização espaço-temporal, as organizações em comunidades simples e os procedimentos para delinear a estrutura de redes ecológicas. O capítulo sétimo corresponde à terceira parte, focalizando a tentativa para uma síntese e expondo algumas especulações sobre a dinâmica dos ecossistemas. Na quarta parte estão incluídos dois adendos, versando sobre a derivação de medidas para quantificar a organização espaço-temporal de uma rede e o estabelecimento de níveis de organização em redes ecológicas.

A obra *Modeling Biological Systems: Principles and Applications,* de James W. HAEFNER (1996), oferece panorama atualizado sobre a modelagem de sistemas biológicos, considerando os conceitos, as técnicas e as aplicações. A primeira parte refere-se aos princípios, tratando dos modelos e sistemas, procedimento da modelagem, formulação de modelos qualitativos e quantitativos, paradigma de simulação, técnicas numéricas, avaliação de parâmetros, validação de modelos estocásticos. As aplicações constituem o temário da segunda parte, descrevendo exemplos sobre a fotossíntese e crescimento das plantas, controle hormonal em mamíferos, populações e indivíduos, padrões e processos espaciais, modelos escalantes, caos em biologia, autômatos celulares e crescimento recursivo, computação evolutiva e sistemas complexos adaptativos.

A Editora Springer mantém a série *Modelagem de Sistemas Dinâmicos,* sob a direção editorial de Matthias Ruth e Bruce Hannon. Os editores consideram que o mundo consiste de muitos sistemas complexos, tais como desde os corpos humanos até os ecossistemas e sistemas econômicos, e que apesar dessa diversidade os sistemas complexos possuem muitos aspectos funcionais em comum que podem ser efetivamente modelados usando *software* poderosos e amigáveis. A habilidade em realizar a modelagem de sistemas dinâmicos está influenciando sensivelmente o estudo e o ensino da complexidade. Por essa razão, o objetivo dos volumes inseridos nessa série contribuem para essa transformação, integrando instrumentos numéricos e técnicas de modelagem de sistemas dinâmicos em diversas disciplinas, sem adotar nenhum paradigma ou *software* em particular.

No prefácio da obra *Modeling Dynamic Biological Systems*, elaborada por Bruce HANNON e Matthias RUTH (1997), Simon A. Levin observa que o uso de modelos matemáticos dinâmicos em Ecologia não é recente, possuindo rica e gloriosa história. Um dos pioneiros é representado pelo matemático Vito Volterra quando, no início do século XX, desafiado por seu genro para explicar as oscilações das pescas no mar Adriático, formulou duas equações matemáticas para mostrar como as interações entre predador e presa poderiam manter tais oscilações. E também adverte que "este livro não poderia ser imaginado há vinte anos atrás, ou realizado há dez anos. O advento dos computadores introduziu uma nova dimensão, a capacidade para ir além do tratamento analítico e usar a simulação como instrumento experimental para a modelagem de muitos sistemas complexos". É nesse contexto que, usando os *software* STELLA e MADONNA, pois eles combinam suas potencialidades, Hannon e Ruth apresentam obra sistematizada focalizando a modelagem de sistemas biológicos, considerando "a modelagem como a mais importante tarefa que se nos defronta. Auxiliar os estudantes a aprender para ampliar suas potencialidades mentais neste caminho poderoso mas ainda não familiarizado, é a coisa mais importante que podemos

184 Panorama sobre a produção bibliográfica

fazer".

Os capítulos da parte introdutória analisam a modelagem e a dinâmica dos sistemas biológicos, a estabilidade e o comportamento caótico das populações, e a dinâmica espacial. As três partes seguintes descrevem as características e aplicabilidades dos modelos físicos e bioquímicos (sete capítulos), os modelos genéticos (dois capítulos) e os modelos de organismos (seis capítulos). Em seqüência, Hannon e Ruth focalizam os modelos de populações simples (oito capítulos) e os modelos de populações múltiplas (oito capítulos). A temática relacionada com a teoria da catástrofe e a teoria da auto-organização insere-se na sétima e última parte analítica, cujos capítulos estudam a catástrofe, a dinâmica Spruce Budwworm, a pilha de areia, os terremotos, o jogo da vida e o modelo *daisyworld*.

Como resultado de programa de pesquisa para examinar a relevância dos modelos econômico-ecológicos para a política sobre o meio ambiente e recursos ambientais, executada pelo Institute for Environmental Studies da Free University e Institute for Applied Systems Analysis, surgiu a coletânea *Economic-Ecological Modelirg*, organizada por L. C. BRAAT e W. F. J. van LIEROP (1987). Tratando dos modelos matemáticos aplicados à política e manejo das questões ambientais, os autores apresentam panorama das teorias, métodos, técnicas e experiências relevantes para a análise dos problemas que surgem na interação da sociedade com seu ambiente natural. Explicitamente versam sobre a modelagem econômica, modelagem ecológica e modelagem integradora.

Floor BROUWER (1987), no ensaio sobre *Integrated Environmental Modelling: Design and Tools*, apresenta as características e os procedimentos relacionados com a modelagem ambiental integrada, desenvolvida e inserida no contexto da modelagem econômica regional. Os objetivos desse ensaio de sistematização surgem como sendo: a) desenvolver novos procedimentos para especificar os modelos ambientais integrados; b) desenvolver instrumentos matemáticos para sua operacionalização, e c) salientar a aplicabilidade da modelagem ambiental integrada tendo como exemplo um estudo de caso. Trata-se de contribuição procurando focalizar as categorias e a estruturação de modelos, tendo em vista a aplicabilidade para as análises ambientais integradas.

Os problemas ambientais não podem ser considerados como fenômenos externos à sociedade, pois são ocasionados pelas atividades humanas e, em conseqüência, a procura em manter o bem-estar humano, qualidade ambiental e as funções dos ecossistemas integra-se com as tomadas-de-decisão em todos os níveis. Dessa maneira, há a necessidade de compreender a interação entre o sistema ambiental natural e os sistemas sócio-econômicos, observando-se ritmo crescente nas pesquisas situadas na interface entre a Ecologia e a Economia. Todavia, entre os cientistas há consideráveis

diferenças nas perspectivas de abordagens sobre os problemas ambientais e, também, nas proposições de como agir a fim de redirecionar a sociedade em busca da sustentabilidade. Em 1984, no Instituto Internacional de Economia Ecológica, da Universidade de Estocolmo, Johan Ashuvud estimulou e orientou a formação do Eco-Eco Group ("Ecological Economics Group"), com a finalidade de reunir e ampliar a compreensão das diferentes perspectivas entre ecólogos e economistas e estimular a comum aplicação e cooperação no tocante às pesquisas sobre as questões ambientais.

Carl FOLKE e Tomas KABERGER (1991) organizaram volume contendo contribuições do Eco-Eco Group, intitulado *Linking the Natural Environment and the Economy*. A primeira parte salienta as perspectivas de abordagem no tocante às ligações entre meio ambiente e economia, tratando dos aspectos contextuais desse diálogo, das perspectivas institucionais, da análise econômica dos impactos ambientais, da mensuração dos valores em termos de energia e da dependência sócio-econômica no tocante ao meio ambiente físico e biológico. A segunda parte consiste de análises empíricas sobre a função e valor das condições ambientais para as atividades econômicas, descrevendo exemplos a respeito das conseqüências ecológicas para a transformação das paisagens a longo prazo, do uso do solo na escala regional, das baixadas úmidas e economia de ecossistemas litorâneos e marinhos. A terceira parte trata dos impactos humanos sobre as condições ambientais nos países em desenvolvimento, com exemplos que oscilam do nível local ao internacional. O último capítulo fornece síntese das principais perspectivas em Ecologia e Economia direcionadas para as interações entre sociedades humanas e sistemas ambientais.

O volume sobre *Integrating Economics, Ecology and Thermodynamics*, elaborado por Matthias RUTH (1993), constitui-se numa tentativa de identificar e combinar os princípios da ecologia, economia e termodinâmica em modelos estruturados e aplicativos à sociedade. A noção básica reside no fato de que as economias são sistemas abertos inseridos em ecossistemas, com os quais permutam matéria e energia. As interações entre esses sistemas são vitais para a performance de cada um deles, e elas são condicionadas pelas leis da física. A contribuição de Matthias Ruth ganha relevância em virtude de procurar inserir os conhecimentos setorizados em contexto de abordagem holística e integrar as bases conceituais e a função aplicativa da modelagem. O ISOMUL (*International Studygroup on the Multiple Use of Land*) foi formado por pequeno grupo de cientistas de várias nações, interessados no planejamento do uso das terras rurais. O objetivo foi estabelecer permutas de informações e experiências e estimular e orientar estudos sobre planejamento do uso das terras.

Em suas atividades o ISOMUL considerou que um dos principais procedimentos metodológicos para o planejamento, no transcurso das décadas de 80 e 90, encontra-se baseado no uso de conceitos espaciais. Em sua perspectiva, descreve esse conjunto de conceitos como sendo "uma visão ou visões de como recriar novas condições físicas — espaço para combinar as futuras demandas e as limitações ao uso das terras, porque muitos de seus objetivos surgem como bases para o plano de uso das terras". Entre os conceitos espaciais julgados relevantes, destaca os relacionados com a segregação-integração, a estruturação e a rede ecológica. A temática deste último conceito foi escolhido como desafio a ser enfrentado pelo grupo em suas atividades, tendo em vista a organização do seu sexto livro. As contribuições encontram-se reunidas no volume organizado por E. A. COOK e H. N. van LIER (1994), intitulado *Landscape Planning and Ecological Networks*.

O conceito de redes ecológicas está ganhando importância crescente e se tornando instrumento sofisticado no planejamento de paisagens. O objetivo da obra de Cook e Lier foi o de reunir contribuições focalizando questões de planejamento para a integridade ecológica de sistemas de paisagens críticas, mas que se diferenciem em seus fundamentos teóricos, metodologias, escalas de grandeza espaciais e contexto geopolíticos. Os organizadores lembram que as contribuições não procuram ser normativas para o contexto de programas ou projetos particulares nem representam o espectro das iniciativas que estão sendo internacionalmente desenvolvidas. Entretanto, cada trabalho foi elaborado sob perspectivas individuais e contribuem, de modo significativo, para o conhecimento a respeito do planejamento em função das redes ecológicas.

As bases conceituais são predominantes em dois trabalhos, tratando da ecologia das paisagens e redes ecológicas e integração conceitual do planejamento de paisagens e ecologia das paisagens. As questões ecológicas em áreas urbanizadas são focalizadas em seis capítulos, considerando as estratégias para desenvolvimento ecológico e urbano, recreação, reprodução e reabilitação ecológica na Grande Copenhague, as redes de hábitats em Stuttgart, florestas urbanas e redes de paisagens em Black Country, avaliação de biotopos urbanos e conservação da natureza e princípios para estruturar a combinação de lazer e natureza. Em dois capítulos são abordados temas relacionados com a estrutura hidrológica das paisagens como base para a formulação de redes ecológicas e com os sistemas fluviais e redes de paisagens. As considerações mais abrangentes para os setores rurais e parques encontram-se analisadas nos trabalhos tratando das *greenways* como redes ecológicas em áreas rurais e sobre as funções e limitações dos parques ecológicos. Questões ligadas aos aspectos políticos surgem na análise de novas estratégias para o estabelecimento de redes ecológicas na Holanda e no estabelecimento de uma estrutura ecológica básica para a União Européia. No capítulo final os organizadores realizam avaliação genérica sobre as potencialidades aplicativas ligadas com as redes ecológicas.

Já é de há muito reconhecido o desenvolvimento observado nos países escandinavos no setor da modelagem econômica, com preocupação marcante em seu entrosamento com as questões ambientais. O volume *Modelling the Economy and the Environment*, organizado por B. MADSEN et al. (1996), apresenta apanhado sobre as pesquisas, experiências e resultados obtidos pelos pesquisadores escandinavos, oferecendo avaliação sobre o estado atual da arte no tocante à modelagem integrando a economia e meio ambiente, tanto no contexto regional como no setorial. As contribuições inseridas no volume têm como diretriz a focalização das abordagens de quantificação e modelagem.

Utilizando como base a integração dos conceitos de ecossistema funcional, biodiversidade e sustentabilidade, na perspectiva global da hipótese Gaia, surgiram as diretrizes temáticas para a obra organizada por Fras KLIJN (1994), sobre a classificação dos ecossistemas para o manejo ambiental. A preocupação consiste em salientar o domínio da diversidade das espécies em diversas grandezas de escala espacial, e não somente na escala global. Como cada ambiente pode ser considerado como sendo um ecossistema, há a necessidade de utilizar o termo no plural e empregar diversos critérios para a classificação. Se a finalidade é manter a biodiversidade, então há a necessidade de preservar a ecodiversidade: padrões diferenciados de ecossistemas na superfície terrestre compostos pela interação de elementos abióticos, bióticos e antrópicos.

Os quatro ensaios iniciais compõem a primeira parte, a respeito das bases teóricas, tratando da política ambiental e classificação de ecossistemas, dos princípios básicos de classificação, dos conceitos ecológicos sistêmicos para o planejamento ambiental e a hierarquia natural dos sistemas ecológicos. Na segunda parte, delineando as abordagens para a classificação, encontram-se as comunicações considerando os ecossistemas aninhados espacialmente, oferecendo diretrizes para a classificação sob a perspectiva hierárquica, a classificação de ecossistemas em face do critério de balanço dos materiais, o uso dos fatores do sítio como características classificatórias para ecotopos e a aplicação de procedimentos quantitativos de classificação no projeto ecológico estratégico na Grã Bretanha. A última parte engloba as pesquisas exemplificando aplicações, descrevendo o uso do modelo de tensão múltipla, a classificação de ecossistemas e a modelagem hidroecológica, a atualização das informações sobre a qualidade natural para o manejo ambiental e o uso de dados florísticos para estabelecer a ocorrência e qualidade dos ecossistemas.

No contexto das tomadas-de-decisões sobre questões ambientais há interesse em se conhecer a sua contabilidade. No volume *Environmental Accouting: EMERGY and Environmental Decision Making*,

186 Panorama sobre a produção bibliográfica

Howard T. ODUM (1996) apresenta obra didática, introdutória, focalizando o uso da EMERGIA para a avaliação do uso econômico e ambiental. A emergia, definida como sendo uma medida da riqueza real, é o trabalho previamente requerido para gerar um produto ou serviço. Em função dessa proposição, as mercadorias, serviços e processos ambientais de diferentes tipos são focalizados sob a base comum da emergia. Concomitantemente, a noção de transformidade (*transformity*), a emergia por unidade de energia, identifica a escala do fenômeno energético. Odum assinala que, expressando-se a emergia em *emdolares*, ela indica a parte do produto econômico bruto baseado na riqueza real, pois o valor de alguma coisa auxilia as pessoas a visualizarem a sua importância política pública.

A proposição estabelece um sistema de avaliação com bases científicas para representar os valores ambientais e os valores econômicos com medidas comuns. A *emergia*, redigida com *m*, mensura o trabalho da natureza e o dos seres humanos no processo de gerar produtos e serviços. Selecionando escolhas que maximizam a produção e uso da emergia, as políticas e tomadas-de-decisão podem favorecer aquelas alternativas ambientais que maximizam a riqueza real, a economia como um todo e os benefícios públicos. Nessa obra, Howard Odum descreve a avaliação ambiental expondo as bases teoréticas, os procedimentos de cálculos e exemplos de aplicação.

Os quatro capítulos iniciais oferecem as noções básicas, mostrando a emergia e a hierarquia energética, a emergia da terra e a produção ambiental e uso econômico. Os três capítulos seguintes dedicam-se aos critérios e procedimentos da avaliação ambiental dos recursos, enquanto os oito últimos capítulos versam sobre exemplos aplicativos considerando os objetivos do desenvolvimento, as avaliações de estados e nações, o comércio internacional, a avaliação de informações e serviços humanos, as perspectivas políticas e a análise comparativa de procedimentos metodológicos. Trata-se, portanto, de contribuição altamente significativa para as atividades de avaliação ambiental, por parte dos geógrafos, ecólogos e economistas.

O uso da abordagem sistêmica e a aplicação dos modelos de simulação são utilizados por William E. GRANT, Ellen K.PEDERSEN e Sandra L. MARÍN (1997) no desenvolvimento da obra sobre *Ecology and Natural Resource Management*. O objetivo foi dessa obra consiste em apresentar o estado atual dos aspectos teóricos tendo como base as aplicações ecológicas e oferecer aos interessados acesso às versões computadorizadas dos modelos utilizados no texto.

A primeira parte apresenta as bases filosóficas para o uso da análise e simulação de sistemas em Ecologia e manejo dos recursos naturais. A segunda parte trata dos contextos teóricos para o desenvolvimento, avaliação e uso dos modelos de simulação, descrevendo formalmente cada uma das partes envolvidas na análise de sistemas:

formulação de modelos conceituais, especificação de modelos quantitativos, avaliação de modelos e uso de modelos. A elaboração de blocos para a construção de modelos sobre sistemas surge na terceira parte, fornecendo um guia prático para a aplicação da abordagem sistêmica. As duas últimas partes apresentam a descrição de exemplos mostrando o uso de modelos de simulação na focalização de variados problemas ecológicos e no manejo dos recursos naturais.

III — MODELAGEM EM GEOMORFOLOGIA

Em julho de 1977, no Instituto de Mecânica Fluvial, da Universidade do Estado do Colorado, foram realizadas palestras abordando o temática da modelagem de rios. Os textos revistos e modificados dessas palestras foram reunidos no volume organizado por Hsieh Wen SHEN (1979) e intitulado *Modeling of Rivers*. O objetivo da obra consistiu em apresentar o conhecimento disponível relacionado com as diversas categorias de modelagem fluvial. No prefácio, a justificativa explicitava que "um dos principais avanços recentes na análise do comportamento dos rios é a construção de modelos matemáticos. Apesar do fato de que muitas incertezas estejam envolvidas no estabelecimento das relações básicas, os modelos matemáticos são instrumentos efetivos em propiciar-nos estimativas quantificadas". A obra de H. W. Shen situa-se entre as primeiras coletâneas focalizando a modelagem fluvial em Geomorfologia.

Diversos modelos são descritos nesta coletânea, cujos capítulos surgem como independentes mas também constituem uma rede de interrelações. O primeiro capítulo fornece o panorama introdutório ao conteúdo da obra. Diversos capítulos temáticos incluem descrição avaliativa no uso de modelos e analisam a previsão da freqüência dos fluxos de cheia, a morfologia dos canais fluviais, as fontes de sedimentos e seus impactos no sistema fluvial, o transporte de sedimentos nas bacias e nos canais fluviais, análise das bacias hidrográficas e dos sistemas fluviais e o planejamento da coleta de dados para o estudo da qualidade das águas. Os capítulos explícitos sobre o uso de modelos focalizam a variabilidade dos fluxos e a modelagem dos processos fluviais, a modelagem física, a modelagem computacional dos rios, técnicas de modelagem matemática para o estudo de fluxos instáveis, a modelagem do gelo nos canais fluviais e a modelagem da qualidade das águas.

O International Workshop on Theoretical Models sobre formas e processos geomorfológicos foi realizado em 1986 e os trabalhos foram reunidos em volume organizado por Frank AHNERT (*Geomorphological Models: Theoretical and Empirical Aspects*, 1987). As contribuições sobre a modelagem analisam questões ligadas com a forma e processos de vertentes, dos canais fluviais e com preocupações voltadas para as concepções teóricas. Deve-se salientar, nesta última temática, o ensaio de M. J.

Haigh a respeito da abordagem holística, mostrando que os estudos sobre as paisagens devem considerar o aninhamento hierárquico, tanto na escala espacial como na temporal. O autor absorve e utiliza a teoria de sistemas, chamando atenção para os conceitos de auto-organização e estruturas dissipativas.

A modelagem de sistemas geomorfológicos recebeu contribuição expressiva com a publicação da coletânea organizada por Malcon G. ANDERSON (*Modelling Geomorphological Systems*, 1988). Os ensaios oferecem análises e exemplos sobre modelos conceituais, matemáticos e probabilísticos utilizados mormente no estudo das formas e processos fluviais e de vertentes. Há realce para a aplicação da teoria das catástrofes em Geomorfologia Fluvial, da modelagem sobre as transformações das formas de relevo e para o uso da simulação por meio das técnicas de computação.

A literatura analítica sobre o funcionamento e processos de interação entre os componentes dos sistemas ambientais físicos foi se ampliando em ritmo crescente, procurando esclarecer melhor os setores mais deficientes. Um campo de ação situa-se no relacionamento da vegetação com os solos e formas de relevo. Nessa temática, o volume organizado por J. B. THORNES (*Vegetation and Erosion: Processes and Environments*, 1990) engloba contribuições que analisam processos erosivos em vertentes ou em canais fluviais, sob diferentes condições de uso da terra. Para o conhecimento da interação, vários trabalhos estudam aspectos do processo de retroalimentação nas relações entre vegetação e erosão. O uso da modelagem também recebe tratamento específico, cujos ensaios procuram analisar integradamente os processos e as formas de relevo em ambientes fluviais e eólicos.

No enquadramento dos Simpósios de Geomorfologia de Binghampton, uma temática foi direcionada para analisar os solos e a evolução das paisagens. Os ensaios foram reunidos em volume por P. L. K. KNUEPER e L. D. McFADEN (*Soils and Landscape Evolution*, 1990). Dois amplos conjuntos de concepções encontram-se relacionados com os estudos a respeito do desenvolvimento dos solos. Um refere-se aos fatores e condicionamentos que levam à sua formação, enquanto o segundo procura analisar o desenvolvimento dos solos em sua integração com as paisagens. Sob as perspectivas dessa segunda abordagem, os processos pedogenéticos e os processos geomorfológicos entrosam-se em um sistema unitário solos-paisagens. Os solos compõem uma parte essencial para todos os elementos das paisagens e se formam em todas as superfícies geomorfológicas. A história da evolução das paisagens encontra-se intimamente ligada com o desenvolvimento dos solos, em uma determinada área e no conjunto das formas de relevo.

Em 1991 duas contribuições abrangentes ganham realce sobre a conceituação e procedimentos teóricos ligados com os sistemas ambientais. A primeira liga-se a Adrian SCHEIDEGGER (1991) que reformula e atualiza, quando da terceira edição, a obra *Theoretical Geomorphology*. Lançada em 1961, com a segunda edição em 1970, oferece ao geocientista uma abordagem clara sobre os procedimentos teóricos envolvidos com a análise das formas e processos geomorfológicos. O uso da modelagem constitui instrumento ao longo de todos os capítulos, cuja abordagem insere-se na análise sistêmica, englobando os conceitos dos sistemas dinâmicos.

Os volumes publicados como suplementos ao periódico **Catena** surgem como valiosa fonte informativa para se conhecer questões e problemas envolvidos com a modelagem em diversos setores das Geociências. A segunda refere-se ao trabalho de H. R. BORK, J. de PLOEY e A. P. SCHEIK (1991) que organizaram o volume sobre *Erosion, Transport and Deposition Processes: Theories and Models*, fruto de simpósio homenageando Heinrich Rohdenburg, Professor de Geografia Física e Ecologia da Paisagem na Technical University of Braunschweig, que faleceu em 1987. O volume reúne trabalhos focalizando aspectos teóricos e empíricos de pesquisas desenvolvidas em Geomorfologia, Hidrologia, Pedologia e Geoecologia, apresentando considerações diversificadas em torno da evolução de paisagens, dos estudos de processos no campo e em laboratórios e sobre a modelagem.

Outra homenagem significativa foi prestada a Frank Ahnert, em comemoração aos seus 65 anos. No desenvolvimento das suas atividades ganhou renome internacional pelas contribuições direcionadas para os estudos geomorfológicos, principalmente no que tange à Geomorfologia das Vertentes, considerando tanto a análise como a modelagem. As contribuições apresentadas no simpósio foram reunidas por Karl Heinz SCHMIDT e Jean de PLOEY (1992), configurando-se o volume *Functional Geomorphology: Landform Analysis and Models*, considerando estudos sobre processos, formas de vertente, morfologia de canais e modelagem. Três contribuições direcionam-se mais explicitamente para o uso de aplicação de modelos, focalizando a aplicação do modelo de suscetibilidade erosiva para analisar a formação de ravinas e a datação das badlands, a compatibilização entre os modelos sobre processos-respostas propostos por Ahnert para a análise da denudação e os modelos de dependência escalar sobre a produção de sedimentos e a proposição de um modelo sobre a evolução de vertentes, considerando condições limitadoras de fluxo (transporte) e suprimento de material intemperizado

Em *Channel Network Hydrology*, K. BEVEN e M. J. KIRKBY (1993) analisam as redes de canais como um conjunto integrado, em escala muito mais ampla que o estudo pertinente aos fluxos e dinâmica em trechos do canal fluvial. A preocupação básica foi considerar que os materiais e resultados relevantes obtidos na hidrologia, hidráulica, sedimentologia e geomorfologia fossem considerados conjuntamente como novos procedimentos de análise e representação dos dados, como no caso dos avanços ocorridos na análise digital das formas de relevo.

A sensibilidade das paisagens está relacionada com a compreensão de como os processos se interagem a fim de induzir ou não modificações nos sistemas terrestres. Trata-se de verificar as respostas que os sistemas oferecem à ação das influências externas, considerando tanto os fenômenos naturais como os induzidos pela ação humana. A questão da sensibilidade focaliza a potencialidade e a magnitude de mudança no interior de determinado sistema físico e a habilidade de absorver os impactos e resistir às mudanças. Essa é a temática que perpassa pelos ensaios reunidos no volume *Landscape Sensitivity,* organizado por D. S. G. THOMAS e R. J. ALLISON (1993). As contribuições ligadas com o estudo dos processos geomorfológicos, sensibilidade das paisagens e mudança climática compõem a primeira parte, enquanto as questões ligadas com o uso da terra no tocante à sensibilidade das paisagens encontram-se englobadas na segunda parte. A terceira parte versa sobre a sensibilidade em ambientes construídos, em áreas urbanizadas.

Considerando os resultados do simpósio direcionado para a Geomorfologia teorética e suas aplicações, M. J. KIRKBY (1994) organizou o volume sobre *Process Models and Theoretical Geomorphology.* Trata-se contribuição oferecendo panorama conceitual e técnico a respeito do uso de modelos em Geomorfologia. Os ensaios analisam questões ligadas com a aleatoriedade nos modelos de processos-respostas, questões de modelagem aplicada em canais, redes e bacias fluviais, nas vertentes, nos processos tectônicos e sobre as estratégias nas pesquisas sobre modelagem dos processos hidrogeomorfológicos para avaliar a estabilidade das formas de relevo em áreas reabilitadas.

No volume organizado por R. J. PIKE e R. DIKAU (1995), reunindo as contribuições sobre a temática da geomorfometria, os trabalhos analisam questões ligadas com a análise quantitativa do modelado terrestre. A temática dos modelos digitais do relevo surge como específica em quatro trabalhos, que versam sobre métodos adaptativos para o refinamento dos modelos digitais do terreno em vista das aplicações geomorfométricas, exemplos de programas geomorfométricos para computadores pessoais visando a análise da declividade e cálculos em modelos digitais, os procedimentos de mensuração geomorfométrica e sobre o reconhecimento automatizado de padrões geomórficos em modelos digitais do terreno.

O estudo das causas e variações do nível marinho foi a temática do simpósio que deu origem ao volume organizado por D. H. KELLETAT e N. P. PSUTY (1996), contendo contribuições que analisam diferentes aspectos das mudanças litorâneas rápidas, observadas no Mediterrâneo e em outras áreas do globo. As contribuições ligadas com os procedimentos metodológicos de campo e modelos para quantificar as mudanças rápidas em zonas litorâneas, apresentando os resultados de pesquisas realizadas em Creta, Mediterrâneo oriental, Turquia, Anatólia ocidental, Itália, Golfo de Valência (Espanha), Ibéria, Tunísia e região do Báltico.

A coletânea sobre *Changing River Channels,* organizada por Angela GURNELL e Geoffrey PETTS (1995), engloba contribuições compondo volume em homenagem ao trabalho, à produção e à orientação prestadas por Ken J. Gregory para o desenvolvimento dos estudos geomorfológicos a respeito dos canais e das bacias fluviais. O primeiro marco expressivo corresponde ao volume elaborado em companhia de Des Walling, tratando da *Drainage Basin: Form and Process* (Londres, Edward Arnold, 1973). Trata-se de volume denso, com informações e análises propiciando panorama sobre o estado atual da arte, surgindo como obra básica de referência, tanto para os problemas no campo da pesquisa como para a aplicabilidade e projetos de manejo ambiental. Como introdução, G. E. Petts caracteriza a longa e frutífera tradição geográfica na análise dos canais fluviais.

A primeira parte trata das dimensões temporais e espaciais, onde os cinco trabalhos oferecem estudos sobre as mudanças dos canais fluviais na Europa durante o Holoceno, a perspectiva britânica a respeito dos canais holocênicos e mudanças nas planícies de inundação, os avanços no estudo das variações temporais e espaciais da densidade de drenagem, os processos de mudanças nos canais meandrantes no Reino Unido e a respeito das mudanças nos perfis transversais dos canais.

Os cinco trabalhos da segunda parte focalizam os processos de mudança, analisando a produção dos sedimentos em suspensão em ambientes sofrendo transformações, o transporte da carga do leito e as mudanças na distribuição granulométrica dos sedimentos, as mudanças e balanços sedimentares na bacia, os efeitos dos grandes troncos arbóreos nas mudanças do canal fluvial e sobre as interações hidrogeomorfológicas ao longo dos corredores riparianos.

A terceira parte versa sobre as categorias de informações necessárias para a gestão das mudanças fluviais, considerando o fluxo das informações para o manejo dos canais, o uso do sensoriamento remoto na pesquisa das mudanças nos canais fluviais, as informações provindas dos levantamentos topográficos, as informações provindas das relações entre descarga e geometria dos canais e a classificação dos canais fluviais para os propósitos de manejo ambiental. A última parte compõe-se de três contribuições tratando da teoria e prática sobre a restauração de canais fluviais, os rumos para um ambiente hídrico sustentável e a aplicabilidade da geomorfologia fluvial em face de projetos ambientais.

Uma característica recente pode ser referenciado ao desenvolvimento de programas de pesquisa a respeito de processos ocorrentes em microbacias (*catchments*) hidrográficas. Bedrich MOLDAN e Jiri CERNY (1994) organizaram volume sobre *Biogeochemistry of Small*

Catchments, em sua relevância como instrumento para a pesquisa ambiental, focalizando a análise dos aspectos e o uso da modelagem para estudar o comportamento dos processos hidrológicos, climatológicos, intemperismo e erosão, química dos solos, processos biológicos, procedimentos hidrogeoquímicos, balanços sedimentares, ciclos de nutrientes e influências ocasionadas pelas atividades antrópicas. O segundo exemplo é representado pelo volume sobre *Solute Modelling in Catchment Systems*, organizado por Stephen T. TRUDGILL (1995), que especificadamente trata da aplicação de modelos no estudo dos processos de intemperismo e transporte da carga solúvel em pequenas bacias hidrográficas, considerando os processos ecossistêmicos, hidrológicos e hidrogeoquímicos, os modelos sobre solutos e aplicabilidade da modelagem no contexto de manejo de bacias. A terceira contribuição versa sobre *Sediment and Water Quality in River Catchments*, organizada por Ian FOSTER, Angela GURNELL e Bruce WEBB (1995), estudando as características e o uso de modelos para analisar a dinâmica e a produção de sedimentos, a qualidade dos sedimentos, as fontes de sedimentos, as técnicas baseadas no uso de radionuclídeos e focalização das perspectivas ligadas à erosão e à qualidade das águas nas escalas nacionais e globais.

IV — MODELAGEM EM CLIMATOLOGIA

A Climatologia tornou-se um campo onde a modelagem desenvolveu-se extraordinariamente. As contribuições relacionadas com a modelagem sobre as condições climáticas e previsão do tempo, as preocupações com as mudanças climáticas e repercussões nos demais componentes dos sistemas ambientais e nas atividades humanas surgem amiúde.

Procurando servir de guia ao desenvolvimento e uso de modelos tridimensionais na análise dos sistemas climáticos, de maneira didática e introdutória, Warren M. WASHINGTON e Claire L. PARKINSON (1986) elaboraram a obra *An Introduction to Three-Dimensional Climate Modeling*. Os autores expõem procedimentos possibilitando que os leitores possam compreender quais modelos pretendem usar, como os modelos são construídos e quais os mais adequados e como são utilizados nos programas de predição e avaliação das condições climáticas.

A cartilha sobre modelagem climática, elaborada por K. McGUFFIE e Anne HENDERSON-SELLERS (1997), tem o objetivo de ser guia introdutório e prático aos interessados leigos nessa temática. Estrutura-se seguindo o mesmo formato da primeira edição, lançada em 1987, mas atualizada e ampliada em muitos pontos. O texto presume que haja boa formação em matemática, mas o leitor poderá facilmente realizar a leitura e a compreensão sem acompanhar o desenvolvimento matemático. Os autores procuram salientar a importância dos modelos simples sobre o sistema climático, propiciando compreensão a respeito da significância relativa das principais forças atuantes e servindo de base para ampliar os conceitos, bases dos modelos mais complexos.

K. McGuffie e A. Henderson-Sellers ensinam que em seus primórdios a modelagem climática era dominada pelos físicos da atmosfera e ninguém, sem um treinamento profundo em dinâmica dos fluídos, transferência relativa ou análise numérica, poderia ter esperança ou expectativa em realizar uma contribuição. Há cerca de trinta anos a comunidade da modelagem climática está procurando pela colaboração de outros especialistas a fim de elaborar modelos mais apropriados. Por outro lado, as exigências para as decisões políticas significam que os economistas, planejadores, sociólogos, demógrafos e políticos necessitam conhecer algo sobre os modelos climáticos. A obra *A Climate Modelling Primer* foi elaborada para atender a demanda dessa ampla audiência.

A caracterização do sistema climático encontra-se apresentada no primeiro capítulo, mostrando seus componentes, avaliação de mudanças climáticas, forças atuantes, retroalimentação e sensibilidade climática e questões para a modelagem climática. O segundo capítulo expõe uma história e introdução aos tipos de modelos climáticos, enquanto o terceiro chama atenção para as características dos modelos sobre o balanço de energia. Os tratamentos expositivos dos modelos computacionalmente eficientes e dos modelos de circulação geral dos climas são os temas de dois amplos capítulos. O último versa sobre a avaliação e aplicabilidade dos modelos climáticos.

No tocante ao estudo de paleoclimas, uma síntese a propósito das informações disponíveis em todo o mundo sobre dados, análises e técnicas de modelagem paleoclimáticas, foi organizada por Alan D. HECHT (1985) no volume *Paleoclimate Analysis and Modeling*. Abrangendo amplo espectro de questões, desde o tempo histórico até os modelos de circulação, tornou-se a primeira contribuição a oferecer panorama geral a respeito das principais fontes e técnicas utilizadas para obter e analisar os dados paleoclimáticos. Duas contribuições apresentam uma retrospectiva histórica da Paleoclimatologia desde a década de 60 e uma visão sobre o seu desenvolvimento futuro. As demais oito contribuições inseridas no volume possuem abordagem analítica tratando dos dados do tempo histórico e observações meteorológicas iniciais, clima e dendrocronologia, palinologia do Holoceno e clima, estudos climáticos e amostras de fundos oceânicos, os dados sobre as neves e geleiras, os níveis lacustres e as reconstruções climáticas, a modelagem paleoclimática e as aplicações de modelos climáticos para os períodos pré-pleistocênicos.

Reconhece-se a importância das interações entre as superfícies continentais e a atmosfera, e as resultantes trocas de água e energia possuem um efeito enorme sobre as características climáticas. Por outro lado, as representações inadequadas sobre tais interações constitui deficiência nos modelos sobre climas. O volume organizado por Eric WOOD (*Land Surface Atmosphere Interactions for Climate Modeling*, 1990), focaliza o estado atual da parameterização da superfície das terras nos modelos climáticos, e mostra como os dados das observações podem ser usados para avaliar esses procedimentos e melhorar os modelos. As contribuições apresentadas procuram analisar e responder a duas amplas questões: a) o que podemos aprender dos experimentos de campo, considerando quais os processos e quais os detalhes que são importantes; e b) considerando a escala computacional dos modelos climáticos relativos à heterogeneidade das superfícies das terras e das forças atmosféricas, qual é a escala apropriada para representar os processos terrestres nos modelos climáticos e para avaliar os impactos das mudanças climáticas nos sistemas hidrológicos ?

As considerações relacionadas com o aquecimento global e mudanças climáticas obviamente baseiam-se na modelagem, tendo como base a construção de modelos sobre os climas atuais e sobre a circulação geral. A preocupação em estabelecer procedimentos mais adequados à modelagem é desafio que perpassa pelos pesquisadores em Climatologia e Meteorologia, justamente para propiciar condições que fundamentem a avaliação dos fatores e da magnitude dos eventos nas mudanças climáticas. Muitos dos modelos propostos para avaliar as questões relacionadas com o aquecimento provocado pelos gases de efeito estufa utilizam principalmente a física do sistema climático. Uma das mais importantes obras relacionadas com a modelagem de sistemas climáticos foi organizada por Kevin E. TRENBERTH (1992), denominada *Climate System Modeling*. Nesse volume o objetivo é mais amplo, pois procura incluir no processo de modelagem "todos os aspectos do sistema climático: a atmosfera, os oceanos, a criosfera, a biosfera e ecossistemas continentais, processos geomorfológicos e hidrológicos, e as interações entre tais componentes". A modelagem ganha contornos de viabilizar uma abordagem holística, com base na estruturação de sistemas, cuja escala espacial possa ser desde a do globo até a do local, com perspectivas de se criar modelos para as condições atuais, para compreender o passado e para prever as tendências das mudanças climáticas. Reconhece e absorve o fato de que as atividades humanas estão transformando o meio ambiente global, e que os modelos sobre sistemas climáticos poderão auxiliar na determinação de possíveis impactos e orientar políticas ambientais. *Climate System Modeling* surge como sendo das melhores contribuições a respeito da modelagem. A obra ganha relevância pela amplitude temática, pelas proposições conceituais e pela exposição precisa dos procedimentos técnicos, que se refletem na apresentação das mais diversas categorias de modelos.

O Painel Intergovernamental sobre Mudanças Climáticas (IPCC) foi criado em 1988 sob os auspícios da Organização Meteorológica Mundial (WMO) e pelo Programa Ambiental das Nações Unidas (UNEP). A incumbência recebida foi a de realizar levantamento e análise sobre as informações científicas disponíveis a respeito das mudanças climáticas de modo que se pudessem avaliar os impactos potenciais ambientais e econômicos, propiciando o desenvolvimento de estratégias adequadas. Para a execução das tarefas foram constituídos três Grupos de Trabalho, que elaboraram relatórios durante os anos de 1990 e 1991 e apresentaram relatórios complementares em 1992 considerando a temática científica e a dos impactos ambientais, e em 1995 a respeito dos controlantes radioativos das mudanças climáticas e avaliação dos cenários das emissões. Em virtude da rápida acumulação de dados no campo das mudanças climáticas considerou-se necessário a elaboração do segundo relatório abrangente do IPCC, consubstanciado em três volumes intitulados *Climate Change 1995*.

O Primeiro Grupo de Trabalho do Painel Intergovernamental sobre Mudanças Climáticas elaborou amplo relatório sob a coordenação de J. T. HOUGHTON, G. J. JENKINS e J. J. EPHRAUMS (1990), com o título *Climate Change*. Os relatórios temáticos analisam aspectos diversos relacionados com as mudanças climáticas, com análises pertinentes à modelagem dos processos climáticos e à validade dos modelos climáticos. Considerando o evoluir dos acontecimentos, a obtenção de informações pertinentes aos anos recentes e a atividade científica focalizando o problema das mudanças climáticas, tornou-se oportuno organizar um volume suplementar ao relatório anterior dedicando atenção especial às conclusões básicas e às novas idéias que foram propostas. Dessa maneira, J. T. HOUGHTON, B. A. CALLANDER e S. K. VARNEY (1992) coordenaram a publicação do volume *Climate Change 1992*. Os organizadores esclarecem que o volume suplementar não trata de todos os tópicos focalizados no Relatório inicial e nem o substitui. Sua leitura e consulta devem ser feitas em conjunto. O primeiro conjunto de relatos versa sobre a questão dos gases de efeito estufa. O segundo grande tema abre-se para a modelagem climática, predição climática e validação dos modelos, cujo relato descreve os avanços observados na modelagem das mudanças climáticas, na análise da retroalimentação e sensibilidade climática, na modelagem da interação dos oceanos e gelos marinhos e na validação dos modelos. O tema das observações sobre variabilidade e mudança climática é o tema da terceira e última parte, cujo relato nos mostra os resultados analíticos a respeito das variações e mudanças paleoclimáticas, dos registros instrumentais modernos e da detecção e atributos das mudanças climáticas.

Constituindo os anais da Segunda Conferência do Clima Mundial, realizada em 1990 na cidade de Genebra surgiu, sob a coordenação de J. JAGER e H. L. FERGUSON (1991), o volume *Climate Change: Science, Impacts and Policy*. Embora o maior conjunto de comunicações esteja relacionado com os estudos das relações entre as mudanças climáticas e atividades sócio-econômicas, diversas outras focalizam questões pertinentes com a predição das mudanças climáticas, tendências e variabilidade climáticas e estudos sobre os impactos das atividades climáticas na hidrologia, recursos hídricos, circulação oceânica e paleoclimas.

O volume organizado por Irving M. MINTZER (1992), sob a égide do Stockholm Environment Institute, publicado com o título *Confronting Climate Change: Risks, Implications and Responses*, procura delinear os riscos, as implicações e as reações viáveis, servindo de guia e respostas às questões ligadas com as mudanças climáticas. Os capítulos foram elaborados procurando expor e esclarecer de maneira didática o estado atual sobre o conhecimento. Mesclam-se contribuições com uma concepção holística e estudos setoriais, exemplificando a colaboração multidisciplinar.

O primeiro grupo de contribuições versa sobre as incertezas do nosso conhecimento atual em compreender os sistemas climáticos e sobre as implicações dessas incertezas para a elaboração de uma política adequada a respeito dos problemas climáticos. Dois trabalhos analisam as relações e retroalimentação entre os oceanos, atmosfera e a biosfera continental, cuja dinâmica poderiam levar o sistema de um ritmo lento e gradual de mudança para uma fase de aceleração e mudança abrupta. Outros dois capítulos descrevem as lições que podem ser tiradas dos estudos relacionados com os registros do passado, considerando as diversas categorias de registros paleoclimáticos e a análise do ar contido em geleiras. O quinto oferece um quadro das inferências que se pode obter sobre as mudanças climáticas, a partir dos registros históricos sobre as temperaturas, e de como verificar e monitorar as tendências futuras com base em outros indicadores da sensibilidade climática.

O segundo grupo de trabalhos focaliza os impactos das mudanças climáticas rápidas e as implicações geopolíticas, considerando os temas da elevação do nível marinho, da produção de alimentos, dos recursos hídricos e dos azares e desastres ambientais por fenômenos desencadeados pelos agentes climáticos. A terceira parte engloba os estudos sobre o abastecimento e uso da energia, como contribuinte básico nas emissões de gases responsáveis pelo efeito estufa, enquanto a quarta parte trata das questões econômicas e institucionais.

Em continuidade às suas atividades, as comissões do Painel Intergovernamental sobre Mudanças Climáticas apresentaram segundo relatório expressos em três volumes. Os três relatórios resultam do trabalho e esforços de centenas de pesquisadores sediados em numerosos países, envolvidos com a investigação das mudanças climáticas e questões correlatas, tornando-se as mais importantes contribuições sobre a temática, propiciando

panorama e avaliação atualizada sobre o estado da arte. Além da relevância da quantidade e da qualidade do material coletado, os volumes também refletem a existência de acordo na comunidade científica em torno das abordagens científicas, das implicações ligadas com os impactos e a respeito das estratégias. O formato e a estruturação dos três volumes são similares, contribuindo e sendo adequados aos objetivos gerais da avaliação almejada. Considerado a necessidade de atender audiências bastante diferenciadas, as informações encontram-se apresentadas em níveis diversos de complexidade. Cada volume apresenta dois capítulos introdutórios, o "sumário para os responsáveis pelas tomadas-de-decisão", com limitado conteúdo técnico, e o "sumário técnico", que surge como ampliação do primeiro e enriquecido com considerações técnicas, tabelas, caixas e diagramas. Essa preocupação também se reflete na organização dos capítulos, que se iniciam com resumos sobre o conteúdo temático enquanto o corpo da contribuição desenvolve o tratamento científico.

O primeiro volume sobre *Climate Change 1995: The Science of Climate Change* foi organizado por J. T. HOUGHTON, L. G. MEIRA FILHO, B. A. CALLANDER, N. HARRIS, A. KATTENBERG e K. MASKELL (1996), representa o relatório elaborado pelo Grupo de Trabalho I e reúne onze contribuições analíticas. As três primeiras versam sobre o sistema climático, controles radioativos das mudanças climáticas e variabilidade e mudanças climáticas observadas. Se a primeira surge compacta e genérica, as duas seguintes são longas e minuciosas. No tratamento dos controles radioativos são considerados as características e os feitos do bióxido de carbono, do ciclo do carbono, dos gases traços na química da atmosfera, dos aerossóis e controles radioativos. No estudo sobre a variabilidade e mudança climáticas, as considerações incidem sobre o aquecimento, maior umidade, mudanças na circulação entre atmosfera e oceanos, sobre a variabilidade climática e respeito da questão se "o aquecimento no século XX foi anormal".

Os três capítulos seguintes analisam os processos climáticos, a avaliação dos modelos climáticos e o uso de modelos climáticos para as projeções de climas futuros. O primeiro concatena o conhecimento adquirido sobre os processos atmosféricos, processos oceânicos e processos nas superfícies continentais. O segundo focaliza o desenvolvimento ocorrido na modelagem em Climatologia, salientando os avanços no uso de modelos acoplados e nos transientes. Como os componentes do meio ambiente não atual isoladamente, mas como elementos interrelacionados no sistema terra e atmosfera, as tentativas para a elaboração de modelos integrando os múltiplos componentes devem ser estimuladas. De maneira judiciosa surgem as avaliações sobre os modelos acoplados com a finalidade de reproduzir o clima atual, dos modelos a respeito dos componentes da atmosfera, superfície continental, oceanos e geleiras procurando reproduzir o clima atual, sobre como os modelos se comportam em função da análise e predição climática e da simulação paleoclimática e de como se deve compreender a sensibilidade dos modelos. A última questão levantada trata de como podemos aumentar a nossa confiabilidade nos modelos. O terceiro envolve-se com o estado atual da modelagem de simulação sobre os climas futuros, considerando as mudanças médias nos climas simulados por meio de modelos tridimensionais, as mudanças nas temperaturas globais médias para a análise dos cenários de emissões produzidos pelo IPCC, as mudanças simuladas da variabilidade induzida pelo aumento das concentrações de gases estufa, as mudanças nos eventos extremos, a simulações das mudanças nos climas regionais e os procedimentos para reduzir as incertezas, ampliar as capacidades dos modelos e melhoras as estimativas a propósito das mudanças climáticas.

A atualização das informações sobre as mudanças no nível do mar representa o tema do sétimo capítulo, salientando as mudanças ocorridas no último século, os fatores contribuindo para as oscilações eustáticas, as maneiras de como o nível do mar poderá mudar no futuro, a variabilidade espacial e temporal das oscilações marinhas e sobre as principais incertezas reinantes e como reduzi-las. Outro amplo capítulo é dedicado à detecção de mudanças climáticas e sobre a possibilidade de explicá-las, isto é, de "atribuir causas". Após esclarecer o significado de *detecção* e *atribuição*, o texto prossegue versando sobre as incertezas dos modelos sobre a projeção das mudanças antropogênicas, das incertezas nas estimativas da variabilidade natural, da avaliação dos estudos recentes para detectar e atribuir causas às mudanças climáticas e a respeito da consistência da qualidade entre os modelos de previsão e as observações.

Os dois últimos ensaios analíticos analisam as respostas bióticas terrestres e marinhas à mudança ambiental e a retroalimentação ao clima. Os tema inicial trata das trocas e do balanço atual de bióxido de carbono entre a atmosfera e as áreas continentais. Três itens analisam os efeitos possíveis das mudanças climáticas e do aumento do bióxido de carbono na atmosfera sobre a estrutura dos ecossistemas, na armazenagem regional e global do carbono e nos fluxos de metano e balanço do carbono nas baixadas úmidas. A retroalimentação biogeofísica na escala global, tratando das mudanças na estrutura dos ecossistemas e funções climáticas afetadas, constitui o último item. No que se refere às respostas bióticas marinhas, os autores analisam as respostas biogeofísicas nos processos oceânicos, as influências da biota marinha sobre as mudanças climáticas, como processo de retroalimentação, e o estado atual da modelagem biogeoquímica oceânica.

A incumbência do Grupo de Trabalho II consiste em analisar o estado do conhecimento com respeito aos efeitos das mudanças climáticas nos sistemas físicos e ecológicos e setores da saúde humana e sócio-econômicos. O resultado dessa avaliação reúne as análises técnico científicas a respeito dos impactos, adaptações e mitigações em face das mudanças climáticas, em volume organizado por R. T. WATSON, M. C. ZINYOWERA, R. H. MOSS e D. J. DOKKEN (1996). A parte introdutória representa uma cartilha sobre os conceitos gerais e relações no tocante aos processos ecofisiológicos, ecológicos e pedológicos nos ecossistemas continentais e sobre a energia.

A segunda parte reúne 18 contribuições tratando de aspectos relacionados com a avaliação de impactos e opções de adaptação, em amplo espectro de sistemas. Os estudos descrevem as implicações em sistemas que vão desde as florestas e desertos até os saúde humana e serviços financeiros, tratando de setores diversos como degradação das terras, baixadas úmidas interiores, oceanos, zonas costeiras e áreas insulares, hidrologia e ecologia de águas doces, indústria, energia, transportes, povoamento, agricultura, recursos hídricos, silvicultura e pesca. A terceira parte refere-se às opções de mitigação em setores diversos como fornecimento de energia, indústria, transportes e povoamento, e as opções da agricultura e silvicultura em face da emissão de gases estufa. A quarta parte reúne três apêndices técnicos detalhando as metodologias usadas par identificar os problemas de impactos, analisá-los e aplicar as abordagens possíveis para sua mitigação ou solução.

O Grupo de Trabalho III do IPCC foi reorganizado em novembro de 1992 para avaliar as dimensões econômicas e sociais das mudanças climáticas. Entre as diversas tarefas designadas para o Grupo de Trabalho, a primeira consistia em "situar as perspectivas sócio-econômicas das mudanças climáticas no contexto do desenvolvimento sustentável. O programa de ação será abrangente, cobrindo todas as fontes, escoadouros e armazenadores de gases estufa e os procedimentos de adaptação, compreendendo todos os setores econômicos". A contribuição apresentada para o Segundo relatório de Avaliação do IPCC engloba onze trabalhos analíticos, cujo volume foi organizado por J. P. BRUCE, H. LEE e E. F. HAITES (1996). Na introdução há a apresentação do escopo geral da avaliação, considerando os aspectos das mudanças climáticas, as contribuições de economistas, o problema da equidade, a economia das ações políticas e o desenvolvimento sustentável. O capítulo sobre as estruturas para as tomadas-de-decisão em vista dos impactos das mudanças climáticas oferece descrição do contexto decisório, dos modelos quantitativos das tomadas-de-decisão e análise das implicações para as decisões ao nível nacional. As considerações sobre equidade aspectos sociais constituem o tema do terceiro capítulo, tratando da equidade no direito internacional, as principais diferenças entre regiões e países, a distribuição dos custos no tocante aos impactos, riscos e seguros internacionais, a distribuição das emissões futuras e dos custos, a equidade no interior dos países e a probidade processual nos Processos Internacional sobre Mudanças Climáticas.

Na temática das mudanças climáticas globais, a modelagem torna-se um instrumento essencial. Os modelos de simulação são cruciais para formalizar a síntese dos dados provenientes de disciplinas diferentes e também podem, devido as suas potencialidades, serem usados para elaborar e analisar cenários futuros ligados à transformações ambientais. O volume organizado por Joseph ALCAMO (1994), a respeito da modelagem integrada das mudanças climáticas globais, focaliza o modelo IMAGE 2.0, que surge como importante em demonstrar a habilidade atual em modelar o complexo sistema global. O objetivo principal da obra é documentar a evolução e os testes desse modelo, juntamente com a exposição de diversos exemplos aplicativos.

Se a modelagem das oscilações do nível marinho em função das mudanças climáticas é tema relativamente constante na literatura, servindo como exemplo a obra de R. A. WARRICK, E. M. BARROW e T. M. L. WIGLEY (1993) sobre *Climate and Sea Level Change: observations, projections and implications*, pouco ainda foi sistematizado a respeito das respostas geomorfológicas. Por essa razão, é de grande interesse a contribuição de William B. BULL (1991) sobre *Geomorphic Responses to Climatic Change*. Inicialmente procura oferecer o arcabouço conceitual necessário para se analisar as reações geomorfológicas perante as mudanças climáticas, focalizando o uso dos modelos conceituais para as paisagens em transformação. Chama atenção para o sistema geomorfológico, as variáveis e o equilíbrio nos sistemas fluviais, os limiares geomorfológicos e os tempos de reação, os limiares das forças críticas nos cursos d'água, as respostas complexas, as mudanças alométricas e as nuanças distinguidoras quando se comparam as proposições das perspectivas teóricas. Os capítulos analíticos utilizam do campo de ação da Geomorfologia Fluvial, embora focalizando o comportamento das formas e dos processos sob variados domínios morfoclimáticos.

O objetivo de avaliar o estado do conhecimento sobre a variabilidade climática sazonal e interanual e investigar as várias possibilidades para sua predição perpassa pelas contribuições reunidas no volume *Prediction of Interannual Climate Variations*, organizado por J. SHUKLA (1993). Na primeira parte encontram-se os estudos observacionais e de modelagem sobre a influência das anomalias da umidade dos solos, da superfície terrestre, dos gelos marinhos e das anomalias nevosas na circulação atmosférica e os avanços recentes na previsão dinâmica nas regiões extratropicais. No caso de modelos acoplados surgem os ensaios ligando os modelos TOGA e UKMO e para o uso dos modelos de circulação geral na simulação de El Niño.

A análise das variações climáticas interanuais no oceano Atlântico tropical e a variabilidade de baixa freqüência como instrumento de diagnóstico para os modelos climáticos globais encontram-se na terceira parte, enquanto os resultados ligados com a predição sazonal obtidos no National Meteorological Center e a previsão sazonal experimental da precipitação tropical, realizado pelo U. K. Meteorological Office, compõem a quarta parte. A última parte reúne os trabalhos focalizando a previsibilidade das variações climáticas de curto prazo, a previsibilidade do clima e considerações sobre o problema da predição além das fronteiras da amplitude determinista.

Vários problemas relacionados com a variabilidade climática são focalizados no volume organizado por H. von STORCH e A. NAVARRA (1995), cuja análise requer o uso de técnicas estatísticas avançadas. A primeira parte salienta o desenvolvimento das pesquisas climáticas e os usos incorretos da análise estatística em pesquisas climáticas. Quatro temas são tratados na segunda parte, a respeito da análise do clima observado, versando sobre o espectro climático e modelos estocásticos, os instrumentos para o registro de dados, a interpretação de dados climáticos próximos e as relações entre temperatura das águas marinhas superficiais e variabilidade atmosférica. A terceira parte envolve-se com a simulação e predição climáticas e trata da simulação dos tipos de tempo nos modelos de circulação geral, a análise estatística dos resultados nos modelos de circulação geral, a intercomparação de campo, a avaliação das previsões e sobre a modelagem estocástica da precipitação com aplicações aos modelos climáticos. A última parte versa sobre os padrões espaciais ligados com as funções ortogonais empíricas, padrões de correlação canônicas, padrões temporais ligados com a análise de espectros singulares e modelagem estatística multivariada.

Em 1995 foi realizado curso sobre a variabilidade climática decadal, sob os auspícios do Instituto de Estudos Avançados da NATO. A abordagem focalizada no referido curso versou sobre a modelagem, analisando a variabilidade climática e as interações entre os oceanos e atmosfera, considerando principalmente a escala decadal. Os textos para os temas das aulas foram elaborados de maneira minuciosa e o conjunto dessas contribuições encontra-se reunido no volume organizado por David L. T. ANDERSON e Jurgen WILLEBRAND (1996). Os dois primeiros temas focalizam a dependência temporal e a estrutura espacial da variabilidade climática. A previsibilidade das interações entre oceanos e atmosfera, na escala dos dias aos decênios, e a análise dos mecanismos para se compreender a variabilidade climática na escala dos decênios aos séculos são temas de dois outros capítulos.

Seis outras contribuições completam o volume, versando sobre os mecanismos para a variabilidade climática decadal, as reações climáticas às mutantes concentrações de gases estufa na atmosfera, a análise das reatroalimentações termohalinas, a avaliação genérica sobre as observações e modelos a propósito da variabilidade nos sistemas climáticos na escala temporal secular, os estados estacionários e a variabilidade dos fluxos oceânicos zonais e a respeito dos métodos espectrais, considerando suas potenciais contribuições para a análise das séries temporais climáticas.

O livro de Ilya POLYAK (1996) expressa o curso sobre estatística computacional em Climatologia ministrado em programas de pós-graduação no Observatório Geofísico, Instituto Hidrológico e Instituto de Engenharia Civil, em São Petersburgo. O objetivo principal do curso era de caminhar desde a modelagem univariada até as análises multivariadas. O curso foi programado em virtude da experiência adquirida no envolvimento em projetos tratando com a estruturação e desenvolvimento de software para os estudos de mudanças climáticas por meio do uso de procedimentos estatísticos e funções aleatórias. A obra de Ilya Polyak surge como importante contribuição para o ensino e pesquisa no que se refere às análises estatísticas em Climatologia.

Os dois principais campos de aplicação focalizados na obra são a análise espectral e de correlação multivariada e a modelagem autoregressiva multivariada. Como a metodologia de avaliar o espectro encontra-se baseada na escolha da janela de suavização, o primeiro capítulo apresenta as considerações sobre os filtros digitais. As questões sobre as médias (que são procedimentos estatísticos comuns em Climatologia) e os modelos lineares simples para ajustagens recebem atenção no decorrer do segundo capítulo, enquanto as funções espectrais e de correlação dos processos aleatórios são tratados no terceiro capítulo. Os algoritmos da modelagem univariada e multivariada, "potencialmente as metodologias mais importantes para os estudos climáticos", correspondem aos temas dos capítulos quarto e quinto e encerram a parte dedicada à estatística. A finalidade dessa parte metodológica consiste em apresentar os algoritmos sob uma forma aplicada, para que possam ser imediatamente usados no desenvolvimento de software

Os capítulos sexto, sétimo e oitavo são direcionados para a análise e modelagem de dados climáticos, considerando os registros históricos e a validação do modelo climático de circulação geral. No oitavo capítulo o autor descreve o modelo GATE, salientando as suas características espectrais bidimensionais e de correlação, e o modelo PRE-STORM, sobre a difusão da precipitação, no qual se combinam os parâmetros do modelo autoregressivo multivariado e os coeficientes da equação de difusão. Ilya Polyak observa que a modelagem estatística e a física são necessárias à modelagem de sistemas climáticos, promovendo o desenvolvimento da Climatologia como disciplina científica e, particularmente, para descrever as causas das mudanças climáticas.

O Instituto de Estudos Avançados da NATO desde há muito vem realizando pesquisas e promovendo simpósios e congressos científicos. A obra, organizada por Jesus Ildefonso DIAZ (1997), intitulada *The Mathematics of Models for Climatology and Environment*, representa o resultado do simpósio realizado em Porto da Cruz,

Tenerife, em janeiro de 1995. O objetivo desse encontro foi tentar estabelecer uma ponte entre os modeladores matemáticos, de um lado, e os oceanógrafos e climatólogos, do outro. As contribuições focalizam várias questões relacionadas com a aplicação da matemática nos modelos para climatologia e meio ambiente. A primeira parte refere-se ao conjunto de modelos gerais, tratando da modelagem matemática e métodos de controle ótimo na poluição hídrica, problemas matemáticos associados com o uso e desenvolvimento de modelos sobre sistemas marinhos, modelagem de processos superficiais em sistemas climáticos, análise de questões ligadas com a Oceanografia Física pelo método de Galerkin e múltiplos inerciais e múltiplos lentos. A segunda parte trata dos modelos climáticos sobre balanço de energia, enquanto a terceira engloba a análise de modelos em Glaciologia. A última parte versa sobre modelos focalizando problemas locais, considerando o estudo das camadas em águas marinhas rasas no Estreito de Gibraltar, a variabilidade interanual no Pacífico tropical, as condições climáticas das Ilhas Canárias, o ganho de calor na área subtropical do Atlântico de nordeste, a climatologia dos fluxos nas Ilhas Canárias e interações da circulação de mesoescala com a circulação de grande escala e impactos no transporte vertical de traços biogeoquímicos no Mediterrâneo ocidental.

Desenvolvimento crescente na potência e tecnologia computacional rapidamente propiciou avanços na aplicação da modelagem numérica nas Geociências e ciências ambientais. Os avanços da modelagem numérica nas ciências atmosféricas, oceânicas e geofísicas constituíram o tema de conferência realizada pela Universidade Nacional Autônoma do México. As comunicações e artigos inseridos no volume *Numerical Simulations in the Environmental and Earth Sciences*, organizado por Fernando GARCÍA-GARCÍA, Gerardo CISNEROS, Augustín FERNANDÉZ-EQUIARTE e Román ÁLVAREZ (1997), representam panorama atualizado da modelagem ambiental e dos processos terrestres sob a perspectiva de amplo espectro de simulações numéricas.

O volume encontra-se estruturado em quatro partes. A primeira trata dos modelos de circulação geral e mudanças globais, chamando atenção os trabalhos sobre um modelo de circulação geral do sistema atmosfera/oceano, o uso do modelo de circulação geral para o estudo de climas regionais e os prospectos e problemas na modelagem dos impactos das mudanças climáticas na América Latina. Outras onze comunicações encontram-se na segunda parte versando sobre a modelagem a respeito da dispersão e mesoescala, ganhando realce os trabalhos sobre aplicações ambientais dos modelos atmosféricos na mesoescala, acoplagem de modelo de dispersão urbana e modelo de balanço de energia e as comunicações sobre dispersão de partículas e poluição em regiões e cidades mexicanas. Os temas relacionados com a assimilação de dados geofísicos e métodos e aplicações em Geofísica correspondem à terceira e quarta partes. Entre os trabalhos podem ser destacadas as contribuições sobre o uso da análise de correlação canônica para predizer a variabilidade da precipitação espacial no Nordeste do Brasil, o estudo sobre a influência da temperatura superficial marinha do Pacífico e do Atlântico sobre a precipitação mensal no Nordeste do Brasil e identificação do eixo da ITCZ por técnicas computacionais.

A temática da modelagem climática na escala regional pode ser exemplificada pela obra *Amazonian Deforestation and Climate*, organizada por J. H. C. GASH, C. A. NOBRE, J. M. ROBERTS e R. L. VICTORIA (1996). O volume descreve os resultados obtidos pelos pesquisadores envolvidos no *Anglo-Brazilian Amazonian Climate Observation Study* (ABRACOS), cujas comunicações foram apresentadas em simpósio realizado em Brasília, em setembro de 1994. O Projeto ABRACOS foi iniciado na década de oitenta, com o objetivo ambicioso de "descobrir como o solo e a vegetação da Amazônia interagem com a atmosfera para afetar o clima", levando à formulação de modelos climáticos para predizer como o desmatamento da Amazônia poderia promover mudanças climáticas. O procedimento empregado foi realizar a coleta de novas informações na Região Amazônica e utilizar os dados obtidos para efetuar a calibragem do submodelo para a superfície terrestre dos Modelos de Circulação Geral, que são usados na previsão climática. As contribuições descrevem as atividades empregadas para a coleta dos dados sobre solos, vegetação e atmosfera e mostram como foram analisados no intuito de se alcançar o objetivo geral. Os 32 trabalhos inseridos no volume constituem um excelente relatório conceitual e analítico sobre as condições climáticas e as implicações relacionadas com o desflorestamento, interligadas com questões hidrológicas e ecológicas. De certa maneira, os trabalhos constituem contribuições valiosas para exemplificar o uso da modelagem em sistemas ambientais.

Inicialmente os organizadores expõem o panorama e o relato das atividades desenvolvidas no Projeto ABRACOS. E no final também são os responsáveis pelo capítulo relacionando as conclusões do Projeto. Em seguida, um primeiro grupo de trabalhos envolve-se com aspectos hidrológicos considerando os impactos hidrológicos das mudanças na cobertura das terras nos trópicos úmidos, o comportamento a longo prazo das águas nos solos sob pastagens e sob florestas, os efeitos da absorção de águas do solo por florestas e por pastagens utilizando modelo simples do balanço hídrico, e as propriedade hidráulicas dos oxíssolos sob pastagem na Amazônia central.

Os aspectos das temperaturas, perfis de umidade e difusão térmal em solos amazônicos são temas de dois trabalhos, seguidos por comunicações que descrevem as observações e a modelagem da interceptação das chuvas em locais de florestas, as variações vertical e diurnas da composição isotópica do vapor d'água atmosférico na canópia da floresta amazônica e as diferenças da radiação, temperatura e umidade entre áreas com florestas e com pastagens. Duas contribuições focalizam as condições climáticas e as diferenças urbano-rural da temperatura e umidade na cidade de Manaus e as características do microclima na canópia da floresta amazônica e estimativas da transpiração.

A análise da produção e acumulação da biomassa em floresta úmida com capacidade limitada de nutrientes e suas implicações para reagir às mudanças globais serve de abertura para um conjunto formado por 10 comunicações. Sete trabalhos encontram-se envolvidos com os processos de condutibilidade, trocas de gases pelas folhas, respiração dos solos e fluxos do bióxido de carbono. Duas contribuições focalizam aspectos relacionados com o índice da área foliar considerando o comportamento fisiológico e as implicações para a biomassa total nas florestas tropicais em regeneração.

O último de conjunto de trabalhos encontra-se vinculado aos problemas da modelagem em Climatologia, iniciando por considerar os avanços na parametrização dos fenômenos na superfície terrestre para os Modelos de Circulação Geral. As demais contribuições expõem as atividades e os resultados obtidos no tocante às observações e à modelagem convectiva da camada limite atmosférica em Rondônia, a modelagem da condução superficial para pastagens e florestas na Amazônia, a calibragem e uso do modelo SiB2 para calcular o vapor d'água e trocas de carbono em localidades do Projeto, calibragem de Modelo de Circulação Geral usando dados do ABRACOS E ARME e simulação do desflorestamento amazônico, a simulação da circulação de mesoescala em área desmatada de Rondônia na estação seca e a simulação de impactos do desflorestamento amazônico sobre o clima usando as características da vegetação.

Os impactos ocasionados pelos eventos climáticos na economia e na sociedade, de maneira direta ou indireta, são assuntos enriquecidos por ampla bibliográfica. A perspectiva adotada na obra organizada por Richard W. KATZ e Allan H. MURPHY (1997), sobre *Economic Value of Weather and Climate Forecast*, é a de que "as informações sobre os tipos de tempo só possuem valor na medida em que afetam o comportamento humano". A abordagem utilizada não é sobre os tipos de tempo nem sobre as previsões climáticas em si mesmas, mas focalizam os procedimentos pelos quais as previsões sobre os tipos de tempo podem ser utilizadas para mitigar os efeitos dos impactos climáticos. A temática do volume abrange as previsões em amplo espectro de escalas temporais, incluindo desde as de longo prazo (escalas mensal e sazonal) até as para curto prazo. A modelagem é procedimento amplamente utilizado no estudo dos vários tipos de problemas e previsões.

V — MODELAGEM EM HIDROLOGIA

O campo da Hidrologia foi altamente beneficiado com

os procedimentos da modelagem. Nos simpósios organizados pela International Association of Hydrological Sciences, de Wallingford, são constantes os temas procurando avaliar as técnicas e o uso da modelagem na análise dos recursos hídricos superficiais e subterrâneos, em áreas glaciárias e ou montanhosas, em bacias hidrográficas e nas implicações resultantes das atividades humanas. No Brasil, surge como sendo o setor onde a modelagem tornou-se mais explicita e trabalhada. Contribuições são constantes nos simpósios e periódicos especializados.

A Associação Brasileira de Recursos Hídricos desenvolveu projeto editorial relacionado com a "Coleção ABRH de Recursos Hídricos". O primeiro volume, organizado por F. BARTH et al.(1987), direciona-se justamente para analisar os *Modelos para Gerenciamento de Recursos Hídricos*. No terceiro volume, organizado por Rubem La Paina PORTO (1991) sobre *Hidrologia Ambiental*, a preocupação com a modelagem transparece em diversos capítulos, mormente na seção destinada ao estudo e caracterização dos modelos de simulação e gerenciamento da qualidade da água, em rios e estuários, em lagos e reservatórios e da subterrânea. Trata-se da melhor obra existente em língua portuguesa a respeito dos aspectos analíticos relacionados com a qualidade das águas.

Alexander LATTERMANN (1991), na obra *System-Theoretical Modelling in Surface Water Hydrology*, considera que o problema na Física e nas ciências ambientais é descrever as ocorrências na natureza em termos de procedimentos matemáticos baseados em medições de elevada acuidade, pois são considerados como os instrumentos mais adequados para essa finalidade. A temática dessa obra focaliza inicialmente a preparação das variáveis hidrológicas para a modelagem, considerando a precipitação média areal, o fluxo de base e escoamento e a precipitação efetiva, e depois versa sobre o tratamento das variáveis hidrológicas nos modelos de sistemas lineares e em sistemas não-lineares.

K. J. BEVEN e I. D. MOORE (1993), no volume *Terrain Analysis and Distributed Modelling in Hydrology*, salientam que o uso da modelagem digital da topografia e o uso de modelos com distribuição espacial não são novos em Hidrologia, mas possuem raízes históricas explicitas remontando aos anos da década de 60. Mas são setores em que se observa rápido crescimento na atualidade. O volume engloba cinco contribuições relacionadas com a análise digital da topografia e seis contribuições focalizando a modelagem hidrológica distribuída, refletindo o estado atual da arte e tecendo considerações sobre o que se espera no desenvolvimento futuro, colocando à disposição dos interessados obra tratando de aspectos conceituais, técnicos e exemplificativos a respeito da modelagem em características dos complexos sistemas ambientais.

Cinco contribuições encontram-se relacionadas com a análise digital da topografia. A primeira contribuição faz revisão sobre as aplicações hidrológicas, geomorfológicas e biológicas, enquanto as duas seguintes tratam das aplicações das informações hidrológicas automaticamente extraídas a partir dos modelos digitais topográficos e avaliação hidrológica continental com base na modelagem digital baseada em nova rede de células, na Austrália. Os dois trabalhos finais dessa primeira seção analisam a predição das trajetórias de fluxos em vertentes em modelagem hidrológica distribuída e a extração das redes de canais fluviais, usando modelos digitais da topografia.

A modelagem hidrológica distribuída é a temática da segunda seção, reunindo seis contribuições. Esses trabalhos focalizam a modelagem tridimensional da hidrologia de vertentes, a dimensionalidade das trajetórias de fluxos e a modelagem hidrológica, a simulação de fluxos subsuperficiais em pequena área de Loch Chon, na Escócia, os sistemas de informação geográfica e a modelagem da qualidade e quantidade das águas em fontes não-pontuais, a análise da topografia para a modelagem do escoamento pluvial intenso em áreas urbanizadas e sobre a aplicabilidade dos sistemas de informação geográfica na elaboração de modelos distribuídos. A terceira seção versa sobre o futuro da modelagem distribuída, considerando as suas perspectivas gerais, as características do sistema hidrológico europeu e a calibragem dos modelos e a predição da incerteza.

As contribuições inseridas no volume *Scale Issues in Hydrological Modelling*, organizado por J. D. KALMA e M. SIVAPALAN (1995), procuram discutir os avanços recentes sobre as questões escalares na modelagem hidrológica e ambiental e desenvolver estratégias de pesquisa adequadas para a parametrização de modelos no contexto de amplo espectro de escalas temporais e espaciais. A obra apresenta revisão sobre o estado da arte a respeito das questões escalares na modelagem hidrológica e considerações a respeito da definição, abordagens e aplicabilidade do conceito de áreas elementares representativas, atributos escalares das paisagens e aplicação dos sistemas de informação geográfica. Outra temática refere-se aos efeitos da resolução vertical e escala dos mapas digitais de elevação para a análise dos indicadores geomorfológicos usados em hidrologia e para a análise da profundidade dos solos.

A preocupação com a qualidade das águas subterrâneas foi tema de simpósio durante a XXI Assembléia Geral da União Internacional de Geodesia e Geofísica, realizada em julho de 1995, cujos trabalhos foram reunidos em volume organizado por B. J. WAGNER, T. H. ILLANGASEKARE e K. H. JENSEN (1995), intitulado *Models for Assessing and Monitoring Groundwater Quality*. As 28 contribuições estão ligadas com os estudos teóricos e aplicados sobre a modelagem de fluxos subterrâneos, transportes de contaminantes, análise da incerteza nos fluxos e modelagem dos transportes, estratégias para a monitoria da qualidade das águas e formulação de políticas para o uso e manejo das águas subterrâneas.

Reconhece-se que os processos ocorrentes em uma determinada parte do sistema hidrológico inevitavelmente influenciará os processos em outras partes do sistema. E que os processos dominantes, nas bacias hidrográficas, podem variar significantemente conforme a grandeza das áreas e que há defasagem temporal importante entre as mudanças ocorridas em determinado local e o surgimento dos efeitos em locais distantes. Em função dessas defasagens escalares procurou-se intensificar os esforços a fim de identificar os efeitos que as mudanças em processos, em diferentes escalas, ocasionam nos fluxos e orientar para usos adequados dos recursos. Essa é a temática do volume *Effects of Scale on Interpretation and Management of Sediment and Water Quality,* organizado por W. R. OSTERKAMP (1995), cujas contribuições encontram-se relacionadas com as condições climáticas, geomorfológicas e hidrológicas. As unidades temáticas do volume focalizam os efeitos escalares sobre os fluxos de água e cargas contaminantes, efeitos escalares sobre os processos hidrológicos e geomorfológicos no contexto ambiental, aplicações de modelos e outras tecnologias visando resolver os problemas de escala, teoria e estatística na análise das relações entre escalas e fluxos e manejo e monitoria relacionados com as preocupações escalares.

A modelagem e manejo dos recursos hídricos em função da sustentabilidade na escala de bacias hidrográficas foi tema de simpósio organizado pela Comissão Sobre Sistemas de recursos Hídricos, da Associação Internacional de Ciências Hidrológicas, realizado em julho de 1995, cujas comunicações foram reunidas em volume organizado por S. P. SIMONOVIC, Z. KUNDZEWICZ, D. ROSBJERG e K. TAKEUCHI (1995). Trata-se de temática envolvendo a aplicabilidade e o discernimento de indicadores em face do desenvolvimento sustentável.

A sustentabilidade requer uma nova maneira de pensar a respeito das conseqüências e implicações das decisões quanto ao desenvolvimento, pois redunda em concepção integrada das relações entre proteção e manejo ambiental, desenvolvimento econômico e melhoria no bem-estar das comunidades. Sob essa perspectiva, os organizadores do volume assinalam que os objetivos gerais para se atingir a sustentabilidade são: a) integridade ambiental, b) eficiência econômica e c) equidade social. O segundo aspecto importante das decisões envolvendo a sustentabilidade consiste no *desafio do tempo* (conseqüências a longo prazo), pois o desenvolvimento sustentável implica formas de progresso que atendam as necessidades atuais sem comprometer o atendimento às necessidades das gerações futuras. O terceiro aspecto do contexto da sustentabilidade é a *mudança nas políticas de implementação.*

Tais considerações nortearam a realização do referido simpósio. A primeira parte do volume descreve estudos de casos focalizando exemplos em diversas bacias hidrográficas, mostrando a viabilidade dos programas relacionados com a sustentabilidade. A segunda parte dedica-se a tratar dos instrumentos de modelagem, enquanto a terceira focaliza as questões relevantes relacionadas com a sustentabilidade, modelagem e manejo dos sistemas de recursos hídricos.

Um conjunto importante de trabalhos encontra-se reunido em volume especial da revista *Journal of Hydrology,* elaborado sob a organização de P. E. O'CONNELL e E. TODINI (1996), focalizando o tema sobre modelagem da precipitação, fluxo e transporte de massa nos sistemas hidrológicos. As contribuições analisam aspectos e problemas relacionados com a modelagem e descrevem as características e aplicabilidade de vários modelos utilizados na análise temporal e espacial dos fenômenos climatológicos e hidrológicos.

Geosciences and Water Resources: Environmental Data Modeling é volume contendo 30 contribuições de especialistas oriundos de várias disciplinas, versando sobre questões atualizadas no tocante a diferentes aspectos da modelagem de dados ambientais relacionados com as Geociências e recursos hídricos. As contribuições possuem caráter teórico e aplicado possuindo relevância espacial para os temas ligados com as águas nos ecossistemas, evolução atmosférica global, sensoriamento remoto, mudanças ambientais regionais, análise de dados geoambientais e ecotoxicologia. Os trabalhos foram inicialmente apresentados no 14ª Conferência da CODATA realizada em Chambéry, na França, e revistos posteriormente para compor a obra organizada por C. BARDINET e J. J. ROYER (1997). CODATA é uma comissão especializada na análise de dados para o Programa de Mudanças Globais do IGBP (*International Geosphere Biosphere Programme*), cujo objetivo é procurar respostas à polêmica questão da possível responsabilidade humana no aquecimento da atmosfera. Nessa modelagem de análises e cenários ganha importância o uso dos sistemas de informação geográfica no Programa Internacional da Geosfera Biosfera, procedimento realmente adotado somente quinze anos depois de seus conceitos e técnicas serem apresentados no início dos anos setenta.

O texto da conferência pronunciada por Michel Barnier, Primeiro Ministro da França, compõe a introdução onde são apresentadas considerações sobre as características de um ambiente melhor. A primeira parte versa sobre as águas nos ecossistemas, como recurso não-renovável, reunindo contribuições focalizando aspectos da avaliação dos recursos hídricos mundiais, poluição hídrica, contaminação por sedimentos, avaliação e manejo ambiental na escala regional e imageamento estocástico dos dados ambientais. A segunda parte trata da evolução atmosférica global, considerando os impactos da atividade antrópica em assuntos sobre emissão de gases

198 Panorama sobre a produção bibliográfica

e poluentes e modelagem das mudanças paleoclimáticas usando como retroalimentação um sistema energético. O tema sobre sensoriamento remoto do espaço e da terra compõe a terceira parte, com quatro contribuições salientando as aplicações dos sistemas de informação geográfica nos estudos de impactos ambientais. Três trabalhos encontram-se na quarta parte analisando as mudanças ambientais regionais, considerando a modelagem da erosão dos solos, tratando da desertificação no Mediterrâneo e regiões montanhosas, mudanças na cobertura do uso dos solos na Síria e índice de qualidade ambiental para o manejo das terras. A temática de ter acesso aos dados ambientais, desde os fornecidos em *on-line* até os sistemas especialistas (*"expert systems"*) encontra-se focalizada na quinta parte, com quatro trabalhos, enquanto as questões de ecotoxicologia são abordadas em quatro comunicações inseridas na sexta e última parte.

No tocante aos simpósios organizados pela International Association of Hydrological Sciences compete apenas assinalar alguns volumes mais pertinentes, sem detalhes maiores pois já foram alvo de registros bibliográfico em periódicos brasileiros. Observações e exemplos adequados podem ser encontrados nos volumes organizados por J. B. W. DAY (*Hydrogeology in the Service of Man*, IAHS Publication n. 154, 1985), Malin FALKENMARK (*Hydrological Phenomena in Geosphere-Biosphere Interactions*, IAHS Monographs and Report n. 1, 1989), R. F. HADLEY (*Drainage Basin Delivery Sediments*, IAHS Publication n. 159, 1986), S. I. SOLOMON, M. BERAN e W. HOOG (*The Influence of Climate Change and Climatic Variability on the Hydrologic Regime and Water Resources*, IAHS Publication n. 168, 1987), D. P. LOUCKS e U. SHAMIR (*Systems Analysis for Water Resources Management*, IAHS Publication n. 180, 1989), M. L. KAVVAS (*New Directions for Surface Water Modeling*, IAHS Publication n. 181, 1989), K. KOVAR (*Calibration and Reliability in Groundwater Modeling*, IAHS Publication n. 195, 1990), H. MASSING, J. PACKMAN e F. C. ZUIDEMA (*Hydrological Processes and Water Management in Urban Areas*, IAHS Publication n. 198, 1990), F. H. M. VAN DE VEN, D. GUTKNECHT, D. P. LOUCKS e K. A. SALEWICZ (*Hydrology for the Water Management of Larger River Basins* (IAHS Publication n. 201, 1991), G. KNITZ, P. C. D. MILLY e M. Th. van GENUCHTEN (*Hydrological Interactions between Atmosphere, Soil and Vegetation*, IAHS Publication n. 204, 1991), J. S. GLADWELL (*Hydrology of Warm Humid Regions*, IAHS Publication n. 216, 1993), K. KOVAR e J. SOVERI (*Groundwater Quality Management*, IAHS Publication n. 220, 1994), Z. W. KUNDZEWICZ, D. ROSBJERG & K. TAKEUCHI (*Extreme Hydrological Events: Precipitation, Floods and Droughts*, IAHS Publication 213, 1993), H. J. BOOLE, R. A. FEDDES e J. D. KALMA (*Exchange Processes at the Land Surface for a Range of Space and Time Scales*, IAHS Publication n. 212, 1993), W. B. WILKINSON (*Macroscale Modelling of the Atmosphere*, IAHS Publication n. 214, 1993), L. J. OLIVE, R. J. LOUGHRAN e J. a.

KESBY (*Variability in Stream Erosion and Sediment Transport*, IAHS Publication n.224, 1994) e de D. E. WALLING e B. W. WEBB (*Erosion and Sediment Yield: Global and Regional Perspectives*, IAHS Publication n. 236, 1996).

Considerando a inserção do território brasileiro no contexto das regiões tropicais úmidas, nada mais significativo que mencionar uma das contribuições para se analisar os problemas hidrológicos dessa zona morfoclimática. Trata-se do volume organizado por Michael BONELL, Maynard A. HUFSCHMIDT e John S. GLADWELL (1993) sobre *Hydrology and Water Management in the Humid Tropics*. Trata-se de excelente contribuição, oferecendo análise adequada e satisfatória a respeito da hidrologia e manejo dos recursos hídricos nos trópicos úmidos. Não só por apresentar diagnóstico atualizado como também por avaliar as lacunas existentes e oferecer sugestões para linhas de pesquisa.

O volume organizado por Karel KOVAR e Paul van der HEIDJE (1996), a propósito da calibragem e confiabilidade na modelagem de águas subterrâneas, constitui os anais da Conferência ModelCARE 96, realizada em Goulden (Colorado), em setembro de 1996. No prefácio os organizadores explicitam que a utilidade das simulações preditivas obtidas pelo uso de modelos sobre as águas subterrâneas geralmente encontram-se enredadas pela inabilidade em indicar e quantificar a confiabilidade dos resultados obtidos na modelagem. As incertezas geralmente são frutos de erros relacionados com a formulação dos modelos, estando ligadas aos conceitos e descrições inadequados dos processos e interações, senso inadequado das variabilidades espacial e temporal, descrição inadequada do estado do sistema (geometria, condições iniciais e limitantes, estresses do sistema) e valores de coeficientes incorretos (valores dos parâmetros) e especificação imprópria dos limites de aceitabilidade dos erros.

A Conferência precedente foi realizada em 1990 e muitas atividades de pesquisa foram desenvolvidas fim de incorporar tais erros nos processos de modelagem e estabelecer os níveis de incerteza adequados às tomadas-de-decisão baseadas em modelos. O volume contém 59 contribuições grupadas em seis tópicos temáticos: os três primeiros focalizam questões relacionadas com a calibragem dos fluxos, transportes e conceitos, enquanto as três partes finais tratam dos procedimentos metodológicos, da confiabilidade e da incerteza.

A análise sobre as Mudanças Ambientais Globais e Processos Superficiais Terrestres em Hidrologia foi o tema do Simpósio de Pesquisa Avançada, organizado por Soroosh SOROOSHIAN, Hoshin G. GUPTA e John RODDA (1997), realizado em Tucson, em maio de 1993, sob os auspícios da NATO. O objetivo do simpósio foi o de reunir eminentes pesquisadores nas áreas da modelagem (tanto na escala das bacias de drenagem como na dos modelos climáticos de circulação geral) e da mensuração (incluindo as fontes tradicionais e as novas fontes ligadas com o sensoriamento remoto e dados distribuídos espacialmente). O volume engloba 22 contribuições baseadas nas conferências de pesquisadores convidados e nas contribuições apresentadas nas diversas sessões. Em cada parte encontram-se registrados os comentários dos pesquisadores em torno do painel de debates temáticos, em face de indagações propostas como "desafios que enfrentamos", sobre os dados hidrológicos, dados da precipitação chuvosa e das neves, umidade no solo, evapotranspiração e escoamento.

A parte introdutória trata de amplas questões envolvidas com a modelagem e mensuração, tais como categorias e qualidade de dados, tribulações da modelagem e mensuração na hidrologia das águas superficiais e sobre processos hidrológicos nos modelos climáticos de circulação geral. A segunda parte versa sobre as precipitações, na qual as comunicações analisam os problemas ligados com a mensuração da precipitação chuvosa, a modelagem de chuvas intensas, a capacidade dos sensores de microondas para a monitorias de amplas áreas e propriedades físicas das camadas de neve e as questões das prioridades na informação e nos dados da precipitação chuvosa.

A umidade dos solos constitui o tema da terceira parte, com trabalhos versando sobre a heterogeneidade e escalas dos processos na modelagem dos fluxos de umidade dos solos, as abordagens para mensurar e modelar a umidade dos solos e o uso do sensoriamento remoto na análise da umidade do solo, levando em consideração os instrumentos, dados e exemplos de aplicação. A quarta parte focaliza a evapotranspiração, estudando a análise da evaporação areal por meio de dados infravermelhos termais, as interações e a simplicidade entre os modelos hidrológicos, evaporação regional e uso do sensoriamento remoto e os procedimentos para calcular a evaporação areal por meio das observadas coletadas no uso de satélites multiespectrais. Na última parte surgem análises sobre o escoamento, considerando os problemas para a mensuração do escoamento fluvial, as exigências sobre os dados e modelos para a simulação do escoamento e processos hidrológicos superficiais e a respeito das mensurações dos escoamentos superficiais e dos fluviais.

Dois amplos volumes, organizados por Andreas MÜLLER (1996), do Instituto Federal Suíço de Tecnologia, constituem os anais da Segunda Conferência Internacional sobre Hidroinformática. O campo emergente da Hidroinformática combina os instrumentos eficientes e indispensáveis da engenheira hidráulica e da pesquisa hidráulica. Esses instrumentos modelam os processos complexos dos meios ambientes naturais e dos sistemas técnicos, propiciam procedimentos inteligentes de análise sobre os sistemas relacionados com as águas e para o desenvolvimento de soluções de engenharia, fazendo com que as informações estejam disponíveis para os planejadores e responsáveis pelas tomadas de decisão, incluindo banqueiros e agências de seguros. Em virtude dessa potencialidade aplicativa, o desenvolvimento dos instrumentos da Hidroinformática

necessita do esforço conjunto de especialistas provindos de diversos setores acadêmicos e aplicados.

A primeira conferência foi realizada em 1994, obtendo pleno sucesso. A segunda conferência realizada em 1996 englobou 75 apresentações orais, 35 exposição como posters e 17 comunicações, inseridos em seis sessões temáticas e em seis seminários. O primeiro volume contém as contribuições às sessões temáticas, enquanto o segundo reúne os trabalhos apresentados nos seminários. A documentação fornece um panorama valioso sobre o desenvolvimento conceitual, procedimentos técnicos, modelagem e aplicabilidade no campo da Hidroinformática.

No volume primeiro, como introdução, há a inserção da conferência do Prof. Michael Abbott sobre as dimensões sócio-econômicas da Hidroinformática. A primeira parte liga-se ao grande tema sobre Sistemas em Hidroinformática e suas aplicações, incluindo a conferência especial sobre "Hidroinformação para o litoral e rios na Holanda" e as contribuições às sessões temáticas a respeito dos suportes à decisão para investimentos e seguros, manejo de locação e análise de riscos, e aos programas de monitoria ambiental. A conferência sobre "a adoção de novas tecnologias na utilização dos recursos hídricos" abre a segunda parte, voltada para os instrumentos da informática, que se completa com os trabalhos e comunicações sobre os temas "novos instrumentos de software: redes neurais, algoritmos genéticos, banco de dados e SIGs" e "arquitetura dos sistemas de integração, sistemas baseados no conhecimento, controle em tempo real, aquisição de dados, instrumentos e programas ligados ao sistema SCADA". A terceira parte focaliza as exigências dos usuários em Hidroinformática, que também é o tema da conferência proferida por L. Berga. As duas sessões temáticas versam sobre validade e aplicabilidade dos modelos e experiências com os sistemas em Hidroinformática. Os textos de trinta comunicações em posters estão inseridos nas três partes.

O segundo volume reúne as conferências temáticas de pesquisadores convidados e as contribuições e os posters apresentados no seis seminários. Os temas dos seminários versam sobre as bases teoréticas da Hidroinformática, as relações entre pesquisa e aplicações; novas abordagens na modelagem da água subterrânea; fluxos superficiais livres; abordagens novas na modelagem ecológica; uso da Hidroinformática nos sistemas de infra-estrutura das redes hídricas urbanas e ensino e treinamento.

A importância e a reputação dos simpósios internacionais sobre Hidráulica Estocástica baseiam-se no sucesso técnico alcançado ao longo de seis eventos realizados em vários países do hemisfério norte, recebendo atenção de engenheiros e cientistas trabalhando nos mais diversos setores da Hidrologia e da Hidráulica. O sétimo Simpósio Internacional foi realizado na Austrália, organizado pelo Centre for Land

and Water Development, da Central Queensland University, e pela Institution of Engineers. Os objetivos conservaram a tradição de ser fórum para apresentação e troca de experiências no desenvolvimento da análise estocástica aplicada na hidráulica fluvial, transporte de sedimentos, hidráulica em bacias de drenagem, águas subterrâneas, ondas e processos litorâneos, redes e estruturas hidráulicas, hidrologia, riscos e segurança nos projetos hidráulicos e recursos hídricos em geral.

As amplitudes temática e analítica encontram-se representadas por 84 comunicações e conferências, assinalando o uso dos procedimentos na modelagem estocástica e o envolvimento com as técnicas dos sistemas de informação geográfica, teoria dos conjuntos nebulosos, redes neurais e abordagem fractal. Um conjunto rico em tipologia de modelos, conceitos, informações, procedimentos técnicos e casos de aplicabilidade. O desenvolvimento da abordagem estocástica em Hidrologia surge como resposta à pressão crescente sobre o uso de recursos hídricos integrada com a vulnerabilidade das sociedades em face das ocorrências de eventos extremos.

A efetiva integração entre a teoria e as práticas de aplicabilidade da hidráulica com a análise das probabilidades representa uma tarefa que se constitui em desafio aos pesquisadores e engenheiros ligados com os fenômenos hidrológicos e recursos hídricos. O conjunto dos trabalhos inseridos no volume organizado por Kevin S. TICKLE, Ian C. GOULTER, Chengchao XU, Saleh A. WASIMI e François BOUCHART (1996) expressa algo dos resultados positivos alcançados nesse campo de pesquisa e aplicação.

A primeira parte engloba o texto das cinco conferências, versando sobre a hidrologia sintética, a lei natural dos fluxos em canais abertos, a análise da incerteza na engenharia dos recursos hídricos, a determinação do pico na carga do leito contaminada ao longo do perfil longitudinal e as considerações sobre a análise da segurança nos sistemas de distribuição das águas. As nove seções componentes do volume englobam as 79 comunicações, grupadas conforme as sessões temáticas, tratando do manejo dos recursos hídricos, fluxos em canais abertos e hidráulica fluvial, ondas e processos litorâneos, hidrologia estocástica, hidráulica das águas subterrâneas, dispersão e difusão, análise de séries temporais em Hidrologia, hidráulica estocástica e transporte de sedimentos.

VI — SISTEMAS DINÂMICOS E ABORDAGEM FRACTAL EM GEOCIÊNCIAS E GEOGRAFIA

As concepções relacionadas com os sistemas dinâmicos e geometria dos fractais começaram a ser introduzidas para melhor se compreender as categorias de fenômenos analisados pelas disciplinas em Geociências e Geografia ao longo da década de oitenta.

Inúmeras foram as contribuições esparsas. Em busca de organização, surgiram simpósios e livros didáticos para confrontar as experiências e sistematizar os conhecimentos. Obviamente, a apreensão dessas novas concepções teóricas e técnicas possuem implicações relevantes para a modelagem de sistemas ambientais.

A partir de 1948 o conceito de entropia e o princípio de entropia máxima começaram a ser aplicados de modo crescente nos estudos científicos e nos trabalhos de engenharia. Na décadas recentes observou-se uma expansão do uso do conceito de entropia no desenvolvimento da hidrológica e manejo dos recursos hídricos. Essa absorção exprimiu-se nos mais diversos setores, servindo como exemplo os métodos inovadores para a configuração das redes hidrológicas, transferência de informação, previsão de fluxos, avaliação e adequabilidade para os sistemas de distribuição das águas, cálculo de parâmetros hidrológicos, derivação da distribuição de probabilidade, análise de redes de drenagem, modelagem da produção de sedimentos, construção de perfis de velocidade e avaliação comparativa dos modelos hidrológicos. Essa é justamente a ampla temática envolvida no volume sobre *Entropy and Energy Dissipation in Water Resources*, organizado por V. P. SINGH e M. FIORENTINO (1992).

O 23º Simpósio Binghampton de Geomorfologia, sob a coordenação de J. D. PHILLIPS e W. H. RENWICK (1992) foi direcionado para focalizar os sistemas geomorfológicos, procurando reavaliar a influência da teoria de sistemas em Geomorfologia, explorar as relações entre as abordagens tradicionais orientadas em sistemas e as aplicações contemporâneas da teoria dos sistemas dinâmicos não-lineares em Geomorfologia e apresentar exemplos expressivos da análise de sistemas geomórficos.

Todas as contribuições expressam-se por combinar questões conceituais, analíticas e procedimentos de operacionalização. No artigo síntese, J. Phillips observa que, a respeito da natureza do equilíbrio geomorfológico a tendência consiste em considerar o comportamento do sistema como distante do equilíbrio, com a presença e domínio de formas em desequilíbrio, assim como a presença de equilíbrios múltiplos para um determinado sistema, em vez da concepção de um equilíbrio estável para o sistema geomórfico. Há também crescente interesse no tema do comportamento não-linear nos sistemas geomórficos, que propicia uma conexão entre os conceitos de limiares então existentes e os estudos emergentes focalizando os fenômenos geoambientais como complexos sistemas dinâmicos não-lineares. Em conjunto, observa-se também a abordagem de que há propriedades universais no comportamento dos sistemas geomórficos, que são independentes dos controles relacionados com a localização ou com o tempo.

Os trabalhos inseridos no volume organizado por Zbigniew W. KUNDZEWICZ (1995), sobre *New Uncertainty Concepts in Hydrology and Water Resources*, consideram os métodos recentes de representação da incerteza em hidrologia e recursos hídricos, abrangendo as novas abordagens e procedimentos que vem recebendo atenção crescente na última década. As temáticas estão relacionadas com as conseqüências hidrológicas das mudanças climáticas, campos aleatórios em hidrologia e climatologia e novas abordagens metodológicas para a análise da incerteza. Tais abordagens metodológicas estão vinculadas à análise fractal e multifractal, aos procedimentos de alta resolução, à aplicação dos conceitos da teoria difusa ("fuzzy theory"), ao uso das redes neurais, ao reconhecimento dos padrões e ao uso de técnicas não-paramétricas. A análise da incerteza é questão complexa, tendo como fundamentação a teoria dos sistemas dinâmicos. A importância desse volume reside em chamar a atenção sobre o assunto e mostrar as preocupações e os avanços conseguidos, por meio de alguns exemplos.

Reinder A. FEDDES (1995) organizou volume sobre *Space and Time Scale Variability and Interdependencies in Hydrological Processes*, reunindo as contribuições apresentadas no primeiro simpósio George Kovacs. George Kovacs foi renomado hidrólogo, falecido em 1988. Ao focalizar a variabilidade escalar dos processos hidrológicos, entre as novas abordagens e técnicas destaca-se o uso da análise fractal e multifractal, utilizada para estudar fenômenos que são auto-similares em escalas diferentes. As contribuições assinalam a aplicabilidade da modelagem para a análise da variabilidade dos fenômenos hidrológicos nas escalas espacial e temporal, considerando a adequabilidade de se usar os mesmos parâmetros para análises em escalas diferentes, o uso do modelo dinâmico unidimensional, os modelos de circulação geral e de simulação, a conexão de modelos globais hidrológicos e atmosféricos e absorção da teoria dos sistemas dinâmicos e análise fractal e multifractal para a análise de processos atmosféricos, climáticos e hidrológicos.

Um momento auspicioso consistiu no lançamento da primeira obra que procura sistematizar as características da ciência da criticalidade auto-organizada, em sua aplicabilidade na compreensão de como a natureza trabalha, elaborada por Per BAK (1997). A obra representa a configuração do desenvolvimento ocorrido ao longo de uma década, pois os primeiros trabalhos explícitos sobre a criticalidade auto-organizada começaram a surgir nos anos de 1987 e 1988, tendo Per Bak e K. Wiesenfeld como seus autores. Trata-se de contribuição fundamental para o estudo da complexidade, com extraordinária potencialidade aplicativa em Geociências e Geografia. No prefácio o autor assinala que "a criticalidade auto-organizada explica alguns padrões ubíquos existentes na natureza, que são considerados como complexos. A estrutura fractal e os eventos catastróficos encontram-se entre essas regularidades. As aplicações vão desde o estudo dos *pulsares* e buracos negros até à analise dos abalos sísmicos e evolução da vida. Uma conseqüência intrigante da teoria é que as catástrofes podem ocorrer sem que haja uma razão explícita para elas. A extinção em massa podem ter acontecido sem o desencadeamento de qualquer mecanismo externo, como erupções vulcânicas ou choques de meteoritos (embora a teoria, obviamente, não negue que, de fato, isso possa ter acontecido)".

O objetivo da obra não consiste em ser amplo e minucioso ensaio científico, mas sim o de ser contribuição que procura sistematizar a teoria e oferecer uma linguagem acessível à sua compreensão. A finalidade é delinear os seus conceitos, as suas potencialidades e descrever exemplos aplicativos salientando como as concepções propostas abrem novas perspectivas para se compreender e explicar os fenômenos complexos da natureza.

Os três capítulos iniciais descrevem os conceitos de complexidade e criticalidade, a descoberta da criticalidade auto-organizada e o paradigma do empilhamento de areia. O quarto e o quinto capítulos descrevem exemplos de aplicação da teoria na formação de paisagens e nos processos geofísicos, considerando mormente os fenômenos de deslizamentos, a formação do Himalaia, a deposição de sedimentos, as paisagens geomorfológicas, os abalos sísmicos, o vulcanismo, a formação da crosta terrestre, os pulsares e os buracos negros. Em dois capítulos Per Bak focaliza o "jogo da vida", mostrando que a complexidade é criticalidade, e a vida como possível fenômeno crítico auto-organizado. O problema da extinção em massa e do equilíbrio pontual em modelos de evolução simples constitui o tema do oitavo capítulo, que se amplia no nono capítulo analisando a teoria do modelo de equilíbrio pontual e suas aplicações. Os dois últimos capítulos focalizam a aplicação da teoria da criticalidade auto-organizada na análise da estrutura e funções cerebrais e dos sistemas econômicos.

Jens FEDER (1988) organizou livro didático a respeito dos fractais, focalizando temas interessantes para o ensino e pesquisa. Tornou-se obra útil mostrando a aplicabilidade dos fractais em vários setores das Geociências, como por exemplo considerando os casos das dimensões das nuvens, dos rios, das topografias, das paisagens e dados ambientais, das superfícies de partículas e da porosidade. Outra obra didática muito útil para a compreensão dos fractais foi elaborada por Brian H. KAYE (1989; 1994), intitulada *A Random Walk Through Fractal Dimensions*. Com excelente clareza conduz o estudante ao longo da caminhada, desde o conhecimento sobre a história dos fractais até o descortino das rotas que se abrem para o seu avanço. Duas obras tornam-se significativas pela importância didática que possuem para o ensino e aprendizagem sobre a matemática dos fractais. Elas são constituídas pela obra *Fractals Everywhere* (BARNSLEY, 1989; 1995) e pela obra *Chaos and Complexity: New Frontiers of Science*, refletindo a contribuição de PEITGEN, JURGENS e SAUPE (1992). Todavia, não se pode esquecer que a contribuição básica e pioneira para a sistematização dos fractais foi realizada por Benoit B. MANDELBROT (1982), com a obra *The Fractal Geometry of Nature*.

Ao lado das obras didáticas, de caráter geral, cuja listagem é bem mais ampla que a referenciada no parágrafo precedente, começaram a surgir obras didáticas procurando sistematizar o uso das fractais em Geociências e Geografia. A obra *Fractal and Chaos in Geology and Geophysics*, elaborada por TURCOTTE (1992), teve a finalidade de ensinar os princípios fundamentais dos fractais, teoria do caos e aspectos dos sistemas dinâmicos no contexto dos problemas geológicos e geofísicos, surgindo como a primeira contribuição destinada ao ensino dessas concepções teóricas aos problemas em Geociências. A repercussão foi sensível, recebendo ampliação e atualização no lançamento da segunda edição, em 1997.

A obra didática elaborada por Donald L. TURCOTTE (1997) pode ser utilizada em disciplinas mais avançadas nos cursos de graduação e em disciplinas introdutórias nos programas de pós-graduação. A preocupação do autor consistiu em utilizar o nível mais simples da matemática na exposição dos conceitos, de maneira consistente para a sua compreensão e discernimento das aplicações. A segunda edição, revista e ampliada em seus vários capítulos, mantém os mesmos objetivos, funções e a mesma estruturação. Os acréscimos mais relevantes encontram-se na exposição sobre os multifractais (capítulo 6), fractais auto-afins (capítulo 7), incorporação de novos estudos dos fractais em geomorfologia (capítulo 8) e desenvolvimento da criticalidade auto-organizada (capítulo 15). O resultado geral é que o volume passou de 221 páginas para 398.

Após a introdução, em dois capítulos Turcotte expõe com clareza e ilustrações expressivas os conceitos sobre invariância escalar e características do conjunto fractal e, nos quatro capítulos seguintes, exemplifica as aplicações dos fractais nos processos sobre fragmentação, sismicidade e tectônica, qualidade e cubagem das jazidas de minérios e análise de grupamento dos fractais. No sétimo e no oitavo capítulos encontram-se a exposição sobre os fractais auto-afins e sua aplicação em geomorfologia. A segunda temática do volume envolve-se com os sistemas dinâmicos, cujos conceitos introdutórios compõem o capítulo nono. Os conceitos sobre a teoria do caos são apresentados em cinco capítulos através dos mapas logísticos, modelos de blocos deslizados, equações de Lorenz, convecções do manto e do dínamo Rikitake. Os dois último capítulos temáticos focalizam o método da renormalização e as considerações em torno da criticalidade auto-organizada. Na parte final do volume encontra-se excelente listagem bibliográfica, enriquecida pelo glossário de termos, unidades e símbolos e respostas aos problemas apresentados no decorrer dos diversos capítulos.

A obra elaborada por G. KORVIN (1992), sobre *Fractal Models in the Earth Sciences*, tem o objetivo de sistematizar e oferecer tratamento detalhado sobre os modelos fractais propostos para os vários campos das Geociências, mas não representa um texto introdutório à teoria das fractais. O autor procura recobrir os vários campo de pesquisa, considerando as suas pesquisas e acessibilidade ao referencial existente até 1989. Os exemplos surgem amiúde, fornecendo ao leitor compreensão adequada sobre a modelagem das fractais e sugestões para campos aplicativos. Trata-se, portanto, de obra referencial básica.

Nina Siu-Ngan LAM e Lee DE COLA (1993) recebem os méritos de organizar a primeira obra específica direcionada para a abordagem fractal em Geografia. Trata-se de volume reunindo ensaios mostrando a aplicabilidade dos fractais em diversos setores da análise geográfica, entrosando os conceitos, as técnicas e a descrição de exemplos. A preocupação foi concatenar o conhecimento sobre essa abordagem analítica e salientar as características fractais dos fenômenos geográficos. DAUPHINÉ (1995) elaborou a primeira obra específica na literatura geográfica francesa focalizando o caos, fractais e dinâmicas em Geografia. Focalizando o contexto geral da Geografia, situa-se historicamente logo após o volume organizado por LAM e DE COLA (1993). Todavia, a obra *Fractals in Geography* é mais abrangente e oferece tratamento mais detalhado.

Diversas coletâneas a respeito do uso dos fractais em Geociências foram publicadas em volumes individualizados, geralmente sendo o resultado coordenando as contribuições apresentadas em simpósios. A primeira coletânea foi organizada por SCHOLZ e MANDELBROT (1989), com base no simpósio sobre "Fractais em Geofísica", realizado em 1987, na cidade de São Francisco, pela American Geophysical Union.

Deve-se lembrar que desde 1986 vários simpósios e encontros foram organizados com o objetivo de reunir pesquisadores trabalhando a respeito da análise dos fractais e variabilidade não-linear em Geofísica, realizados em Montreal (1986), Paris (1988) e Barcelona (1989). As contribuições englobadas no volume *Non-Linear Variability in Geophysics: Scaling and Fractals*, organizado por SCHERTZER e LOVEJOY (1991), surge como das primeiras contribuições focalizando essa temática, mostrando a existência de estruturas fractais altamente variáveis sobre ampla gama de escalas. Embora a questão da variabilidade sempre foi assunto importante na Geofísica, no decorrer da década de 80 um desenvolvimento acentuado nos estudos sobre o caos, dinâmica não-linear, turbulência e fractais originou uma abordagem mais precisa e mudanças profundas nas perspectivas analíticas.

A temática dos fractais em Geomorfologia também foi alvo de simpósio, cujas contribuições foram coordenadas por R. Scott SNOW e Larry MAYER (1992) em fascículo especial da revista *Geomorphology*. O envolvimento da literatura geográfica com os aspectos do uso de fractais ocorreu ao longo da década de oitenta, e os fenômenos geomorfológicos constituíram-se em assunto manifestadamente escolhido para essa análise. O objetivo dos trabalhos desse simpósio foi o de fornecer panorama integrador, considerando os resultados obtidos, as dificuldades encontradas e os desafios a serem enfrentados.

Considerando que avanços importantes foram conseguidos a propósito da teoria da mecânica das rochas, com base na utilização da abordagem fractal, XIE (1993) organizou volume específico sobre essa temática. O volume analisa o uso da abordagem fractal na descrição da fragmentação, perdas e fraturas em rochas, na rugosidade das juntas, porosidade e permeabilidade, crescimento dos cristais, partículas rochosas e dos solos, fluxos de fluídos, falhamentos e abalos sísmicos.

Reunindo comunicações apresentadas na Conferência Internacional sobre *Fractals and Dynamic Systems in Geoscience*, ocorrida em 1993, e contribuições solicitadas posteriormente, Jorn H. KRUHL (1994) organizou volume valioso pela diversidade dos estudos que, embora de forma não sistematizada, oferece ao leitor muitas noções básicas, técnicas analíticas e estudos de casos a respeito da abordagem fractal e dos sistemas dinâmicos em Geociências, no tocante às deformações e estruturas tectônicas, aspectos físicos e comportamento da Terra e sobre a formação, estrutura e distribuição dos minerais. A maioria dos trabalhos encontra-se envolvida com as pesquisas em tectônica, geofísica e recursos minerais.

Coletâneas significativas são as obras organizadas por WILKINSON, KANELLOPOULOS e MÉGIER (1994) e por NOVAK (1994). As contribuições reunidas no volume organizado por Wilkinson, Kanellopoulos e Mégier foram apresentadas no simpósio intitulado *Fractals in Geoscience and Remote Sensing*, realizado em Ispra, Itália, em abril de 1994. O objetivo do simpósio foi considerar a aplicabilidade da abordagem fractal no campo do Sensoriamento Remoto. As treze comunicações focalizaram aspectos diversos dessa ampla temática aplicativa, oferecendo os conceitos e as considerações técnicas. Os trabalhos envolvem-se com as técnicas multifractais padronizadas e avançadas em sensoriamento remoto, avaliação sobre a contribuição dos fractais aos problemas de sensoriamento remoto, técnicas fractais e de multi-resolução para a compreensão da geoinformação, análise multifractal das imagens de sensores remotos, quão brilhante é a costa da Britânia ?, teoria e aplicações dos multifractais no reconhecimento da textura das imagens, mapeamento da variabilidade espacial em paisagens utilizando dimensões fractais, aplicações do sistema *L* para a modelagem da reflectância das canópias, modelagem fractal da radioatividade gerada pelo desastre de Chernobyl, o uso de fractais nos geossistemas e implicações para o sensoriamento remoto, avaliação baseada nos fractais das técnicas de mapeamento do relevo, caracterização e imageamento

da topografia fractal e estrutura fractal de materiais e superfícies.

A Segunda Conferência de Trabalho *International Federation for Information Processing* foi realizada em Londres, em setembro de 1993, direcionada sobre a temática *Fractais nas Ciências Naturais e Aplicadas*. A Comissão Organizadora selecionou 40 trabalhos para serem apresentados na conferência, cujos textos revistos foram reunidos na obra organizada por Miroslav M. NOVAK (1994). As contribuições apresentadas analisam as abordagens fractal e multifractal em sistemas e fenômenos de várias grandezas escalares, pertencentes aos campos da Física, Geofísica, Mecânica dos Fluídos, Medicina, Botânica, Ecologia, Biologia, Meteorologia, Química, Cosmologia e Geomorfologia. Há variedade de técnicas e modelos apresentados, com informações sobre os procedimentos e resultados obtidos. Sob a perspectiva das Geociências e sistemas ambientais, ganham realce as comunicações tratando da diversidade das espécies como uma propriedade fractal da biomassa, geração multifractal da criticalidade auto-organizada, a aplicação da criticalidade auto-organizada em novo modelo da dinâmica populacional, detectando caos em séries temporais, modelagem e simulação de multifractais em ecossistemas florestais, e observações sobre as características fractais das planícies de inundação fluviais.

BARTON e LA POINTE (1995a) organizaram volume a respeito dos fractais nas Geociências, contendo contribuições de vários pesquisadores pioneiros no uso da abordagem fractal para descrever feições e processos geológicos. Os trabalhos oferecem panorama das características fractais sobre dados de séries temporais e espaciais na análise de questões geológicas, procedimentos para se calcular a dimensão fractal e a mensuração dimensional de fractais auto-afins, com aplicações na topografia dos oceanos, na tectônica e na geofísica.

Outro volume organizado por BARTON e LA POINTE (1995b) encontra-se direcionado para a geologia do petróleo e processos terrestres. O objetivo principal foi caracterizar a abordagem fractal e exemplificar a aplicabilidade no estudo das características e distribuição espacial dos jazimentos petrolíferos, mas diferentes outros campos aplicativos pertinentes ao conjunto das bacias sedimentares também são focalizados.

Em abril de 1994 a Society for Experimental Biology e a British Ecological Society organizaram simpósio interdisciplinar focalizando o tema *Scaling-up*. A justificativa baseava-se no reconhecimento de que "havia muito interesse em usar a ciência para analisar questões ambientais nas escalas desde a regional até a global. Muitos dessas pesquisas resultaram no tratamento de mudanças ambientais globais. Como resultante, os cientistas começaram a ter necessidade de utilizar informações coletadas em uma escala, por exemplo uma única planta, para realizar previsões para áreas muito mais amplas. Essa mudança na cultura científica criou um ambiente que estimulou a pesquisa interdisciplinar, com biólogos necessitando integrar-se com geógrafos e modeladores climáticos para analisar essas questões. Para o biólogo havia o desafio do *scaling-up* para descrever processos ou sistemas atuantes em grandes áreas. Para os geógrafos e modeladores climáticos havia a dificuldade de interligar informações biológicas potencialmente complexas em seus sistemas de informação ou modelos. Levando em conta esses precedentes, surgia um momento favorável para reunir conjuntamente grupos de pesquisadores e discutir suas abordagens". Em conseqüência, a necessidade de ligar e integrar informações entre escalas espaciais diversas constitui o substrato das abordagens científicas representadas pelas dezoito contribuições inseridas no volume organizado por P. R. van GARDINGEN, G. M. FOODY e P. J. CURRAN (1997), que constitui os anais do referido simpósio.

O processo *de scaling-up* é definido como "o movimento de se caminhar das pequenas para as grandes áreas", isto é dos fenômenos ocorrentes em pequena escala espacial para os de grande escala espacial. O movimento inverso também é válido. Na ausência de um vocábulo consagrado em língua portuguesa, pode-se adotar o uso do termo *escalante,* que foi proposto em 1997 por Anderson L. H. Christofoletti na tese sobre *Análise fractal e multifractal da estrutura de estações chuvosas em localidades do Estado de São Paulo* (Rio Claro, IGCE-UNESP). Essa abordagem insere-se no campo da análise fractal e sua relevância é fundamental, constituindo um desafio aos pesquisadores. Tanto é que Gardingen, Russelll, Foody e Curran, nas considerações finais do volume sobre *Scaling-up,* registram a possibilidade da configuração da "ciência do escalante".

Embora com dominância focalizando fenômenos biológicos, as contribuições tornam-se importantes para a compreensão e exemplos sobre fractalidade. Sob perspectiva mais conceitual ganham importância os trabalhos sobre debater-se com problemas de grande escala por meio do escalante, da escala e dependência espacial e dos procedimentos para a ajustagem de métodos e fenômenos na análise da variabilidade e escalante. Sob uma perspectiva geográfica assumem realce as contribuições analisando os modelos escalantes em sensoriamento remoto, o escalante e a generalização no mapeamento da cobertura do solo a partir de sensores remotos, o comportamento escalante dos processos nas bacias de drenagem, problemas com o uso de modelos para predizer a produção agrícola, o uso da escalante nas pesquisas visando o manejo e a política no uso das terras e sobre os aspectos da agregação dos fluxos superficiais a partir de paisagens heterogêneas, desde as canópias esparsas até a escala da malha dos modelos climáticos de circulação global. Os demais ensaios versam sobre diversos fenômenos biológicos, tratando do escalante na absorção da radiação fotossintética, fotossíntese e transpiração desde as folhas até a canópia, o escalante das plantas à comunidade e das plantas à

flora regional, as variações nas características estomacais ao nível das folhas, a mensuração, funções e balanços de matéria seca nas raízes, o balanço do carbono nas florestas tropicais, da escala local à regional, observações e simulação do balanço de energia na superfície de uma pradaria e a respeito do SiB2, um modelo para a simulação de processos biológicos no contexto de um modelo climático.

Menção especial deve ser consignada à obra *Fractal River Basins: Chance and Self-Organization, e*laborada por Ignácio RODRÍGUEZ-ITURBE e Andrea RINALDO (1997). Representa notável síntese sobre a análise de bacias hidrográficas, entrosando os processos hidrológicos, os processos geomorfológicos e a evolução das paisagens. Recompõe o conjunto das pesquisas desenvolvidas desde Horton, passando por Strahler, Hack, Leopold e Langbein, até a aplicação das concepções recentes ligadas com a teoria da auto-organização. Sob esta perspectiva, essa monumental contribuição não constitui apenas um exemplo de compreensão conceitual e de aplicação de técnicas aos estudos sobre as paisagens, mas expressa uma nova configuração de como se perceber a natureza. Ultrapassa um limiar científico, exemplificando uma nova visão científica de mundo com base no desenvolvimento das pesquisas sobre fractais e na sistematização da teoria da criticalidade auto-organizada.

Na página de apresentação explicitamente se salienta que "a obra considera as bacias fluviais e as redes de drenagem em função de suas propriedades escalantes e multiescalantes e das dinâmicas responsáveis pelo seu desenvolvimento. A análise hidrológica de bacias fluviais e a predição de seu crescimento necessita de conhecimentos obtidos em diferentes escalas espaciais e temporais. No âmago do volume encontra-se a procura pela ordem oculta dessas variabilidades temporais e espaciais nas bacias hidrográficas, a despeito de suas variações no tamanho, na composição geológica e nas condições climáticas. A pesquisa concentra-se no processo de detectar as origens dinâmicas das características fractais e na função crucial da auto-organização". Embora se lhe ofereça a classificação de hidrológica a obra também é, fundamentalmente, uma análise geomorfológica. O estilo de apresentação é sóbrio e lúcido, repassando desafios estimulantes ao leitor para reflexões visando reformular concepções teóricas anteriormente adquiridas e promover a compreensão das novas formulações conceituais e procedimentos técnicos. De modo subjacente, uma oportunidade para se avaliar as características de ensino e formação técnica nos cursos de graduação em Geografia e Geociências em face das demandas emergentes.

Sete capítulos compõem a estruturação do volume. O primeiro apresenta panorama sobre as bacias fluviais, versando sobre as características geomorfológicas, os modelos estatísticos da evolução das redes de canais, os modelos determinísticos no desenvolvimento das redes de canais fluviais e os modelos em treliça. O segundo focaliza as características fractais das bacias fluviais estudando a auto-similaridade nas bacias fluviais, as leis de Horton e as estruturas fractais das redes de drenagem, a bacia fluvial de Peano, a função escalante da lei potencial nas bacias fluviais, a auto-similaridade dos contornos topográficos, a auto-afinidade nas bacias fluviais, relações entre as leis de Hack, a auto-afinidade dos limites da bacia e as leis potenciais e as leis escalantes gerais para as redes de canais fluviais. As características multifractais das bacias hidrográficas constitui o tema do terceiro capítulo, no qual se analisam a bacia de Peano e os processos multiplicativos binomiais, o espectro multifractal das funções de largura, as relações entre multiescalantes e multifractalidade, as topografias multifractais e as cascatas aleatórias.

Após os três capítulos iniciais, que representam a parte da configuração analítica fractal e multifractal, surgem os capítulos que mais explicitamente entrosam os resultados das análises com as concepções teóricas focalizando o processo da energia mínima e das estruturas fractais na configuração das redes de canais ótimas, as características das redes fluviais fractais auto-organizadas e a propósito das paisagens auto-organizadas. N capítulo sexto, sobre as paisagens auto-organizadas, o tratamento expositivo versa sobre os processos de evolução das vertentes e modelos sobre vertentes, auto-organização das paisagens, heterogeneidade, indicadores descritivos fractais e multifractais das paisagens e assinaturas geomorfológicas das mudanças climáticas. O último capítulo trata dos aspectos relacionados com as respostas hidrológicas e geomorfológicas na organização espacial das bacias hidrográficas.

VII — OS SETORES DOS SISTEMAS DE INFORMAÇÃO GEOGRÁFICA E DA GEOESTATÍSTICA

Os procedimentos operacionais para a modelagem de sistemas ambientais ganharam realce com as tecnologias envolvidas nos sistemas de informação geográfica. A literatura é crescente assinalando o potencial aplicativo para todos os setores. Sem procurar envolvimento específico com essa ampla literatura, basta apenas mencionar alguns volumes procurando fornecer panorama geral sobre o manuseio dos dados e atualização dos sistemas de informação geográfica. De modo mais relevante para o contexto da modelagem são apresentadas obras ligadas com a aplicação dos SIGs em Geociências, Hidrologia, Ecologia das paisagens e sistemas ambientais. De modo complementar, como a análise espacial das informações se torna essencial, há a inclusão de referências a um pequeno conjunto de obras em geoinformação e Geoestatística.

Um excelente quadro a respeito dos sistemas de informação geográfica delineado no início da década de 90, considerando os princípios e as aplicações, é oferecido pela obra organizada por D. J. MAGUIRRE, M. F. GOODCHILD e D. W. RHIND (1991) sobre *Geographical Information Systems: Principles and Applications*. Em dois volumes os organizadores reúnem contribuições fornecendo panorama então atualizado sobre os princípios e aplicações dessa tecnologia e visando estimular o interesse dos diferentes grupos de usuários. Oferecendo as bases do conhecimento para usuários de todos os níveis, salienta os procedimentos básicos e as aplicações dos SIGs em análise de problemas ligados com questões analíticas e práticas. Trata-se de uma das mais importantes obras, excelente como consulta e referência.

As questões relacionadas com as maneiras de se coletar e manusear os dados referenciados como de distribuição espacial dos fenômenos encontram-se analisadas no volume organizado por Ian MASSER e Michael BLAKEMORE (1991), sobre *Handling Geographical Information: Methodology and Potential Applications*. Os autores focalizam o manejo da informação geográfica, considerando os aspectos metodológicos e as potencialidades de aplicação. Os exemplos de aplicabilidade descrevem casos envolvendo a monitoria e predição ambiental, o manejo dos azares naturais e questões organizacionais no manejo da informação espacial. A preocupação também encontra-se na obra organizada por Paul M. MATHER (1993), intitulada *Geographical Information Handling: Research and Applications* . O volume constitui o indicador das pesquisas e estudos apresentados durante a conferência realizada em fevereiro de 1993, em Londres, como produto do Programa Conjunto entre o Economic and Social Research Center (ESRC) e o Natural Environment Research Council (NERC) a propósito do manuseio da informação geográfica. Os quatro objetivos principais desse programa conjunto são definidos como: a) implementar pesquisas básicas no manuseio da informação geográfica utilizando as novas tecnologias desenvolvidas em SIGs; b) desenvolver e aplicar métodos de SIGs em determinadas áreas de aplicação e demonstrar seu valor; c) encorajar a transferência de resultados de programas de tecnologia de informação desenvolvidos em outros programas; e d) gerar oportunidades adicionais de treinamento em SIGs.

Um tema relevante para a representação cartográfica e análise espacial dos sistemas ambientais consiste na visualização dos cenários informatizados. Essa temática surge explicita no volume sobre *Visualization in Geographical Information Systems* , organizado por Hilary M. HEARNSHAW e David J. UNWIN (1994), que focaliza a crescente tomada-de-consciência na comunidade dos SIGs a propósito do desenvolvimento da visualização na computação científica. A importância da representação gráfica dos dados pode ser historiada desde a "plotagem científica de dados" até o que atualmente vem sendo denominada de "visualização na computação científica" (ViSC, Visualization in Scientific Computing). A visualização, no contexto do ViSC, pode ser definida como "um conjunto de instrumentos usados para permitir a análise visual dos dados. Através das imagens dispostas no visor do computador, propicia-se condições para o processamento humano da informação, melhorando a visualização mental e a compreensão das relações e problemas espaciais bi e tridimensionais". Tais procedimentos oferecem muito mais do que a simples representação estática e incluem a animação e interação com os dados. As estruturas dos dados e os sistemas gráficos interligados permitem a eficiente operacionalização de circuitos retroalimentativos, que são elementos chaves para o pleno sucesso da ViSC. Neste volume as contribuições examinam o estado atual da arte sobre a ViSC, considerando a terminologia, abordagem, estrutura e funcionalidade, e a interface com os SIGs, que se desenvolveram em ambiente mais amplo de aplicações, desde o manejo dos dados até a pesquisa científica. O objetivo principal foi identificar aspectos da ViSC que possam melhorar a funcionalidade e a eficiência dos SIGs a fim de atender a crescente demanda aplicativa em tarefas e soluções de problemas.

O objetivo da obra *Fundamentals of Geographic Information Systems*, de Michael DeMERS (1997), é servir como instrumento didático, refletindo o crescimento atual do conteúdo intelectual e da tecnologia dos sistemas de informação geográfica. O desafio enfrentado foi o de oferecer um nível conceitual para a compreensão da análise espacial por meio da implementação dos modernos programas disponíveis no campo dos SIGs e apresentar material útil para o treinamento técnico. Importante é assinalar que a abordagem baseia-se na focalização geográfica, desenvolvendo a perspectiva da análise geográfica no estudo dos fenômenos espaciais. Sob tal contexto, surge como contribuição perfeitamente satisfatória na literatura das obras consideradas como introdutórias ao conhecimento e à pratica dos SIGs.

A primeira parte introduz o interessado no campo da Geografia automatizada. A segunda parte trata dos dados geográficos, mapas e automação, cujos capítulos versam sobre a análise espacial ("o fundamento da Geografia moderna"), o mapa como modelo dos dados geográficos (sendo "a linguagem do pensamento espacial") e das estruturas cartográficas e dos dados em SIGs. As etapas da entrada, armazenagem e edição das informações constituem a temática da terceira parte, cujo tratamento expositivo encontra-se apresentado em dois capítulos. A temática da análise, que representa "o coração dos SIGs", surge na ampla e longa terceira parte. Os sete capítulos que compõem essa unidade focalizam a análise espacial elementar, a mensuração, a classificação, as superfícies estatísticas, a distribuição espacial, a análise comparativa sobrepondo representações espaciais de variáveis e a modelagem cartográfica. As duas últimas partes encerram um capítulo em cada uma, considerando os produtos resultantes das análises nos SIGs e o desenho e implementação dos sistemas de informação geográfica.

Em 1994 a Editora Taylor e Francis iniciou a série de obras relacionadas com as *Innovations in GIS*, cujos três primeiros volumes foram coordenados por Michael F. WORBOYS (1994), Peter FISCHER (1995) e David PARKER (1996). Em geral, a organização dos volumes utiliza como base as contribuições apresentadas durante as Conferências Nacionais sobre Pesquisas em SIGs no Reino Unido (*GISRUK*), selecionando os trabalhos mais relevantes em função das temáticas focalizadas em tais conferências. O quarto volume da série, organizado por Zarine KEMP (1997), engloba trabalhos selecionados entre os apresentados na Quarta Conferência Nacional Sobre Pesquisas em GIS no Reino Unido, realizada na Universidade de Kent, em Canterbury, em abril de 1996. Dezenove colaborações encontram-se grupadas em cinco seções, versando desde a análise e modelagem dos dados até as considerações sobre os impactos da INTERNET.

A primeira parte refere-se à modelagem dos dados e estruturas dos dados espaciais, cujos trabalhos envolvem-se com a multi-resolução da armazenagem dos dados para o SIG tridimensional, técnicas eficientes de armazenagem para representar os modelos digitais do terreno, modelagem das mudanças históricas e modelo para os sistemas de informação geográfica na multimidia. A análise espacial é o tema da segunda parte, reunindo cinco trabalhos versando sobre os avanços recentes na análise exploratória dos fluxos interregionais no espaço e no tempo, a abordagem da programação genética para construir novos modelos espaciais relevantes aos SIGs, abordagem interativa na exploração dos dados espaciais categorizados, tradutor universal das barreiras lingüísticas para o manuseio da incerteza e ajustagem no uso dos SIGs e a respeito da modelagem de indicadores locais e estatística das distâncias como instrumento de integração na análise espacial. Cinco contribuições estão reunidas na terceira parte, ligadas com a modelagem ambiental, considerando a modelagem ambiental com o uso dos sistemas de informação geográfica, o uso do VGIS (*Virtual GIS*) para o desenho conceitual de modelos ambientais, mapeamento dos limites subpíxeis a partir de imagens de sensoriamento remoto, a interpolação no SIG quadridimensional utilizando da krigagem e avaliação das influências das características dos modelos digitais do terreno sobre a análise da estabilidade das vertentes em áreas tropicais. A quarta parte considera a temática da ciência, ética e infra-estrutura em SIGs, e as contribuições analisam os SIGs sem computadores, construindo sistemas de informação geográfica com base nas observações de campo, a ética de seis atores na arena dos sistemas de informação geográfica e o debate em torno de se considerar os SIGs como recurso, mercadoria, um alvo ou uma infra-estrutura. A última parte comenta os impactos da INTERNET sobre os sistemas de informação geográfica, cujos trabalhos tratam da construção de uma linguagem científica de bancos de dados usando a World Wide Web e sobre a avaliação do potencial da WWW nas tomadas de decisões espaciais.

A Comissão sobre Sistemas de Informação Geográfica

da União Geográfica Internacional iniciou em 1984 a realização de simpósios internacionais sobre o Manuseio dos Dados Espaciais (*Spatial Data Handling*), cujo primeiro foi realizado em Zurique. Com periodicidade bianual, os simpósios seguintes foram realizados em Seattle (1986), Sydney (1988), Zurique (1990), Charleston (1992) e Edinburgo (1994). O sétimo simpósio foi realizado em Delft (Holanda), sob os auspícios da Delft University of Technology.

Os simpósios sobre *Spatial Data Handling* tornaram-se palco relevante para se avaliar os desenvolvimentos ocorridos nos diversos setores dos sistemas de informação geográfica, pois reúne conjunto relativamente pequeno de pesquisadores, na ordem da centena, que efetivamente se encontram dedicados às pesquisas e às aplicações. O volume *Advances in GIS Research II* constitui os anais do sétimo simpósio, sob a coordenação de Menno-Jan KRAAK e Martien MOLENAAR (1997). Nesse simpósio, a conferência da sessão de abertura foi proferida por F. Salgé, tratando dos "impactos dos doze anos nas pesquisas sobre o manuseio de dados espaciais sobre a comunidade em GIS".

Sessenta e três contribuições foram selecionadas para o presente volume, caracterizadas pela alta qualidade e cada uma recebendo a aprovação de três árbitros de renome internacional, grupadas conforme os temas das 22 sessões. Em função da dominância teórica e técnica, os trabalhos podem ser considerados como oferecendo um panorama sobre o estado-da-arte. A diversidade temática das sessões salienta a cuidadosa preparação para a análise conceitual, a fim de se obter quadro expressivo sobre os avanços das pesquisas em SIGs. Esses aspectos refletem a significativa importância do simpósio e da presente obra. Os temas escolhidos para as sessões focalizam as questões relacionadas com os dados espaço-temporais (duas sessões), sistemas de suporte às decisões, banco de dados espaciais (duas sessões), aplicações de algoritmos, estratégia de generalização orientação de objetos, qualidade dos dados, generalização, topologia, redes de algoritmos, visualização, modelagem digital do terreno (duas sessões), restrições e conflitos na generalização, incerteza, análise espacial raciocínio e interfaces. A sessão de encerramento foi composta pela comunicação de J. Raper, versando sobre "os problemas da representação espacial ainda não-resolvidos".

A obra *Principles of Geographical Information Systems for Land Resources Assessment*, elaborada por Peter A. BURROUGH (1986), recebeu ampla aceitação e rapidamente transformou-se em marco histórico e obra clássica na literatura dos SIGs. Ao longo de doze anos ocorreram avanços sensíveis na tecnologia e na utilização aplicativa dos SIGs, de modo que se tornava imperioso realizar atualização e ampliação dessa tradicional obra. Esta é a função que se atribui ao volume *Principles of Geographical Information Systems*, que surge graças aos esforços conjuntos de Peter BURROUGH e Rachael A.

McDONNELL (1998).

O volume descreve e explica os princípios teóricos e práticos para o manuseio dos dados espaciais, que necessitam ser compreendidos para trabalhar efetiva e criticamente com os sistemas de informação geográfica. A importância na atualidade em se compreender os princípios básicos dos SIGs é maior que há uma década atrás, em virtude da existência de poderosos instrumentos computacionais, abundância crescente dos dados espaciais e diversidade enorme das aplicações, que não estão limitadas apenas à construção de mapas e pesquisa científica. Embora baseado no volume de 1986, surge como contribuição muito mais ampla do que uma segunda edição.

Os capítulos iniciais examinam as diferentes maneiras de como os dados espaciais são percebidos, conceitualmente modelizados e representados, considerando os modelos e axiomas dos dados, os dados geográficos no computador, os input, verificação, armazenagem e produtos ligados aos dados, a criação de superfícies contínuas a partir de dados pontuais e a interpolação ótima utilizando geoestatística. Explica como, usando as abordagens das entidades discretas no espaço e a do campo contínuo, os dados são trabalhados na operacionalização da análise espacial. De modo semelhante ao da primeira edição, os materiais são acompanhados por avaliação crítica de suas fontes, funções e tratamento dos erros e incertezas nos dados espaciais e SIGs, tratando dos erros e controle da qualidade e propagação dos erros na modelagem numérica. No capítulo décimo primeiro inclui uma discussão dos princípios e métodos de análise relacionados com a lógica difusa, focalizando os conjuntos difusos e os objetos geográficos difusos. O último capítulo expositivo tece comentários sobre as questões e tendências atuais nos sistemas de informação geográfica.

Para os conceitos introdutórios e praticabilidade operacional preliminar no uso dos sistemas de informação geográfica já existem contribuições didáticas disponíveis em língua portuguesa. Tais contribuições foram elaboradas por Roberto ROSA e Jorge Luís S. BRITO (1996), que tratam do geoprocessamento, Gilberto CÂMARA e colaboradores (1996), analisando a anatomia de sistemas de informação geográfica, e por Roberto FERRARI (1997), que leva o leitor à uma viagem ao SIG. A estas três obras deve ser acrescentado o trabalho realizado por Jorge Xavier da SILVA e Marcelo J. S. SOUZA (1987), mostrando as bases e aplicação do geoprocessamento na análise ambiental, e a obra concatenando os conceitos e definições, em torno de dicionário sobre sistemas de informação geográfica, organizada por Amandio Luís A. TEIXEIRA e Antonio CHRISTOFOLETTI (1997). Com mesma preocupação introdutória, promovendo o conhecimento e uso dos sistemas de informação geográfica no ensino e na pesquisa, surge a obra de Gustavo D. BUZAI e Diana

DURÁN (1997).

K. KOVAR e H. P. NACHTNEBEL (1993) foram os responsáveis pela organização do volume sobre *Application of Geographic Information Systems in Hydrology and Water Resources Management*. Em sua proposição básica, os SIGs possuem a abrangência de manipular o conjunto complexo dos dados, como ferramenta útil à operacionalização da abordagem holística, numa concepção transdisciplinar. Ao se beneficiar dessa potencialidade, observa-se a preocupação dos pesquisadores em desenvolver programas específicos de SIGs, direcionados de modo explicito para os assuntos em cada disciplina. A temática do Simpósio Internacional realizado em Viena, sobre a aplicação dos sistemas de informação geográfica em Hidrologia e manejo dos recursos hídricos, constitui um exemplo dessa abordagem especializada. O volume representa os anais do referido simpósio, cujos objetivos foram os de possibilitar o conhecimento sobre as experiências adquiridas na aplicação dos SIGs e identificar as necessidades visando orientar pesquisas relacionadas com as exigências específicas no campo da análise hidrológica e manejo dos recursos hídricos.

Nova conferência internacional sobre a mesma temática ocorreu em abril de 1996, e o volume referencial também foi organizado por K. KOVAR e H. P. NAHTNEBEL (1996). O objetivo principal foi o de delinear e avaliar o desenvolvimento na metodologia dos SIGs e em suas aplicações sofisticadas nos setores ligados com os recursos hídricos, ocorridos nos anos noventa. Procurou-se também delinear como os SIGs devem promover o desenvolvimento e aplicações de modelos hidrológicos, principalmente naqueles que se baseiam nos aspectos físicos e na distribuição espacial. A leitura possibilita apreender e atualizar as considerações conceituais, o domínio técnico, o discernimento analítico e a aplicabilidade no estudo de casos. Em virtude da qualidade das contribuições e da abrangência tópica, ambos os volumes tornam-se obras de referência relevante no cenário das pesquisas em Geociências.

Devido à sua potencialidade, os sistemas de informação geográfica estão sendo utilizados para operacionalizar as abordagens holísticas em sistemas de alta complexidade. Nessa temática surge como oportuna a contribuição de Roy HAINES-YOUNG, David R. GREEN e S. H. COUSINS (1993) focalizando *Landscape Ecology and Geographic Information Systems*. As contribuições reunidas nesse volume versam sobre aspectos conceituais e técnicos a respeito da análise dos sistemas envolvidos com a Ecologia das paisagens, nome alternativo da abordagem holística sobre sistemas ambientais, e descrevendo exemplos de aplicação relacionados com fluxos hidrológicos, manejo de recursos hídricos e impactos ambientais.

A finalidade da obra didática elaborada por Graeme F. BONHAM-CARTER (1994) é introduzir as idéias e as práticas dos sistemas de informação geográfica aos estudantes e profissionais pertencentes aos diversos setores das Geociências, por considerar que a manipulação digital dos dados espaciais tornou-se parte essencial de muitos estudos geológicos e ambientais. O resultado foi a produção de volume oferecendo excelente combinação entre os conceitos, a descrição de técnicas e os exemplos aplicados. Muitos dos exemplos expostos estão relacionados com a integração dos bancos de dados espaciais múltiplos para as explorações minerais. Por outro lado, encaminha o leitor para o domínio de idéias básicas sobre a análise e a modelagem espaciais.

Após a apresentação introdutória aos sistemas de informação geográfica, os capítulos 2 e 3 expõem as noções relacionadas com os modelos de dados espaciais e a respeito da estruturação dos dados. As temáticas dos inputs de dados e da visualização dos dados são os assuntos dos dois capítulos seguintes. No sexto capítulo Bonham-Carter trata das transformações dos dados espaciais de uma estrutura para outra, por exemplo da forma raster de um mapa geológico que precisa ser convertido para a forma vectorial. Os três capítulos seguintes versam sobre a combinação, análise e modelagem dos mapas tanto na forma raster como na vectorial. Nessa seqüência, os assuntos descrevem as operações normalmente disponíveis nos SIGs para a manipulação de mapas individuais e seus atributos, para as operações combinatórias de pares de mapas e os modelos usados para estabelecer combinações entre diversos mapas.

Muitos eventos naturais catastróficos são fenômenos intrinsecamente complexos ocasionados por um conjunto de fatores, dos quais vários são mal conhecidos e não devidamente mapeáveis. Entretanto, muitas pesquisas fundamentais foram sendo desenvolvidas ampliando consideravelmente o conhecimento disponível para projetos futuros visando avaliar mais adequadamente os riscos dos azares naturais. Mas a predição espacial e temporal ainda constitui-se em tarefa muito difícil, necessitando a aquisição de grande quantidade de dados espaciais, longos registros históricos e modelos sofisticados sobre os processos físicos envolvidos. Em função das tecnologias e das técnicas disponíveis no tocante aos sistemas de informação geográfica, surgiu um novo potencial para ser aplicado nas investigações sobre os eventos catastróficos.

Com o objetivo de avaliar os potenciais dos SIGs em face da necessária abordagem multidisciplinar e cooperação internacional para a predição e mitigação dos riscos, foi realizado em Perugia, em setembro de 1993, o Simpósio Internacional sobre *Sistemas de Informação Geográfica na Avaliação dos Azares Naturais*. O volume organizado por Alberto CARRARA e Fausto GUZZETTI (1995) reúne dezesseis das contribuições apresentadas no simpósio. No tocante aos processos físicos, os problemas ligados com os deslizamentos, enchentes e terremotos são os dominantes. Por outro lado, os estudos de casos em função de pesquisas ambientais são mais numerosos que os referenciados com a prática operacional.

O primeiro capítulo analisa os impactos devastadores das catástrofes naturais sobre as estruturas sociais e econômicas nos países em desenvolvimento e nas modernas sociedades industrializadas, enquanto o segundo focaliza as limitações dos SIGs para a mitigação dos azares e tece considerações sobre algumas das iniciativas atuais visando a implementação dessa tecnologia em sistemas operacionais. A questão das estruturas dos dados espaciais e a dos algoritmos de conversão, no contexto das redes de drenagem derivadas dos modelos digitais do terreno, são discutidas no terceiro capítulo.

Os treze capítulos restantes referem-se dominantemente a estudos de casos, relatando pesquisas sob uma perspectiva acadêmica ou sob objetivos de atividades operacionais para a monitoria e mapeamento controlador para instituições governamentais. Embora em todos os trabalhos haja o uso subjacente dos SIGs, a abrangência da técnicas empregadas oscila desde a representação gráfica dos dados até a modelagem espacial complexa. As temáticas dessas contribuições versam sobre a integração de dados hidrológicos para desenvolver modelos determinísticos para os azares de deslizamentos, abordagens para determinar processos de gravidade nas vertentes e azares ligados aos fluxos de sedimentos, procedimentos para avaliar e mapear as ocorrências de avalanchas detríticas rápidas, avaliação das armadilhas existentes nos SIGs para avaliar as catástrofes naturais, o uso de modelos hidráulicos bidimensionais para delinear os azares ligados com as enchentes, o uso de modelos probabilísticos para analisar os aspectos espaciais e temporais dos azares ligados aos fluxos de lava, os problemas ligados à poluição das águas subterrâneas em áreas altamente industrializadas e questões relacionadas com o planejamento do uso das terras em áreas sujeitas a deslizamentos. O último trabalho versa sobre sistemas operacionais para a coleta, computação e distribuição dos dados obtidos por sensoriamento remoto para a análise dos recursos hídricos das camadas de neve.

No campo explícito da modelagem ambiental há que se destacar o volume organizado por Michael F. GOODCHILD, Bradley O. PARKS e Louis T. STEYART (1993), que focalizou a aplicação dos sistemas de informação geográfica na modelagem dos sistemas ambientais. Trata-se da melhor e mais completa obra então disponível, focalizando as abordagens interativas entre a modelagem de sistemas ambientais e os sistemas de informação geográfica. Os objetivos básicos consistiam em possibilitar a interação dos SIGs e dos modelos de simulação ambiental em setores da pesquisa científica, avaliação quantitativa dos recursos e análise de riscos. Os objetivos mais específicos surgiam como sendo: a) aprimorar a compreensão interdisciplinar da tecnologia dos SIGs de categorias dos modelos de simulação nas ciências naturais; b) intensificar as comunicações interdisciplinares; c) identificar requisitos e oportunidades para integração, e d) estimular o entusiamo para se enfrentar desafios.

De certa maneira, surgindo como prosseguimento e atualização da obra *Environmental Modelling with GIS*, M. F. GOODCHILD, L. T. STEYAERT, B. O . PARKS, C. JOHNSTON, D. MAIDMENT, M. CRANE e S. GLENDINNING (1996) coordenaram a publicação do volume *GIS and Environmental Modeling: Progress and Research Issues*. Um conjunto composto por 86 contribuições forma o conteúdo desse volume, que resume os avanços recentes e identifica as questões chaves para as pesquisas no que se refere à integração dos sistemas de informação geográfica e modelagem dos sistemas ambientais. O objetivo dos editores foi o de promover comunicação entre especialistas na modelagem ambiental, no sensoriamento remoto e nos sistemas de informação geográfica que possuam interesses mútuos e metas comuns. Uma finalidade foi a de se oferecer respostas à indagação: "Qual é a função potencial da tecnologia dos SIGs na modelagem simulatória contemporânea sobre os sistemas ambientais ?". Para as respostas, torna-se oportuno ressaltar a necessidade de profundo conhecimento tanto dos SIGs como dos procedimentos da modelagem ambiental. Por um lado, os SIGs representam tecnologias sofisticadas emergentes para processar, analisar e visualizar a quantidade crescente de dados espaciais digitalizados. Por outro, os modelos ambientais tratam com a simulação numérica de processos tridimensionais, dependentes do tempo, com raízes nas informações provindas das ciências atmosféricas, hidrológicas, geológicas, geomorfológicas, pedológicas, biológicas, ecológicas e outras.

O resultado oferecido constitui-se em volume denso e rico de informações, técnicas e atividades de pesquisa ligadas com os SIGs e modelagem ambiental. A estruturação do volume distingue três partes, referentes aos bancos de dados e mapeamento ambientais, modelagem ambiental ligada aos SIGs e construção de modelos ambientais com o uso dos SIGs. Os 25 capítulos da primeira parte examinam a função e uso dos SIGs como um instrumento para construir e organizar os dados espaciais para os modelos ambientais. Na segunda parte, 33 contribuições descrevem diversas aplicações dos SIGs utilizadas na modelagem ambiental objetivando o manejo dos dados espaciais, integração dos variados tipos de dados, desenvolvimento da análise espacial e visualização dos resultados oriundos dos modelos. A terceira parte engloba 28 capítulos focalizando as questões de vanguarda na pesquisa, incluindo a exposição de modelos que se incorporam diretamente no contexto dos SIGs. Cada parte inicia com a apresentação de duas contribuições abrangentes, constituindo capítulos gerais sobre a temática, seguidas pelos capítulos que incorporam as contribuições que oferecem estudos e discussões mais direcionadas a

210 Panorama sobre a produção bibliográfica

estudos de casos.

A potencialidade abrangente dos sistemas de informação geográfica criou oportunidades para iniciativas visando o desenvolvimento de sistemas de informação direcionadas para determinados campos aplicativos, tais como sistemas de informação hidrológica, sistemas de informação climática, sistemas de informação pedológica, etc.. Oliver GÜNTHER (1998) elaborou a primeira obra didática relacionada com os sistemas de informação ambiental. Os sistemas de informação ambiental estão relacionados com o manejo dos dados sobre os solos, águas, clima, vegetação e fauna a propósito dos ecossistemas e geossistemas terrestres. Embora os estudos relacionados com os sistemas ambientais e com os problemas ambientais sejam alvo de ampla literatura, inclusive com o uso aplicativo dos SIGs em numerosos casos, ainda não existia a presença de obra sistematizando a temática sobre os sistemas de informação para o contexto ambiental.

Em sua formulação, Günther procurou sistematizar os fluxos da informação ambiental em quatro fases: coleta dos dados, armazenagem dos dados, análise dos dados e manejo dos bancos de dados. Esse fluxo de informação corresponde a um processo complexo de agregação durante o qual os dados recebidos são gradualmente transformados em documentos concisos que podem ser usados para suporte à decisão em níveis superiores. Embora incluindo diversos exemplos empíricos na aplicação dos sistemas de informação ambiental, o volume direciona-se mormente para os conceitos do que para a aplicabilidade. Sob essa perspectiva, alguns temas, tais como os relacionados com o manejo ambiental, sistemas de informação geográfica e modelos de simulação, receberam tratamento relativamente restrito.

O capítulo que trata da coleta dos dados descreve a taxonomia dos objetos, o mapeamento dos ambientes, as técnicas avançadas, a mensuração das informações hídricas e a utilização do sensoriamento remoto. No que se refere à armazenagem dos dados, os itens abordam as questões ligadas a armazenagem dos dados em SIGs, sistemas de bancos de dados espaciais, métodos de acesso multidimensional e técnicas orientadas a objetos. Ao focalizar a temática da análise dos dados e suporte às decisões, Günther trata da monitoria ambiental, modelos de simulação, análise dos dados em SIGs, informações ambientais *online*, sistemas de informação para o manejo ambiental e o exemplo dos SIAs de interesse público, considerando o exemplo na região de Baden-Würtemberg. O capítulo final, sobre o manejo dos bancos de dados, considera os itens ligados com os bancos de dados e modelagem dos dados, os bancos de dados na infra-estrutura da informação nacional nos Estados Unidos, o catálogo das fontes de dados e o catálogo dos dados ambientais, que é um sistema de meta-informação e instrumento de navegação que documenta as coleções de dados ambientais das instituições governamentais e de outras fontes.

Em relação ao uso de procedimentos computadorizados para a modelagem ambiental, três obras podem ser mencionadas. A primeira foi elaborada por D. G. FARMER e M. J. RYCROFT (1991), a respeito da *Computer Modelling the the Environmental Sciences*, enquanto a segunda constitui obra didática, organizada por J. HARDISTY, D. M. TAYLOR e S. E. METCALFE (1993), denominada *Computerised Environmental Modelling*. Os autores oferecem os princípios básicos e série de exemplos relacionados com a modelagem de sistemas ambientais, utilizando o software EXCEL. A terceira refere-se ao volume *Computer Models of Watershed Hydrology*, organizado por Vijay P. SINGH (1995), que apresenta excelente tratamento a respeito da modelagem em bacias hidrográficas de pequeno porte. A característica essencial desta obra consiste na descrição das características de diversas categorias de modelos hidrológicos, tais como RORB, UBC, PRMS, SSARR,HBV, SRM, SLURP, TOPMODEL, THALES, KINEROS, MIKE 11, MIKE SHE, SWRRB, EPIC, AGNPS, SPUR-91, CREAMS e GLEAMS, e na avaliação aplicativa em função dos estudos de casos.

O manejo integrado da geoinformação e o uso do sensoriamento remoto são temas básicos aos estudos ambientais e diversas obras encontram-se em disponibilidade. Inspirado no desenvolvimento dos sistemas de informação geográfica ocorrido nos últimos vinte anos, a obra didática elaborada por Seppe CASSETARI (1993) *Introduction to Integrated Geo-information Management* focaliza os aspectos relacionados com o manejo da geoinformação. Esta preocupação interliga-se com o fato de que, se há necessidade de se conhecer adequadamente as potencialidades e as limitações dos SIGs, a longo prazo a aplicação da compreensão geográfica para a solução de problemas situa-se no amplo contexto do manejo da informação. Os dados referenciados espacialmente estão ganhando importância crescente quando se deseja compreende as questões relevantes no mundo hodierno.

Duas obras salientando o uso do sensoriamento remoto na análise ambiental são pertinentes. Em primeiro, trata-se do volume *Environmental Remote Sensing from Regional to Global Scales*, organizado por Giles FOODY e Paul CURRAN (1994). Considerando que o sensoriamento remoto constitui-se na principal fonte de informações a respeito dos fenômenos ambientais, o volume recebeu a colaboração de vários pesquisadores elaborando textos sistematizados para a coerência e abordagem ampla a respeito do uso do sensoriamento remoto na análise espacial dos fenômenos ambientais nas escalas regionais e global. Outra contribuição foi organizada por V. Alaric SAMPLE (1994) sobre *Remote Sensing and GIS in Ecosystem Management*, levando em conta os avanços recentes na tecnologia do sensoriamento remoto e o processamento dos dados gerados por meio dos sistemas de informação geográfica, direcionados especificamente para análises ou manejo de questões ambientais. O objetivo principal desse volume é identificar e sistematizar as informações atuais necessárias aos ecólogos e especialistas no manejo de recursos para o uso no desenvolvimento de políticas e tomadas-de-decisão visando o manejo de ecossistemas florestais, e explorar as aplicações potenciais das tecnologias do sensoriamento remoto e dos SIGs na análise das referidas informações. Em segundo lugar, propiciar uma fonte de informações básicas para os juristas e políticos que não possuem embasamento técnico em sensoriamento remoto ou no manejo de recursos, mas que normalmente são chamados a tomar decisões e explicitar rumos a respeito da proteção e manejo sustentado dos ecossistemas florestais. Os exemplos e estudos de casos são ocorrências observadas nos Estados Unidos.

Os procedimentos quantitativos aplicados na análise da ecologia de paisagens beneficiam-se da obra organizada por M. G. TURNER e R. H. GARDNER (1991), intitulada *Quantitative Analysis in Landscape Ecology*. Esse volume apresenta uma estrutura conceitual e exemplifica aplicações para analisar variados aspectos, tais como padrões espaciais, estatística espacial, fractais, modelagem espacial, abordagens em escalas amplas e procedimentos para se realizar a extrapolação entre diversas sistemas de escalas espaciais diferenciadas. Os capítulos oferecem introdução aos procedimentos estatísticos aplicáveis na ecologia das paisagens, análise e interpretação dos padrões paisagísticos, além do desenvolvimento de técnicas para elaboração de modelos e da simulação.

Combinando suas perspectivas em informática e na análise geográfica Robert LAURINI e DEREK THOMPSON (1992) trabalharam na elaboração de excelente obra didática, direcionada para o estudo dos sistemas de informação espacial. Trata-se da obra *Fundamentals of Spatial Information Systems*. Nessa organização utilizaram como diretriz básica a semântica espacial e se preocuparam mormente com os conceitos, princípios e modos de organização. A coerência organizacional, a clareza expositiva e a riqueza ilustrativa tornam-se características desse volume, como obra didática básica. A primeira parte faz a introdução ao contexto espacial, cujo primeiro capítulo identifica os componentes do sistema de informação espacial e explicita as razões para a existência da Geomática. Os dois capítulos seguintes estudam os objetivos e tipos dos problemas espaciais e os aspectos semânticos (objetos, superfícies, dados).

A segunda parte focaliza as geometrias para os dados espaciais, analisando as geometrias (posição, representação, dimensões), a topologia (gráficos, áreas, ordenação), as tecelaturas (células regulares e irregulares, hierarquias), a manipulação (interpolação, operações geométricas, transformações) e a análise espacial (dados de atributos, modelagem, integração). A terceira parte versa sobre a modelagem conceitual para os dados espaciais, tratando das metodologias e questões do desenho para os sistemas de informação, da modelagem

conceitual dos objetos orientados linearmente ("modelos spaghetti) e das áreas e volumes ("modelos pizza) e sobre as perspectivas, integração e complexidades da modelagem de objetos espaciais. A quarta e última parte trata da recuperação dos dados espaciais e dos procedimentos de raciocínio. Os capítulos expõem a álgebra relacional e a de Peano, tipos e algoritmos para as indagações espaciais, acesso e qualidade dos dados (salientando os índices espaciais e as restrições à integridade), os sistemas de informação espacial hipermídia e os hipermapas e os sistemas de informação espacial inteligentes. Em cada capítulo há, no final, o resumo e conclusões sobre os temas abordados e a relação bibliográfica pertinente.

A análise e a modelagem de dados espaciais apresentaram desenvolvimento muito grande no transcurso da última década. O conceito de *dados espaciais* significa a categoria de dados que, além dos valores relacionados ao fenômeno observado, também possuem registros das localizações espaciais relativas das observações, porque elas podem ser de relevância na interpretação das informações. Percebe-se facilmente como os dados espaciais são fundamentais para os setores da Geografia, Geologia, Ecologia e disciplinas que desejam analisar a variabilidade e os padrões espaciais.

A análise e a modelagem de dados se séries temporais são básicas nos estudos ambientais. No tocante às informações relacionadas com a Hidrologia torna-se oportuno mencionar a obra de Robin T. CLARKE (1994), sobre *Statistical Modelling in Hydrology*. Essa obra encontra-se direcionada para os hidrólogos que interpretam registros hidrológicos. A preocupação maior consiste em mostrar as transformações analíticas que estão ocorrendo com a difusão e uso dos computadores baratos e poderosos. Procedimentos que no passado raramente poderiam ser utilizados, em virtude do esforço necessário para processá-los, podem atualmente ser empregados com facilidade. Robin Clarke mostra como os diferentes procedimentos metodológicos utilizados na prática hidrológica encontram-se relacionados por meio dos modelos estatísticos empregados para descrever a estrutura subjacente dos dados hidrológicos.

Também merece registro a abrangente obra elaborada por Keith W. HIPEL e A. Ian McLEOD (1994) a respeito da *Time Series Modelling of Water Resources and Environmental Systems*, que representa uma contribuição sistematizadora a respeito da modelagem de séries temporais aplicadas aos recursos hídricos e sistemas ambientais. Os autores não se restringem apenas aos vários tipos de modelos sobre séries temporais, mas também incluem outros procedimentos estatísticos concernentes com as técnicas gráficas, testes de tendências não-paramétricas e análise de regressão. Ao lado da apresentação dos modelos, os autores descrevem as aplicabilidades das técnicas estatísticas com exemplos a respeito dos fluxos fluviais, qualidade ambiental e na análise de diversas questões ambientais. Em seu contexto, apresenta a teoria e a prática sobre a modelagem de séries temporais aplicadas na análise dos sistemas ambientais. Entre as diversas categorias de modelos há destaque para o ARMA (AutoRegressive-Moving Average) e modelos multivariados.

Keith McCLOY (1995), na obra *Resource Management Information Systems: Process and Practice,* focaliza as características e a aplicabilidade dos sistemas de informação geográfica necessários para o manejo efetivo dos recursos distribuídos espacialmente, em suas diferentes categorias. Trata-se de contribuição sistematizada, de significância pela sua clareza na exposição conceitual, técnica e descrição de exemplos. Nessa obra de formalismo didático apresenta os princípios físicos do sensoriamento remoto e os procedimentos de interpretação visual. Essa temática prossegue em outros capítulos versando sobre as aplicações das interpretações visuais no levantamento de uso das terras, distribuição e produção agrícola e sobre o processamento de imagens. O sexto capítulo oferece ao leitor o panorama a propósito do uso dos dados de campo, enquanto o sétimo descreve os aspectos básicos dos sistemas de informação geográfica. Os dois capítulos finais foram elaborados sob a perspectiva aplicativa, salientando as características dos sistemas de informação para o manejo de recursos e as aplicações do processamento digital de imagens e dos sistemas de informação geográfica, com a descrição do contexto ambiental, técnicas e estudos de casos sobre deslizamentos nas regiões montanhosas das Filipinas, monitoria das áreas cultivadas com arroz, avaliação da cobertura arbórea em áreas de savanas, predição da erosão dos solos causada pelas águas e avaliação da produção agrícola.

Com periodicidade bianual a Rede de Geógrafos Europeus Teoréticos e Quantitativos organiza um simpósio focalizando determinados temas. O simpósio de 1993 foi realizado em Budapeste. O volume contendo os trabalhos apresentados naquela oportunidade, em versões revisadas e ampliadas, foi organizado por Manfred M. FISCHER, Tamás SIKOS e László BASSA (1995). O volume encontra-se organizado em quatro partes. A primeira versa sobre as novas abordagens a propósito do processamento da informação espacial, constituindo-se em chamativos intrigantes e desafiadores. Inicialmente considera a neurocomputação, que oferece paradigma alternativo potencial para o processamento da informação espacial envolvendo grandes redes compostas por elementos relativamente simples e tipicamente não-lineares. As contribuições oferecem breve introdução às características das redes neurais, sobre os procedimentos classificadores neurais existentes e abordagem neural para classificar grandes conjuntos de dados espaciais e uso de autômato celulares para a modelagem de sistemas espaciais complexos. O último trabalho considera a aplicação dos sistemas especialistas ("expert systems"), descrevendo as características do sistema **InfoClas**, baseado no estudo de casos, como sendo um instrumento para a solução de problemas geográficos.

A segunda parte refere-se aos problemas e técnicas do sensoriamento remoto no tocante a análise espacial, destacando-se as comunicações sobre a mensuração fractal de imagens, aplicada no caso de Bristol, o uso da morfologia matemática na detecção da polarização e esferas de influências urbanas e a modelagem da visibilidade cartográfica em uma rodovia em área montanhosa. Três contribuições encontram-se inseridas na terceira parte focalizando os aspectos aplicativos e institucionais ligados com a tecnologia dos sistemas de informação geográfica. A quarta e última parte trata de aplicações de modelos e métodos em vários domínios, com estudos referenciados à modelagem do mercado residencial, à localização e valores das propriedades residenciais, ao modelo da dinâmica espacial na população de empresas comerciais e às mudanças no comércio varejista na cidade de Boston entre 1946 e 1993. Não se pode omitir menção à obra elaborada por Simon W. HOULDING (1994), sobre *3D Geoscience Modeling: Computer Techniques for Geological Characterization,* que apresenta as técnicas computacionais para a modelagem tridimensional aplicadas na caracterização dos fenômenos geológicos. Utilizando a noção de modelagem como sendo um conjunto de procedimentos que levam, nas Geociências, mormente à análise numérica e espacial, as técnicas descritas envolvem-se com a interpretação geológica, predição geoestatística e visualização gráfica.

Uma temática essencial aos estudos geográficos encontra-se relacionada com a análise espacial. Uma apresentação didática das técnicas envolvidas na Geoestatística, considerada como "a arte da análise espacial", encontra-se na obra de James R. CARR (1995) sobre *Numerical Analysis for the Geological Sciences.* Embora seja obra didática para a análise numérica orientada para as ciências geológicas, recobre de modo detalhado a teoria e as aplicações práticas de amplo conjunto de procedimentos de análise numérica. Ao procurar atender a demanda crescente para maior proficiência computacional, nos cursos universitários dos Estados Unidos, o autor descreve programas computacionais para cada procedimento metodológico, de maneira que o estudante possa compreender o processo e implementá-lo em seus equipamentos.

A sistematização e a aplicação de procedimentos estatísticos em questões temáticas ligadas aos sistemas ambientais são assuntos envolvidos na obra organizada por Vic BARNETT e K. Feridum TURKAMN (1993), sobre *Statistics for the Environment.* A primeira parte trata da monitoria e amostragem ambiental, cujos trabalhos consideram a importância de se especificar conceitos identificáveis na modelagem de sistemas ambientais, descrevendo o *active mixing volume* como um novo conceito operacional, a utilização dos métodos de distribuição ponderada na amostragem e modelagem ecológica e ambiental e os impactos dos padrões temporais analisados em função do status e tendências ecológicas. A segunda parte versa sobre os níveis de mensuração e conseqüências da poluição e contaminação, tratando da modelagem dos processos pontuais na epidemiologia ambiental e do uso de modelos estocásticos para a análise do tempo de exposição à poluição a partir de uma fonte pontual. As quatro partes restantes incidem sobre questões temáticas setoriais, analisando problemas climatológicos e meteorológicos, aspectos dos recursos hídricos, a dinâmica das populações de peixes e a respeito do abastecimento e conservação das florestas.

Apresentação introdutória à krigagem disjuntiva e à geoestatística não-linear foi elaborada por Jacques RIVOIRARD (1994), descrevendo as bases e exemplos relacionados com o desenvolvimento analítico sobre os problemas geométricos em Geociências ocorridos nas duas últimas décadas. A primeira parte desenvolve a orientação conceitual e a exposição das técnicas geoestatísticas não-lineares, enquanto a segunda descreve estudos de casos considerando a avaliação de depósitos tipo veios usando indicadores residuais, avaliação dos elementos traços nos solos e predição das reservas recuperáveis na escala local para atividades de mineração.

A obra realizada por Hans WACKERNAGEL (1995) apresenta introdução e aplicações da geoestatística multivariada. O autor mostra como a Geoestatística oferece variedade de modelos, métodos e técnicas para a análise, avaliação e disposição dos dados multivariados distribuídos no tempo e no espaço. O volume expõe uma revisão genérica dos conceitos estatísticos, uma introdução detalhada à Geoestatística linear (variogramas, funções de covariância, anisotropia, krigagem, modelos lineares de regionalização, etc) e tratamento de três métodos básicos da análise multivariada (análise dos componentes principais, análise canônica e análise das correspondências). O autor enriquece sua obra com a exposição dos modelos lineares para a análise multivariada dos dados de séries temporais e de distribuição espacial (co-variância, cokrigagem, variogramos multivariados e co-regionalização, assim como inclui o recente modelo bilinear de co-regionalização) e a abordagem introdutória à geoestatística não-estacionária.

O Institute for Mathematics and its Applications (IMA) foi criado em 1982, na Universidade de Minnesota, com a finalidade de estimular o desenvolvimento dos estudos sobre novos conceitos matemáticos e a propósito de questões de interesse às outras disciplinas, procurando reunir conjuntamente matemáticos e pesquisadores relacionados a diversos campos científicos. Uma das atividades do IMA consiste no estabelecimento de programas anuais de pesquisa e na realização de simpósios. O simpósio sobre *Modelos Estocásticos em Geossistemas* foi realizado em maio de 1994. Stanislav

A. MOLCHANOV e Wojbor A. WOYCZYNSKI (1997) foram os organizadores do volume reunindo as contribuições apresentadas.

Não há menção alguma sobre o significado e abrangência do termo *geossistema*, mas pressupõe-se que foi compreendido como abrangendo tudo o que se insere no sistema terrestre. Sob esta inferência compreende-se a diversidade das temáticas analisadas, focalizando questões ligadas com a Matemática, Estatística, Física, Geofísica, Astrofísica, Física da Atmosfera, Mecânica dos Fluídos, Sismologia e Oceanografia. O tema comum subjacente que entrelaça as contribuições refere-se à modelagem estocástica dos fenômenos geofísicos. As contribuições inseridas no volume são relevantes para a análise de diversas categorias de fenômenos e processos no sistema terrestre. Todavia, sob a perspectiva da abordagem geográfica, há que mencionar os trabalhos tratando dos multifractais universais e criticalidade auto-organizada na cascata dos giroscópios escalantes, turbulência das ondas oceânicas dependentes da escala, análise das cascatas com aplicações em Geociências, circulação oceânica, topografia aleatória em modelos geofísicos, condicionantes estocásticos dos movimentos oceânicos, transferência radioativa em atmosferas multifractais, morfologia e textura de multifractais anisotrópicas usando invariância escalar, abordagens para a auto-organização de formas de relevo e modelagem da dinâmica espaço-temporal dos abalos sísmicos.

Trevor C. BAYLEY e Anthony C. GATRELL (1995) elaboraram obra didática destinada à graduação, tratando da análise interativa dos dados espaciais, situando-se entre as melhores obras didáticas referentes ao assunto. Os dois primeiros capítulos apresentam os conceitos e as características d análise de dados e a importância do uso de programas computacionais nesses procedimentos analíticos. A segunda parte trata da análise dos padrões de pontos, cujos capítulos consideram os procedimentos metodológicos introdutórios e os mais avançados para a análise desses padrões. A terceira parte envolve-se com a análise de dados espacialmente contínuos, também considerando os procedimentos mais simples e os mais avançados. A mesma estruturação repete-se na quarta parte, que trata da análise de dados arealmente distribuídos. A última parte trata dos procedimentos metodológicos de análise dos dados de interação espacial.

A obra didática elaborada por Paulo Milton Barbosa LANDIM (1998) versa sobre a análise de dados geológicos controlados por sua distribuição espacial. Trata-se de contribuição para a análise espacial das informações geológicas, em vez de ater-se aos tópicos normalmente tratados nos livros de Estatística básica, focalizando as técnicas para dados univariados e correlação de variáveis. Sob esta perspectiva, insere-se no contexto da Geoestatística, termo que foi apresentado por G. Matheron para designar o estudo das variáveis regionalizadas, cujos fundamentos foram apresentados em trabalhos que datam de 1962 e 1963. O objetivo de

Paulo Landim é o de transmitir conceitos estatísticos da maneira mais simples possível e que possam ser utilizados na análise dessa categoria de dados, tanto nos setores dos estudos geológicos como nas demais disciplinas que se envolvam com informações de distribuição espacial. O resultado expressa-se por obra coerente, muito bem organizada, de grande acessibilidade expondo os conceitos, as descrições das técnicas e a exposição de exemplos em sua marcha cadenciada para a obtenção de resultados práticos.

Após a introdução, nos capítulos 2 a 6 estão expostos os procedimentos usualmente inseridos nos livros de Estatística descritiva, considerando populações e amostras, distribuições de freqüências, estimação e testes de hipóteses, análise de variância e análise de regressão. Nos capítulos 7 e 8 encontram-se descritos procedimentos para a análise dos dados vetoriais ou em seqüência, tão comuns em Geologia, enquanto o capítulo final apresenta os procedimentos técnicos visando o estudo dos dados regionalizados. Os principais conjuntos de técnicas estão relacionados com a análise das superfícies de tendência e geoestatística. No campo da geoestatística estão inseridos os estudos sobre semivariograma e krigagem, completados pela exposição sobre programas computacionais para geoestatística.

VIII — SISTEMAS ESPECIALISTAS, REDES NEURAIS E INTELIGÊNCIA ARTIFICIAL EM GEOCIÊNCIAS, GEOGRAFIA E ESTUDOS AMBIENTAIS

As menções inseridas neste item procuram exemplificar o desenvolvimento bibliográfico que paulatinamente vai consolidando novas abordagens conceituais e técnicas no campo da modelagem ambiental.

Torna-se emergente a tendência em verificar a utilização dos sistemas especialistas ("expert systems") na análise e planejamento ambiental, pois as soluções para muitos problemas ambientais envolvem a tomada-de-decisão por parte dos responsáveis políticos e dirigentes. Para fundamentar essas decisões, o planejamento ambiental deve ser multi-dimensional e interdisciplinar incorporando fatores sociais, econômicos, políticos, geográficos e técnicos. As soluções freqüentemente requerem tanto as análises numéricas como também análises heurísticas, que por sua vez dependem dos julgamentos intuitivos dos planejadores e engenheiros. J. R. WRIGHT, L. L. WIGGINS, R. K. JAIN e T. J. KIM (1993) organizaram o volume *Expert Systems in Environmental Planning*, no qual assinalam, no prefácio, que "com o avanço da tecnologia dos sistemas inteligentes tornou-se possível representar o conhecimento especializado a respeito de problemas particulares em um sistema computacional desenhado especificamente para informar os responsáveis pelas tomadas-de-decisão sobre os problemas ambientais. As

características do sistema especialista incluem: a representação e uso do conhecimento específico, o raciocínio simbólico e heurístico, a inclusão das regras complexas do domínio específico, a manipulação efetiva de grandes bancos de dados e facilidades para a explanação do raciocínio e das conclusões.

As redes neurais artificiais foram inspiradas na percepção de como a contrapartida biológica (o cérebro) supostamente funcionava. Todavia, as redes neurais artificiais começaram divergir desse objetivo inicial e se transformaram em técnica matemática com terminologia biológica coincidente. Como técnica matemática, a sua aplicabilidade encontra-se em fase crescente nas análises e pesquisas científicas. A obra organizada por Bruce HEWITSON e Robert CRANE (1994) reúne ensaios diversos, constituindo-se na primeira contribuição mais abrangente exemplificando as aplicações das redes neurais na pesquisa geográfica. Os ensaios aplicativos consideram a neuroclassificação dos dados espaciais, a elaboração de mapas de auto-organização, a predição da queda de neves com base na análise da circulação em cartas sinópticas, a computação neural aplicada no estudo da AIDS pandêmica, o controle da precipitação na região meridional do México e a classificação de nuvens árticas e aspectos dos gelos marinhos em dados obtidos em imagens de satélites. Embora o volume seja composto por um conjunto de ensaios, os autores mantêm a preocupação de apresentar os conceitos, definir e explicitar os procedimentos técnicos e descrever as potencialidades de aplicação.

O desenvolvimento técnico e a aplicabilidade das redes neurais tornam-se crescentes, recebendo absorção nas pesquisas realizadas nas mais diversas disciplinas. Como instrumento passível de auxiliar a difusão dessa abordagem, Farid U. DOWLA e Leath L. ROGERS (1995) organizaram volume contendo os conceitos e as técnicas utilizadas nas redes neurais e direcionando a amostragem aplicativa na resolução de problemas ligados com a Engenharia Ambiental e Geociências. Não se trata de compêndio sobre redes neurais, mas de contribuição que procura estimular os interessados no uso desses procedimentos apresentando as bases teóricas e os códigos algorítmicos.

Os três capítulos iniciais expõem a introdução, os métodos e algoritmos sobre as redes neurais e os aspectos ligados com o treinamento e representação dos inputs. Os oito capítulos seguintes descrevem os procedimentos da aplicação e resolução de problemas ligados com a otimização no uso das águas subterrâneas, discriminação entre as características dos abalos sísmicos e dos provocados por explosões nucleares subterrâneas, monitoria automática dos sinais sísmicos, acústicos e biomédicos, avaliação das forças dos abalos sísmicos, avaliação espacial e análise da predição litológica para a caracterização geológica, previsão dos sinais de alerta sobre as ocorrências de terremotos e aplicação das redes neurais para o estudo das mudanças climáticas. A preocupação didática ressalta-se em todos os capítulos, contendo exemplos de problemas, sumário, exercícios e referências bibliográficas.

A utilização aplicativa dos procedimentos da inteligência artificial nas pesquisas e ensino em disciplinas específicas amplia-se consideravelmente. Na literatura geográfica, de modo esparso nos periódicos e sem grande freqüência, já se observa a presença de diversas contribuições. Entretanto, a primeira obra mais abrangente e sistematizada sobre as potencialidades e aplicações da inteligência artificial na análise geográfica, que serve como marco histórico, vem de ser elaborada por Stan OPENSHAW e Christine OPENSHAW (1997). *Artificial Intelligence in Geography* encontra-se redigida com linguagem acessível e em estilo suave, introduzindo os princípios básicos da inteligência artificial e assinalando suas aplicações no ensino e na pesquisa em Geografia, no uso dos sistemas de informação geográfica e no planejamento. Dirigida para ampla audiência, não requer a necessidade de formação em matemática ou

conhecimento de técnicas estatísticas para sua compreensão.

Os dois capítulos iniciais descrevem as características da inteligência artificial, as suas potencialidades para a Geografia e breve história sobre o desenvolvimento da IA, enquanto o terceiro focaliza os aspectos da pesquisa heurística em Geografia. O casal Openshaw, em sucessivos capítulos, conduz o leitor para os campos de conhecimento relacionados com os sistemas especialistas e conhecimento inteligente baseado em sistemas, neuro-computação, aplicações das redes neurais artificiais, computação evolucionária, algoritmos genéticos, estratégias de evolução e programação genética, vida artificial e sobre a lógica nebulosa, sistemas nebulosos e programação. Há todo um conjunto expositivo, estimulante, expressando otimismo, possibilitando ao leitor apreender os conceitos básicos, as técnicas simples e vislumbrar setores para seu desenvolvimento. Uma contribuição de alta relevância.

BIBLIOGRAFIA

ABLER, R., ADAMS, J. S. & GOULD, P. - *Spatial Organisation: The Geographer's View of the World*. Englewood Cliffs, Prentice Hall, 1971.

AB'SABER, A. N. - Regiões de circundesnudação pós-cretácea no planalto Brasileiro. *Boletim Paulista de Geografia*, 1(1): 3-21, 1949.

AB'SABER, A. N. - A geomorfologia do Estado de São Paulo. in *Aspectos Geográficos da Terra Bandeirante*. Rio de Janeiro, Fundação IBGE, 1-97, 1954.

AB'SABER, A. N. - Domínios morfoclimáticos e províncias fitogeográficas no Brasil. *Orientação*, (3): 45-58, 1967.

AB'SABER, A. N. - A organização natural das paisagens inter e subtropicais brasileiras. in *III Simpósio Sobre o Cerrado* (FERRI, M. G., Ed.). São Paulo, Edgard Blucher e EDUSP, 1-14, 1973.

AB'SABER, A. N. - Os domínios morfoclimáticos na América do Sul. *Geomorfologia*, (52): 1-21, 1977a.

AB'SABER, A. N. - Problemática da desertificação e da savanização no Brasil intertropical. *Geomorfologia*, (53): 1-19, 1977b.

AB'SABER, A. N. - Espaços ocupados pela expansão dos climas secos na América do Sul, por ocasião dos períodos glaciais quaternários. *Paleoclimas*, 3: 1-18, 1977c.

AB'SABER, A. N. - Os mecanismos de desintegração das paisagens tropicais no Pleistoceno: efeitos paleoclimáticos do período Wurm-Wisconsin no Brasil. *Inter-facies*, (4): 1-19, 1979.

AB'SABER, A. N. - Domínios morfoclimáticos atuais e quaternários n região dos cerrados. *Craton e Intracraton*, (14): 1-38, 1981.

AB'SABER, A. N. - O Pantanal Matogrossense e a teoria dos refúgios. *Revista Brasileira de Geografia*, 50(2): 9-57, volume especial, 1988.

ACKERS, P. & CHARLTON, F. G. - Meander geometry arising from varying flows. *Journal of the Hydraulic Division*, ASCE, 105(HY10): 1247-1255, 1970.

ADAMS, C. E., WELLS, J. T. & COLEMAN, J. M. - Sediment transport in relation to a developing river delta. in *Models in Geomorphology* (WOLDENBERG, M., Ed.). Londres, Londres, George Allen & Unwin, 171-189, 1985.

ADAMS, W. M. - *Wasting the Rain: Rivers, People and Planning in Africa*. Londres, Earthscan, 1992.

AHNERT, F. - *Geomorphological Models*. Cremlingen, Catena Verlag, Catena Supplement n. 10, 1987.

ALADOS, C. L., ESCÓS, J. & EMLEN, J. M. - Scale assimetry: a tool to detect developmental instability under the fractal geometry scope. in *Fractals in the Natural and Applied Sciences* (NOVAK, M. M., Ed.). Amsterdam, North Holland, 25-36, 1994.

ALCAMO, J. - *IMAGE 2.0: Integrated Modeling of Global Climate Change*. Dordrecht, Kluwer Academic Publishers, 1994a.

ALCAMO, J. et al. - Modeling the global society-biosphere-climate systems: Part 2 - computed scenarios. in *IMAGE 2.0: Integrated Modeling of Global Climate Change* (ALCAMO, J., Ed.). Dordrecht, Kluwer Academic Publishers, 37-78, 1994b.

ALCAMO, J. - Modeling the global society-biosphere-climate systems: Part 1 - model description and testing. in *IMAGE 2.0: Integrated Modeling of Global Climate Change* (ALCAMO, J., Ed.). Dordrecht, Kluwer Academic Publishers, 1-35, 1994c.

ALEXANDER, D. E. - A survey of the field of natural hazards and disaster studies. in *Geographical Information Systems in Assessing Natural Hazards* (CARRARA, A. & GUZZETTI, Eds.). Dordrecht, Kluwer Academic Publishers, 1-19, 1995.

AMBROISE, B., BEVEN, K. & FREER, J. - Toward a generalization of the TOPMODEL concepts: topographic indices of hydrological similarity. *Water Resources Research*, 32(7): 2135-2145, 1996.

AMOROS, C. & PETTS, G. E. - *Hydrosystèmes fluviaux*. Paris, Masson Editeur, 1993.

ANDERSON, D. L. T. & WILLEBRAND, J. - *Decadal Climate Variability: Dynamics and Predictability*. Berlim, Springer Verlag, 1996.

ANDERSON, M. G. - *Modelling Geomorphological Systems*. Chichester, John Wiley & Sons, 1988.

ANSELIN, L. & GETTIS, A. - Spatial statistical analysis and geographic information systems. in *Geographic Information Systems, Spatial Modelling and Policy Evaluation* (FISCHER, M. M. & NIJKAMP, P., Eds.). Berlim, Springer Verlag, 35-49, 1993.

ANTENUCCI, J.C., BROWN, K., CROSWELL, P. L., KEVANY, M. J. & ARCHER, H. - *Geographic Information Systems: A Guide to the Technology*. New York, Van Nostrand Reinhold, 1991.

ARNELL, N. W. - Hydrological impacts of climate change. in *The Rivers Handbook* (CALLOW, P. & PETTS, G. E., Eds.). Oxford, Blackwell, vol 2: 173-185, 1994.

ASWATHANARAYANA, U. - *Geoenvironment: An Introduction*. Rotterdam, A. A. Balkema, 1995.

ATKINSON, T. C. - Techniques for measuring subsurface flow on hillslopes. in *Hillslope Hydrology* (KIRKBY, M. J., Ed.). Chichester, John Wiley & Sons, 73-120, 1978.

AVOGRADO, E. & MINCIARDI, R. - A decision support system for environmental planning in water resources. in *Hydroinformatics '96* (MÜLLER, A., Ed.). Rotterdam, A.A. Balkema, 417-423, 1996.

AZEVEDO, L. G. T., PORTO, R. L. L. & PORTO, M. - Sistema de apoio a decisão para o gerenciamento integrado de quantidade e qualidade da água: metodologia e estudo de caso. *Revista Brasileira de Recursos Hídricos*, 3(1): 21-51, 1998.

BAASE, S. - *Computer Algorithms*. Reading, Addison Wesley, 1988.

BAK, P. - *How Nature Works: The Science of Self-organized Criticality.* Oxford, Oxford University Press, 1997.

BAK, P. & CHEN, K. - Criticalidad auto-organizada. *Investigación y Ciência*, n. 174, p. 18-25, março 1991.

BAK, P., CHRISTENSEN, C. & OLAMI,Z. - Self-organized criticality: consequences for statistics and predicatibility of earthquakes. in *Nonlinear Dynamics and Predictability of Geophysical Phenomena* NEWMAN, W. I., GABRIELOW, A. & TURCOTTE, D. L., Eds.). Washington, American Geophysical Union, Geophysical Monography Series n. 83, 69-74, 1994.

BAK, P. & PACZUSKI, M. - Why nature is complex ? *Physical World,* 12: 39-43, 1993.

BAK, P. & TANG, C. - Earthquakes as a self-organized cricality. *Journal Geophysical Research,* 94: 15.635-15.637, 1989.

BAK, P., TANG, C. & WIESENFELD, K. - Self-organized criticality: an explanation of $1/f$ noise. *Physical Review Letters,* 59: 381-384, 1987.

BAK, P. TANG, C. & WIESENFELD, K. - Self-organized criticality. *Physical Review,* A38: 364-374, 1988.

BALDWIN, J. H. - *Environmental Planning and Management.* Boulder, Westview Press, 1981.

BALL, J. E. & LÜK, K. C.- Ðetermination of rainfall distribution over a catchment using hydroinformatics tools. in *Hydroinformatics '96* (MÜLLER, A., Ed.). Rotterdam, A. A. Balkema, 369-376, 1996.

BAND, L. E. - Simulation of slope development and themagnitude and frequency of overland flow erosion in anabandoned hydraulic gold mine. in *Models in Geomorphology* (WOLDENBERG, M., Ed.). Londres, George Allen & Unwin, 191-211, 1985.

BAND, L. E. & MOORE, I. D. - Scale: landscape attributes and geographical information systems. in *Scale Issues in Hydrological Modelling* (KALMA, J. D. & SIVAPALAN, Eds.). Chichester, John Wiley & Sons, 159-180, 1995.

BARBIER, E. B. - The concept of sustainable economic development. *Environmental Conservation,* 14(2): 101-110, 1987.

BARBIER, E. B., BURGESS, J. C. & FOLKE, C. - *Paradise Lost ? The Ecological Economics of Biodiversity.* Londres, Earthscan Publications, 1994.

BARDE, J. P. & PEARCE, D. W. - *Valuing the Environment.* Londres, Earthscan Publications, 1991.

BARDINET, C. & ROYER, J. J. - *Geosciences and Water Resources: Environmental Data Modeling.* Berlim, Springer Verlag, 1997.

BARNETT, V. & TURKMAN, K. F. - *Statistics for the Environment.* Chichester, John Wiley & Sons, 1993.

BARNSLEY, M. F. - *Fractals Everywhere.* Cambridge, Academic Press Professional, 2ª edição, 1993.

BARROW, C. J. - *Environmental and Social Impact Assessment: An Introduction.* Londres, Arnold, 1997.

BARTH, F. T. et al. - *Modelos para gerenciamento de recursos hídricos.* São Paulo, Editora Nobel e EDUSP, 1987.

BARTON, C. C. & LA POINTE, P. R. - *Fractals in the Earth Sciences.* New York, Plenum Press, 1995a.

BARTON,C. C. & LA POINTE, P. R. - *Fractal in Petroleum Geology and Earth Processes.* New York, Plenum Press, 1995b.

BATTY, M. - Using GIS in urban planning and policy making. in *Geographical Information Systems, Spatial Modelling and Policy Evaluation* (FISCHER, M. M. & NIJKAMP, P., Eds.). Berlim, Springer Verlag, 51-72, 1993.

BAYLEY, T. C. & GATRELL, A. C. - *Interactive Spatial Data Analy-sis.* Harlow, Longman Group, 1995.

BEASLEY, D. B.,HUGGINS, L. F. & MONKE, E. J. - ANSWERS: a model for watershed planning. *Transactions ASAE,* 23(4): 938-944, 1980.

BECK, M. B., JAKEMAN, A. J. & McALLEER, M. J. - Construction and evaluation of models of environmental systems. in *Modelling Change in Environmental Systems* (JAKEMAN, A. J., BECK, M. B. & McALLEER, M. J., Eds.). Chichester, John Wiley & Sons, 3-35, 1993.

BEER, S. - *Cybernetics and Management.* Londres, English Universities Press, 1959.

BEGIN, Z. B. & SCHUMM, S. A. - Gradational thresholds and landforms singularity: a significance for Quaternary studies. *Quaternary Research,* 31: 267-274, 1984.

BENNETT, R. J. - *Spatial Time Series.* Londres, Pion Limited, 1979.

BENNETT, R. J. & CHORLEY, R. J. - *Environmental Systems: Philosophy, Analysis and Control.* Londres, Methuen, 1978.

BERK, R. A. - Uncertainty in the construction and interpretation of mesoscale models of physical and biological processes. in *Integrated Regional Models* (GROFFMAN, P. M. & LIKENS, G. E., Eds.). Londres, Chapman & Hall, 50-64, 1994.

BERRY, B. J. L. - Approaches to a Regional Analysis: a synthesis. *Annals Association American Geographers,* 54(1): 2-11, 1964.

BERRY, J. K. - What's in a model. *GIS World,* 8(1): 26-28, 1995a.

BERRY, J. K. - *Spatial Reasoning for Effective GIS.* Fort Collins, GIS World, 1995b.

BERTALLANFY, L. von - *Modern Theories of Development: An Introduction to Theoretical Biology.* Oxford, Oxford University Press, 1933.

BERTALLANFY, L. von - An outline of the General System Theory. *British Journal of Philosophical Science,* 1: 134-165, 1950.

BERTALLANFY, L. von - Problems of General Systems Theory. *Humam Biology,* 23: 302-312, 1951.

BERTALLANFY, L. von - *Teoria geral dos sistemas.* Petrópolis, Editora Vozes, 1973.

BERTRAND, G. - Paysages et Géographie Physique globale. Esquisse méthodologique. *Revue Géographique des Pyrénnés et du Sud Ouest,* 39(3): 249-272, 1968.

BERTRAND, G. - Écologie d'un espace géographique: les géosystèmes du Valle de Prioro. *Espace Géographique,* 2: 113-128, 1972.

BEVEN, K. - J. - Runoff production and flood frequency in catchment of order n : An alternative approach. in *Scale Problems in Hydrology* (GUPTA, V. K., RODRIGUEZ-ITURBE, I. & WOOD, E. F., Eds.). Dordrecht, D. Reidel, 107-131, 1986.

BEVEN, K. J. - Linking parameters across scales: subgrid parameterizations and scales dependent hydrological models. in *Scale Issues in Hydrological Modelling* (KALMA, J. D. & SIVAPALAN, M, Eds.). Chichester, John Wiley & Sons, 263-281, 1995.

BEVEN, K. J. - TOPMODEL: a critique. *Hydrological Processes,* 11(9): 1069-1085, 1997.

BEVEN, K. J. & KIRKBY, M. J. - *Channel Network Hydrology.* Chichester, John Wiley & Sons, 1993.

BEVEN, K. J., LAMB, R., QUINN, P., ROMANOWICZ, R. & FREER, J. - TOPMODEL. in *Computer Models of Watershed Hydrology* (SINGH, V. P., Ed.). Highlands Ranch, Water Resources Publications, 627-668, 1995.

BEVEN, K. J. & MOORE, I. D. - *Terrain Analysis and Distributed Modelling in Hydrology.* Chichester, John Wiley & Sons, 1993.

BIGARELLA, J. J.; MOUSINHO, M. R. e SILVA, J. X. - Pediplanos, pedimentos e seus depósitos correlativos no Brasil. *Boletim Paranaense de Geografia* (16-17): 117-151, 1965a.

BIGARELLA, J. J.; MOUSINHO, M. R. e SILVA, J. X. - *Processes and Environments of the Brazilian Quaternary.* Curitiba, Publicação da Universidade do Paraná, 1965b.

BINLEY, A. & BEVEN, K. - Three-dimensional modelling of hillslope hydrology. in *Terrain Analysis and Distributed Modelling in Hydrology* (BEVEN, K. J. & MOORE, I. D., Eds.). Chichester, John Wiley & Sons, 107-119, 1993.

BISSET, R. - Introduction to EIA methods. *Proceedings* of the 10th International Seminar on Environmental Impact Assessment and Management. Aberdeen, University of Aberdeen, 9-22, 1989.

BLACHE, P. V. de la - *Tableau de la Géographie de la France.* Paris, 1904 (reedição publicada em Paris, La Table Ronde, 1994).

BLACK, M. - *Models and Metaphors.* Ithaca, Ithaca University Press, 1962.

BLACKEY, P. - *Energy and Environmental Terms: A Glossary.* Aldershot, Gower Publishing, 1988.

BLOOD, E. - Prospects for the development of integrated regional models. in *Integrated Regional Models* (GROFFMAN, P. M. & LIKENS, G. E., Eds.). Londres, Chapman & Hall, 145-153, 1994.

BLOSCHL, G. & SIVAPALAN, M. - Scale issues in hydrological modelling: a review. in *Scale Issues in Hydrological Modelling* (KALMA, J. D. & SIVAPALAN, M., Eds.). Chichester, John Wiley & Sons, 9-48, 1995.

BONHAM-CARTER, G. F. - *Geographic Information Systems for Geoscientists: Modelling with GIS.* Oxford, Pergamon Press, 1994.

BONELL, M., HUFSCHMIDT, M. A. & GLADWELL, J. S. - *Hydrology and Water Management in the Humid Tropics.* Cambridge, Cambridge University Press, 1993.

BOOLE, H. J., FEDDES, R. A. & KALMA, J. D. - *Exchange Processes at the Land Surface for a Range of Space and Time Scales.* Wallingford, International Association of Hydrological Sciences, IAHS Publicação 212, 1993.

BORK, H. R., PLOEY, J. de & SCHEIK, A. P. - *Erosion, Transport and Deposition Processes: Theories and Models.* Braunschweig, Catena Verlag, 1991.

BOSSERMAN, R. W. - Fuzzy Set Theory in Ecology. in *Concise Encyclopedia of Environmental Systems* (YOUNG, Peter C., Ed.). Oxford, Pergamon Press, 246-249, 1993.

BRAAT, L. C. & van LIEROP, W. F. J. - *Economic-ecological Modeling.* Amsterdam, North Holland, 1987.

BRANCO, S.M. - *Ecossistêmica.* São Paulo, Editora Edgard Blucher, 1989.

BRANDÃO, A. M. P. - *Tendências e oscilações climáticas na área metropolitana do Rio de Janeiro.* Dissertação de Mestrado. São Paulo, Departamento de Geografia, FFLCH da USP, 1987.

BRIGGS, J. - *Fractals: The Pattern of Chaos.* New York, Touchstone, 1992.

BROUWER, F. - *Integrated Environmental Modelling: Design and Tools.* Dordrecht, Kluwer Academic Publishers, 1987.

BRUCE, J. P., LEE, H. & HAITES, E. F. - *Climate Change 1995: Economic and Social Dimensions of Climate Change.* Cambridge, Cambridge University Press, 1996.

BRUNE, D., CHAPMAN, D. V., GWYNNE, M. D. & PACYNA, J. M. - *The Global Environment: Science, Technology and Management.* Weinheim, VCH Verlagsgesellschaft, 1997.

BRUNET, R. - Building models for spatial analysis. *L'Espace Géographique,* 4(2): 86-93, 1980.

BRUNET, R., FERRAS, R. & THÉRY, H. - *Les mots de la Géographie: dictionnaire critique.* Montpellier, GIP-RECLUS, 2a. edição, 1993.

BRUNSDEN, D. & THORNES, J. B. - Landscape sensitivity and change. *Transactions of the Institute of British Geographers,* 4: 463-484, 1979.

BULL, W. B. - *Geomorphic Responses to Climate Change.* Oxford, Oxford University Press, 1991.

BURLANDO, P., MENDUNI, G. & ROSSO, R. (Eds.) - Fractals, scaling and nonlinear variability in Hydrology. *Journal of Hydrology,* 187(1-2): 1-258, 1996.

BURROUGH, P. A. - *Principles of Geographical Information System for Land Resources Assessment.* Oxford, Clarendon Press, 1986.

BURROUGH, P. A. & McDONNELL, R. A. - *Principles of Geographical Information Systems.* Oxford, Oxford University Press, 1998.

BURTON, I., KATES, R. W. & WHITE, G. F. - *The Environment as Hazard.* Oxford, Oxford University Press, 1978.

BUZAI, G. D. & DURÁN, D. - *Enseñar e investigar com sistemas de información geográfica.* Buenos Aires, Editorial Troquel, 1997.

CALKINS, H. W. & TOMLINSON, R. F. - *Geographic Information Systems: Methods and Equipment for Land Use Planning.* Ottawa, International Geographical Union, Commission of Geographical Data Sensing and Processing and U. S. Geological Survey, 1977.

CÂMARA, G., CASANOVA, M. A., HEMERLY, A. S., MAGALHÃES, G. C. & MEDEIROS, C. M. B. - *Anatomia de sistemas de informação geográfica.* Campinas, Instituto de Computação da UNICAMP, 1996.

CAMPBELL, D. T. - Common fate, similarity and other indices of the status of aggregation of persons as social entities. *Behavioural Science,* 3: 14-25, 1958.

CANADIAN ENVIRONMENTAL ASSESSMENT RESEARCH COUNCIL - *Evaluating Environmental Impact Assessment: An Action Prospectus.* Québec, CEARC, 1988.

CARLSTON, C. W. - The relation of free meandering geometry to stream discharge and its geomorphic implications. *American Journal of Science,* 263(10): 864-885, 1965.

CARR, J. R. - *Numerical Analysis for the Geological Sciences.* Englewood Cliffs, Prentice Hall, 1995.

CARRARA, A. & GUZZETTI, F. - *Geographical Information Systems in Assessing Natural Hazards.* Dordrecht, Kluwer Academic Publishers, 1995.

CASSETARI, S. - *Introduction to Integrated Geo-Information Management.* Londres, Chapman & Hall, 1993.

CHIGIRINSKAYA, Y. & SCHERTZER, D. - Cascade of scaling gyroscopes: Lie structure, universal multifractals and self-organized criticality in turbulence. in *Stochastic Models in Geosystems* (MOLCHANOV, S.A. & WOYCZYNSKI, W. A., Eds.). Berlim, Springer Verlag, 57-81, 1997.

CHORLEY, R. J. - Geomorphology and general systems theory. *U. S. Geological Survey, Professional Paper 500-B,* 1962 (Tradução em *Notícia Geomorfológica,* 11(21): 3-22, 1971).

CHORLEY, R. J. - Geography and analogue theory. *Annals of the Association of American Geographers,* 54(2): 127-137, 1964.

CHORLEY, R. J. - Models in Geomorphology. in *Models in Geography* (CHORLEY, R. J. & HAGGETT, P., Eds.). Londres, Methuen & Co, 59-96, 1967.

CHORLEY, R. J. - Modelos em Geomorfologia. in *Modelos Físicos e de informação em Geografia* (CHORLEY, R. J. & HAGGETT, P., Eds.). Rio de Janeiro, Livros Técnicos e Científicos, 32-63,1975.

CHORLEY, R. J. & HAGGETT, P. - *Models in Geography*. Londres, Methuen & Co., 1967.

CHORLEY, R. J. & HAGGETT, P. - *Modelos integrados em Geografia*. Rio de Janeiro, Livros Técnicos e Científicos, 1974a.

CHORLEY, R. J. & HAGGETT, P, - *Modelos sócio-econômicos em Geografia*. Rio de Janeiro, Livros Técnicos e Científicos, 1974b.

CHORLEY, R. J. & HAGGETT, P. - *Modelos físicos e de informação em Geografia*. Rio de Janeiro, Livros Técnicos e Científicos, 1975.

CHORLEY,R. J.& KENNEDY, B. A. - *Physical Geography: a systems approach*. Englewood Cliffs, Prentice Hall, 1971.

CHORLEY, R. J.; SCHUMM, S. A & SUDGEN, D. E. - *Geomorphology*. Londres, Methuen & Co.,1985.

CHRISTOFOLETTI, A. - *Análise de sistemas em Geografia*. São Paulo, Hucitec, 1979.

CHRISTOFOLETTI, A. - *Geomorfologia*. São Paulo, Editora Edgard Blucher, 1980.

CHRISTOFOLETTI, A. - *Geomorfologia Fluvial*. São Paulo, Editora Edgard Blucher, 1981b.

CHRISTOFOLETTI, A. - As perspectivas dos estudos geográficos. in *Perspectivas da Geografia* (CHRISTOFOLETTI, A., Ed.). São Paulo, DIFEL, 11-36, 1982.

CHRISTOFOLETTI, A. - Definição e objeto da Geografia. *Geografia*, 8(15-16): 1-28, 1983.

CHRISTOFOLETTI, A. - Significância da teoria de sistemas em Geografia Física. *Boletim de Geografia Teorética*, 16-17(31-34): 119-128, 1986-1987.

CHRISTOFOLETTI, A. - A potencialidade das abordagens sobre sistemas dinâmicos para os estudos geográficos: alerta para uma nova fase. *Geografia,*13 (26): 149-151, 1988.

CHRISTOFOLETTI, A. - Desenvolvimento da quantificação em Geografia. *Geociências*, volume especial, p. 67-78, 1990a.

CHRISTOFOLETTI, A. - Aplicação da abordagem em sistemas na Geografia Física. *Revista Brasileira de Geografia*, 52(2): 21-35, 1990b.

CHRISTOFOLETTI, A. - Impactos no meio ambiente ocasionados pela urbanização no mundo tropical. in *Natureza e Sociedade de hoje: uma leitura geográfica* (SOUZA, M. A. A. de, SANTOS, M., SCARLATO, F. C. & ARROYO, M., Eds.). São Paulo, Editora Hucitec, 127-138, 1993a.

CHRISTOFOLETTI, A. - Questões ligadas à pesquisa e ao ensino em Geografia Física. *Anais* V Simpósio de Geografia Física Aplicada. Curitiba, 21-29, 1993b.

CHRISTOFOLETTI, A. - A inserção da Geografia Física na política de desenvolvimento sustentável. *Geografia*, 18(1): 1-22, 1993c.

CHRISTOFOLETTI, A. - Implicações geográficas relacionadas com as mudanças climáticas globais. *Boletim de Geografia Teorética*, 23(45-46): 18-31, 1993d.

CHRISTOFOLETTI, A. - Caracterização de indicadores geomorfológicos para a análise da sustentabilidade ambiental. *Sociedade e Natureza*, 8(15): 31-33, 1996.

CHRISTOFOLETTI, A. - Complexidade e auto-organização aplicadas em estudos sobre paisagens morfológicas fluviais. *Anais* VII Simpósio Brasileiro de Geografia Física Aplicada e I Fórum Latino-Americano de Geografia Física Aplicada. Curitiba, 1: 9-19, 1997a.

CHRISTOFOLETTI, A. - Perspectivas e critérios para a organização da estrutura curricular no ensino da Geografia. *Anais* do VI Encuentro de Géografos de América Latina. Buenos Aires, edição em CD-ROM, 1997b.

CHRISTOFOLETTI, A. - Perspectivas para a análise da complexidade e auto-organização em sistemas geomorfológicos. in *Herramientas de análisis espacial para el estudio de los sistemas ambientales complexos* (MORELLO, J. & MATTEUCCI, S., Eds.). Buenos Aires, Centro de Estudios Avanzados, Universidade de Buenos Aires (no prelo), 1998.

CHRISTOFOLETTI, A. & PEREZ FILHO, A. - Estudo sobre a forma de bacias hidrográficas. *Boletim de Geografia Teorética*, 5(9-10): 83-92, 1975.

CHRISTOFOLETTI, A. & PEREZ FILHO, A. - Estudo comparativo das formas de bacias hidrográficas do território paulista. *Boletim Geográfico*, 34(249): 72-79, 1976.

CHRISTOFOLETTI, A. L. H. - *Análise fractal e multifractal da estrutura de estações chuvosas em localidades do Estado de São Paulo*. Tese de Doutorado. Rio Claro, Instituto de Geociências e Ciências Exatas, UNESP, 1997.

CHRISTOFOLETTI, A. L. H. & CHRISTOFOLETTI, A. - O uso dos fractais na análise geográfica. *Geografia*, 19(2): 79-112,1994.

CHRISTOFOLETTI, A. L. H. & CHRISTOFOLETTI, A. - A abordagem fractal em Geociências. *Geociências*, 14(1): 227-264, 1995.

CHURCH, M. & RYDER, J. M. - Paraglacial sedimentation: a consideration of fluvial processes conditioned by glaciation. *Bulletin Geological Society of America*, 83: 3059-3071, 1972.

CLARK, J. A. - A numerical model of world-wide sea level changes on a viscoelastic Earth. in *Earth Rheology: Isostasy and Eustasy* (MORNER, N. A., Ed.). Chichester, John Wiley & Sons, 525-534,1980.

CLARK, J. A. & LINGLE, C. S. - Predicted relative sea level changes (18.000 years BP to present) caused by late-glacial retreat of the Antarctic ice sheet. *Quaternary Research*, 11: 279-298, 1979.

CLARK, W. C. - Sustainable development of the Biosphere: themes for a research program. in *Sustainable Development of the Biosphere* (CLARK, W. C. & MUNN, R. E., Eds.). Cambridge, Cambridge University Press, 5-48, 1986.

CLARK, W. C. & MUNN, R. E. - *Sustainable Development of the Biosphere*. Cambridge, Cambridge University Press, 1986.

CLARKE, R. T. - *Statistical Modeling in Hydrology*. Chichester, John Wiley & Sons, 1994.

COLTRINARI, L. - Paleoambientes quaternários na América do Sul: primeira aproximação. *Anais* do III Congresso da ABEQUA. Belo Horizonte, 13-42, 1992.

COMISSÃO MUNDIAL SOBRE O MEIO AMBIENTE E DESENVOLVIMENTO - *Our Common Future*. Oxford, Oxford University Press, 1987.

COMISSÃO MUNDIAL SOBRE O MEIO AMBIENTE E DESENVOLVIMENTO - *Nosso Futuro Comum*. Rio de Janeiro, Editora da Fundação Getúlio Vargas, 1988.

CONACHER, A. J. & DALRYMPLE, J. B. - The nine-unit landsurface model: an approach to pedogeomorphic research. *Geoderma*, 18: 141-154, 1977.

COOK, E. A. & LIER, H. V. van - *Landscape Planning and Ecological Networks*. Amsterdam, Elsevier, 1994.

COOKE, R. U. & DOORKAMP, J. C. - *Geomorphology in Environmental Management*. Oxford, Clarendon Press, 2a. edição, 1990.

CORPS OF ENGINEERS - *User Manual SSARR Model Streamflow Synthesis and Reservoir Regulation - Draft*. Portland, U. S. Army Corps of Engineers, North Pacific Division, 1972.

CURL, R. L. - Stochastic models of cavern development. *Bulletin of the Geological Society of America*, 70: 1803-1810, 1959.

DALRYMPLE, J. P., BLONG, R. J. & CONACHER, A. J. - A hypothetical nine unit land surface model. *Zeitschrift fur Geomorphologie*, 12(1): 60-76, 1968.

DALRYMPLE, R. W., ZAITLIN, B. A. & BOYD, R. - Estuarine facies models: conceptual basis and stratigraphic implications. *Journal of Sedimentary Petrology*, 62: 1130-1146, 1992.

DAMUTH, J. E. & FAIRBRIDGE, R. W.- Equatorial deep-sea arkosic sands and ice-age aridity in tropical South America. *Geological Society of America Bulletin*, 81(1): 189-206, 1970.

DANIEL, V. - The uses and abuses of analogy. *Operations Research Quartely*, 6(1): 32-46, 1955.

DASGUPTA, P. - Optimal versus sustainable development. in *Valuing the Environment* (SERAGELDIN, I. & STEER, A., Eds.). Washington, The World Bank, 35-46, 1994.

DAUPHINÉ, A. - *Les modéles de simulation en Géographie*. Paris, Editions Economica, 1987.

DAUPHINÉ, A. - *Chaos, fractales et dynamiques en Géographie*. Montpellier, GIP-RECLUS, 1995.

DAVIS, J. R. - Expert systems and environmental modelling. in *Modelling Change in Environmental Systems* (JAKEMAN, A. J., BECK, M. B. McALLEER, M. J., Eds.). Chichester, John Wiley & Sons, 505-517, 1993.

DAVIS, J. R. & GUARISO, G. - Expert system support for environmental decisions. in *Environmental Modelling, vol. 2* (ZANNETTI, P., Ed.). Southampton, Computational Mechanics Publications, 325-350, 1994.

DAY, J. B. W. - *Hydrogeology in the Service of Man*. Wallingford, Wallingford, International Association of Hydrological Sciences, Publication 154, 1985.

DE COLA, L. & LAM, N. S. N. - Introduction to fractals in Geography. in *Fractals in Geography* (LAM, N. S. N. & DE COLA, L., Eds.). Englewood Cliffs, Prentice Hall, 3-22, 1993a.

DE COLA, L. & LAM, N. S. N. - A fractal paradigm in Geography ?. in *Fractals in Geography* (LAM, N. S. N. & DE COLA, L., Eds.). Englewood Cliffs, Prentice Hall, 75-83, 1993b.

DeMERS, M. N. - *Fundamentals of Geographic Information Systems*. New York, John Wiley & Sons, 1997.

DE ROO, A. P. J., WESSELING, C. G. & RITSEMA, C. J. - LISEM: a single event physically based hydrological and soil erosion model for drainage basins: 1. Theory, input and output. *Hydrological Processes*, 10(8): 1107-1117, 1996.

DEURSEN, W. von & WESSELING, C. - Integrating dynamic environmental models in GIS: the development of a prototype dinamic-simulation language. in *Application of Geographic Information Systems in Hydrology and Water Resource Management* (KOVAR, K. & NACHTNEBEL, H. P., Eds.). Wallingford, International Association of Hydrological Sciences, Publicação IAHS 235: 71-77, 1996.

De VRIES, J. - Analysis of historical climate society interaction. in *Climate Impact Assessment* (KATES, R. W., AUSUBEL, J. H. & BERBERIAN, M., Eds.). New York, John Wiley & Sons, 1985.

DEVUYST, D. - Environmental Impact Assessment. in *Environmental Management: vol. 3 - Instruments for Implementation* (NATH, B, HENS, L. & DEVUYST, D, Eds.). Brussels, VUP Press, 145-176, 1993.

DIAZ, J. I. - *The Mathematics of Models for Climatology and Environment*. Berlim, Springer Verlag, 1995.

DICKINSON, R. E. - *The Geophysiology of Amazonia: Vegetation and Climate Interactions*. Chichester, John Wiley & Sons, 1987.

DISKIN, M. H. & SIMON, E. - The relationship between the time bases of simulation models and their structure. *Water Resources Bulletin*, 15(6): 1716-1732, 1979.

DOHAN, M. R. - Economic values and natural ecosystems. in *Ecosystem Modeling in Theory and Practice* (HALL, C. S. A. & DAY, Jr., J. W., Eds.). New York, John Wiley & Sons, 133-171, 1977.

DOWLA, F. U. & ROGERS, L. L. - *Solving Problems in Environmental Engineering and Geosciences with Artificial Neural Networks*. Cambridge, The MIT Press, 1995.

DOWNS, P. W. & GREGORY, K. J. - The sensitivity of river channels in the landscape system. in *Landscape Sensitivity* (THOMAS, D. S. G. & ALLISON, R. J., Eds.). Chichester, John Wiley & Sons, 15-30, 1993.

DOWNS, P. W. & GREGORY, K. J. - Approaches to river channel sensitivity. *Professional Geographer*, 47: 168-175, 1995.

DRIVER, T. S. & CHAPMAN, G. P. - *Time-Scales and Environmental Change*. Londres, Routledge, 1996.

DURY, G. H. - Bedwith and wave-length in meandering valleys. *Nature*, vol. 176, p. 31, 1955.

DURY, G. H. - Discharge prediction, present and former, from channel dimensions. *Journal of Hydrology*, 30(1-4): 219-245, 1976.

EL-SABH, M. I. & MURTY, T. S. - *Natural and Man Made Hazards*. Dordrecht, Kluwer Academic Publishers, 1988.

FAISAL, I. M., YOUNG, R. A. & WARNES, J. W. - Integrated economic-hidrologic modelling for groundwater basin management. *International Journal of Water Resources Development*, 13(1): 21-34, 1997.

FALCIDIENO, B., PIENOVI, C. & SPAGMUOLO, M. - Descriptive modelling and declarative modelling for spatial data. in *Spatial Analytical Perspectives on GIS* (FISCHER, M. M., SCHOLTEN, H. J. & UNWIN, D., Eds.). Londres, Taylor & Francis, 139-146, 1996.

FALKENMARK, M. - *Hydrological Phenomena in Geosphere-Biosphere Interactions*. Wallingford, International Association of Hydrological Sciences, IAHS Monographs and Report n. 1, 1989.

FAO - *Guidelines for Economic Appraisal of Watershed management Project*. Roma, FAO Conservation Guide 16, 1987.

FARINA, A. - *Principles and Methods in Landscape Ecology*. Londres, Chapman & Hall, 1998.

FARMER, D. G. & RYCROFT, M. J. - *Computer Modelling in the Environmental Sciences*. Chichester, John Wiley & Sons, 1991.

FAVRE, P. & STAMPFLI, G. M. - From rifting to passive margin: the Red Sea, Central Atlantic and Alpine Tethys. *Tectonophysics*, 215(1): 69'97, 1992.

FEDDES, R. A. - *Space and Time Variability and Interdependencies in Hydrological Processes*. Cambridge, Cambridge University Press, 1995a.

FEDER, J. - *Fractals*. New York, Plenum Press, 1988.

FEDRA, K. - GIS and environmental modeling. in *Environmental Modeling with GIS* (GOODCHILD, M. F., PARKS, B. O. & STEYAERT, L. T., Eds.). Oxford, Oxford University Press, 35-50, 1993.

FEDRA, K. & JAMIESON, D. G. - An object oriented approach to model integration: a river basin information system example. in *Application of Geographic Information Systems in Hydrology and Water Resources Management* (KOVAR, K. & NACHTNEBEL, H. P., Eds.). Wallingford, International Association of Hydrological Sciences, Publicação IAHS 235: 669-683, 1996.

Bibliografia

FERRARI, R. - *Viagem ao SIG: planejamento estratégico, implantação e gerenciamento de sistemas de informação geográfica*. Curitiba, Sagres Editora, 1997.

FERRAZ, A. R. G. - Modelo decisório para a outorga de direito de uso da água no Estado de São Paulo. *Dissertação de Mestrado*. São Paulo, Escola Politécnica, USP, 1996.

FERRAZ, A. R. G. & BRAGA Jr., B. P. F. - Modelo decisório para a outorga de direito de uso da água no Estado de São Paulo. *Revista Brasileira de Recursos Hídricos*, 3(1): 5-19, 1998.

FISCHER, M. M. - Expert systems and artificial neural networks for spatial analysis and modelling. *Geographical Systems*, 1(3): 221-235, 1994.

FISCHER, M. M. & NIJKAMP, P. - Design and use of geographic information systems and spatial models. in *Geographic Information Systems, Spatial Modelling and Policy Evaluation* (FISCHER, M. M. & NIJKAMP, P., Eds.). Berlim, Springer Verlag, 1-13, 1993.

FISCHER, M. M., SCHOLTEN, H. J. & UNWIN, D. - Geographic information systems, spatial data analysis and spatial modelling: an introduction. in *Spatial Analytical Perspectives on GIS* (FISCHER, M. M., SCHOLTEN, H. H. & UNWIN, D., Eds.). Londres, Taylor & Francis, 3-19, 1996.

FISCHER, M. M., SIKOS, T. & BASSA, L. - *Recent Development in Spatial Information, Modelling and Processing*. Budapest, Geomarket Co., 1995.

FISHER, P. F. - *Innovations in GIS 2*. Londres, Taylor & Francis, 1995.

FOLKE, C. & KABERGER, T. - *Linking the Natural Environment and the Economy*. Dordrecht, Kluwer Academic Publishers, 1991.

FOODY, G. & CURRAN, P. - *Environmental Remote Sensing from Regional to Global Scales*. New York, John Wiley & Sons, 1994.

FORRESTER, J. W. - *Industrial Dynamics*. Cambridge, Massachussets Institute of Technology Press, 1961.

FORRESTER, J. W. - *Principles of Systems*. Cambridge, Massachussets, Institute of Technology Press, 1968.

FORMAN, R. T. T. - *Land Mosaics: The Ecology of Landscape and Regions*. Cambridge, Cambridge University Press, 1995.

FOSTER, I., GURNELL, A. & WEBB, B. - *Sediment and Water Quality in River Catchments*. Chichester, John Wiley & Sons, 1995.

FOTHERINGHAM, S. & ROGERSON, P. - *Spatial Analysis and GIS*. Londres, Taylor & Francis, 1994.

FRONTIER, S. - Species diversity as a fractal property of biomass. in *Fractals in the Natural and Applied Sciences* (NOVAK, M. M., Ed.). Amsterdam, North Holland, 119-127, 1994.

FRONTIER, S. & PICHOD-VIALE, D.- *Écosystèmes: structure, fonctionnement, évolution*. Paris, Masson Editeur, 1993.

GARCÍA-GARCÍA, F. CISNEROS, G., FERNÁNDEZ _ESQUIARTE, A. & ÁLVAREZ, R. - *Numerical Simulations in the Environmental and Earth Sciences*. Cambridge, Cambridge University Press, 1997.

GARDINGEN, P. R. van, FOODY, G. M. & CURRAN, P. J. - *Scaling-up: From Cell to Landscape*. Cambridge, Cambridge University Press,1997.

GARE, A. E. - *Postmodernism and the Environmental Crisis*. Londres, Routledge, 1995.

GASH, J. H. C., NOBRE, C. A., ROBERTS, J. M. & VICTORIA, R. L. - *Amazonian Deforestation and Climate*. Chichester, John Wiley & Sons, 1996.

GATES, W. L. - Modeling the ice-age climate. *Science*, 191: 1138-1144, 1976a.

GATES, W. L. - The numerical simulation of ice-age climate with a global general circulation model. *Journal of Atmospheric Science*, 33: 1844-1873, 1976b.

GEORGE, P. - *Os métodos da Geografia*. São Paulo, Difusão Editorial S. A., 1972.

GIAOUTZI, M. & NIJKAMP, P. - *Decision Support Models for Regional Sustainable Development*. Aldershot, Avebury, 1993.

GIORGINI, A. & ZINGALES, F. - *Agricultural Nonpoint Source Pollution: Model Selection and Application*. Amsterdam, Elsevier, 1987.

GLACKEN, C. J. - *Traces on the Rhodian Shore. Nature and Culture in Western Thought from Ancient Times to the End of the Eighteenth Century*. Berkeley, University of California Press, 1967.

GLADWELL, J. S. - *Hydrology of Warm Humid Regions*. Wallingford, International Association of Hydrological Sciences, IAHS Publication 216, 1993.

GLANTZ, M. H. & KRENTZ, J. H. - Human components of the climate system. in *Climate System Modelling* (TRENBERTH, K. E., Ed.). Cambridge, Cambridge University Press, 27-49, 1992.

GLEICK, J. - *Caos: a criação de uma nova ciência*. Rio de Janeiro, Editora Campus, 1990.

GOODCHILD, M. F. & MARK, D. M. - The fractal nature of geographic phenomena. *Annals Association American Geographers*, 77(2): 265-278, 1987.

GOODCHILD, M. F., PARKS, B. O. & STEYAERT, L. T. - *Environmental Modeling with Geographical Information Systems*. Oxford, Oxford University Press, 1993.

GOODCHILD, M. F. et al. - *GIS and Environmental Modeling: Progress and Research Issues*. Fort Collins, GIS World Inc., 1996.

GORTZ, M. - Regional consequences of environmental taxes. in *Modelling the Economy and the Environment* (MADSEN, B.; et al, Eds.). Berlim, Springer Verlag, 93-116, 1996.

GOUDIE, A. - *The Human Impact: Man's Role in Environmental Change*. Oxford, Basil Blackwell, 1981.

GOUDIE, A. - *The Human Impact: Man's Role in Environmental Change*. Oxford, Basil Blackwell, 2ª edição, 1986.

GOUDIE, A. - *The Human Impact on the Natural Environment*. Oxford, Basil Blackwell, 1990.

GOUDIE, A. - Geomorphologic systems and climates. in *The Global Environment* (BRUNE, D.; et al, Eds.). Weinheim, VCH Verlagsgesellschaft, 116-134, 1997.

GOUDIE, A. & VILES, H. - *The Earth Transformed: An Introduction to Human Impacts on The Environment*. Oxford, Blackwell Publishers, 1997.

GRAF, W. L. - Catastrophe theory as a model for change in fluvial systems. in *Adjustments of the Fluvial Systems* (RHODES, D. D. & WILLIAMS, G. P., Eds.). Londres, George Allen & Unwin, 13-32, 1979.

GRANT, W. E. - *Systems Analysis and Simulation in Wildlife and Fisheries Sciences*. New York, John Wiley & Sons, 1986.

GRANT, W. E., PEDERSEN, E. K. & MARÍN, S. L. - *Ecology and Natural Resource Management: Systems Analysis and Simulation*. New York, John Wiley & Sons, 1997.

GREELEY, R., WILLIAMS, S. H., WHITE, B. R., POLLACK, J. B. & MARSHALL, J. R. - Wind abrasion on Earth and Mars. in *Models in Geomorphology* (WOLDENBERG, M., Ed.).Londres, George Allen & Unwin, 373-422, 1985.

GREGORY, K. J. - *A natureza da Geografia Física*. Rio de Janeiro, Bertrand Brasil S. A., 1992.

GREGORY, K. J. - Human activity and paleohydrology. In *Global Continental Palaeohydrology* (GREGORY, K. J., STARKEL, L. & BAKER, V. R., Eds.). Chichester, John Wiley & Sons, 151-172, 1995.

GREGORY, K. J. & PARK, C. C. - Adjustment of river channel capacity downstream from a reservoir. *Water Resources Research*, 10(4): 870-873, 1974.

GROFFMAN, P. M. & LIKENS, G. E. - *Integrated Regional Models Interactions Between Human and their Environment*. Londres, Chapman & Hall, 1994.

GÜNTHER, O - *Environmental Information Systems*. Berlim, Springer Verlag, 1998.

GURNELL, A. M. & PETTS, G. - *Changing River Channels*. Chichester, John Wiley & Sons, 1995.

GUSTAFSON, E. J. & PARKER, G. R. Relationships between landcover proportion and indices of landscape spatial pattern. *Landscape Ecology*, 7: 101-110, 1992.

HAAGSMA, I. G. - Integrated modelling facilitated by standard data formats as a tool for a generic decision support system. in *Hydroinformatics '96* (MÜLLER, A., Ed.). Rotterdam, A. A. Balkema, 179-186, 1996.

HAASE, G. - The chorical structure of the natural landscape. in *Actes* du XXIII Congrès UGI. Moscou, vol. 6: 14-18, 1976.

HACK, J. T. - Studies of longitudinal stream profiles in Virginia and Maryland. *U. S. Geological Survey Prof. Paper* n° 294-B, Washington, 1957.

HADLEY, R. F. - *Drainage Basin Delivery Sediments*. Wallingford, International Association of Hydrological Sciences, Publication 159, 1986.

HAEFNER, J. W. - *Modelling Biological Systems: Principles and Applications*. Londres, Chapman & Hall, 1996.

HAGGETT, P. & CHORLEY, R. J. - Models, paradigmes and the New Geography. in *Models in Geography* (CHORLEY, R. J. & HAGGETT, P., Eds.). Londres, Methuen & Co., 1967.

HAGGETT, P., & CHORLEY, R. J. - Modelos, paradigmas e a Nova Geografia. in *Modelos físicos e de informação em Geografia* (CHORLEY, R. J. & HAGGETT, P., Eds.). Rio de Janeiro, Livros Técnicos e Científicos, 1-19, 1975.

HAIGH, M. J. - Geography and general systems theory, philosophical homologies and current practice. *Geoforum*, 16(2): 191 - 203, 1985.

HAIGH, M. J. - The holon: hierarchy theory and landscape research. In *Geomorphological Models* (AHNERT, F., Ed.). Braunschweig, Catena Verlag, 181-192, 1987.

HAIGH, M. J. - Dynamic systems approaches in landslide hazard research. *Zeitschrift fur Geomorphologie*, Supplement Band 67: 79-91, 1988.

HAINES-YOUNG, R., GREEN, D. R. & COUSINS, S. H. - *Landscape Ecology and GIS*. Londres, Taylor & Francis, 1993.

HAINES-YOUNG, R. & PETCH, J. - *Physical Geography: its Nature and Methods*. Londres, Harper & Row, 1986.

HALL, C. A. S. & DAY Jr., J. W. - *Ecosystem Modeling in Theory and Practice*. New York, John Wiley & Sons, 1977.

HANNON, B. & RUTH, M. - *Modeling Dynamic Biological Systems*. Berlim, Springer Verlag, 1997.

HARDISTY, J., TAYLOR, D. M. & METCALFE, S. E. - *Computerized Environmental Modelling*. Chichester, John Wiley & Sons, 1993.

HARVEY, D. - *Explanation in Geography*. Londres, Edward Arnold, 1969.

HATCHER, R. L. - Local indicators of sustainability: measuring the human ecosystem. in *Sustainable Development* (NATH, B., HENS, L. & DEVUYST, D., Eds.). Brussells, VUP Press, 181-203, 1996.

HAUSMANN, P. & WEBER, M.- Possible contributions of hydroinformatics to risk analysis in insurance. in *Hydroinformatics '96* (MÜLLER, A., Ed.).Rotterdam, A. A. Balkema, 57-62, 1996.

HEARNSHAW, H. M & UNWIN, D. J. - *Visualization in Geographical Information Systems*. Chichester, John Wiley & Sons, 1994.

HECHT, A. D. - *Paleoclimate Analysis and Modeling*. New York, John Wiley & Sons, 1985.

HENDERSON-SELLERS, A. & McGUFFIE, K. - Climate models. in *Applied Climatology: Principles and Practice* (THOMPSON, R. D. & PERRY, A., Eds.). Londres, Routledge, 36-50, 1997.

HENS, L. - The Rio Conference and thereafter. in *Sustainable Development* (NATH, B., HENS, L. & DEVUYST, D., Eds.). Brussells, VUP Press, 81-109, 1996.

HEWITSON, B. C. & CRANE, R. G. - *Neural Nets: Applications in Geography*. Dordrecht, Kluwer Academic Publishers, 1994.

HEWITT, C. N. - *Methods of Environmantal Data Analysis*. Londres, Elsevier Applied Science, 1992.

HEWITT, K. & BURTON, I. - *The Hazardousness of a Place: A Regional Ecology of Damaging Events*. Toronto, Department of Geography, University of Toronto, 1971.

HIGH PERFORMANCE SYSTEMS - *STELLA II Technical Documentation*. Hannover, High Performance Systems Inc., 1994.

HIPEL, K. W. & McLEOD, A. I. - *Time Series Modelling of Water Resources and Environmental Systems*. Amsterdam, Elsevier Science, 1994.

HJULSTROM, F. - Studies of the morphological activity of rivers as illustrated by the River Fyris. *Buletin Geological Institute University Uppsala*, 25: 221-527, 1935.

HODNETT, M. G., TOMASELLA, J., MARQUES FILHO, A. de O . & OYAMA, M. D. - Deep soil water uptake by forest and pasture in Central Amazonia: prediction from long term daily rainfall data using a simple water balance model. in *Amazonian Deforestation and Climate* (GASH, J. H. C, NOBRE, C.A., ROBETS, J. M. & VICTORIA, Eds.). Chichester, John Wiley & Sons, 79-99, 1996.

HOLLING, C. S.- Resilience and stability of ecological systems. *Annual Review of Ecological and Systematics*, 4(19: 1-23, 1973.

HOLLING, C. S. - Resilience and stability of ecosystems. in *Evolution and Consciousness: Human Systems in Transition* (JANTSCH, E. & WADDINGTON, C. H., Ed.).Reading, Addison Wesley, 73-92, 1976.

HOLLING, C. S. - *Adaptative Ennvironmental Assessment Management*. Chichester, John Wiley & Sons, 1978.

HOLLIS, G. H. & LUCKETT, J. K. - The response of natural river channels to urbanization: two case studies from Southeast England. *Journal of Hydrology*, 30(4): 351-363, 1976.

HOLMBERG, J. - *Policies for a Small Planet*. Londres, Earthscan Publications, 1992.

HOLMBERG, J. & SANDBROOK, R.- Sustainable development: what is to be done ? in *Policies for a Small Planet* (HOLMBERG, J., Ed.). Londres, Earthscan Publications, 19-38, 1992.

HORTON, R. E. - Drainage basins characteristics. *Transactions American Geophysical Union*, 13: 350-361, 1932.

HORTON, R. E. - Erosional development of streams and their drainage basins: Hydrophysical approach to quantitative morphology. *Bulletin of the Geological Society of America*, 56(2): 275 - 370, 1945.

HOUGHTON, J. T., CALLANDER, B. A. & VARNEY, S. K. - *Climate Change 1992*. Cambridge, Cambridge University Press, 1992.

HOUGHTON, J. T., JENKINS, G. J. & EPHRAUMS, J. J.- *Climate Change*. Cambridge, Cambridge University Press, 1990.

HOUGHTON, J. T. et al. - *Climate Change 1995: The Science of Climate Change*. Cambridge, Cambridge University Press, 1996.

HOULDING, S. W. - *3D Geoscience Modeling*. Berlim, Springer Verlag, 1994.

HUBERT, P. & CARBONNEL, J. P. - Dimensions fractales de l'occurrence de pluie en climat soudano-sahélien. *Hydrologie Continentale*, 4(1): 3-10, 1989.

HUGGETT, R. J. - *Earth Surface Systems*. Springer Verlag, Berlim, 1985.

HUGGETT, R. J. - *Climate, Earth Processes and Earth History*. Berlim, Springer Verlag, 1991.

HUGGETT, R. J. - *Modelling the Human Impact on Nature*. Oxford, Oxford University Press, 1993.

HUGGETT, R. J. - *Geoecology: An Evolutionary Approach*. Londres, Routledge, 1995.

HUGGETT, R. J. - *Environmental Change: The Evolving Ecosphere*. Londres, Routledge, 1997.

HULME, M. & BARROW, E. - *Climates of the British Isles*. Londres, Routledge, 1997.

HUNSAKER, C. T. et al - Spatial models of ecological systems and processes: the role of GIS. in *Environmental Modelling with GIS* (GOODCHILD, M. F., PARKS, B. O. & STEYAERT, L. T., Eds.). Oxford, Oxford University Press, 248-264, 1993.

HURST, H. E. - Long-term storage capacity of reservoirs. *Proceedings American Society of Civil Engineering*, 76: 11, 1950.

HURST, H. E. - Long-term storage capacity of reservoirs. *Transactions of the American Society of Civil Engineering*, 116: 770-808, 1951.

INTERNATIONAL PROGRAMME GEOSPHERE-BIOSPHERE - *Global Change: Reducing Uncertainties*. Estocolmo, IPGB, 1992.

ISACHENKO, A. G. - Géotopologie et étude du paysage. *Izv. Vses. Geogr. Obscestva*, 3: 161-173, Moscou, 1972 (tradução francesa pelo Centre National de la Recherche Scientifique, Paris).

ISARD, W. - On the linkage of socio-economic and ecological systems. *Papers of The Regional Science Association*, 21: 79-99, 1968.

ISARD, W. & SMITH, T. E. - *General Theory: Social, Political, Economic and Regional*. Cambridge, The MIT Press, 1969.

JAGER, J. & FERGUSON, H. L. - *Climate Change: Science, Impacts and Policy*. Cambridge, Cambridge University Press, 1991.

JAKEMAN, A. J., BECK, M. B. & McALEER, M. J. - *Modelling Change in Environmental Systems*. Chichester, John Wiley & Sons, 1993.

JANTSCH, E. - *The Self-Organizing Universe: Scientific and Human Implications for the Emerging Paradigm of Evolution*. Londres, Pergamon Press, 1980.

JARRIGUE, J. J. - Variation of extensional fault geometry related to detachment surfaces within sedimentary sequences and basement. *Tectonophysics*, 215(1): 161-166, 1992.

JOHANSEN, S. - Regional impacts of a future reduction of agricultural subsidies in Norway: an input-output approach. in *Modelling the Economy and the Environment* (MADSEN, B.; et al., Eds.). Berlim, Springer Verlag, 117-135, 1996.

JOHANSSON, P. O - Valuing environmental damage. *Oxford Review of Economic Policy*, 6(1), 1990.

JOHNSON, L. E. - Water resources management decision support systems. *Journal of Water Resource Planning and Management*, 112(3): 308-325, 1986.

JOHNSTON, C. A., COHEN, Y. & PASTOR, J.- Modeling of spatially static and dynamical ecological processes. in *GIS and Environmental Modeling: Progress and Research Issues* (GOODCHILD, M. F. et al., Eds.). Fort Collins, GIS World Inc., 149-154, 1996.

JORGENSEN, S E. - *Application of Ecological Modelling in Environmental Management*. volume 1, Amsterdam, Elsevier, 1983.

JORGENSEN, S E. - *Modelling the Fate and Effect of Toxic Substances in the Environment*. Amsterdam, Elsevier, 1984.

JORGENSEN, S E. - *Fundamentals of Ecological Modelling*. Amsterdam, Elsevier, 1986.

JORGENSEN, S. E. & GROMIEC, M. J. - *Mathematical Models in Biological Waste Water Treatment*. Amsterdam, Elsevier, 1985.

JORGENSEN, S E. & MITSCH, W. J. - *Application of Ecological Modelling in Environmental Management*. volume 2, Amsterdam, Elsevier, 1983.

KADOMURA, H. - Palaeoecological and palaeohydrological changes in the humid tropics during the last 20.000 years, with reference to Equatorial Africa. in *Global Continental Palaeohydrology* (GREGORY, K. J., STARKEL, L. & BAKER, V. R., Eds.). Chichester, John Wiley & Sons, 177-202, 1995.

KALMA, J. D. & SIVAPALAN, M. - *Scale Issues in Hydrological Modelling*. Chichester, John Wiley & Sons, 1995.

KAUVAS, M. L. - *New Directions for Surface Water Modeling*. Wallingford, International Association of Hydrological Sciences, Publicação 181, 1989.

KAYE, B. H. - *A Random Walk Through Fractal Dimensions*. Weinheim, V. C. H. Publishers, 1989.

KAYE, B. H. - *A Random Walk Through Fractal Dimensions*. Weinheim, VCH Verlag, 2ª. edição, 1994.

KAYE, B. H. - *Chaos and Complexity*. Weinheim, VCH Verlagsgesellchaft, 1993.

KELLETAT, D. H. & PSUTY, N. P. - *Field Methods and Models to Quantify Rapid Coastal Changes. Zeitschrift fur Geomorphologie, Supplement Band 102*. Stuttgart, Gebruder Borntraeger, 1996.

KELSEY, A. - Modelling the sediment transport processes. in *Advances in Fluvial Dynamic and Stratigraphy* (CARLING, P. A. & DAWSON, M. R., Eds.). Chichester, John Wiley & Sons, 229-261, 1996.

KEMP, Z. - *Innovations in GIS 4*. Londres, Taylor & Francis, 1997.

KIRBY, C. & WHITE, W. R. - *Integrated River Basin Development*. Chichester, John Wiley & Sons, 1994.

KIRCHNER, T. B. - Data management and simulation modelling. in *Environmental Information Management and Analysis* (MICHENER, W. K., BRUNT, J. W. & STAFFORD, S. G., Eds.). Londres, Taylor & Francis, 357-375, 1994.

KIRKBY, M. J. - Hydrograph modelling strategies. in *Process in Physical and Human Geography* (PEEL, R., CHISHOLM, M. & HAGGETT, P., Eds.). Londres, Heinemann, 69-90, 1975.

KIRKBY, M. J.- *Computer Simulation in Physical Geography*. New York, John Wiley & Sons, 1987.

KIRKBY, M. J. - *Process Models and Theoretical Geomorphology*. Chichester, John Wiley & Sons, 1994.

KIRKBY, M. J. - Modelling the links between vegetation and landforms. *Geomorphology*, 13(1-4): 319-335, 1995.

KIRKBY, M. J. - TOPMODEL: a personal view. *Hydrological Processes*, 11(9): 1087-1097, 1997.

KIRKBY, M. J. & WEYMAN, D. R. - Measurements of contributing area in very small drainage basins. *Seminar Series B*, n. 3. Bristol, Department of Geography, University of Bristol, 1974.

KLIJN, F. - *Ecosystem Classification for Environmental Management*. Dordrecht, Kluwer Academic Publishers, 1994.

KNISEL, W. G. - CREAMS: a field scale models for Chemical, Runoff and Erosion from Agricultural Management Systems. *Technical Report* n. 26. Washington, U. S. Department of Agriculture, 1980.

KNITZ, G., MILLY, P. C. D. & GENUCHTEN, M. Th. van - *Hydrological Interactions Between Atmosphere, Soil and vegetation*. Wallingford, International Association of Hydrological Sciences, Publication 204, 1991.

KNOX, J. C. - Valley alluviation in south-western Wisconsin. *Annals Association of American Geographers*, 62: 401-410, 1972.

KNUEPFER, P. I. K. & McFADDEN, L. D. - *Soils and Landscape Evolution*. Amsterdam, Elsevier, 1990.

KOCHEL, R. C., HOWARD, A. D. & McLANE, C. - Channel networks developed by groundwater sapping in fine-grained sediments: analogy to some Martian valleys. in *Models in Geomorphology* (WOLDENBERG, M., Ed.). Londres, George Allen & Unwin, 313-341, 1985.

KORVIN, G. - *Fractal Models in the Earth Sciences*. Amsterdam, Elsevier Science Publishers, 1992.

KOVAR, K. - *Calibration and Reliability in Groundwater Modelling*. Wallingford, International Association of Hydrological Sciences, IAHS Publication 195, 1990.

KOVAR, K. & HEIJDE, P. van der - *Calibration Reliability in Groundwater Modelling*. Wallingford, International Association of Hydrological Sciences, IAHS Publication 237, 1997.

KOVAR, K. & NACHTNEBEL, H. P. - *Applications of Geographic Information Systems in Hydrology and Water Resources Management*. Wallingford, International Association of Hydrological Sciences, IAHS Publication 211, 1993.

KOVAR, K. & NACHTNEBEL, H. P. - *Application of Geographic Information Systems in Hydrology and Water Resources Management*. Wallingford, International Association of Hydrological Sciences, IAHS Publication 235, 1996.

KOVAR, K. & SOVERI, J. - *Groundwater Quality Management*. Wallingford, International Association of Hydrological Sciences, IAHS Publication 220, 1994.

KOZLOWSKI, J. M. - Integrating ecological thinking into the planning process: a comparison of EIA and UET concepts. *WZB Paper FS-II-89-404*. Berlim, Wissenschaftszentrum Berin fur Sozialforschung, 1989.

KOZLOWSKI, J. M. - Sustainable development in profissional planning: a potential contribuiton of the EIA and UET concepts. *Landscape and Urban Planning*, 9: 307-322, 1990.

KRAAK, M. J. & MOLENAAR, M. - *Advances in GIS Research II*. Londres, Taylor & Francis, 1997.

KRUHL, J. H. - *Fractals and Dynamic Systems in Geoscience*. Berlim, Springer Verlag, 1994.

KRUMBEIN, W. C. & GRAYBILL, F. A. - *An Introduction to Statistical Models in Geology*. New York, McGraw Hill, 1965.

KUNDZEWICZ, Z. W. - *New Uncertainty Concepts in Hydrology and Water Resources*. Cambridge, Cambridge University Press, 1995.

KUNDZEWICZ, Z. W., ROSBJERG, D., SIMONOVIC, S. P. & TAKEUCHI, K. - *Extreme Hydrological Events: Precipitation, Floods and Droughts*. Wallingford, International Association of Hydrological Sciences, IAHS Publication 213, 1993.

LAM, L. & SWAINE, D. - A hybrid expert system and neural network approach to environmental modelling: GIS application in the RAISON system. in *Application of the Geographic Information System in Hydrology and Water Resource Management* (KOVAR, K. & NACHTNEBEL, H. P., Eds.). Wallingford, International Association of Hydrological Sciences, Publicação IAHS 235: 685-693, 1996.

LAM, N. S. N. & DE COLA, L. - *Fractals in Geography*. Englewood Cliffs, Prentice Hall, 1993.

LAMB, R., BEVEN, K. & MYRABO, S. - Discharge and water table predicitions using a generalized TOPMODEL formulation. *Hydrological Processes*, 11(9): 1145-1167, 1997.

LANDIM, P. M. B. - *Análise Estatística de Dados Geológicos*. São Paulo, Editora da UNESP, 1998.

LANE, L. J.; et al. - Description of the US Department of Agriculture Water Erosion Prediction Project (WEPP) model. in *Overland Flow: Hydraulics and Erosion Mechanics* (PARSONS, A. J. & ABRAHAMS, A. D., Eds.). Londres, UCL Press, 377-391, 1992.

LANGBEIN, W. B. & LEOPOLD, L.B. - quasi-equilibrium states in channel morphology. *American Journal of Science*, 262: 782-794, 1964.

LANGTON, J. - Potentialities and problems of adopting a systems approach to the study of change in Human Geography. *Progress in Geography*, 4: 125-179, 1973.

LATTERMAN, A. - *System-Theoretical Modelling in Surface Water Hydrology*. Berlim, Springer Verlag, 1991.

LAUENROTH, W. K., SKOGERBOE, G. V. & FLUG, M. - *Analysis of Ecological Systems: State-Of-The-Art in Ecological Modelling*. Amsterdam, Elsevier, 1983.

LAURINI, R. & THOMPSON, D. - *Fundamentals of Spatial Information Systems*. Orlando, Academic Press, 1992.

LAUWERIER, H. - *Fractals: Endlessly Repeated Geometrical Figures*. Princeton, Princeton University Press, 1991.

LAVALLÉE, D., LOVEJOY, S., SCHERTZER, D. & LADOY, P. - Nonlinear variability of landscape topography: multifractal analysis and simulation. in *Fractals in Geography* (LAM, N. S. N. & DE COLA, L., Eds.). Englewood Cliffs, Prentice Hall, 158-192, 1993.

LEE, N. & WALSH, F. - Strategic environmental assessment: an overview. *Project Appraisal*, 7(3): 126-137, 1992.

LEEMANS, R. - Impact of greenhouse gases and climatic change. in *The Global Environment* (BRUNE, D.; et al., Eds.). Weinheim, VCH Verlagsgesellschaft, 352-368, 1997.

LEGENDRE, L. & LEGENDRE, P. - *Numerical Ecology*. Amsterdam, Elsevier, 1983.

LEONARD, H. J.; et al. - *Environment and the Poor: Development Strategies for a Common Agenda*. New Brunswuick and Oxford, Transactions Books for the Overseas development council, 1989.

LEOPOLD, L. B. - Hydrology for urban land planning - a guidebook on the hydrologic effects of urban land use. *U.S. Geol. Survey Professional Paper*, (252): 1-57, 1968.

LEOPOLD, L. B., CLARKE, F. E., HANSHAW, B. B. & BALSEY, J. R. - A procedure for evaluationg environmental impact. *Geological Survey Circular* 645. Washington, U. S. Department of Interior, 1971.

226 Bibliografia

LEOPOLD, L. B. & LANGBEIN, W. B. - The concept of entropy in landscape evolution. *U. S. Geological Survey Professional Paper*, 500-A, 1962.

LESER, H. - *Landschaftsokologie*. Stuttgart, Eugen Ulmer, 1991.

LETTENMAIER, D. - Stochastic modeling of precipitation with applications to climate model downscalling. in *Analysis of Climate Variability* (STORCH, H. von & NAVARRA, A., Eds.). Berlim, Springer Verlag, 197-212, 1995.

LINDESAY, J. A. - *Relationships between the Southern Oscillation and atmospheric circulation changes over Southern Africa, 1957 to 1982*. Ph.D. Thesis, University of Witwatersrand, 1986.

LIVINGSTONE, D. & RAPER, J. - Modelling environmental systems with GIS: theorethical barriers to progress. in *Innovations in GIS 1* (WORBOYS, M. F., Ed.). Londres, Taylor & Francis, 229-240, 1994.

LOMBARDO, M. A. - *A ilha de calor nas metrópoles: o exemplo de São Paulo*. São Paulo, Editora Hucitec, 1985.

LOUCKS, D. P. & SHAMIR, U. - *Systems Analysis for Water Resources Management*. Wallingford, International Association of Hydrological Sciences, IAHS Publication 180, 1989.

LOVEJOY, S. - Analysis of rain areas in terms of fractals. *Proceedings* 20th Conference on Radar Meteorology. Boston, American Meteorological Society, 476-484, 1981.

LOVEJOY, S. - Area-perimeter relation for rain and cloud areas. *Science*, 216: 185-187, 1982.

LOVEJOY, S. & SCHERTZER, D. - Scale invariance and multifractals in the atmosphere. in *Concise Encyclopedia of Environmental Systems* (YOUNG, P. C., Ed.). Oxford, Pergamon Press, 523-529, 1993.

LOVELOCK, J. E. - *Gaia. A New Look at Life on Earth*. Oxford, Oxford University Press, 1984.

LOVELOCK, J. E.- Geophysiology: a new look at Earth Science. in *The Geophysiology of Amazonia: Vegetation and Climate Interactions*. New York, John Wiley & Sons, 11-23, 1987.

LOVELOCK, J. E. - *The Ages of Gaia*. Oxford, Oxford University Press, 1988.

LOVELOCK, J. E. - *As eras de Gaia*. São Paulo, Editora Campus, 1991.

LUDWIG, W. & PROBST, J. L. - A global modelling of the climatic, morphological and lithological control of river sediment discharges to the oceans. in *Erosin and Sediment Yield: Global and Regional Perspectives* (WALLING, D. E. & WEBB, B. W., Eds.). Wallingford, International Association of Hydrological Sciences, IAHS Publicação 236: 21-28, 1996.

LWI - *Generiek Decision Support Systems*. Projectgroep Estuaria en Kusten, Wekpakket 2. LWI, 1995.

MACMILLAN, B. - *Remodelling Geography*. Oxford, Basil Blackwell, 1989.

MADSEN, B., JENSEN-BUTLER, C., MORTENSEN, J. B. & CHRISTENSEN, A. M. B. - *Modelling the Economy and the Environment*. Berlim, Springer Verlag, 1996.

MAGUIRRE, D. J.; GOODCHILD, F. M. & RHIND, D. W.- *Geographical Information Systems: Principles and Applications*. (2 volumes). Londres, Longman Group, 1991.

MAIDMENT, D. R. - GIS and hydrological modeling. in *Environmental Modeling with GIS* (GOODCHILD, M. F., PARKS, B. O. & STEYAERT, L. T., Eds.). Oxford, Oxford University Press, 147-167, 1993.

MANDELBROT, B. B. - *Les objects fractals´: forme, hasard et dimension*. Paris, Flammarion, 1975.

MANDELBROT, B. B. - *Fractals: Form, Chance and Dimensions*. San Francisco, W. H. Freeman, 1977.

MANDELBROT, B. B. - *The Fractal Geometry of Nature*. New York, W. H. Freeman and Co., 1982.

MANESCU, A., BURCEA, M., MARINESCU, V. & POPESCU, T. - Linking an environmental database with GIS and TS models. in *Hydroinformatics '96* (MÜLLER, A., Ed.). Rotterdam, A. A. Balkema, 165-166, 1996.

MARANI, A. - *Advances in Environmental Modelling*. Amsterdam, Elsevier, 1988.

MARTONNE, E. de - *Les fondements de la Géographie Physique* (3 volumes). Paris, Armand Colin, 5ª edição, 1951.

MASLOV, S., PACZUSKI, M. & BAK, P. - Avalanchas and $1/f$ noise in evolution and growth models. *Physical Review Letters*, 73: 2162-2165, 1994.

MASSER, I. & BLAKEMORE, M. - *Handling Geographical Information: Methodology and Applications*. Harlow, Longman Group, 1991.

MASSING, H., PACKMAN, J. & ZUIDEMA, F. C. - *Hydrological Processes and Water Management in Urban Areas*. Wallingford, International Association of Hydrological Sciences, IAHS Publication 198, 1990.

MATHER, P. M.- *Computer Applications in Geography*. New York, John Wiley & Sons, 1991.

MATHER, P. M. - *Geographical Information Handling: Research and Applications*. Chichester, John Wiley & Sons, 1993.

MATHIESON, A. & WALL, G. - *Tourism: Economic, Physical and Social Impacts*. Harlow, Longman Group, 1982.

MATSUSHITA, M. - Fractal viewpoint of fracture and accretion. *Journal of Physics Society of Japan*, 54: 857-860, 1985.

McCLOY, K. R. - *Resource Management Information Systems: Process and Practice*. Londres, Taylor & Francis, 1995.

McCUEN, R. H. - The role of sensitivity analysis in hydrologic modelling. *Journal of Hydrology*, 18: 37-53, 1973.

McDONNELL, M. J. & PICKETT, S. T. A. - Ecosystem structure and function along urban-rural gradient: an unexploited opportunity for ecology. *Ecology*, 71: 1232-1237, 1990.

McDONNELL, M. J.; et al. - Ecosystem processes along an urban-to-rural gradient. *Urban Ecosystems*, 1(1): 21-36, 1977.

McGUFFIE, K. & HENDERSON-SELLERS, A. - *A Climate Modelling Primer*. Chichester, John Wiley & Sons, 1966.

McKIM, H. L., CASSELL, E. A & LaPOTIN, P. J.- Water resource modelling using remote sensing and object-oriented simulation. *Hydrological Processes*, 7(2): 153-165, 1993.

MELTON, M. A. - Methods of measuring the effect of environmental factors on channel properties. *Journal of Geophysical Research*, 67: 1485 - 1490, 1962.

MENDICINO, G. & SOLE, A . - The information content theory for the estimation of the topographic index distribution used in TOPMODEL. *Hydrological Processes*, 11(9): 1099-1114, 1997.

MERRIAM, G., HENEIN, K. & STUART-SMITH, K. - Landscape dynamics models. in *Quantitative Methods in Landscape Ecology* (TURNER, M. G. & GARDNER, R. H., Eds.). New York, Springer Verlag, 399-416, 1991.

MICHENER, W. K., BRUNT, J. W. & STAFFORD, S. G. -*Environmental Information Management and Analysis: Ecosystem to Global Scales*. Londres, Taylor & Francis, 1994.

MILLER, V. C. - A quantitative geomorphic study of drainage basins characteristic in the Clinch Mountain area. *Technical Report* 3. Department of Geology, Columbia University, 1953.

MILNE, G. - Some suggested units of classification and mapping particularly for East African soils. *Soil Research*, 4: 183-198, 1935.

MINSHALL, G. W. - Stream ecosystem theory: a global perspective. *Journal of the North American Benthological Society*, 7: 263-288, 1988.

MINTZER, I. M. - *Confronting Climate Change: Risks, Implications and Responses*. Cambridge, Cambridge University Press, 1992.

MITSCH, W. J., BOSSERMANN, R. W. & KLOPATEK, J. M. - *Energy and Ecological Modelling*. Amsterdam, Elsevier, 1981.

MITSCH, W. J., STRASKRABA, M. & JORGENSEN, S. E. - *Wetland Modelling*. Amsterdam, Elsevier, 1988.

MLADENOFF, D. J., HOST, G. E., BOEDER, J. & CROW, T. R. - LANDIS: a spatial model of forest landscape disturbance, sucession and management. in *GIS and Environmental Modeling: Progress and Research Issues* (GOODCHILD, M. F. et al., Eds.). Fort Collins, GIS World Inc., 175-179, 1996.

MOLCHANOV, S. A. & WOYCZYNSKI, W. A. - *Stochastic Models in Geosystems*. Berlim, Springer Verlag, 1997.

MOLDAN, B. & CERNY, J. - *Biogeochemistry of Small Catchments*. Chichester, John Wiley & Sons, 1994.

MONTEIRO, C. A. F. - *A dinâmica climática e as chuvas no Estado de São Paulo*. São Paulo, Instituto de Geografia, USP, 1973.

MONTEIRO, C. A. F. - *Teoria e clima urbano*. São Paulo, Instituto de Geografia, USP, 1976.

MONTEIRO, C. A. F. - derivações antropogênicas dos geossistemas terrestres no Brasil e alterações climáticas: perspectivas agrárias e urbanas ao problema da elaboração de modelos de avaliação. *Anais* Simpósio Sobre a Comunidade Vegetal, como Unidade Biológica, Turística e Econômica. São Paulo, ACIESP, 43-74, 1978.

MOORE, I. D., GESSLER, P. E., NIELSEN, G.A. & PETERSEN, G. A. - Soil attribute prediction using terrain analysis. *Soil Science Society of American Journal*, 57: 443-452, 1993.

MOORE, I. D., LEWIS, A. & GALLANT, J. C. - Terrain attributes: estimation methods and scale effects. in *Modelling Change in Environmental Systems* (JAKEMAN, A. J., BECK, M. B. & McALLEER, M. J., Eds.). Chichester, John Wiley & Sons, 189-214, 1993.

MORISAWA, M. - Topological properties of delta distributory networks. in *Models in Geomorphology* (WOLDENBERG, M., Ed.). Londres, George Allen & Unwin, 239-268, 1985.

MORISAWA, M. & LAFLURE, E. - Hydraulic geometry, stream equilibrium and urbanization. in *Adjustments of the Fluvial Systems* (RHODES, D. D. & WILLIAMS, G. P., Eds.). Londres, George Allen & Unwin, 333-350, 1979.

MORNER, R. A. - Concluding remarks. in *Climatic Changes on a Yearly to Millenial Basis* (MORNER, R. A. & KARLEN, Eds.). Dordrecht, D. Reidel Publishing Co., 637-651, 1984.

MORNER, R. A. - Short term paleoclimatic changes: observational data and novel causation model. in *Climate: History, Periodicity and Predictability* (RAMPINO, M. R., et al., Eds.). New York, Van Nostrand Reinhold, 256-269, 1987.

MORRILL, R. L. - *The Spatial Organization of the Society*. North Scituate, Duxbury Press, 1974.

MÜLLER, A. - *Hydroinformatics '96*. Rotterdam, A. A. Balkema, 1996.

MULLER, J. C., LAGRANGE, J. P. & WEIBEL, R. - *GIS and Generalization: Methodology and Practice*. Londres, Taylor & Francis, 1995.

MUNASINGHE, M. & SHEARER, W. - *Defining and Measuring Sustainability: The Biogeophysical Foundations*. Washington, The World Bank, 1995.

NATH, B., HENS, L. & DEVUYST, D.- *Enviromental Management* (3 volumes). Brussels, VUP Press, 1993.

NATH, B., HENS, L. & DEVUYST, D.- *Sustainable Development*. Brussels, VUP Press, 1996.

NAVEH, Z. & LIEBERMAN, A. S. - *Landscape Ecology: theory and application*. Berlim, Springer Verlag, 1984.

NAVEH, Z. & LIEBERMAN, A. S. - *Landscape Ecology: theory and application*. Berlim, Springer Verlag, 2a. edição, 1993.

NEYMAN, J. & SCOTT, E. L. - On a mathematical theory of population conceived as a conglomeration of clusters. *Proceedings* Cold Spring Harbor Symposia on Quantitative Biology, 22: 109-120, 1957.

NOVAK, M. M. - *Fractals in the Natural and Applied Sciences*. Amsterdam, North-Holland, 1994.

OBERMEYER, N. J. & PINTO, J. K. - *Managing Geographic Information Systems*. New York, The Guilford Press, 1994.

O'CONAILL, M. A., MASON, D. C. & BELL, B. M. - Spatiotemporal GIS techniques for environmental modelling. in *Geographical Information Handling: Research and Applications* (MATHER, P. M., Eds.). Chichester, John Wiley & Sons, 103-112, 1993.

O'CONNELL, P. E. & TODINI, E. - Modelling of rainfall, flow and mass transport in hydrological systems. *Journal of Hydrology*, 175(1-4): 1-613, 1996.

ODUM, E. P. - *Fundamentals of Ecology*. Philadelfia, Saunders, 1971.

ODUM, H. T. - *Systems Ecology*. New York, John Wiley & Sons, 1983.

ODUM, H. T. - Energy, value and money. in *Ecosystem Modeling in Theory and Practice* (HALL, C. S. A. & DAY Jr., J. W., Eds.). New York, John Wiley & Sons, 173-207, 1977.

ODUM, H. T. - *Environmental Accounting: EMERGY and Environmental Decision Making*. New York, John Wiley & Sons, 1996.

OLIVE, L.J., LOUGHRAN, J. & KESBY, J. A. - *Variability in Stream Erosion and Sediment Transport*. Wallingford, International Association of Hydrological Sciences, IAHS Publication 224, 1994.

O'NEILL, R. V., KRUMMEL, J. R., GARDNER, R. H. et al. - Indices of landscape pattern. *Landscape Ecology*, 1: 153-162, 1988.

OPENSHAW, S. & OPENSHAW, C. - *Artificial Intelligence in Geography*. Chichester, John Wiley & Sons, 1997

OSTERKAMP. W. R. - Invariant power functions as applied to fluvial geomorphology. in *Adjustments of the Fluvial System* (RHODES, D. D. & WILLIAMS, G. P., Eds.). Boston, George Allen & Unwin, 33-54, 1979.

OSTERKAMP, W. R. - *Effects of Scale on Interpretation and Management of Sediment and Water Quality*. Wallingford, International Association of Hydrological Sciences, IAHS Publication 226, 1995.

OTTENS, H. F. L. - The application of geographical information systems in urban and regional planning. in *Geographical Information Systems for Urban and Regional Planning* (SCHOLTEN, H. J. & STILLWELL, J. C. H., Eds.). Dordrecht, Kluwer Academic Publishers, 15-22, 1990.

PAHL-WOSTL, C. - *The Dynamic Nature of Ecosystems: Chaos and Order Entwined*. Chichester, John Wiley & Sons, 1995.

PAPE, H., RIEPE, L. & SCHOPER, J. R. - A solution attempt to the "Coastline of Britain Problem". *Stereol. Iuguslave*, 3, Supplement 1: 331-336, 1981a.

PAPE, H., RIEPE, L. & SCHOPER, J. R. - Calculating permeability from surface area measurements. 7th European Logging Symposium *Transactions Paper* n. 17, 1981b.

PAPE, H., RIEPE, L. & SCHOPER, J. R. - A pigeon-hole model for relating permeability to specific surface. *Log. Ana.*, 23(1): 5-13, 1982.

PAPE, H., RIEPE, L. & SCHOPPER,J. R. - Theory of self-similar network structures in sedimentary and igneous rocks and their investigation with microscopical and physical methods. *Journal of Microscopy*, 148(2): 121-147, 1987.

PARK, C. C. - Allometric analysis and stream channel morphometry. *Geographical Analysis*, 10(3): 211-218, 1978.

PARKER, S. M. - Environmental Impact. in *The Encyclopaedic Dictionary of Physical Geography* (GOUDIE, A. et al., org.), p. 157-160. Oxford, Blackwell, 1985.

PASSARGE, S. - *Die Kalaari*. Berlim, Dietrich Riemer, 1904.

PASTOR, J. & JOHNSTON, C. A. - Using simulation models and geographic information systems to integrate ecosystems and landscape ecology. in *New Perspectives in Watershed Management*. Berlim, Springer Verlag, 324-346, 1992.

PEARCE, D., MARKANDYA, A. & BARBIER, E. B. - *Blueprint for a Green Economy*. Londres, Earthscan Publications, 1989.

PEARCE, D. & MORAN, D. - *The Economic Value of Biodiversity*. Londres, Earthscan Publications, 1994.

PEITGEN, H. O , JURGENS, H. & SAUPE, D. - *Chaos and Fractals: New Frontiers of Science*. New York, Springer Verlag, 1992.

PERRINGS, C. - *Economy and Environment*. Cambridge, Cambridge University Press, 1987.

PETHIG, R. - *Valuing the Environment*. Dordrechet, Kluwer Academic Publishers, 1994.

PETTS, G. E. & AMOROS, C. - *Fluvial Hydrosystems*. Londres, Chapman & Hall, 1996.

PETTS, G. E. & BRADLEY, C. - Hydrological and ecological interactions within river corridors. in *Contemporary Hydrology* (WILBY, R. L., Ed.). Chichester, John Wiley & Sons, 241-271, 1997.

PEUQUET, D., DAVIS, J. R. & CUDDY, S. - Geographic information systems and environmental modelling. in *Modelling Change in Environmental Systems* (JAKEMAN, A. J., BECK, M. B. & McALLEER, M. J., Eds.). Chichester, John Wiley & Sons, 543-556, 1993.

PHILLIPS, J. D. & RENWICK, W. H. - *Geomorphic Systems*. Amsterdam, Elsevier Science Publishers, 1992.

PICKETT, S. T. A. et al. - Integrated models of forested regions. in *Integrated Regional Models* (GROFFMAN, P. M. & LIKENS, G. E., Eds.). Londres, Chapman & Hall, 120-141, 1994.

PICKETT, S. T. A. et al. - A conceptual framework for the study of human ecosystems in urban areas. *Urban Ecosystems*, 1(4): 185-199, 1997.

PIKE, R. J. & DIKAU, R. - *Advances in Geomorphometry: Proceedings of the Walter F. Wood Memorial Symposium*. Zeitschrift fur Geomorphologie, Supplement Band 101, Stuttgart, Gebruder Borntraeger, 1995.

PITTON, S. E. C. - *As cidades como indicadoras de alterações térmicas*. Tese de Doutorado. São Paulo, Departamento de Geografia, FFLCH da USP, 1997.

POLYA, G. - *How to Solve it: A New Aspect of Mathematical Method*. Princeton, Princeton University Press, 2a. edição, 1973.

POLIAK, I. - *Computational Statistics in Climatology*. Oxford, Oxford University Press, 1996.

POPPER, K. - *A lógica da pesquisa científica*. São Paulo, Editora Cultrix, 1975a.

POPPER. K. - *Conhecimento objetivo*. Belo Horizonte. Editora Itatiaia e EDUSP, 1975b.

POPPER, K. - *Conjeturas e refutações*. Brasília, Editora Universidade de Brasília, 1980.

PORTMANN, F. T. - Hydrological runoff modelling by the use of remote sensing data with reference to the 1993-1994 and 1995 floods in the River Rhine Catchment. *Hydrological Processes*, 11(10): 1377-1392, 1997.

PORTEOUS, A. - *Dictionary of Environmental Science and Technology*. Chichester, John Wiley & Sons, 1992.

PORTO,R. L. et al. - *Hidrologia Ambiental*. São Paulo, Editora da USP, 1991.

PRIGOGINE, I. - *Étude thermodynamique des phénomènes irréversibles*. Paris, Dunod, 1947.

PRIGOGINE, I. - *From Being to Becoming: Time and Complexity in the Physical Sciences*. San Francisco, W. H. Freeman, 1980.

PRIGOGINE, I. - *O fim das certezas: tempo, caos e as leis da natureza*. São Paulo, Editora da UNESP, 1996.

PRIGOGINE, I. & STENGHERS, I. - *A nova aliança*. Brasília, Editora Universidade de Brasília, 1984a.

PRIGOGINE, I. & STENGHERS, I. - *Order out of Chaos: man's new dialogue with nature*. Londres, Bantam Books, 1984b.

PRIGOGINE, I. & STENGHERS, I. - *Entre o tempo e a eternidade*. São Paulo, Companhia das Letras, 1992.

QUINN, P. F., BEVEN, K. J. & LAMB, R. - The $\ln(a/tangB)$ index: how to calculate it and how to use it within the TOPMODEL framework. *Hydrological Processes*, 9(2): 161-182, 1995.

RAPER, J. - *Three Dimensional Applications in Geographic Information Systems*. Londres, Taylor & Francis, 1989.

RAPER, J. & LIVINGSTONE, D. - Development of a geomorphological spatial model using object-oriented design. *International Journal of Geographical Information Systems*, 9(4): 359-383, 1995.

RICHARDS, D. R. & JONES, N. L. - A blueprint for hydroinformatic design of US Army hydrologic models. in *Hydroinformatics '96* (MÜLLER, A., Ed.). Rotterdam, A. A. Balkema, 101-106, 1996.

RICHARDSON, L. F. - *Weather Prediction by Numerical Process*. New York, Dover, 1922.

RICHARDSON, L. F. - Statistics of deadly quarrels. *General Systems*, 6: 139-187, 1961.

RICHMOND, B., PETERSON, S. & VESCUSO, P. - *An Academic User's Guide to STELLA*. Lyme, New Hebrides, High Performance Systems, 1987.

RIGON, R. A., RINALDO, A. & RODRIGUEZ-ITURBE, I. - On landscape self-organization. *Journal of Geophysical Research*, 99: 971-993, 1994.

RINALDO, A., RODRIGUEZ-ITURBE, I., RIGON, R., BRAS, R. L. - Self-organized fractal river networks. *Physical Review Letters*, 70: 822-825, 1993.

RIVAS, V., RIX, K., FRANCÉS, E., CENDRERO,A. & BRUNSDEN, D. - Geomorphological indicators for environmental impact assessment: consumable and nonconsumable geomorphological resources. *Geomorphology*, 18(3-4): 169-182, 1997.

RIVOIRARD, J. - *Introduction to Disjunctive Kriging and Non-linear Geostatistics*. Oxford, Clarendon Press, 1994.

ROBERTS, N. - *The Holocene: An Environmental Hystory*. Oxford, Basil Blackwell, 1989.

ROCHA, H. R. da, SELLERS, P. J., COLLATZ, G. J., WRIGHT, I. R. & GRACE, J. - Calibration and use of the SiB2 model to estimate water vapour and carbon exchange at the ABRACOS forest sites. in *Amazonian Deforestation and Climate* (GASH, J. H. C., NOBRE, C. A., ROBERTS, J. M. & VICTORIA, R. L., Eds.). Chichester, John Wiley & Sons, 459-471, 1996.

RODRIGUES, A. - Neural networks. in *Concise Encyclopedia of Environmental Sciences* (YOUNG, P. C., Ed.). Oxford, Pergamon Press, 399-404, 1993.

RODRIGUEZ-ITURBE, I. & RINALDO, A. - *Fractal River Basins: Chance and Self-Organization*. Cambridge, Cambridge University Press, 1997.

RODRIGUEZ-ITURBE, I., MARANI, M., RIGON, R. & RINALDO, A. - Self-organized river basin landscapes: fractal and multifractal characteristics. *Water Resources Research*, 30: 3531-3539, 1994.

ROMANOWICZ, R. - A MATLAB implementation of TOPMODEL. *Hydrological Processes*, 11(9): 1115-1129, 1997.

ROMANOWICZ, R. & BEVEN, K. - GIS and distributed hydrological models. in *Geographical Information Handling: Research and Applications* (MATHER, P. M., Ed.). Chichester, John Wiley & Sons, 196-205, 1993.

ROO, A. P. J. de, WESSELING, C. G., CREMERS, N. H. D. T. & OFFERMANS, R. J. E. - LISEM: a new physycally-based hydrological and soil erosion model in a GIS environment: theory and implementation. in *Variability in Stream Erosion and Sediment Transport* (OLIVE, L.J., LOUGHRAN, J. & KESBY, J. A., Eds.). Wallingford, International Association of Hydrological Sciences, IAHS Publication 224: 439-448, 1994.

ROSA, R. & BRITO, J. L. S. - *Introdução ao geoprocessamento: sistema de informação geográfica*. Uberlândia, Universidade Federal de Uberlândia, 1996.

ROTMANS, J., HULME, M. & DOWNING, T. E. - Climate change implications for Europe: an application of the ESCAPE model. *Global Environmental Change*, 4: 97-124, 1994.

ROUGERIE, G. & BEROUTCHVILI, N. - *Géosystèmes et paysages: Bilan et Méthodes*. Paris, Librairie Armand Colin, 1991.

ROWE, J. S. - The level of integration concept and ecology. *Ecology*, 42: 420-427, 1961.

ROY, A. G. - Optimal models of river branching angles. in (WOLDENBERG, M., Ed.). Londres, George Allen & Unwin, 269-285, 1985.

RUTH, M. - *Integrating Economics, Ecology and Thermodynamics*. Dordrecht, Kluwer Academic Publishers, 1993.

SAMPLE, V. A. - *Remote Sensing and GIS in Ecosystem Management*. Covelo, Island Press, 1994.

SAPOZHNIKOV, V. B. & FOUFOULA-GEORGIOU, E. - Do the current landscape evolution models show self-organized criticality ? *Water Resources Research*, 30(12): 1109-1112, 1996.

SAUER, C. O - The morphology of landscape. *Publications in Geography*, 2: 19-53. Berkeley, University of California, 1925.

SCHEIDEGGER, A. E. - Mathematical models of slope development. *Bulletin of the Geological Society of America*, 72(1): 37 - 49, 1961.

SCHEIDEGGER, A. D. - *Theorethical Geomorphology*. Berlim, Springer Verlag, (3a. edição), 1991.

SCHERTZER, D. & LOVEJOY, S. - Physical modelling and analysis of rain and clouds by anisotropic scaling and multiplicative processes. *Journal of Geophysics Research*, 92(D8): 9693-9714, 1987.

SCHERTZER, D. & LOVEJOY, S. - *Non-Linear Variability in Geophysics: Scaling and Fractals*. Dordrecht, Kluwer Academic Publishers, 1991.

SCHERTZER, D. & LOVEJOY, S. - *Nonlinear Variability in Geophysics: Multifractal Processes*. Cargèse, Institut d'Études Scientifiques de Cargése, 1993.

SCHMIDT, K. H. & PLOEY, J. de - *Functional Geomorphology: Landform Analysis and Models*. Braunschweig, Catena Verlag, 1992.

SCHMITHUSEN, J. - Vegetaqtionsforschung und ökologische Standortslehre in ihrer Bedeutung für die geographie der Kulturlandschaft. *Zeitschrift Gesellschaft für Erdkunde*, 3-4: 113-157, 1942.

SCHNOOR, J. L. - *Environmental Modelling: Fate and Transport of Pollutants in Water, Air and Soil*. New York, John Wiley & Sons, 1996.

SCHOLZ, C. H. - Earthquakes and faults: Self-organized critical phenomena with a characteristic dimension. in *Spontaneous Formation of Space-Time Structures and Criticality* (RISTE, T. & SHERRINGTON, D., Eds.). Dordrecht, Kluwer Academic Publishers, 41-56, 1991.

SCHOLZ, C. H. & MANDELBROT, B. B. - *Fractals in Geophysics*. Basel, Birkhauser Verlag, 1989.

SCHULTZ, G. A., HORNBOGEN, M., VITERBO, P. & NOILHAN, J. - *Coupling Large-scale Hydrological and Atmospheric Models*. Wallingford, International Association of Hydrological Sciences, Publicação Especial 3, 1995.

SCHULZE, R. E. - Downscaling from global to mesoscale: an approach to assessing hydrological impacts of climate change in Southern Africa. *Presentation* to a Workshop on Scale Issues in Hydrology/Environmental Modelling. Robertson, Australia, 1993.

SCHULZE, R. E. - *Hydrology and Agrohydrology*. Water Research Comission Report TT 69/95. Pretoria, Water Research Commission, 1995.

SCHULZE, R. E. - Impacts of global climate change in a hydrologically vulnerable region: challenges to South African hydrologists. *Progress in Physical Geography*, 21(1): 113-136, 1997.

SCHUMM, S. A. - The evolution of drainage systems and slopes in badlands at Perth Amboy, New Jersey. *Bulletin of the Geological Society of America*, 67: 215 - 238, 1956.

SCHUMM, S. A. - River metamorphosis. *Journal of the Hydraulics Division, Proceedings of the American Society of Civil Engineers*, 95: 255-273, 1969.

SCHUMM, S.A. - Geomorphic thresholds and complex responses of drainage systems. in *Fluvial Geomorphology* (MORISAWA, M., Ed.). Binghampton, Publications in Geomorphology, New York state University, 299-310, 1973.

SCHUMM, S. A. - *The Fluvial System*. New York, John Wiley & Sons, 1977.

SCHUMM, S. A. - Explanation and extrapolation in Geomorphology: seven reasons for geologic uncertainty. *Transactions of the Japanese Geomorphology Union*, 6(1): 1-18, 1985.

SCHUMM, S. A. - *To Interpret the Earth: Tem Ways to be Wrong*. Cambridge, Cambridge University Press, 1991.

SCHUMM, S. A & LICHTY, R. W. - Time, space and causality in Geomorphology. *American Journal of Science*, 263(2): 110-119, 1965.

SELLERS, P. J. - Biophysical models of land surface processes. in *Climate System Modeling* (TRENBERTH, K. E., Ed.). Cambridge, Cambridge University Press, 451-490, 1992.

SELLERS, W. D. - A global climatic model based on the energy balance of the Earth-atmosphere system. *Journal of Applied Meteorology*, 12: 241-254, 1969.

SHAMSELDIN, A . Y. - Application of a neural network technique to rainfall-runoff modelling. *Journal of Hydrology*, 199(3-4): 272-294, 1997.

SHANNON, R. E. - *Systems Simulation: The Art and the Science*. Englewood Cliffs, Prentice Hall, 1975.

SHAW, G. & WHEELER, D. - *Statistical Techniques in Geographical Analysis*. Chichester, John Wiley & Sons, 1985.

SHEN, H. W. - *Modeling of Rivers*. New York, John Wiley & Sons, 1979.

SHEN, H. W. - Principles of physical modeling. in *Modeling of Rivers* (SHEN, H. W., Ed.). New York, John Wiley & Sons, 6.1;6-29, 1979.

SHIKLOMANOV, I. A. - Global water resources. *Nature and Resources*, 26: 34-43, 1990.

SHUKLA, J. - *Prediction of Interannual Climate Variations*. Berlim, Springer Verlag, 1993.

SHUKLA, J. B., HALLAM, T. G. & CARPASSO, V. - *Mathematical Modelling of Environmental and Ecological Systems*. Amsterdam, Elsevier, 1987.

SILVA, J. X. da & SOUZA, M. J. L.- *Análise Ambiental*. Rio de Janeiro, Brasil, Editora da UFRJ, 1987.

SIMON, C. & DeFRIES, R. S. - *Uma Terra, Um Futuro*. São Paulo, Makron Books Editora, 1992.

SIMMONS, I. G. - *Changing the Face of the Earth*. Oxford, Blackwell, 1989.

SIMMONS, I. G. - *Interpreting Nature. The Cultural Construction of Environment*. Londres, Routledge, 1993.

SIMMONS, I. G. - *Changing the Face of the Earth*. Oxford, Blackwell, 2a. edição, 1996.

SIMONOVIC, S. P., KUNDZEWICZ, Z., ROSBJERG, D. & TAKEUCHI, K. - *Modelling and Management of Sustainable Basin-Scale Water Resource Systems*. Wallingford, International Association of Hydrological Sciences, IAHS Publication 231, 1995.

SIMPSON, B. - Sustainability and environmental assessment. *Geography*, 81(3): 205-216, 1996.

SINGH, V. P. - *Elementary Hydrology*. Englewood Cliffs, Prentice Hall, 1992.

SINGH, V. P. - *Computer Models of Watershed Hydrology*. Boulder, Water Resources Publications, 1995.

SINGH, V. P. & FIORENTINO, M. - *Entropy and Energy Dissipation in Water Resources*. Dordrecht, Kluwer Academic Publishers, 1992.

SMITH, K. - *Environmental Hazards: Assessing Risk and Reducing Disaster*. Londres, Routledge, 1993.

SMITH, M. B. - A GIS-based distributed parameter hydrologic model for urban areas. *Hydrological Processes*, 7(1): 45-61, 1993.

SNOW, R. S. & MAYER, L. (Eds.) - Fractals in Geomorphology. *Geomorphology*, 5(1-2): 1-194, 1992.

SOLÉ, R. V., MANRUBIA, S. C. & LUQUE, B. - Multifractals in rainforest ecosystems: modelling and simulation. in *Fractals in the Natural and Applied Sciences* (NOVAK, M. M., Ed.). Amsterdam, North Holland, 397-407, 1994.

SOLOMON, S. I., BERAN, M. & HOOG, W. - *The Influence of Climate Change and Climatic Variability in Groundwater Modelling*. Wallingford, International Association of Hydrological Sciences, 1989.

SORENSEN, J. C. - A Framework for Identification and Control of Resource Degradation and Conflict in the Multiple Use of Coastal Zone. *Master's Thesis*. Berkeley, Department of Landscape Architecture, 1971.

SOROOSHIAN, S., GUPTA, V. & RODDA, J. C. - *Land Surface Processes in Hydrology*. Berlim, Springer Verlag, 1997.

SOTCHAVA, V. B. - Définition de quelques notions et termes de Géographie Physique. *Dokl. Institute de Géographie de la Sibérie et Extrême Orient*, 3: 94-117, em russo, 1962.

SOTCHAVA, V. B. - O estudo de geossistemas. *Métodos em Questão*, (16): 1-52, IG-USP, 1977.

SPRAGUE Jr., R. H. - DSS em contexto. in *Sistemas de apoio à decisão: colocando a teoria em prática* (SPRAGUE Jr., R. H. & WATSON, H. J., Eds.). Rio de Janeiro, Editora Campus, 43-54, 1989.

SPRIET, J. A. & VANSTEENKISTE, G. C. - *Computer-aided Modelling and Simulation*. Londres, Academic Press, 1982.

STARKEL, L., GREGORY, K. J. & THORNES, J. B. - *Temperate Palaeohydrology: Fluvial Processes in the Temperate Zone during the Last 15.000 years*. Chichester, John Wiley & Sons, 1991.

STODDART, D. R. - Organism and ecosystem as geographical models. in *Models in Geography* (CHORLEY, R. J. & HAGGETT, P., Eds.). Londres, Methuen & Co., 511-548, 1967.

STODDART, D. R. - Organismo e ecossistema como modelos geográficos. in *Modelos integrados em Geografia* (CHORLEY, R. J. & HAGGETT, P., Eds). Rio de Janeiro, Livros Técnicos e Científicos, 67-100, 1975.

STOKELEY, J. L. - *Watershed modeling in cold regions: an application to the Sleepers River Research Watershed in Northern Vermont*. MS Thesis, Hanover, Thayer School of Engineering, Dartmouth College, 1980.

STORCH, H. von & NAVARRA, A. - *Analysis of Climate Variability*. Berlim, Springer Verlag, 1995.

STRAHLER, A. N. - Hypsometric (area-altitude) analysis of erosional topography. *Geological Society of America Bulletin*, 63: 1117-1142, 1952.

STRAHLER, A. N. - Systems theory and Physical Geography. *Physical Geography*, 1(1): 1-27, 1980.

STRASKABA, M. & GNAUCK, A. H. - *Freshwater Ecosystems: Modelling and Simulation*. Amsterdam, Elsevier, 1985.

TANSLEY, A. G. - The use and abuse of vegetational concept and terms. *Ecology*, 16: 284-307, 1935.

TARIFA, J. R. - Análise comparativa da temperatura e umidade na área urbana e rural de São José dos Campos (SP, Brasil). *Geografia*, 2(4): 59-80, 1977.

TARIFA, J. R. - O homem e as mudanças climáticas. *Anais 3° Congresso Brasileiro de Agrometeorologia*. Campinas, 1983.

TEIXEIRA, A. L. A. & CHRISTOFOLETTI, A. - *Sistemas de informação geográfica: dicionário ilustrado*. São Paulo, Editora HUCITEC, 1997.

TERJUNG, W. H. - Climatology for geographers. *Annals Association of American Geographers*, 66(2): 199-222, 1976.

THERIVEL, R.; et al. - *Strategic Environmental Assessment*. Londres, Earthscan Publications, 1992.

THERIVEL, R.; et al. - *Strategic Environmental Assessment*. Londres, Earthscan Publications, 2ª edição, 1995.

THOM, R. - *Structural Stability and Morphogenesis: An Outline of a General Theory of Models*. Reading, Massachussets, Benjamin, 1975.

THOMAS, D. S. G. & ALLISON, R. J. - *Landscape Sensitivity.* Chichester, John Wiley & Sons, 1993.

THOMAS Jr., W. L. - *Man's Role in Changing the Face of the Earth.* Chicago, Chicago University Press, 1956.

THORN, C. E. - *Space and Time in Geomorphology.* Londres, George Allen & Unwin, 1982.

THORNES, J. B. - *Vegetation and Erosion: Processes and Environment.* Chichester, John Wiley & Sons, 1990.

THORNES, J. B. & FERGUSON, R. I. - Geomorphology. in *Quantitative Geography: A British View* (WRIGLEY, N. & BENNETT, R. J., Eds.). Londres, Routledge, 284-293, 1981.

TICKLE, K. S., GOULTER, I. C., XU, C., WASIMI, S. A. & BOUCHART, F. - *Stochastic Hydraulics '96.* Rotterdam, A. A. Balkema, 1996.

TRENBERTH, K. E. - *Climate System Modeling.* Cambridge, Cambridge University Press, 1992.

TRENHAILE, A. S. - *Coastal Dynamics and Landforms.* Oxford, Clarendon Press, 1997.

TRICART, J. - *Principes et méthodes de la Géomorphologie.* Paris, Masson & Cie, 1965.

TRICART, J. - *La Terre, planète vivante.* Paris, Presses Universitaires de France, 1972.

TRICART, J. - La géomorphologie dans les études intégrées d'aménagement du milieu naturel. *Annales de Géographie,* 82(452): 421-453, 1973.

TRICART, J. - Écodynamique et aménagement. *Révue de Géomorphologie Dynamique,* 25(1): 19-32, 1976.

TRICART, J. - *Ecodinâmica.* Rio de Janeiro, Fundação I.B.G.E., 1977.

TRICART, J. - L'analyse de système et l'étude integrée du milieu naturel. *Annales de Géographie,* 88(490): 705-714, 1979.

TRICART, J. & CAILLEUX, A. - Le problème de la classification des faits géomorphologiques. *Annales de Géographie,* 65: 162-186, 1956.

TRICART, J. & KILLIAN, J. - *L'Eco-géographie et l'aménagement du milieu naturel.* Paris, François Maspero, 1979.

TRICART, J. & KIEWIETdeJONGE, C. - *Ecogeography and Rural Management.* Harlow, Longman Group, 1992.

TROLL, C. - Luftbildplan und ökologische Bodenforschung. *Zeitschrift der Gesselschaft für Erdkunde,* 1939: 241-298, 1939.

TROLL, C. - Landscape Ecology (geoecology) and biogeoeconology - a terminological study. *Geoforum,* 8(1): 43-46, 1971.

TROPPMAIR, H. - Ecossistemas e geossistemas do estado de São Paulo. *Geografia,* 13(25): 27-36, 1983.

TRUDGILL, S. T.- *Soil and Vegetation Systems.* Oxford University Press, Oxford, 1988.

TRUDGILL, S. T. - *Solute Modelling in Catchment Systems.* Chichester, John Wiley & Sons, 1995.

TURCOTTE, D. L. - Fractals and fragmentation. *Journal of Geophysical Research,* B91: 1921-1926, 1986.

TURCOTTE, D. L. - Fractals in Geology and Geophysics. *PAGEOPH,* 131: 171-196, 1989.

TURCOTTE, D. L. - *Fractals and Chaos in Geology and Geophysics.* Cambridge, Cambridge University Press, 1992.

TURCOTTE, D. L. - *Fractals and Chaos in Geology and Geophysics.* Cambridge, Cambridge University Press, 2a. edição, 1997.

TURNER, A. K. - *Three Dimensional Modeling with Geoscientific Information Systems.* Dordrecht, Kluwer Academic Publishers, 1992.

TURNER, M. G. & DALE, V. H. - Modelling landscape disturbance. in *Quantitative Methods in Landscape Ecology* (TURNER, M. G. & GARDNERR, R. H., Eds.). Berlim, Springer Verlag, 323-351, 1991.

TURNER, M. G. & GARDNER, R. H. - *Quantitative Methods in Landscape Ecology.* Berlim, Springer Verlag, 1991.

TURNER II, B. L., CLARK, W. C., KATES, R. W., RICHARDS, J. F., MATHEWS, J. T. & MEYER, W. B. - *The Earth as Transformed by Human Action.* Cambridge, Cambridge University Press, 1990.

TYSON, P. D. - *Climatic Change and Variability in Southern Africa.* Cidade do Cabo, Oxford University Press, 1986.

UBARANA, V. N. - Observations and modelling of rainfall interception at two experimental sites in Amazonia. in *Amazonian Deforestation and Climate* (GASH, J. H. C., NOBRE, C. A., ROBERTS, J. M. & VICTORIA, R. L., Eds.). Chichester, John Wiley & Sons, 151-162, 1996.

UNEP-DPCSD - The role of indicators in decision making. in *Discussion Papers on Indicators of Sustainable Development for Decision Making.* Ghent, Bureau du Plan, 1995.

VAN DE VEN, F. H. M., GUTKNECHT, D., LOUCKS, D. P. & SALEWICZ, K. A. - *Hydrology for the Water Management of Larger River Basins.* Wallingford, International Association of Hydrological Sciences, IAHS Publication 201, 1991.

VANNOTE, R. L., MINSHALL, G. W. & CUMMINS, K. W. - The river continuum concept. *Canadian Journal of Fisheries and Aquatic Sciences,* 37: 130-137, 1980.

VEIZER, J. - The earth and its life: systems perspective. *Evolutive Biosphere,* 18: 13-39, 1988.

VERHAEGHE, R. J. & KROGT, W. N. M. van der - Decision support system for river basin planning. in *Hydroinformatics '96* (MÜLLER, A., Ed.). Rotterdam, A. A. Balkema, 67-74, 1996.

VIESSMAN Jr., W. & LEWIS, G. L. - *Introduction to Hydrology.* New York, Harper Collins College Publishers, 4a edição, 1996.

VINK, A. P. A. - *Landscape Ecology and Land Use.* Harlow, Longman Group, 1983.

VRIJLING, J. K., HENGEL, W. van & HOUBEN, R. J. - Acceptable risk: a normative evaluation. in *Stochastic Hydraulics '96* (TICKLE, K. S.; et al., Eds.). Rotterdam, A. A. Balkema, 87-94, 1996.

WACKERNAGEL, H. - *Multivariate Statistics.* Berlim, Springer Verlag, 1995.

WAGNER, B. J., ILLANGASEKARE, T. H. & JENSEN, K. H. - *Models for Assessing and Monitoring Groundwater Quality.* Wallingford, International Association of Hydrological Sciences, IAHS Publication 227, 1995.

WALLING, D. E. - Water in the catchment ecosystem. in *Water Quality in Catchment Ecosystems* (GOWER, A. M., Ed.). Chichester, John Wiley & Sons, 7-18, 1980.

WALLING, D. E. & WEBB, B. W. - *Erosion and Sediment Yield: Global and Regional Perspectives.* Wallingford, International Association of Hydrological Sciences, IAHS Publication 236, 1996.

WARRICK, R. A., BARROW, E. M. & WIGLEY, T. M. L. - *Climate and Sea Level Change.* Cambridge, Cambridge University Press, 1993.

WASHINGTON, W. M. & PARKINSON, C. L. - *An Introduction to Three-Dimensional Climate Modelling.* Mill Valley, California, University Science Books, 1986.

WATHERN, P. - *Environmental Impact Assessment: Theory and Practice.* Londres, Unwin Hyman, 1988.

WATSON, R. T., ZINYOWERA, M., MOSS, R. H. & DOKKEN, D. J. - *Climate Change 1995: Impacts, Adaptations and Mitigation of Climate Change.* Cambridge, Cambridge University Press, 1996.

WATTS, S. & HALLIWELL, L. - *Essential Environmental Science: Methods and Techniques.* Londres, Routledge, 1996.

WAYLEN, P. - Global hydrology in relation to palaeohydrological change. in *Global Continental Palaeohydrology* (GREGORY, K. J., STARKEL, L. & BAKER, V. R., Eds.). Chichester, John Wiley & Sons, 61-86, 1995.

WEAVER, W. - A quarter century in the natural sciences. *Annual Report of the Rockfeller Foundation*, New York, p. 7-122, 1958.

WEBER Jr., W. J. & DiGIANO, F. A. - *Process Dynamics in Environmental Sciences.* New York, John Wiley & Sons, 1996.

WESSELING, C. G., KARSSENBERG, D., BURROUGH, P. A. & Van DEURSEN, W. P. A. - Integrating dynamic environmental models in GIS: the development of a dynamic modelling language. *Transactions in GIS*, 1: 40-48, 1996.

WESTMAN, W. E. - *Ecology, Impact Assessment and Environmental Planning.* New York, John Wiley & Sons, 1985.

WHITE, I. D., MOTTERSHEAD, D. N. & HARRISON, S. J. - *Environmental Systems.* Londres, George Allen & Unwin, 1984.

WHITTINGTON, D. & GUARISO, G. - *Water Management Models in Practice: A Case Study of the Aswan High Dam.* Amsterdam, Elsevier, 1983.

WILBY, R. L. - *Contemporary Hydrology.* Chichester, John Wiley & Sons, 1997.

WILKINSON, G. G., KANELLOPOULOS, I. & MÉGIER, J. - *Fractals in Geoscience and Remote Sensing.* Brussels, Institute for Remote Sensing Applications, 1994.

WILKINSON, W. B. - *Macroscale Modelling of the Hydrosphere.* Wallingford, International Association of Hydrological Sciences, IAHS Publication 214, 1993.

WILKINSON, G. G., KANELLOPOULOS, I. & MÉGIER, J. - *Fractals in Geoscience and Remote Sensing.* Brussels, Institute for Remote Sensing Applications and European Commission, Joint Research Centre, 1994.

WILSON, A. G. - *Geography and the Environment: systems analytical methods.* Chichester, John Wiley & Sons, 1981a.

WILSON, A. G. - *Catastrophe Theory and Bifurcation.* Londres, Croom Helm, 1981b.

WILSON, G. A. & BRYANT, R. L. - *Environmental Management: New Directions for the Twenty-First Century.* Londres, University College London Press, 1997.

WINPENNY, J. T. - *Values for the Environment: A Guide to Economic Appraisal.* Londres, Overseas Development Institute, 1991.

WOLDENBERG, M. J. - *Models in Geomorphology.* Londres, George Allen & Unwin, 1985.

WOLMAN, m. G. & MILLER, J. P. - Magnitude and frequency of forces in geomorphic processes. *Journal of Geology*, 68 (1): 54-74, 1960.

WOOD, C. - *Environmental Impact Assessment: A Comparative View.* Harlow, Longman Group, 1995.

WOOD, E. F. - *Land Surface Atmosphere Interactions for Climate Modeling.* Dordrecht, Kluwer Academic Publishers, 1990.

WOOD, E. F. - Scaling behaviour hydrological fluxes and variables: empirical studies using hydrological model and remote sensing data. in *Scale Issues in Hydrological Modelling* (KALMA, J. D. & SIVAPALAN, M., Eds.). Chichester, John Wiley & Sons, 89-104, 1995.

WOOD, E. F., SIVAPALAN, M. & BEVEN, K. J. - Similarity and scale in catchment storm response. *Revue de Géophysique*, 28: 1-18, 1990.

WOOLHISER, D. A., HANSON, C. L. & KULHMAN, A. r. - Overland flow on rangeland watersheds. *Journal of Hydrology (new Zealand)*, 9(2): 336-356, 1970.

WOOLHISER, D. A., SMITH, R. E. & GOODRICH, D. C. - KINEROS: a kinematic runoff and erosion model: documentation and user manual. *SSDA-ARS 77*. Washington, U.S. Dept. of Agriculture, Agricultural Research Service, 1990.

WRIGHT, J. R., WIGGINS, L. L., JAIN, R. K. & KIM, T. J. - *Expert Systems in Environmental Planning.* Berlim, Springer Verlag, 1993.

WRIGLEY, N. - *Categorical Data Analysis for Geographers and Environmental Scientists.* Londres, Longman Group, 1985.

WRIGLEY, N. & BENNETT, R. J. - *Quantitative Geography: a British View.* Londres, Routledge, 1981.

YANG, C. R., TSAI, C. h. & TSAI, C. T. - Application of GIS linked flood inundation model to flood damages. in *Hydroinformatics '96* (MULLER, A., ed.). Rotterdam, A. A. Balkema, 49-56, 1996.

YOUNG, P. C. - *Concise Encyclopedia of Environmental Systems.* Oxford, Pergamon Press, 1993.

YOUNG, P. C. & LEES, M. - The active mixing volume: a new concept in modelling environmental systems. in *Statistics for the Environment* (BARNETT, V. & TURKMAN, K. F., Eds.). Chichester, John Wiley & Sons, 3-43, 1993.

YOUNG, R. A., ONSTAD, C. A., BOSCH, D. D. & ANDERSON, W. P. - AGNPS: a nonpoint source pollution model for evaluating agricultural watersheds. *Journal Soil and Water Conservation*, 44: 168-173, 1989.

ZAHLER, R. S. & SUSSMAN, H. J. - Claims and accomplishments of applied catastrophe theory. *Nature*, 269: 759-763, 1977.

ZANNETTI, P. - *Environmental Modelling. vol. 1.* Southampton, Computational Mechanics Publications, 1993.

ZANNETTI, P. - *Environmental Modelling. vol. 2.* Southampton, Computational Mechanics Publications, 1994a.

ZANNETTI, P. - Introduction to environmental modelling. in *Environmental Modelling. vol. 2* (ZANNETTI. P., Ed.). Southampton, Computational Mechanics Publications, 1-10, 1994b.

ZANNETTI, P. - *Environmental Modelling. vol. 3.* Southampton, Computational Mechanics Publications, 1996.

ZEEMAN, E. C. - Catastrophe theory. *Scientific American*, 234: 65-83, 1976.

ZONNEVELD, J. I. S. - *Land Evaluation and Land(scape) Science.* Enschede, ITC Textbook of Photointerpretation, ITC, 1979.

ZONNEVELD, J. I. S. - *Models in Landscape Synthesis.* Rapport au Symposium UGI de Joensuu (Finlândia), edição multigráfica, 1983.

ÍNDICE

A

Abordagem analítica, 3
Abordagem ecossistêmica, 36
Abordagem fractal, 67,70, 200
Abordagem holística, 1,4,45
Abordagem reducionista, 1
ACRU, 101
AGNPS, 103
Ambiente, 36
Ambiente: conceito, 36
Amplitude altimétrica, 54
Análise de paisagens flor estais, 130
Análise de pr ocessos, 77
Análise de r egressão, 56
Análise de sistemas, 25
Análise dos dados, 55
Análise espacial, 29
Análise morfológica de sistemas, 51
Análise multifr actal, 67, 69
Análise R/S, 72
ANSWER S, 103
Área da bacia, 53
ARMA, 103
Armazenador es, 80
Autocorr elação, 56
Auto-similaridade, 68
Avaliação das potencialidades, 141
Avaliação de riscos e azar es, 146
Azares natur ais, 147

B

Bacias hidr ográficas, 53
Baixadas litorâneas, 138

C

Caixa branca, 6
Caixa cinza, 6
Caixa preta, 6
Canal fluvial, 52

Características dos modelos, 21
Caracterização de sistemas, 52
Caracterização morfológica do sistema, 53
Cartas sínteses, 165
Catástrofe em cúspide, 118
Células de W alker, 98
Cenários alternativ os, 174
Ciências ambientais, 50
Ciclo do carbono, 107
Ciclo do nitr ogênio, 107
Ciclo hidr ológico, 92
Circulação atmosférica, 139
Circulação atmosférica na África do Sul, 98
Circulação atmosférica na América do Sul, 98
Circundesnudação pós-cr etácea, 91
Classificação tax onômica do r elevo, 86
Clima, 46
Coeficente de corr elação, 56
Comple xidade, 3
Comple xo natur al territorial, 38
Concepção indutiv a, 19
Concepção or ganicista, 2
Concepções de mundo, 1
Comprimento da bacia, 54
Comprimento total dos rios, 54
Construção de modelos, 24
Continuum fluvial, 129
Contribuições iniciais sobr e modelagem, 174
Corr edores, 36
CREAMS, 103
Criticalidade auto-or ganizada, 3, 118

D

Definição do sistema, 52
Delimitação do sistema, 51
Desenv olvimento sustentáv el, 158
Densidade de dr enagem, 54
Densidade de rios, 54
Dinâmica e volutiv a, 113

234 Índice

Disciplinas ambientais , 49
Dimensão fr actal, 69
Diversidade de Shannon, 55
Domínios morfoclimáticos , 47

E

Ecodinâmica, 40
Ecogeogr afia, 40
Ecologia, 35
Ecologia das paisagens , 36,39
Ecologia das r egiões, 36
Economia ecológica, 15 0
Ecossistemas , 35, 1 07
Elasticidade do sistema, 1 13
Elementos do sistema, 52
Emer gia, 154, 186
Entr opia, 46
Escalantes em sistemas biológicos , 88
Escalantes em sistemas climáticos , 88
Escalantes em sistemas geomorfológicos , 86
Escalantes em sistemas hidr ológicos , 88
Escalantes em turbulência, 89
Escalantes espaciais , 48, 96
Escalante fr actal, 68
Escalantes têmpor o-espaciais , 86
Espaço de utilização ambiental, 172
Estabilidade, 113
Estado subcrítico, 12 1
Estado super crítico, 12 1
Estudos ambientais estr atégicos , 145
Estudos de impactos ambientais , 47, 14 1
EUROSEM, 1 03

F

Falhamentos e xtensionais , 91
Fluxos de nutrientes , 107
Fluxo do carbono, 1 07
Fluxos em cascata, 89
Forma das bacias , 53
Formulações matemáticas , 25
Fractais , 33, 67
Fractalidade espacial, 89
Funções básicas dos SIGs , 31
Funções potenciais , 57
Fractais: análise R/S, 72
Fractais: auto-similaridade , 68
Fractais: dimensão fr actal, 69
Fractais: escalante fr actal, 68
Fractais: fundamentos conceituais , 67
Fractais: inv ariância escalar , 69
Fractais: modelos fr actais , 71

Fractais: ninho-de-pombo, 73
Funções dos modelos , 22
Funções potenciais , 57

G

Gaia, 46
Geoecologia, em geociência, 39
Geoestatística em Geociência, 2 05
Geofisiologia, 47
Geogr afia, 40
Geossistemas , 37, 40, 42
Grupo Sustainable Seattle , 173

H

Hidrossistemas fluviais , 125
Holismo, 3

I

Identificação do sistema, 5 1
Ilha de calor , 133
Impacto ambiental, 38, 47
Impactos antr opogênicos , 38, 47
Indicador es de sustentabilidade ambiental, 17 0
Indicador es econômicos , 173
Indicador es sociais , 173
Índice de cir cularidade, 53
Índice de dissecação, 54
Índice de dominância, 55
Índice de pr oximidade, 55
Índice de rugosidade , 54
Inteligência artificial em Geociência e Geogr afia, 214
Inter ceptação, 1 09
Integr ação econômico ambiental
Inv ariância escalar , 69
Inv ariância alométrica, 123

K

KINER OS, 1 03

L

Landis, 13 0
Landschaft, 38
Landschaftskunde , 38
Landschaftsok ologie, 46
Limitações da modelagem, 32
Linguagem: Chorle y e K ennedy, 80
Linguagem: ener gese, 83
Linguagem: F orrester, 78
Linguagem: Odum, 83
Linguagens nos flux os de matéria e ener gia, 78
Linguagem: orientada a objetos , 84

Linkages, 130
LISEM, 130
Lógica difusa, 214

M

Manchas, 36, 54
Matriz de Leopold, 144
Meio ambiente, 37
Método das conjeturas, 21
Metodologia científica, 19
Modelagem econômica regional, 160
Modelagem em Climatologia, 189
Modelagem em Geomorfologia, 186
Modelagem em Hidrologia, 195
Modelagem em sistemas ambientais, 177
Modelagem espacial, 30
Modelos, 1
Modelos ambientais integrados, 160
Modelos análogos abstratos, 9
Modelos análogos naturais, 9
Modelos auto-regressivos, 103
Modelos baseados em escala espacial, 13
Modelos baseados em escalas temporais, 13
Modelos baseados em processos, 12
Modelos baseados em técnicas de resolução, 14
Modelos climáticos de circulação geral, 15, 95
Modelos condicionados por balanços de massa e energia, 28
Modelo de bacia de drenagem, 92
Modelos de Markov, 103
Modelos de simulação em Hidrologia, 14
Modelos de suporte às decisões, 166
Modelos descrevendo fluxos hídricos, 100
Modelos descrevendo processos climáticos, 95
Modelos descrevendo processos erosivos, 103
Modelos determinísticos, 10, 28
Modelos digitais do terreno, 61
Modelos em bacias hidrográficas, 15, 92
Modelos em caixa preta, 27
Modelos em Climatologia, 62
Modelos em Ecologia, 66
Modelos em Geomorfologia, 57
Modelos em Hidrologia, 63
Modelos em Sistemas de Informação Geográfica, 18
Modelos escalares, 24
Modelos experimentais, 9
Modelos fractais, 71
Modelos integrados de avaliação, 18
Modelos matemáticos, 10
Modelos numéricos do terreno, 63
Modelos probabilísticos ou estocásticos, 10, 28
Modelos quantitativos, 27

Modelos sintetizando sistemas, 11
Modelos sobre fluxos de matéria e energia, 107
Modelos sobre fluxos de sedimentos, 105
Modelos sobre impactos climáticos, 17
Modelos: características, 21
Modelos: definição, 8
Modelos: desenho experimental, 11
Modelos: funções, 22
Modelos: tipologia, 8
Mosaico, 36
Mudanças ambientais, 44
Mudanças climáticas, 121
Mudanças climáticas globais, 137
Mudanças em sistemas geomorfológicos, 122, 128, 133
Mudanças em sistemas hidrológicos, 122, 133
Mudanças episódicas, 122
Mudanças nas variáveis climáticas, 131
Mudanças no ciclo hidrológico, 127
Mudanças no nível marinho, 126
Mudanças nos canais fluviais, 134
Mudanças nos ecossistemas, 129, 134
Mudanças nos geossistemas, 139
Mudanças nos sistemas, 132, 141
Mudanças paleoclimáticas, 135
Mudanças paleoclimáticas na África equatorial, 136
Mudanças paleoclimáticas na América do Sul, 136
Mudanças paleoclimáticas do período Quaternário, 135
Multifractais, 33, 71

O

Organizações espaciais, 40, 41
Oscilações eustáticas, 126

P

Paisagens, 36, 38
Paisagens culturais, 39
Paisagens naturais, 39
Paysage, 38
Perímetro da bacia, 53
Perímetro da mancha, 54
Pilha de areia, 120
Planejamento ambiental, 157, 162
Potencial da modelagem, 19
Potencialidades ambientais, 141
Prejuízos ambientais, 146
Procedimento hipotético-dedutivo, 20
Processos de bifurcação, 150
Processos em bacias hidrográficas, 92
Processos morfoestruturais, 90

Q

Quantidades de rios , 54
Quaternário, 128
Química da atmosfer a, 139

R

Raciocínio lógico, 24
Recursos natur ais, 157
Rede de Sor ensen, 144
Redes neur ais, 33, 2 14
Reducionismo, 3
Região, 41
Regressão linear, 56
Reguladores, 80
Relevo jur assiano, 57
Relação de bifur cação, 54
Resiliência, 1 13
Resistência, 1 14
Riscos natur ais, 146

S

Sensibilidade, 114
Sensibilidade das paisagens , 114
Sensibilidade dos canais fluviais , 114
Sensibilidade geomorfológica, 1 15
Simulação por computador , 25
Sistema de modelagem das águas subterrâneas , 95
Sistema de modelagem das águas superficiais , 94
Sistema de modelagem da bacia de dr enagem, 94
Sistemas , 1
Sistemas abertos , 6
Sistemas ambientais , 35, 4 1
Sistemas comple xos e or ganizados, 8
Sistemas comple xos espaciais , 35
Sistemas comple xos mas desor ganizados, 7
Sistemas comple xos, 3
Sistemas contr olados, 7, 46
Sistemas de informação geográfica, 28, 2 05
Sistemas de informação geográfica: análise espacial, 29
Sistemas de informação geográfica: definição, 29
Sistemas de informação geográfica: funções básicas , 31
Sistemas de informação geográfica: modelagem espacial, 3 0

Sistemas dinâmicos em Geociência e Geogr afia, 2 00
Sistemas em seqüência, 6
Sistemas ambientais físicos , 41, 42
Sistemas especialistas em Geociência e Geogr afia, 214
Sistemas fechados , 6
Sistemas geoquímicos , 92
Sistemas inteligentes , 33
Sistemas isolados , 5
Sistemas morfológicos , 6
Sistemas não-isolados , 5
Sistemas pr ocessos-r espostas , 6
Sistemas simples , 7
Sistemas sócio-econômicos , 45
Sistemas: definição, 4
Sistemas: tipologia, 4
SSARR, 85
Suscetibilidade , 115
Sustentabilidade , 85
Sustentabilidade ambiental, 17 0

T

Tempo de r eação, 124
Tempo de r elaxamento, 124
Teoria das catástr ofes, 115
Teoria difusa, 33
Tipologia de modelos , 8
Tomadas de decisão, 157
TOPMODEL, 1 06
Toposseqüências , 63
Totalidade, 3
Transpiração, 1 08

U

Unidades geoambientais , 165

V

Valoração econômica, 15 0
Valoração ambiental, 15 0
Vertentes , 60
Visão mecanicista, 2
Vulner abilidade, 114, 146

W

WEPP, 103